油茶病害与防控机制研究

伍建榕　陈健鑫　周嫒婷　马　翔 等　著

科 学 出 版 社

北　京

内 容 简 介

本书全面系统地介绍了油茶常见病害，特别是油茶炭疽病和根腐病的生物学特性、病害诊断及病原菌鉴定方法、生态调控技术以及生物与化学防治措施。本书共分为 10 章，概述了油茶病害的基本概念与发生情况，详细探讨了油茶炭疽病和根腐病的病原、症状、发病条件，强调了生物防治及生态调控技术在病害防控中的作用，并解析了相关的生理生化及分子机制。书中提出采用综合防治措施来减少化学农药的使用，以实现可持续的油茶生产。

本书不仅能帮助读者更好地理解油茶病害的本质，还能指导其采取有效的防控措施。无论是致力于油茶科学研究的专业人士，还是从事油茶种植的农户，都能从本书中获得有价值的知识和经验。此外，本书对于森林保护及林学相关专业的学生也是一份宝贵的参考资料。

图书在版编目（CIP）数据

油茶病害与防控机制研究 / 伍建榕等著. -- 北京 : 科学出版社, 2025. 3. -- ISBN 978-7-03-081572-9

Ⅰ. S763. 744

中国国家版本馆 CIP 数据核字第 2025HX4314 号

责任编辑：张会格　高璐佳 / 责任校对：郑金红
责任印制：肖　兴 / 封面设计：无极书装

科学出版社 出版
北京东黄城根北街 16 号
邮政编码: 100717
http://www.sciencep.com
北京华宇信诺印刷有限公司印刷
科学出版社发行　各地新华书店经销
*
2025 年 3 月第　一　版　开本：720×1000　1/16
2025 年 3 月第一次印刷　印张：22
字数：441 000

定价：268.00 元

（如有印装质量问题，我社负责调换）

本书著者名单

西南林业大学：伍建榕　陈健鑫　周嫒婷　马　翔　张东华
刘　丽　王　芳　魏玉倩　武自强　吴峰婧琳
马焕成　闫晓慧　杨娅琳　康定旭　肖　月
易杏盈　郑星月

德宏州林业和草原局：尹加笔　沈德周

梁河县林业和草原局：饶万邦

前　言

油茶（*Camellia oleifera*）是山茶科一种重要的油料和经济作物。油茶在我国有悠久的栽培历史，在湖南、江西、云南和福建等 14 个省份均有广泛的栽培，其具有良好的经济效益、生态效益和社会效益。按照《加快油茶产业发展三年行动方案（2023—2025 年）》，到 2025 年，我国油茶种植面积将达到 9000 万亩[①]以上，茶油产能达到 200 万 t。然而，随着油茶集约化种植和油茶产业的快速发展，加之良种选育滞后及栽培管护技术落后，油茶炭疽病和根腐病对其产量和质量造成了严重的威胁，给油茶产业的健康发展带来了一系列挑战。本书旨在探讨油茶炭疽病和根腐病的发生规律与病害综合防控策略。

由炭疽菌属（*Colletotrichum*）真菌引起的油茶炭疽病不仅造成叶片损伤，更直接影响了植株的养分吸收和生长发育。炭疽菌属包括多个复合种，复合种内多个成员均能侵染油茶。土壤真菌镰刀菌属（*Fusarium*）多个种也会侵染根系导致油茶根系腐烂，使得油茶植株失去稳固的支撑和充足的养分供应。这两种病害的综合作用，直接影响了油茶产业的可持续发展。为了更好地理解、防范和治理油茶炭疽病和根腐病的问题，本书对云南省油茶炭疽病和根腐病开展了病害调查，明确了油茶炭疽菌和根腐病菌的种类，并阐述了云南省油茶炭疽病的发生和流行规律。这对油茶炭疽病和根腐病的早期诊断、后期防治以及建立科学合理的病害管理体系是至关重要的。

油茶炭疽病的大面积发生带来了巨大的经济损失，在诸多防控措施中，抗性育种是油茶炭疽病绿色防控最经济和最有效的措施之一。油茶基因组的破译为油茶的分子抗病育种提供了参考依据，但其基因组注释的内容相对于模式植物拟南芥还是不充足的，因此研究拟南芥和油茶炭疽菌的互作关系，明确拟南芥响应炭疽菌侵染的分子机制，能为油茶的抗性育种提供坚实的理论基础。天然免疫是广泛存在于各种生物体中、用以抵御外来入侵物的第一道防线，天然免疫在生物中的进化地位古老且保守，动植物在天然免疫系统上具有一定的相似性。因此，通过油茶炭疽菌和秀丽隐杆线虫的互作模型了解线虫响应油茶炭疽菌侵染的关键基因和信号通路，以此探索广泛分布于动植物组织或细胞中进化最为保守的天然免疫成分，可为防治油茶炭疽病寻找新的、广谱的作用位点提供新视角和新思路。

---

① 1 亩≈667 m^2

植物-土壤-微生物构成了一个微小的生态系统，在植物体的微环境中，病原菌与内生菌此消彼长，在外界环境因子的共同作用下，维持着植物微环境的稳态。深刻理解炭疽病和根腐病在油茶植株中的生态学影响，包括病原菌与寄主之间的互作、病原菌与植物内生菌或根际土壤微生物的互作、环境因子对病害发生的影响，以及病原物在环境中存在的情况，才能更好地定位病害防控的关键节点。本研究通过高通量测序技术阐述了油茶根际微生物群落、根系内生菌、丛枝菌根（arbuscular mycorrhiza，AM）真菌和叶片内生菌在油茶病程中群落结构的变化，通过功能注释解释了油茶内生菌及根际微生物的潜在功能，同时分析了土壤理化因子对微生物群落的调控作用，以期通过微生物群落的调控实现油茶病害的绿色防治。

油茶的养分管理是生产管理过程中的重要环节，复杂的年生长发育周期使得油茶林地内树体和土壤养分状况多变，养分管理存在一定的难度。油茶的花期、休眠期、果期是油茶关键物候期，通过对物候期的监测研究可以了解油茶年生长发育周期的物候情况，以及为判断外部环境发生非节律性改变对油茶所产生的影响提供依据。精准施肥能合理控制肥料的投入，提高油茶产量和品质，并且大大降低生产成本，掌握油茶的需肥规律是开展精准施肥的前提。叶片化学计量可以反映油茶生长发育过程中的养分盈亏状况，而土壤化学计量可以更为直观地反映出油茶林地的养分盈亏情况，因此，开展化学计量的研究对于林地养分管理和施肥方案的制定具有指导意义。通过对树体和土壤养分动态的研究，可以了解油茶年生长周期各物候阶段树体及林下土壤的养分变化特点，以指导施肥工作的开展，及时补充油茶所需养分，保证油茶的产出。

本书共 10 章，分别为研究综述、油茶炭疽病和根腐病的发生与流行、油茶炭疽菌和拟南芥互作模型的建立、油茶炭疽菌和秀丽隐杆线虫互作模型的建立、油茶内生芽孢杆菌防控炭疽病的机制研究、油茶叶片内生菌与炭疽病的交互作用研究、油茶炭疽病发生与丛枝菌根真菌关系研究、油茶根腐病根际土壤与根系内生菌群落结构和多样性分析、油茶炭疽病的综合防控措施和油茶物候期及树体养分动态研究。本书的出版得到国家重点研发计划项目“主要经济作物重要及新成灾病害绿色综合防控技术（2019YFD100200X）”、国家自然科学基金项目（31860208 和 32160395），以及林学和森林保护国家级一流本科专业建设和省级一流本科专业建设及林学学科资助。西南林业大学云南省森林灾害预警与控制重点实验室和国家林业和草原局西南地区生物多样性保育重点实验室在实验仪器和测试技术方面给予了大力支持，在此表示感谢！

本书不仅关注病害的发生与流行规律，还深入挖掘潜在的致病机制和抗性机制，以及绿色生态的综合防控措施等关键问题，旨在为从事油茶栽培和病虫害防治的科研人员、高校学生、农林业从业者提供参考。

限于人力及时间，本书难免存在疏漏和不足之处，恳请读者批评指正。

著　者

2023 年 12 月 30 日

目　录

第1章 研究综述

1.1 油茶的经济重要性及其病害研究综述

1.1.1 油茶概述及其重要性

油茶（*Camellia oleifera*）是山茶科（Theaceae）山茶属（*Camellia*）的一种灌木或中等乔木，是我国特有的油料植物。油茶在我国有悠久的种植和栽培历史，在从长江流域到华南地区的14个省份均有广泛的栽培（张宏达和任善湘，1998）。

油茶生长快、适应性强，具有良好的经济效益、生态效益和社会效益，油茶种子含油率高，鲜榨茶油中富含不饱和脂肪酸以及多酚、黄酮、原花青素、总三萜和木脂素等活性物质，是一种高质量、耐储存的健康食用油（贺义昌等，2020；He et al.，2020）。油茶能调节血脂水平，可有效预防高脂血症、冠心病和动脉粥样硬化等疾病的发生。此外，油茶在工业和农业有重要的用途，可作为肥皂、凡士林、润滑油、防锈油的原材料；茶饼可作为肥料和牲畜的饲料；油茶鲜叶提取物对紫花苜蓿和紫云英有较明显的化感促进作用，发酵物可作为绿色无公害的农药，防治农林业有害生物（刘书彤等，2020；曾家城等，2020；Zhao et al.，2020）。

油茶具有发达的根系，能够固定土壤保持水土，具有绿化环境、调节气候、涵养水源的功能，是优质的生态树种。从近些年的实践经验来看，和其他荒山造林树种比起来，种植油茶具有较好的经济效益；种植油茶具有早期投入大，但受益期长的特点，一般来说，待油茶进入稳定结果期时，种植油茶的收入是可观的，可以长期巩固致富的成果，对于山区增收是一个优质的选择。

1.1.2 云南省油茶栽植现状

油茶在云南的主栽品种是白花油茶和腾冲红花油茶。截至2019年底，云南省共种植油茶约350万亩（文山州199.30万亩、红河州50万亩、曲靖市20万亩、德宏州50万亩、保山市等其他地区30万亩），综合产值7.9亿元，位列全国第11位（陈福等，2020；郑静楠等，2021）。

在云南省，德宏州、保山市和文山州是主要的油茶栽植产区。德宏州地处云贵高原西部横断山脉南部延伸的地方，地势呈现东北高西南低，全州属于南亚热带季风气候，降水丰沛，光照充足，独特的地理位置及地形条件使其形成了冬无严寒、夏无酷暑、雨热同期的气候，为多种农林作物提供了良好的环境条件。保山市地处云南省西部，即哀牢山的西部，属于低纬山地亚热带季风气候，由于地形复杂且地处低纬度高原地区，形成年温差较小、日温差较大、降水充沛和干湿分明的气候特点。文山州地处云贵高原东南部，地势西北高、东南低，山区和半山区有较大的面积占比，为亚热带气候，冬无严寒，夏无酷暑，雨量充沛，但分布不均，太阳辐射能丰富，热量资源充足，适宜多种农作物的生长。

1.1.3 油茶病害发生现状及研究进展

随着油茶集约化种植和油茶产业的快速发展，加之良种选育滞后及栽培管护技术落后，油茶病虫害发生严重。侵染性病害包括真菌性病害、细菌性病害、寄生性植物和植物病原线虫等，既往研究已报道的油茶病害有50多种，由真菌导致的病害占比较大。危害较重的真菌病害主要包括油茶炭疽病、油茶根腐病、油茶叶枯病、油茶饼病和油茶软腐病等（宋雨露，2020）。油茶炭疽病和油茶根腐病对油茶生长及其产量有严重影响，染病油茶大量落花落果，叶片干枯脱落，严重时导致整株枯死，会造成极大的经济损失（李石磊，2013）。

1.1.3.1 油茶炭疽病的发生现状

油茶炭疽病在我国各大油茶种植区普遍发生，广东、贵州、湖南、海南和四川等15个省份均有报道。其中油茶中心分布区湖南、江西和广西等省份发病率较高，南方种植区发病程度重于北方种植区，在高温高湿地区，油茶炭疽病发病较为严重，造成油茶的落叶、落果和枝枯，严重时整株枯死（张莉等，2018；卢永辉，2019；秦绍钊等，2020）。

炭疽菌属（*Colletotrichum*）主要危害油茶的叶片、枝梢、花芽、叶芽和果实。受炭疽菌侵染，叶尖和叶缘初期出现褐色较小的斑点，呈圆形至不规则形，随后出现水渍状轮纹状枯斑，边缘紫红色，中部凹陷灰白色，病斑上轮生黑色小点，产生橙色的分生孢子堆，后期叶片脱落；幼嫩的新梢易受侵染，病斑椭圆形，病斑边缘粉红色、中部灰白色，病斑上产生黑色小点，后期病斑纵向开裂，待病斑环绕枝梢一周后即出现枯梢的症状；花芽和叶芽受侵染后发生坏死，产生黑色小点；果皮受侵染后出现黑褐色小斑，病斑逐渐扩大为圆形至不规则形黑色病斑，后期病斑上轮生小黑点，空气中湿度较大时可见橙黄色至粉色的分生孢子堆，严重时，果皮开裂早落（段琳，2003）。

油茶炭疽病整年都有发生，植株的嫩叶和嫩枝首先受到炭疽菌的侵染，随后果实、叶芽、花芽和花受到侵染。4月下旬可初见病斑，5月上中旬是病斑出现的高峰期，随后病斑的扩散减缓至停止，8 月至 9 月果实成熟期是果实炭疽病发病的高峰期，叶芽和花芽于 6 月开始受到侵染，8～9 月出现发病高峰期。炭疽菌以菌丝体、分生孢子、子囊壳以及子囊孢子等形式在青果、叶芽或病残体内越冬，翌年 3 月中下旬，病原菌借助风雨进行传播，通过伤口和自然孔口侵入寄主植物，随后经过 7～10 d 便开始表现症状，在 27～30℃病情迅速发展。在同一生长期，炭疽菌从发病组织产生分生孢子发生多次再侵染。炭疽病流行的主导因素是温度，适宜的湿度也能促进病害的流行，夏季高温多雨的气候使得炭疽病迅速发展和蔓延（周尔槐等，2016）。喻锦秀等（2014）研究了湖南省油茶炭疽病的发生规律，发现湖南省油茶 4 月下旬开始发病，6 月进入发病高峰期，7～8 月高温干旱时发病程度减缓，8～9 月出现第二次发病高峰期，冬季由于气温降低，病害发生减缓至停止，病原菌进入越冬状态；唐美君等（2019）对杭州西湖区油茶炭疽病进行了为期 1 年的监测和调查，结果表明在该地区，炭疽病 1 年有 2 个发病高峰期，4～5 月开始发病，6 月达到第一次发病高峰，7～8 月略有下降，9 月病害开始扩展，11～12 月出现第二次发病高峰。

1.1.3.2　油茶炭疽菌的研究进展

先前的研究普遍认为油茶炭疽病的病原为胶孢炭疽菌（*C. gloeosporioides*），其有性阶段为 *Glomerella cingulate*，随着对炭疽菌病原学的深入研究，研究者们认为引起油茶炭疽病的病原种类较多。李河等（2017）对采集自湖南株洲、长沙、浏阳、怀化等 6 个市的典型油茶炭疽病叶进行病原菌的分离与鉴定，发现果生炭疽菌（*C. fructicola*）、暹罗炭疽菌（*C. siamense*）、胶孢炭疽菌（*C. gloeosporioides*）、山茶炭疽菌（*C. camelliae*）和哈锐炭疽菌（*C. horii*）是主要的病原菌，其中果生炭疽菌的分离频率最高。李杨等（2016）通过分离湖南省、江西省及海南省的油茶炭疽病叶，首次发现 *C. camelliae* 侵染油茶。李河等（2019）明确了湖南、江西、海南和广东 4 个省份油茶苗圃炭疽菌主要是 *C. fructicola*、*C. siamense*、*C. camelliae* 和 *C. gloeosporioides*。

炭疽菌属（*Colletotrichum*）过去常称刺盘孢属，依据 Ainsworth 的分类系统，归属于真菌界（Fungi）半知菌亚门（Deuteromycotina）黑盘孢目（Melanconiales）黑盘孢科（Melanconiaceae）。随着对真菌分类的深入研究，人们认识到炭疽菌属的有性型为围小丛壳属（*Glomerella*），依据《菌物字典》第 10 版的分类系统，其归属于真菌界（Fungi）子囊菌门（Ascomycota）粪壳菌亚纲（Sordariomycetidae）小丛壳科（Glomerellaceae）。Corda 首次报道并描述了线列炭疽菌（*C. lineola*），将分生孢子盘有刚毛的类群从刺盘孢中独立出来建立了炭疽菌属，自建属以来，炭疽菌的分类一直处于混乱的状态，Arx（1957）提出了炭疽菌属的分类系统，根据产孢细胞和分生孢子等形态特征进行分类，我国戴芳澜教授于 1979 年以传统分类学为基础综述了我国炭疽菌的种类，在《中国真菌总汇》中记录了刺盘孢属真菌 71 种（戴芳澜，1979）。炭疽菌在寄主植物上产生的营养结构与繁殖结构常常随着外界条件的改变而发生变化，给形态分类鉴定带来了一定的困难，因此结合炭疽菌的培养特征与生物学特性进行形态鉴定已得到认可和应用。

Sutton（1992）提出以纯培养物菌丝的形态，分生孢子的形状、大小及附着胞的形态作为描述炭疽菌形态特征的依据。依据 Sutton 的分类学基础，我国植物病理学家魏景超（1990）教授在《真菌鉴定手册》中对炭疽菌属的特征描述为：分生孢子盘产于寄主植物的角皮层下或表皮下，先埋藏后暴露，深色，有时产生暗色刚毛，分生孢子梗无色至褐色，具分隔，不分枝，分生孢子无色，单胞，圆筒形至纺锤形。依据形态学特征的异同，某些特征明显的物种能被鉴定出来，然而真菌的形态特征多变复杂，某些形态结构会随着外界环境的改变而发生不稳定的变化，菌丝和孢子的大小及形态等细微的结构在光学显微镜下难以区分，因此，传统的分类方法仅依据炭疽菌的形态特征及寄主范围作为分类的依据并不能真实地反映种间的亲缘关系（Ono et al.，2020）。随着现代分子生物学技术的发展，该类技术已经广泛地应用于真菌分类的研究中，从分子水平反映炭疽菌在核苷酸水平的差异和亲缘关系，使得分类和鉴定变得更加准确。核糖体 RNA（rRNA）序列分析、DNA 碱基组成[（G+C）mol%]、限制性片段长度多态性（RFLP）、随机扩增多态性 DNA（RAPD）在真菌种级分类研究中有着重要的作用。位于 rDNA 上的 18S 和 5.8S 之间以及 5.8S 和 28S 之间的内在转录间隔区（internal transcribed spacer，ITS）片段，既有较高的保守性，又能容忍较多的变异，体现出了较为广泛的序列多态性，显示了物种间的进化特征，可用于真菌的鉴定（White，1990）。由于 ITS 的高变区在某些近缘种的差异不大，利用 ITS 单基因序列对炭疽菌构建的系统发育树自展支持率不高，加之 GenBank 中的无效 ITS 序列占比较高，不能准确地区分亲缘关系较近的种，因此炭疽菌的复合种无法提供足够的支持率和区分度。目前越来越多的研究将更具有辨识度的基因序列引入真菌分子系统学的研究中，弥补了 ITS 序列在真菌鉴定中的缺陷。Carbone 和 Kohn（1999）首次设计了蛋白基因的通用引物并用于丝状真菌的系统发育研究中，后续的研究中一些具有足够分辨率的基因序列被广泛地关注，如肌动蛋白（Actin，*ACT*）、β-微管蛋白（Beta-Tubulin，*TUB2*）、钙调蛋白（Calmodulin，*CAL*）、几丁质合酶 1（Chitin Synthase-1，*CHS-1*）、谷氨酰胺合成酶（Glutamine Synthetase，*GS*）和甘油醛-3-磷酸脱氢酶（Glyceraldehyde-3-Phosphate Dehydrogenase，*GAPDH*）等基因。Damm 等（2009）通过联合 ITS、*ACT*、*TUB2*、*CHS-1*、*GAPDH* 和 *HIS3* 基因，对分离自草本植物的 97 株炭疽菌进行系统发育分析，结果将分离物聚为 20 个分支，其中还包含了 3 个先前未经报道鉴定的炭疽菌类群。Weir 等（2012）利用了 *ACT*、*TUB2*、*CHS-1*、*GAPDH* 和 *HIS3* 等蛋白编码基因与锰超氧化物歧化酶 2

（Manganese-Superoxide Dismutase 2，*MnSOD-2*）基因对胶孢炭疽菌复合种进行分子系统发育研究，结果表明在区分复合种的过程中 *GAPDH*、*CAL* 和 *ACT* 基因较 ITS 片段和 *TEF*（Translation Elongation Factor）基因表现良好，其中 *TUB2*、*GS* 和 *GAPDH* 是区分近缘物种和复合种最有效的基因，通过 *GS* 基因明确了 *C. alienum* 是导致苹果腐烂的病原真菌。Liu 等（2022）利用多基因位点联合全基因组特征，对中国植物常见炭疽菌复合种和复合种内的物种进行系统的分析，结果表明 *ACT*、*CHS-1*、*GAPDH*、*HIS3*、ITS 和 *TUB2* 能准确区分 *C. acutatum*、*C. dematium*、*C. destructivum*、*C. dracaenophilum*、*C. magnum*、*C. orchidearum*、*C. spaethianum* 和 *C. truncatum* 复合种，*CAL* 片段对 *C. boninense* 有较高的分辨率，*GS* 片段对 *C. orbiculare* 分辨率更高，而 *ApMat* 和 *GS* 基因串联片段在 *C. gleosoporioides* 复合种中的物种划分具有更高的分辨率。

1.1.3.3　油茶根腐病研究进展

油茶根腐病的发生导致幼苗和成林的死亡，染病油茶地下部分发育不良，次生根形成减慢，韧皮部呈现水渍状，颜色暗淡；木质部由正常的白色转变为灰白色，病根上产生梭形至长条形的褐色病斑，显微镜下可见组织褐变和坏死，病组织细胞中含有透明状菌丝。染病严重的根系病部出现腐烂，须根、侧根坏死，根颈部位的皮层变黑、腐烂，并出现灰白色菌丝体（周国英等，2007）。

截至目前，国内外对于油茶根腐病的系统性研究还较少，其病原菌种类、发生规律和流行规律尚不清楚。由于根部染病，患病不易发现，染病植株地上部分初期主要表现为叶片变得灰暗、古铜色和黄化，春梢比正常植株的短 3/4～4/5，树冠冠幅缩小，叶片脱落，开花及坐果率降低，严重时叶片几乎全部落光，枝干干枯，甚至整株死亡（刘三宝，2011）。国内最早于 1962 年对染根腐病油茶的根部开展防治试验，但并未确定其病原物种类。曹福祥等（1994）采用科赫法则对分离出来的病原物进行验证，并根据病原物的形态特征以及培养性状，确定侵染油茶的病原菌是毁灭柱孢菌（*Cylindrocarpon destructans*）。胡芳名等（2005）认为根腐病的病原为无性世代半知菌类中的罗氏白绢小菌核菌（*Sclerotium rolfsii*），有性世代为担子菌门的罗氏白绢病菌（*Pellicularia rolfsii*）。郝芳（2009）对湖南浏阳油茶林样地患根腐病的油茶进行分离，基于 ITS 片段确定了层生镰刀菌（*Fusarium proliferatum*）是主要的病原菌，该病原菌也在鄂州林业科学研究所油茶基地被发现并报道（刘三宝，2011）。赵志祥等（2020）对海南油茶根腐病的病原菌进行了形态、分子鉴定和系统发育分析，认为除层生镰刀菌（*F. proliferatum*）外，尖孢镰刀菌（*F. oxysporum*）也是油茶根腐病的病原菌。

1.1.4 油茶病害的防治现状

油茶炭疽病和根腐病的严重发生带来了重大的经济损失，对全球农业和林业构成了巨大威胁。基于“预防为主，综合防控”的植保方针的植物病害防控方法主要包括：植物检疫、抗病育种、农林业栽培防治、化学防治、物理防治和生物防治。由于化学防治操作方便、效果快速显著，因此，化学防治是防治病害最简便且高效的途径，室内和田间试验表明，咪鲜胺、25%吡唑醚菌酯乳油、10%苯醚甲环唑水分散粒剂和 1,3-二甲基-2-咪唑啉酮（DMI）类药物均对油茶炭疽病防治效果较好（肖开杰等，2023）。但是长期使用化学农药会导致很多不良影响，如农药残留、产生抗病性、杀伤天敌和其他益虫、造成环境污染等。加强培育与选育抗病性较强的油茶品种、改善营林技术措施、合理设计密度、科学营造混交林等也是提高油茶抗病虫害能力的有效途径。营林措施主要包括整地、抚育管理、调整植株密度、适度整枝、通风透光和清理病叶病枝等。林间研究表明，每年 5～6 月，每隔 10 d 对油茶林内的病残体进行清除，连续进行 3～4 次，可有效减少来年病菌来源，但对油茶林进行物理防治和农林措施防治开展难度较大，需要消耗大量的人力物力成本，且周期相对较长（帅开征，2019）。

植物病害生物防治是指利用微生物或微生物次生代谢产物来防治病害，具有对生态环境友好、病菌不易产生抗性和选择性强等优点。经过大量学者辛勤付出，对油茶病害生物防治技术的研究取得了丰硕的成果。可利用拮抗微生物防治病害，其中芽孢杆菌、放线菌、青霉菌、植物内生真菌对病原真菌都具有较好的拮抗效果（宋光桃和周国英，2010；魏蜜等，2016；Xia et al.，2023）。另外，利用植物提取物防治病害也是生物防治的重要内容，周建宏等（2011）研究发现丁香、黄芩提取物和茶皂素对油茶炭疽病均有一定的预防作用，其中丁香提取物效果最好，抑菌率高达 96.2%。

与油茶炭疽病的防治现状相似，油茶根腐病的防治方法大致分为化学防治、抗病品种选育和营林规划。育苗前期，选用土壤熏蒸剂消毒土壤，能在前期遏制病原菌的生长，同时利用灌根法，在油茶根部灌注硫酸铜（$CuSO_4$）溶液和福美双等药剂。根据当地的自然条件状况，选取优良的抗病品种育苗，避免单一品种种植。合理施肥，提高油茶抗病性，及时清理杂草，发现病株及时清理，并在清理后的病株位置撒熟石灰进行灭菌（章胜利，2022）。

综上所述，针对油茶炭疽病和根腐病，防治方法的单一使用都存在着一定的局限性，化学防治虽然在油茶炭疽病和根腐病的防治上发挥主要作用，但药剂的频繁施用会导致高抗药性的病原菌出现，同时，也会对人畜的健康和生态环境带来负面影响；物理防治和农林业栽培防治需耗费大量的人力和物力；抗病品种选育虽是最直接和最经济的防治手段，但选育抗病品种耗时较长，且抗病品种面临产量问题和抗性持久性问题。因此，高效、绿色的防治策略是亟待研究的。

1.2　植物病原菌与寄主互作模型

油茶炭疽病和根腐病的发生严重制约着油茶产业的发展，探究炭疽菌和根腐病菌与寄主的互作机理，从分子生物学水平揭示病原菌致病机制、植物响应病原菌刺激而诱导表达的抗病基因及植物信号转导通路是抗性育种中重要的环节。但由于油茶生长周期长、缺少全基因组信息和遗传体系等局限性的存在，难以研究病原菌和油茶的互作机制。因此，建立高效省时的互作模型是至关重要的。

1.2.1　病原菌与植物的互作模型

病原菌为与植物建立侵染关系，真菌的分生孢子首先需要附着在植物上，随后分生孢子萌发穿透寄主组织，并逃避宿主的免疫防御。分生孢子可以在种子、根、叶片表面萌发，诱导植物上分生孢子萌发的因素包括表面结构、水分活性、环境温度、分生孢子密度和植物衍生的化合物，如黄酮类化合物、蜡和根分泌物。钙调蛋白信号通路、G 蛋白信号转导和环腺苷酸（cAMP）信号通路是分生孢子萌发的关键信号通路。分生孢子萌发后，通过气孔、伤口进入，通过菌丝或附着胞穿透完整的植物组织。植物死亡与菌丝入侵、分泌降解酶、植物毒素和活性氧类的介导有关。在入侵的分子机制中，丝裂原激活蛋白激酶（MAPK）、cAMP-蛋白激酶 A（protein kinase A，PKA）和 G 蛋白信号通路是普遍保守的信号通路，对植物的发病机制起重要作用（Gauthier & Keller，2013）。

拟南芥（*Arabidopsis thaliana*）是十字花科（Brassicaceae）植物，本身无食用与经济价值，但其植株小，生育期短，种子量大，具有显花植物的全部特征，仅含有 5 对染色体，使其成为研究分子生物学、植物遗传育种及病原菌与植物互作关系的模式植物。拟南芥被誉为“植物界中的果蝇”，因此，在植物遗传学、发育生物学和分子生物学等方面的研究中被科研工作者作为模式植物加以研究。O’Connell 等（2004）建立了毁灭炭疽菌（*C. destructivum*）与拟南芥的互作模型，研究发现，拟南芥对该菌株具有敏感性，接种炭疽菌后拟南芥出现了超敏反应（hypersensitivity reaction，HR）。在该互作体系中，拟南芥表现出半活体营养型真菌的两阶段感染过程：最初的活体营养阶段产生的初生菌丝局限于单个表皮细胞中，随后的死体营养阶段产生的次生菌丝广泛定植于叶片组织中并产生分生孢子。类似地，*C. destructivum* 复合种内成员 *C. higginsianum* 也具有广泛的寄主范围，包括拟南芥和许多其他十字花科作物，研究者通过建立 *C. higginsianum* 与拟南芥的互作体系，揭示了侵染早期和侵染后期半活体营养型炭疽菌侵染进程中效应蛋白的表达（Kleemann et al.，2012）。

1.2.2 病原菌与动物的互作模型

秀丽隐杆线虫（*Caenorhabditis elegans*）是一种在土壤中生活、结构简单、通体透明的小型线虫，成虫体长大约为 1 mm，其身体各部分组成及构造乃至单个细胞均较为容易在显微镜下观察。*C. elegans* 生活史很短，20℃条件下培养 3.5 d 即可由卵长至成虫。另外，*C. elegans* 也是首个获得全基因组测序的多细胞生物，大约包含 20 000 个基因，其中有 60%～80%与人类基因同源，而目前已知的人类疾病相关基因约有 40%在秀丽隐杆线虫中能找到对应的同源基因，并且线虫主要的分子信号途径与高等动物保持较高的保守性。因此，相较于高等动物以及果蝇，秀丽隐杆线虫简单的身体构造以及多条保守的信号转导途径，使其成为病理学研究的理想模型（Maurer et al.，2015）。

秀丽隐杆线虫是研究病原菌致病机制以及宿主天然免疫信号通路的理想模型。除了对人类致病的大量病原菌能感染线虫外，一些植物病原菌也能感染线虫（白彦丽，2015）。人类致病菌大多是通过消化道来感染线虫，常见的人类病原菌中，真菌白念珠菌（*Candida albicans*）在线虫消化道内增殖，有丝状体形成；新型隐球菌（*Cryptococcus neoformans*）在肠道内积累而杀死线虫；马尔尼菲青霉菌（*Penicillium marneffei*）会产生红色素，使线虫的肠延伸，逐渐充满整个肠腔，并且菌丝破坏和穿透线虫表皮（Mylonakis et al.，2002；Peleg et al.，2008；Huang et al.，2014）。植物病原菌黄单胞菌（*Xanthomonas* sp.）能定植在线虫肠区，丁香假单胞菌 MB03 侵染线虫后会存在于线虫的咽部及整个肠道，使得其咽部变得膨大而脆弱。此外，既往研究也证实了菊欧文氏菌（*Erwinia chrysanthemi*）、胡萝卜软腐欧文氏菌胡萝卜亚种（*Erwinia carotovora* subsp. *carotovora*）以及根癌农杆菌（*Agrobacterium tumefaciens*）均能感染秀丽隐杆线虫（Couillault & Ewbank，2002；白彦丽，2015；谢力，2016）。相对于细菌，真菌感染线虫的研究相对较少，食线虫真菌圆锥掘氏梅里霉（*Drechmeria coniospora*）通过角质层和表皮侵染线虫，寄生性真菌被毛孢属（*Hirsutella* sp.）和钩丝孢属（*Harposporium* sp.）通过分生孢子侵入线虫肠道，萌发后侵入线虫组织，穿透表皮来进一步侵染线虫；感染两栖类动物的蛙壶菌（*Batrachochytrium dendrobatidis*）也能侵染线虫，使其角质层破裂而导致线虫死亡（Liang et al.，2005；Engelmann et al.，2011；Shapard et al.，2012）。

1.3 植物应对病原物的防御机制

生长在自然环境中的植物往往会受到各种病原物的侵染，包括真菌、细菌、线虫、昆虫及无细胞结构的病毒，受侵染后的植物偏离正常的生长状态表现出的不正常现象，即植物病害。在长期的系统进化下，病原菌通过信号转导途径，破坏植物的免疫防御系统，加速侵染植物；此外，为了应对病原菌的侵染，植物也进化出一系列复杂的防御机制。其中，固有（组成型）免疫防御包括植物先天具有的物理屏障结构和次生代谢物积累的生化机制，组成型防御一方面加强了植物的硬度与强度，另一方面也能抵御植物病原菌的侵染。当植物病原菌物突破组成型防御进行进一步的刺激时，植物产生诱导型防御机制限制病原菌的侵染（Freeman，2008）。

1.3.1 植物的组成型抗性

植物组成型抗性是植物固有的防御机制，包括固有的物理抗性和化学抗性。物理抗性是通过植物表面的蜡质层、表皮、气孔和细胞壁或维管束等结构抵御病原菌的侵染。化学抗性主要是依靠植物次生代谢物的合成与积累，对植物病原菌起毒杀作用或诱导植物产生抗病性。

植物表皮层和细胞壁在植物组成型物理抗性中扮演着重要的角色，植物的表皮蜡质层和细胞壁是植物细胞最外层的保护屏障，在植物组成型抗性中起着重要的作用。表皮蜡质层的结构包括蜡质层和角质层，但二者间没有绝对的界限，植物表皮蜡质层基本组成成分是链式超长脂肪酸衍生物、各种三萜类和苯丙酯类。由于蜡质层具有特殊的组成成分，植物表面的蜡质层能阻止植物组织内水分的非气孔性散失，因此能保持植物水分（Rashotte et al.，2001）。在环境湿度较大的环境中，空气中真菌孢子易于附着与萌发，往往导致植物病害的严重发生，植物表皮蜡质层具有良好的疏水性，能维持植物表皮的干燥，从而减少孢子的附着并阻挡孢子的萌发和侵入。此外，有研究指出，植物表皮蜡质层中具有丰富的黄酮类及羟基脂肪酸等活性物质，对植物病原菌具有直接的抑制作用（Xiao et al.，2014）。植物细胞壁是细胞膜外一层坚固的厚壁，由外向内由胞间层、初生壁和次生壁三部分构成，也是植物细胞区别于动物细胞的重要特征。在协同进化的过程中，为了应对气候等环境的变化和病原物的侵染，植物细胞壁在植物的发育过程中不断地进行重构，重建出复杂的结构。植物细胞壁主要由多聚糖类构成，包括纤维素、半纤维素、木糖和果胶等，对维持植物细胞的正常形态和提高植物抗病性有重要的作用。纤维素是植物细胞次生壁的重要组成部分。MYB 类转录因子是植物特有的一类转录因子，近年来的研究证实了 MYB 类转录因子参与调控植物苯丙烷类次生代谢途径和调节次生细胞壁生物合成的过程。*MYB46* 在拟南芥抗灰葡萄孢（*Botrytis cinerea*）侵染的过程中发挥着关键作用，*MYB46* 编码III型细胞壁结合过氧化物酶，该基因敲除突变体 *myb46* 通过选择性转录重编程细胞壁蛋白和相关酶的基因，提高对灰葡萄孢的抗性（Ramírez et al.，2011）。

植物体合成产生的次生代谢物构成了化学组成型抗性。木糖是组成植物细胞壁多糖的一类重要物质，多糖含量的改变会对植物的抗病性产生重要的影响。拟南芥 ERECTA（*ER*）基因编码一类模式识别受体（pattern recognition receptor，PRR）蛋白和一种受体样激酶（receptor tyrosine kinase，RLK），*ER* 基因突变后拟南芥细胞壁中的木糖含量降低，导致细胞壁的结构发生改变，*ER* 基因缺失突变体 *er* 比野生型植株对几类死体营养型及维管束病原菌更敏感（Francisco et al.，2005；Sanchez-Rodriguez et al.，2009）。糖苷是植物生物碱类次生代谢物中一类重要的化合物，参与植物的生长调节和防御反应，拟南芥信号转导通路中 MYB34、MYB51 和 MYB122 转录因子是吲哚硫代葡萄糖苷生物合成的决定性调控因子，将多余的色氨酸转化为吲哚-3-乙醛肟（indole-3-acetaldoxime，IAOx），即三种 MYB 转录因子不仅影响吲哚葡萄糖酸盐（indolic glucosinolate，IG）的生成，还影响其他 IAOx 衍生代谢产物的组成型生物合成，调控植物对病原菌的响应过程（Frerigmann et al.，2016）。黄酮类化合物是一类重要的次生化合物，其中，黄酮醇、黄酮、黄烷醇和查耳酮是重要的组成类群，在叶部、茎部和果实中有较高的含量及多样性，对植物生长发育的调节及应对生物和非生物胁迫具有重要的作用。黄酮类化合物发挥生化抗性作用主要包括以下机制：通过清除氧自由基和诱导植物防御性酶合成提高植物的抗性；还能通过破坏病原细菌的细胞膜，抑制核酸的生物合成过程，破坏微生物电子传递链，以及抑制酶活性等途径达到抑菌和杀菌作用；通过抑制病原真菌的芽管伸长、营养菌丝的生长和游动孢子的游动等途径达到抑制和拮抗的作用（Harris & Dennis，1977；杨蕾等，2019；任建敏，2021）。

1.3.2 植物的诱导型抗性

在植物-病原菌长期的协同进化的过程中，病原菌进化出突破寄主植物第一层组成型固有物理及生化防御屏障的能力，病原菌进一步侵染寄主植物将激活寄主植物的进一步防御响应，即植物的诱导型抗性。植物利用细胞膜上的模式识别受体（pattern recognition receptor，PRR）在病原物攻击时快速激活防御信号通路和免疫应答，植物诱导型免疫依赖于寄主植物对微生物相关分子模式/病原物相关分子模式（microbe-associated molecular pattern，MAMP/pathogen-associated molecular pattern，PAMP）以及损伤相关分子模式（damage-associated molecular pattern，DAMP）的识别，以激活植物模式触发免疫（pattern-triggered immunity，PTI）和效应触发免疫（effector-triggered immunity，ETI）（Jones & Dangl，2006）。

植物细胞细胞膜模式识别受体（PRR）主要包括受体样激酶（receptor-like kinase，RLK）和受体样蛋白（receptor-like protein，RLP），RLK/RLP 可分为几类

不同的亚家族，包括富含亮氨酸重复序列（leucine rich repeat，LRR）、赖氨酸基序（lysin motif，LysM）、凝集素（lectin）和包含表皮生长因子（epidermal growth factor，EGF）结构域受体，PRR 感知 PAMP 和 DAMP 后产生第一层免疫反应，即植物模式触发免疫（PTI）。为突破植物 PTI 免疫系统，细菌通过Ⅲ型分泌系统（type Ⅲ secretion system，TTSS）释放小分子 RNA 和效应蛋白等效应因子；最常见的真菌效应因子包括几丁质、多聚半乳糖醛酸酶（PG）、乙烯诱导木聚糖酶（EIX）和核盘菌培养滤液激发子 1（*Sclerotinia* culture filtrate elicitor 1，SCTE1），以此抑制寄主植物 PTI 免疫系统，增强病原菌的定植与致病能力。病原菌的效应因子分泌到寄主植物细胞内，被胞内核苷酸结合的富含亮氨酸的重复序列受体（nucleotide-binding domain and leucine-rich repeat containing，NLR）蛋白识别，激活植物的第二层免疫反应，即效应触发免疫（ETI）（Melotto et al.，2006；Jones & Dangl，2006）。

超敏反应（hypersensitivity reaction，HR）被认为是植物为限制病原物生长而出现的感染部位细胞的程序性细胞死亡（programmed cell death，PCD），是对病原物攻击最有效和最直接的抵抗反应。超敏反应（HR）大致分为三个阶段：诱导期阶段，病原物存在于细胞间隙，*Avr* 基因被激活，激活产物进入宿主植物细胞；潜伏期阶段，寄主植物没有明显的症状，但细胞水平的生理生化反应已开始改变，与 HR 相关的细胞膜开始发生不可逆损伤；显症期阶段，宿主细胞开始下陷和干燥，病原物在寄主植物细胞内的生长与扩散因此受到抑制（Keen & Staskawicz，1988），但三个阶段的划分和区别并非绝对的，与病原物、寄主植物和环境条件有密切的关系。

氧化暴发（oxidative burst，OB）最早在动物免疫过程中被发现并报道，之后在植物细胞中也观察到类似的 OB 现象，受病原物攻击后，植物细胞快速释放活性氧（reactive oxygen species，ROS），如过氧化氢（H_2O_2）、羟基自由基（·OH）和超氧化物，降解细胞内病原物。质膜定位的还原型烟酰胺腺嘌呤二核苷酸磷酸（NADPH）氧化酶家族介导了植物中的 OB 反应，被称为呼吸爆发氧化酶同源物（RboH），RboH 蛋白与哺乳动物 OB 中涉及的 NADPH 氧化酶（Nox）具有相似的结构域，拟南芥 *RboH* 基因敲除突变体受病原物感染后 ROS 积累和 PCD 进程发生改变，以此证实了 OB 参与植物的免疫激活（Torres et al.，2002）。植物体中的 OB 反应参与植物免疫反应大致有三种途径：①直接抑菌和杀菌作用，植物受病原物攻击时，诱导产生的 O^{2-}能快速抑制并清除病原物，H_2O_2 能抑制病原菌孢子的萌发；②受病原物侵染后，细胞壁中羟脯氨酸和过氧化物酶水平的增加，使细胞壁出现快速氧化交联，减缓并限制病原物的侵染与扩散；③此外，OB 反应能激活下游基因与防御反应，H_2O_2 能快速诱导谷胱甘肽 *S*-转移酶（glutathione *S*-transferase，GST）、谷胱甘肽过氧化物酶（glutathione peroxidase）和多聚泛素

（polyubiquitin）等相关基因的表达，编码细胞保护性酶类（Kawalleck et al.，1995；Li et al.，1997）。

在动物体中，病原物突破第一道免疫防线后，将面临第二道特异性免疫防线，淋巴细胞激活后进行细胞免疫，依靠记忆细胞分泌抗体应对之后入侵的相同病原物。然而植物体并不具备上述免疫防御系统，但它们进化出了一种类似的免疫系统，称为局部获得性抗性（local acquired resistance，LAR）和系统获得性抗性（systemic acquired resistance，SAR）（Vlot et al.，2009）。活性氧（reactivated oxygen species，ROS）反应和超敏反应（HR）是 LAR 中两个较重要的反应，研究证实接种病原菌后发生超敏反应的叶片组织附近，过氧化氢酶（catalase，CAT）的活性迅速且剧烈地减少，CAT 活性的下降导致超敏反应周围组织的有限氧化应激，有限的氧化应激可能参与了 LAR 的诱导过程（Dám et al.，1997）。ROS 和 HR 等局部抗性产生快速而剧烈的反应，限制和减缓了病原物的侵染过程，同时，通过激活一系列信号转导途径诱导植物一系列抗病基因的表达，产生 SAR，进而对其他病原物产生广谱的抗性（Sharrock & Sun，2020）。

1.4 植物免疫中的激素信号转导

在植物-病原物互作过程中，植物接受病原菌的刺激后，诱导体内产生一系列的信号转导过程以应对病原物的攻击。水杨酸（salicylic acid，SA）介导的信号转导途径和茉莉酸/乙烯（jasmonic acid/ethylene，JA/ET）介导的信号转导途径，在植物响应病原物及诱导系统抗性的过程中具有关键且重要的作用，引起相关抗性基因的表达。在植物激素与抗性信号转导的过程中，各激素通过单独发挥作用或各激素间形成复杂的信号转导网络共同调控植物的抗病响应进程（Sharrock & Sun，2020）。

1.4.1 茉莉酸/乙烯介导的免疫反应信号转导

茉莉酸类（jasmonates，JAs）是脂肪酸的一类衍生物，包括茉莉酸（JA）、茉莉酸甲酯（methyl jasminate，MeJA）和茉莉酸异亮氨酸偶联物（jasmonate isoleucine conjugate，JA-Ile）。JAs 在植物应对低温胁迫、干旱胁迫、盐胁迫和生物胁迫中具有重要的作用（Wang et al.，2020）。过去几十年，已在模式植物拟南芥和番茄中研究了 JAs 的合成与代谢途径，在拟南芥中合成 JAs 的途径包括从 α-亚麻酸开始的十八烷途径，以及从十六烷基三烯酸开始的十六烷途径。以不饱和脂肪酸为底物，通过脂氧合酶（lipoxygenase，LOX）、丙二烯氧化物合酶（allene oxide synthase，AOS）和丙二烯氧化物环化酶（allene oxide cyclase，AOC）的催化，在叶绿体中合成 12-氧-植物二烯酸（12-OPDA）或脱氧甲基化植物二烯酸（dn-OPDA），然后在过氧化物酶体中 OPDA 还原酶 3（OPR3）的作用下经过 β-氧化转化为 JA，在细胞质中，JA 通过各种化学反应代谢成 MeJA 和 JA-Ile 等不同结构的化合物（Chini et al.，2018）。

当植物感知到病原物的攻击时，JA-Ile 作为内源性免疫反应触发器开始在损伤部位快速且可逆地积累，从而诱导激活创伤组织周围防御基因的快速表达。受病原物侵染的伤口产生的信号分子，通过质外体和韧皮部短距离传递到邻近组织部位，激活 JA 级联反应途径进行防御反应，MeJA 可以转移到植物维管束的韧皮部和木质部，进行长距离运输，且迁移过程中伴有 JAs 的重新合成（Truman et al.，2007）。在拟南芥中 *COI1* 基因编码一种 F-box 蛋白，该蛋白是 E3 泛素连接酶的组成部分，是 JA 信号转导通路中重要的调控因子。COI1 与 JASMONATE ZIM（JAZ）结构域转录抑制蛋白，在 E3 泛素连接酶 SKP1-Cullin-F-box 复合体 SCF^{COI1} 中作为 JA-Ile 受体发挥作用，靶向 JAZ 阻遏蛋白，使其通过泛素化降解，解除对 MYC2 的抑制作用，从而启动 JA 响应基因的转录。在未刺激状态下，JAZ 蛋白通过结合阳性转录调节因子，如 MYC2/3/4，作为 JA 信号的转录抑制因子，衔接蛋白 NOVEL INTERACTOR OF JAZ（NINJA）与大多数 JAZ 蛋白的 ZIM 结构域相互作用，NINJA 通过 EAR 基序招募了协同抑制因子 TPL，从而防止了 JA 通路的过早激活。在 JA 刺激状态下，JAZ 蛋白与转录激活因子之间的物理相互作用被破坏，导致 JAZ 蛋白被 26S 蛋白酶体降解和大量 JA 应答基因的激活（Chini et al.，2018；Ruan et al.，2019）。

乙烯（ET）是高等植物中一种结构简单但功能多样的小分子气体激素，在植物生长发育中具有多种生理功能，包括促进种子萌发、根发育、成熟衰老、脱落和参与胁迫响应，研究证实，ET 与植物免疫信号网络中的 SA 和 JA 信号通路之间存在广泛的联系（Wang et al.，2021）。植物体内的乙烯合成前体为甲硫氨酸（methionine），经 *S*-腺苷甲硫氨酸合酶（*S*-adenosylmethionine synthase，SAMS）转化为 SAM，经 1-氨基环丙烷-1-羧酸合成酶（1-aminocyclopropane-1-carboxylate synthetase，ACS）催化合成 1-氨基环丙烷-1-羧酸（1-aminocyclopropane-1-carboxylic acid，ACC），经 1-氨基环丙烷-1-羧酸氧化酶（1-aminocyclopropane-1-carboxylic acid oxidase，ACO）氧化生成乙烯（Lin et al.，2009）。

分布在内质网上的乙烯受体（ethylene receptor，ETR）能感知乙烯信号，乙烯分子在铜离子的作用下与乙烯受体 1（ethylene receptor 1，ETR1）结合，进而与负调控因子 CTR1（constitutive triple response 1）相互作用，从而抑制下游作用元件 EIN2（ethylene insensitive 2）的磷酸化。EIN2 作为乙烯信号转导途径中的正调控因子，EIN2 的羧基端（EIN2-C）进入细胞核内，能调控下游 EIN3 和 EIN3 样蛋白（EIN3-likes，EILs）引起乙烯反应，EIN3 家族转录因子与下游乙烯响应因子（ethylene response factor，ERF）相互作用调节乙烯信号转导途径下游的基因表达（Solano & Ecker，1998）。细胞质中保留的 EIN2-C 作为支架蛋白，通过招募 EIN5 和 poly-A 结合蛋白（poly-A binding proteins，PABs）形成点状结构 P-body，与 EIN3-binding F-Box 1/2 蛋白（EBF1/2）的 mRNA 非翻译区（UTR）相互作用并抑制其翻译，导致 EBF1/2 蛋白含量急剧减少，使得 EIN3/EIL1 在细胞核内大量积累，激活下游乙烯反应，从而进一步增强乙烯反应。F-box 蛋白 ETP1/2（EIN2-targeting protein 1/2）和 EBF1/2 通过 26S 蛋白酶体分别靶向和降解 EIN2 及 EIN3，在乙烯信号转导中起负调控作用。此外，氨基乙氧基乙烯甘氨酸（aminoethoxyvinylglycine，AVG）和银离子（Ag^{+}）分别靶向作用于 ACS 和乙烯受体，使其功能失活，抑制了乙烯生物合成和信号转导（Yu et al.，2022）。

JA 和 ET 被认为是能协同调控植物免疫反应的信号因子，在植物响应病原物攻击的过程中发挥着重要的作用。在拟南芥中，ERF、bHLH、WRKY、MYB 和 bZIP 等多种转录因子参与 JA/ET 信号通路，诱导下游参与植物生长发育、环境适应和抗性相关基因的表达（Ruan et al.，2019）。SCF^{COI1}-JAZ 信号级联是拟南芥应对病原物的 JA 信号通路的主体，JA/ET 在植物防御响应中具有协同作用，ET 通过 ERF1/ORA59 和 PDF1.2 的表达激活防御反应。另外，脱落酸（abscisic acid，ABA）也通过 PYL4、MYCs 与 VSP2 的表达参与防御反应，值得注意的是，两条通路之间存在两个水平的拮抗作用，一方面是 ET 和 ABA 之间的拮抗作用，另一方面则是转录因子之间的拮抗作用（Wasternack & Hause，2018）。另外，MeJA 能诱导植物体内 ACO 的积累，从而增加 ET 的合成，当植物感知病原物的侵染时，JA 和 ET 可诱导转录因子 ERF 的表达，进而诱导 PR-4、b-CHI 和 PDF1.2 基因的表达（Hudgins & Franceschi，2004；Lorenzo & Solano，2005）。

1.4.2 水杨酸介导的免疫反应信号转导

水杨酸（salicylic acid，SA）是一种由植物合成的带有羟基或羟基衍生物的酚类化合物。作为一种重要的次生代谢物，SA 在种子萌发、呼吸作用、气孔开闭、衰老、对生物和非生物胁迫的响应和耐热性等方面具有重要的作用，同时 SA 还与 JA、ET、ABA 等植物激素构成复杂的植物激素信号网络，共同调控着植物的生长发育过程（Klessig & Malamy，1994）。在拟南芥中 SA 主要通过异分支酸途径（ICS 途径）和苯丙氨酸途径（PAL 途径）合成，均起始于叶绿体，以分支酸（chorismate）为前体，通过多种酶促反应合成。在拟南芥中两条途径对 SA 的合成的贡献存在差异，与植物免疫相关的 SA 主要由 ICS 途径合成。

ICS 途径起始于分支酸，通过异分支酸合酶（isochorismate synthase，ICS）和异分支酸丙酮酸裂解酶（isochorismate pyruvate lyase，IPL）的催化，经异分支酸（isochorismate）、异分支酸-9-谷氨酸（isochorismate-9-glutamate，IC-9-Glu）最终合成 SA。PAL 途径中由分支酸衍生的 L-苯丙氨酸，通过苯甲酸中间体或香豆酸，通过最初由苯丙氨酸解氨酶（phenylalanine ammonia lyase，PAL）催化的反应生成 SA。合成的 SA 再通过酶的作用转化为水杨酰葡萄糖酯（salicyloyl glucose ester，SGE）、SA *O*-β-葡萄糖苷（SA *O*-β-glucoside，SAG）、水杨酸甲酯（methyl salicylate，MeSA）和水杨酸甲酯 *O*-β-葡萄糖苷（methyl salicylate *O*-β-glucoside，MeSAG）等化合物（Garcion & Metraux，2006）。

植物受病原物侵染产生的 Ca^{2+}在 SA 的生物合成上游和早期信号转导中具有标志作用，植物识别病原菌后内源 SA 被诱导合成从而增强抗病相关基因表达。在植物 PTI 反应阶段，脂肪酶样蛋白 EDS1（enhanced disease susceptibility 1）和 PAD4（phytoalexin deficient 4）在 SA 的生物合成中发挥着重要的作用，当 TIR-NBS-LRR 型 R 蛋白触发 ETI 时，SA 的生物合成由 EDS1 和 PAD4 介导，当 ETI 由 CCNBS-LRR 型 R 蛋白触发，SA 的合成则是由 NDR1（non-race-specific disease resistance 1）介导（Bernoux et al.，2011）。植物受病原物攻击后，SA 的合成加速，并在植物体内迅速积累，激活下游基因的表达，进而引发植物的 SAR 反应。

SA 的下游信号通路主要受 NPR1（nonexpressor of pathogenesis-related genes 1）的调节蛋白控制，受 SA 激活后 NPR1 作为下游大量防御相关基因的转录共激活因子起重要作用，PR（pathogenesis-related）基因是一个包含多个成员的基因家族，部分 PR 基因具有编码抗菌活性蛋白质的作用，其中 PR-1 作为典型的 PR 基因，被认为是 SA 响应信号通路的重要标记（Moore et al.，2011）。另外，WRKY 和 MYB 转录因子家族具有激活或抑制 SA 的反应，在 SA 介导的抗性和 SA 信号通路的负调控中发挥着重要的作用（Vlot et al.，2009）。NPR1 向细胞核内转移是 SA 信号转导的重要过程，无刺激条件下 NPR1 被隔离在细胞质内，相对少量的细胞核内的 NPR1 单体被泛素化并靶向于蛋白酶体，以防止 NPR1 靶基因的过早激活。当受 SA 诱导后，NPR1 通过核孔蛋白转移到细胞核内，NPR1 与 bZIP（basic leucine zipper）转录因子家族的 TGA 亚类成员相互作用，这些转录因子与 SA 应答基因的启动子结合将其激活。在这个过程中，NPR1 磷酸化后被蛋白酶体降解。NPR1 入核与靶基因启动子结合，后续被磷酸化和泛素化清除，这一过程的顺利进行允许新的 NPR1 单体重新启动转录循环。NPR1 互作蛋白 NIM1-INTERACTIING1/2/3（NIMIN1/2/3）和 SUPPRESSOR OF NPR1 INDUCIBLE1（SNI1）等作为负调控因子，调控 SA 和 NPR1 的反应进程，防止 SA 信号的过早激活。SA 通路在感染部位被激活，在植物其他部位通常也会触发类似的反应，以保护未受损的组织免受随后的病原物入侵（Vlot et al.，2009）。

1.5 秀丽隐杆线虫抵御病原菌的天然免疫通路

秀丽隐杆线虫体躯构造简单、基因背景清晰、仅具有天然免疫，且能被动植物病原菌侵染定植。动物病原菌和植物病原菌存在明显的种属差异和致病性差异，考虑到植物病原菌感染动物宿主后诱导的免疫应答，与动物病原菌侵染后的应答相比，排除了种属差异性的最基本的免疫响应。因此，对植物病原菌侵染线虫后诱导的线虫宿主天然免疫应答的研究，很可能揭示天然免疫中最古老和保守的部分，为免疫应答的研究提供新的思路（白彦丽，2015）。在受到病原菌的侵染时，线虫会激活相应的信号转导途径进行免疫防御，研究发现秀丽隐杆线虫主要通过丝裂原激活蛋白激酶（MAPK）信号通路、DAF-2/DAF-16 信号通路、转化生长因子 β（TGF-β）信号通路、PCD 信号通路和 Toll-like 受体（TLR）信号通路来抵御病原菌侵染。

1.5.1 MAPK 信号通路

丝裂原激活蛋白激酶（MAPK）信号通路是动物和植物中较为保守的信号转导通路，包含细胞因子抑制的抗炎药物结合蛋白激酶 p38 MAPK、细胞外调节激酶 ERK/MAPK 和氨基末端激酶 C-JNK/MAPK 3 条不同激酶的信号转导方式。p38 MAPK 是调节免疫应答的主要途径之一，*nsy-1*、*sek-1* 和 *pmk-1* 这 3 个基因是编码保守的 p38 丝裂原激活蛋白激酶家族（PMK）-1 途径的核心成分，它们在铜绿假单胞菌 PA14 肠道感染抗性中具有重要作用，而这些基因的突变会导致线虫对病原物敏感性增强。PMK-1 p38 MAPK 除了在免疫信号转导中的作用外，还介导对氧化应激的调控（Inoue et al.，2005；Kim & Ausubel，2005）。而 ERK/MAPK 和 C-JNK/MAPK 途径在神经元反应以及炎症信号反应中发挥重要作用（Tarantino & Caputi，2011；Qu et al.，2020）。

1.5.2 DAF-2/DAF-16 信号通路

类胰岛素受体 DAF-2/DAF-16 信号通路与线虫的寿命高度相关，DAF-2 通过调节线虫体内 FOXO 家族转录因子 DAF-16 从细胞质向细胞核转运，诱导多种应激抵抗基因，如超氧化物歧化酶-3（SOD-3）、过氧化氢酶-1/2（CAT-1/2）、小热休克蛋白（sHSP）、金属硫蛋白-1（MTL-1），来参与线虫的天然免疫、调节线虫的寿命以及应激状态（于晓璇，2021）。DAF-2 通过激活由 *age-1* 和 *aap-1* 编码的磷酸肌醇 3-激酶（PI3K）来调节 DAF-16，PI3K 增强 4 种丝氨酸/苏氨酸激酶（PDK-1、Akt-1、Akt-2 和 SGK-1）的活性，这些激酶在秀丽隐杆线虫生理中有独特且重要的作用（Evans et al.，2008）。研究证实，DAF-2 的功能缺失突变体增强了秀丽隐杆线虫对多种细菌病原物的抗性，使其寿命长于正常的线虫。*daf-2* 突变体响应枯草芽孢杆菌、金黄色葡萄球菌、铜绿假单胞菌侵染时，均显著延长了线虫的寿命，且增强线虫对病原菌的抗性（Garsin et al.，2003）。

1.5.3　TGF-β 信号通路

在秀丽隐杆线虫中发现的第一个转化生长因子信号通路——TGF-β 信号通路位于调节 Dauer 幼虫发育的 Dauer 通路中。dbl-1、daf-7、unc-129、tig-2 和 tig-3 是秀丽隐杆线虫中编码 TGF-β 家族成员的 5 个配体，其中 dbl-1 和 daf-7 两个配体通过受体 SMAD 信号转导途径发出信号（Gumienny & Savage-Dunn，2013）。DBL-1 途径调节秀丽隐杆线虫对黏质沙雷氏菌和铜绿假单胞菌的免疫反应，*dbl-1* 缺失突变后，线虫对两株病原菌敏感性增强。DBL-1 能够与 DAF-4/SMA-6 形成的异二聚体受体结合，通过磷酸化激活 SMAD 蛋白 SMA-2/SMA-3/SMA-4 后从细胞质转至细胞核内，进而调控相关基因的转录表达（于燕等，2012）。

1.5.4　PCD 信号通路

程序性细胞死亡（PCD）是一个对多细胞生物的发育和稳态至关重要的进化保守过程。秀丽隐杆线虫体细胞 PCD 发生于不同发育阶段的多种组织中，细胞凋亡是 PCD 中研究最广泛的形式，细胞凋亡受一种保守的半胱天冬酶依赖的遗传途径调控（Fuchs & Steller，2011）。Apaf-1 同源物 CED-4 是细胞凋亡的一部分，其激活半胱天冬酶 CED-3，CED-4/Apaf1 的促凋亡功能受到哺乳动物抗凋亡 BCL-2 的同源物 CED-9 的调控。而 EGL-1/BH3 与 CED-9/Bcl-2 相互作用，抑制 CED-9/CED-4 复合物的形成，从而促进 CED-3 的功能，进而促进细胞凋亡（Yarychkivska et al.，2023）。鼠伤寒沙门氏菌（*Salmonella typhimurium*）从肠道侵染线虫，其诱导的生殖细胞死亡与 PCD 信号通路相关，秀丽隐杆线虫 CED-3 和 CED-4 的缺失突变对鼠伤寒沙门氏菌更加敏感（Aballay & Ausubel，2002）。

1.5.5　TLR 信号通路

Toll-like 受体（TLR）是存在于动物、植物及人体内的一种保守性免疫防御机制，是天然免疫系统的重要组成部分。*Tol-1* 是秀丽隐杆线虫中唯一编码 TLR 的基因，其在线虫抵抗病原物的防御中有直接作用。研究证实，*Tol-1* 是秀丽隐杆线虫对黏质沙雷氏菌免疫应答所必需的，*Tol-1* 缺失后，线虫的免疫应答受到影响，*Salmonella enterica* 从咽部侵染线虫后杀死线虫。此外，Tol-1 是 ABF-2 和热休克蛋白 16.41（hsp-16.41）转录表达的必要条件，ABF-2 是一种在咽部表达的防御素样分子，hsp-16.41 也在咽部表达，是线虫免疫所需的 HSP 蛋白家族的一员（Tenor & Aballay，2008；Brandt & Ringstad，2015）。

1.6 植物内生菌与根际微生物的研究进展

植物内生菌（endophyte）即定植于植物组织细胞及细胞间隙，在正常情况下不会引起植物发生病害的一类微生物。目前，对于植物内生菌的起源还存在较大的争议，一部分学者认为植物内生菌起源于植物细胞内部，由叶绿体和线粒体等细胞器转化而来；另一部分学者认为其起源于植物外部环境，根际微生物通过植物的自然孔口或伤口侵入植物根内细胞中，并定植于根的内部细胞（王玉芬，2019）。植物体作为一个微生态环境，可以同时被多种内生菌定植，研究表明，几乎所有高等植物的多种组织中都普遍存在内生菌，植物与内生菌在其生存的环境中维持着动态平衡，在外界环境发生改变时，内生菌可能对植物的生长发育产生不良的影响，这时植物内生菌就转变为病原菌（Freeman & Rodriguez，1993）。

1.6.1 植物内生菌的研究方法

植物体内存在多种多样的内生菌菌群，目前主要通过传统分离培养法、高通量分离技术、流式细胞仪检测法和原位培养技术对植物组织进行内生细菌菌群分离与鉴定。通过传统分离方法与现代高通量测序技术相结合，可对植物组织的内生菌种类与分布进行细致全貌的分析。在样品采集时，将植物组织装袋后低温带回实验室，以尽量保证内生细菌在植物组织体内处于存活状态。采样关键点主要在于植物组织的表面消毒，清理附着于植物表面的微生物，不同的部位有不同的表面消毒方法与时间。国内外广泛应用次氯酸钠、乙醇、升汞进行植物组织表面消毒。在试验过程中，需要设立空白对照，以检测此次试验表面消毒是否完全，也可检测是否过度表面消毒使植物组织受到损害，从而导致试验失败。

植物组织研磨匀浆后进行梯度稀释，涂布平板后培养以获得植物内生菌。对内生菌进行分离纯化，研究其形态及生理生化性质，进行形态学分类。利用分离培养法不仅可以获得内生菌，还可对现有的内生菌进行形态学鉴定。传统的分离培养法存在一定的局限性，分离培养仅能获得可培养的内生菌，约占微生物群落的 1%，在不同的培养基基质、温度、季节、环境等条件下，同一种植物组织可培养出内生菌的种类可能也不尽相同。屈欢等（2023）使用相同培养基分离不同部位的内生菌时，发现根和茎分离内生菌数量多，叶片内生菌数量少，且内生菌种类与数量主要取决于植物体内的优势内生菌菌群，所以内生菌在培养基上的适应能力低、外界培养条件复杂多变及可培养内生菌多样性低，使传统分离试验具有一定局限性。

高通量分离技术是为了快速获得适合高通量活性筛选的大量样品而发展起来的高效率的分离技术。利用细胞培养板通过使用液体介质对群落样本进行有限稀释来分离细菌，可以简化烦琐的菌落挑选和反复获得快速生长的细菌的过程。但高通量分离技术只适用于细菌，而且需要原材料的粗提取物来进行下一步的提取分离纯化工作。

流式细胞仪是一种在功能水平上对单细胞或者其他生物粒子进行定量分析的检测工具，可以每秒钟分析上万个细胞。细胞分选也是其重要应用之一，它可以根据每个细胞的光散射和荧光特征，把特定细胞从细胞群体中分选出来。但只适应于少量细胞分选，如果分离细胞量过大的话，需要耗费大量时间，分选后细胞的活力会受到很大程度的影响。

原位培养技术可以使微生物在原生态环境中获得天然的营养物质、信号分子或其他生长因子，最终被分离出来获得培养，将“未培养微生物”转变为可以培养的菌种而加以研究。但原位培养技术在实验室条件下很难模拟植物的环境条件，细胞一般会形成肉眼不可见的小菌落，延长培养时间也难以长大，使得检测和分离纯培养的工作变得费力烦琐。

由于传统分离培养法存在一定局限性，不同的环境使内生菌菌群发生较大的改变。因此，分子生物学方法越来越多地应用于植物内生菌菌群研究当中。通过16S rRNA基因克隆文库、高通量测序和宏基因组分析等分子生物学的方法可以检测到植物组织内不可培养的内生菌。高通量测序技术伴随着分子生物学技术在环境微生物群落研究中的广泛应用，现已迅速发展起来。高通量测序技术的测序覆盖深度大，可直接提取和鉴别环境中微生物的DNA或RNA，可以检测到群落中所有菌的基因信息，比起传统方法更适用于微生物菌群多样性的分析。高通量测序的分子标记主要是16S rRNA基因的V3-V4片段或ITS序列等细菌或真菌的鉴别基因。随着研究的深入，近年来*AOA*、*AOB*和*nifH*等功能基因在微生物群落研究中的应用逐渐发展起来，其中*nifH*基因是所有固氮微生物含有的最保守的功能基因，在进化上与16S rRNA基因有较高的相关性，常被作为固氮微生物多样性分析及物种分类的标准。

综上，高通量测序技术引领了科学研究新模式和研究思维的转变，人们借助该技术对植物各个组织部位的微生物展开了深入研究。但高通量测序方法并不能获得内生菌，无法进行后续试验的研究，因此，采用传统分离法对植物组织内生菌进行分离培养，再结合高通量测序技术对植物组织内生菌多样性和群落结构进行分析，可使研究结果更加全面、更为严谨。

1.6.2 植物内生菌物种与功能多样性

植物体作为一个微生态环境，可以同时被多种内生菌定植。研究指出，几乎所有的高等植物的多种组织中都普遍存在内生菌，内生菌的种类包含革兰氏阳性与革兰氏阴性菌，其中厚壁菌门（Firmicutes）、放线菌门（Actinobacteria）、α-/β-/γ-变形菌门（α-/β-/γ-proteobacteria）和拟杆菌门（Bacteroidetes）为内生菌的优势类群（Freeman & Rodriguez，1993）。

随着越来越多的内生菌从植物的各个部分被分离鉴定，内生菌对植物的功能和作用越来越受到重视。尽管目前研究者对于内生菌与植物之间的关系与互作还不完全清楚，但有较多的研究表明，多数植物内生菌在植物生长发育过程中发挥着有益作用，如解磷/钾菌可将根际土壤难溶解的磷盐或钾盐转变为植物易吸收的可溶物质；固氮菌可将游离的 N_2 转换为植物可利用的 NH_4^+（Dahal，2016）；部分内生菌可产生次生代谢物，包括植物激素类化合物调控植物的生长发育，以及产生抗菌物质抑制植物病原菌的生长，或提高植物抗病性等（魏赛金等，2012）。

1.6.2.1 内生放线菌及其功能研究

放线菌（Actinomycetes）是一类呈菌丝状生长，借孢子进行繁殖，且碱基中具有较高的鸟嘌呤-胞嘧啶（G+C）mol%含量（55%～79%）的好氧革兰氏阳性菌。放线菌广泛存在于自然环境中，即使在极端环境中，仍有放线菌的存在。放线菌作为微生物的一种类群，在全球自然生态系统中扮演着重要的角色。植物内生放线菌是植物内生菌的一大类，广泛存在于各种植物的组织内部，对宿主植物不会引起明显病害，并在长期协同进化过程中与宿主植物形成了互利共生的关系（Golinska et al.，2015）。

1. 内生放线菌的种类多样性

最早发现的内生放线菌是能够与各种非豆科植物形成根瘤的弗兰克氏菌属，此后，国内外研究者相继在不同植物中发现不同种类的内生放线菌。内生放线菌存在于植物的不同组织内部，但研究表明，不同植物内生放线菌的多样性和丰富度在植物不同组织中的分布存在显著差异，其中植物根部分布的内生放线菌居多（张盼盼等，2016）。胡美娟（2013）从苦豆子不同组织中分离得到 158 株内生放线菌，内生放线菌数量以根部最多，其次为种子，叶部最少。徐红艳（2016）从药用植物刺五加的不同组织中共分离内生放线菌 265 株，但内生放线菌的物种存在植物组织特异性，由根、根茎、茎及叶中分别分离内生放线菌 110 株、93 株、

45 株和 17 株，根及根茎中分离放线菌菌株数量最多，约占 77%，而叶部分离菌株数量仅占有 6%。廖敏（2016）等研究阿坝地区狼毒内生放线菌，同样发现根部分布最多。郑倩等（2020）等从药食植物恰玛古的根、茎和叶中分离获得 17 株内生放线菌，其中根系 6 株、茎组织 6 株、叶组织 5 株。此外，利用 16S rRNA 克隆文库能获得更多的内生放线菌类群，王国娟等（2016）通过攀枝花苏铁内生放线菌 16S rRNA 基因克隆文库，揭示了其珊瑚状根内放线菌的丰富类群，包括放线菌纲的 16 个属。

植物内生放线菌在不同组织内部具有丰富的多样性，也具有明显的地理差异性，研究表明，在不同地区同一种植物可分离培养的内生放线菌菌株数量和种类也有所不同。张瀚能等（2016）研究分析川渝地区川楝内生放线菌的多样性和群落结构，变性梯度凝胶电泳（DGGE）图谱显示，不同地区川楝的相同部位内生放线菌存在多样性差异。范中菡等（2018）从四川阿坝地区不同地理位置的绿绒蒿中分离内生放线菌，不同器官放线菌数量分布最多的是在根部，链霉菌属（*Streptomyces*）为优势菌群，占总数的 50%，不同采样点不同组织内生放线菌多样性指数也各不相同。姜龙芊等（2019）从我国云南西双版纳、白茫雪山及德国波罗的海南岸 3 个地区地衣中纯培养共分离鉴定出放线菌 275 株，从西双版纳地衣样品中分离出放线菌 107 株，从白茫雪山样品中分离到 103 株放线菌，从波罗的海南岸地衣样品分离出的内生放线菌最少，仅有 65 株，结果证实，云南西双版纳可培养地衣放线菌多样性高于白茫雪山和德国波罗的海，但白茫雪山潜在新种占比大（15.5%）。

2. 内生放线菌的功能多样性

植物内生放线菌在植物各个组织内部广泛分布，次级代谢产物复杂，能分泌大量活性代谢产物。作为一种尚待开发的重要微生物资源，内生放线菌可能具有抗菌、抗肿瘤、抗氧化等生物活性。

大量研究表明，植物内生放线菌可以拮抗病原菌，对病原菌具有较强的抑制作用。张健等（2018）从毛泡桐及其根际中分离得到 41 株内生放线菌，发现有 2 株内生放线菌菌株对番茄早疫病、苹果轮纹病、稻曲病、水稻恶苗病等均具有抑制作用。闵长莉等（2019）从臭椿中分离得到 45 株内生放线菌，有 26 株至少对 1 种病原菌表现出抗菌活性，其中有 1 株对 6 种病原菌都具有拮抗作用。李玲玲（2021）从青蒿根、茎、叶中分离内生放线菌共获得 34 株，多株内生放线菌对酿酒酵母及黑曲霉等均具有良好的抑菌作用。Golinska 等（2015）对植物内生放线菌的功能进行综述，结果表明内生放线菌包含了超过 20 个天然产物合成基因簇，其中聚酮合酶基因（*pks*）和非核糖体肽合成酶基因（*nrps*）是被报道最多的两类，大多数内生链霉菌属菌株能产生抗菌化合物抑制植物病原物的生长。在以上研究中发现，对病原菌的抑制作用大部分来自链霉菌属，链霉菌属在可分离培养的内生放线菌中占比较大，在防治病原菌中也有很大的应用前景。

研究发现各种植物器官中内生放线菌的次级代谢产物中含有抗虫的活性物质。史赞等（2008）从番茄植株根茎分离得到的内生放线菌 St24 具有杀虫活性，其发酵液对小菜蛾幼虫具有拒食作用，对朱砂叶螨有一定触杀作用。范永玲等（2008）从辣椒根部分离得到植物内生放线菌 Lj20，其发酵液对小菜蛾幼虫具有较强拒食作用。陈森（2017）等从牛筋草中分离获得内生放线菌砖红链霉素 CSF09，其发酵液对家蝇成虫具有杀虫活性，并分离得到与杀虫活性相关的主要化学物质4-甲氧基水杨醛。从各种植物组织中分离内生放线菌，发现具有显著活性的农药天然产物，将为抗虫事业发展开辟新道路。植物内生放线菌产生的活性化合物属于植物激素类似物或植物生长调节剂，可以促进植物吸收养分和生长，是代替化学肥料的可持续新能源物质。Merzaeva 和 Shirokikh（2010）从冬小麦中分离获得的一株链霉菌，通过合成吲哚乙酸（IAA）促进冬小麦的生长。梁新冉等（2018）从番茄根内分离获得可分泌 IAA 的内生放线菌 NEAU-D1，同时其还能够产生铁载体，且对多种难溶性磷酸盐具有良好溶解效果。孙莹等（2021）从四合木根中分离得到内生暗灰链霉菌（*Streptomyces canus*），其能够有效促进四合木种子的萌发及幼苗生长，并拮抗多种病原菌。

此外，在植物内生放线菌的抗衰老和抗肿瘤活性研究中，也获得了较多的成果。田守征等（2020）对从我国西双版纳及越南地区的剑叶龙血树中分离获得的 300 余株内生放线菌进行抗肿瘤活性筛选，其中一株链霉菌 S04 的发酵提取物对人肝癌 Hep G2 细胞抑制率高达 100%。姜舒等（2020）从海南西海岸真红树的根、茎、叶和花组织中分离获得 24 株放线菌，其中 4 株内生放线菌具有延缓衰老的活性。

1.6.2.2 内生芽孢杆菌及其生防功能研究

芽孢杆菌属（*Bacillus*）是另一类常见且重要的植物内生菌，且能产生多种化合物，包括抗生素、脂肽、细胞壁降解酶、挥发性有机化合物（VOC）（Fiddaman & Rossall，2010；Ahimou et al.，1999；Leelasuphakul et al.，2006），这些物质在芽孢杆菌对植物病原菌的抑制活性中发挥着重要作用，在生物防治中具有良好的应用前景。

既往研究表明，马铃薯中分离出来的贝莱斯芽孢杆菌（*B. velezensis*）8-4 不仅对马铃薯疮痂病具有很强的拮抗能力，而且还可以提高马铃薯的产量（Cui et al.，2020）。Abdallah 等（2016）报道了从光烟草（*Nicotiana glauca*）中分离出的内生蜡状芽孢杆菌（S42）可以抑制由尖孢镰刀菌引起的番茄枯萎病，并且可以促进番茄植株的生长。Zhu 等（2020）报道了 2 株芽孢杆菌对根肿病害具有显著的抑制作用，通过 16S rRNA 基因序列分析鉴定，它们分别是贝莱斯芽孢杆菌

（*B. velezensis*）F85和解淀粉芽孢杆菌（*B. amyloliquefaciens*）T113。Li等（2020）报道了解淀粉芽孢杆菌（*B. amyloliquefaciens*）能够有效减轻或抑制绿豆灰霉病的发生。

拮抗作用是指微生物通过其生命活动或刺激植物产生代谢物来毒害或抑制生活在同一环境中的有害微生物。内生芽孢杆菌通过产生抗生素、细胞壁水解酶、挥发性物质、次级代谢产物等来抑制靶标病原菌的生长繁殖，拮抗作用是大多数生防菌得以发挥生防作用的关键原因之一。不同类群的拮抗微生物可以产生多种具有不同功能的拮抗物质来抑制病原菌的发展。大量研究证实，通过非核糖体途径合成具有抑菌作用的脂肽类物质是内生芽孢杆菌发挥生防效果的重要原因，主要包括三大类：表面活性素（Surfactin）、伊枯草菌素（iturin）和芬枯草菌素（fengycin）（张梦君，2017）。

溶菌作用是指微生物能够产生具有水解细胞壁作用的酶，如几丁质酶和葡聚糖酶等，在病原菌菌丝体细胞壁上附着后溶解其细胞膜，使细胞膜通透性增大，细胞内容物外泄，阻碍病原菌生长，最终使病原菌致死的现象。溶菌作用可以分为两类：自溶性和非自溶性，由生防微生物产生的抗性物质造成病原菌致死的溶菌现象属于非自溶性（张小彦，2021）。

竞争作用是指在有限的自然资源下，微生物个体间争夺空间生态位点和营养物质的现象。生防微生物具有快速抢占生态位点和争夺营养物质的优势，尽可能在植物各器官中大量地生长繁殖，并定植在植物体内，而使病原菌无法摄取维持生命活动所需要的营养或空间生态位，最终导致病原菌失去生命力，达到减轻植物病害的目的。生防微生物通过产生胞外分泌物使其相互吸附在一起，由浮游状态转变为具有高度组织性的微生态系统，在植物体表面形成生物膜，是与植物病害防效直接相关的因子。研究表明，生物膜的形成有利于提高植物对病害的抵抗能力。Haggag和Timmusk（2010）探讨生物膜对多粘类芽孢杆菌在病害防控中的影响发现，生物膜形成能力强的菌株能够大大降低花生冠腐病害的发生。Ren等（2012）证实了多粘类芽孢杆菌C5在烟草根部定植并产生生物膜使其免受真菌侵染，相似的研究结果被Kleinusk和Kupper（2018）的研究所证实，其研究发现，出芽短梗霉菌 ACBL-77 因为具有较好的生物膜形成能力而缓解了柑橘酸腐病菌对柑橘造成的危害，且生物膜的产生使得拮抗活性增强。

诱导抗病性是植物经各种生物预先接种后或受到化学因子、物理因子处理后所产生的抗病性，又称为获得抗病性，也是生防微生物防病的重要机制之一。诱导抗病性分为两种形式：系统获得性抗性（systemic acquired resistance，SAR）和诱导系统抗性（induced systemic resistance，ISR）。生防微生物所诱导的植物抗性属于诱导系统抗性（ISR）。生防微生物通过诱导植物抗病性相关的防御性酶活性变化，增强植物抵抗病害压力的能力（Chen et al.，2010）。苯丙烷代谢途径和活性氧途径相关酶活性的变化是衡量诱导植物抗性的重要指标（Parish，1972；Zhao et al.，2012）。苯丙氨酸解氨酶（PAL）、4-香豆酸辅酶 A 连接酶（4CL）、肉桂酸-4-羟化酶（C4H）、超氧化物歧化酶（SOD）、过氧化氢酶（CAT）、过氧化物酶（POD）、多酚氧化酶（PPO）等，这些酶彼此相关联，参与植物木质素合成，使细胞壁增厚、稳固，抗氧化应激，维持机体内活性氧产生与清除之间的动态平衡，提高植物对病原菌的抵抗能力。王军节等（2006）发现，梨火疫病细菌 *hrpN* 基因编码的蛋白 Harpin 可以有效抑制黑星病害的发生，并提高 POD 和 PAL 等抗性酶活性。唐文等（2016）用生防菌 Czk1 喷施橡胶树后，发现 CAT、SOD、POD、PAL、PPO 的酶活性升高，成功诱导橡胶植株产生系统抗性。邵正英等（2017）发现链霉菌能够诱发水稻防御性反应，使 SOD、PPO 和 POD 等酶活性升高，提高水稻的抗逆性。

1.6.3 植物内生菌与宿主关系的研究

内生菌在与宿主共生的过程中，可通过为宿主植物提供所需的部分营养物质和激素来调节植物的生长发育，亦可合成及分泌部分抗生素和酶等活性物质进而提高植物对环境的适应能力（Wang et al.，2019）。相对于宿主，植物微生物群落的快速进化大大加强了这种适应性，同时内生菌还广泛参与宿主次生代谢产物的合成与转化，对宿主植物的种群结构、生存、进化和健康状态产生重大影响。近年来，越来越多的研究发现，植物受到病原侵染后，会招募有益微生物为植物提供保护（刘洪等，2021）。

相比于备受关注的植物根部，作为植物全功能体一部分的“叶围”在植物抗逆过程中的作用同样不容忽视。叶片是植物获取营养和进行能量代谢的重要场所，在植物抗病虫害侵害、抗逆等方面发挥着重要的作用。Chen 等（2020）以拟南芥自发坏死突变体为材料验证了叶片内生细菌的稳态与植物健康息息相关，提出内生细菌群落的失衡是植物叶片表现出类似病害表型的原因。Yang 等（2021）研究发现，水稻白叶枯病抗病品种与感病品种相比，叶片中拮抗白叶枯病菌的内生细菌丰度更高。可见，植物叶片内生细菌群落结构与植物病害的抗感性密切相关。因此，了解植物受病原侵染后叶组织内生细菌群落结构的变化，对病害的绿色防治至关重要。

1.6.4 根际微生物群落及其多样性

1.6.4.1 根际微生物及多样性概述

根际（rhizosphere）的概念最早由德国微生物学家 Lorenz Hiltne 提出，用来描述受到植物根系调控的土壤区域。根际微生态环境由植物根系、真菌、细菌以及土壤环境共同组成，是植物吸收土壤养分和水分最主要的部位，是植物与根际微生物之间，植物与土壤环境之间，以及根际微生物与环境之间进行生命活动最猛烈的区域，生存在根际的微生物不仅数量庞大，其分类也复杂多样，又被称为植物的第二基因组（Berendsen et al.，2012）。根际微生物在介导植物、土壤以及微生物三者之间的相互关系中起到枢纽作用。在根际环境中，植物根系能够通过释放分泌物吸引各类微生物构建根际微生物组，微生物也能通过各种活动调节植物与环境的相互作用，促进植物生长，增强植物抗性，加快植物修复进程等（王焓屹等，2022）。

作为土壤微生物中的重要组成，土壤细菌是土壤养分循环重要的驱动者，具有重要的生态功能，当土壤中有益菌群数量减少，有害菌群数量增多时，植物患病的概率便会增加（Gabriel et al.，2017）。而真菌比细菌更加敏感，它对植物摄取营养物质、促进生长发育、提高宿主植物抗病性以及维持根际微生态系统平衡等起重要调节作用，土壤真菌多样性及群落结构是评价所在生态系统是否健康稳定的重要指标之一（Powell & Rillig，2018）。土壤根际微生物因其对植物、土壤环境的有益作用而被大家广泛关注，其中包括栖息在豆类植物根部的固氮细菌、能与植物根系形成菌根的真菌、植物生长促进菌等（Mendes et al.，2013）。如丛枝菌根真菌（arbuscular mycorrhiza fungi，AMF）能够促进植物生长发育，提高寄主抗病能力；木霉菌（*Trichoderm*）广泛存在于土壤中，对植物病原菌有广谱性的拮抗作用；土壤习居的荧光假单胞菌（*Pseudomonas fluorescens*）亦是最为常见的生防菌之一，能有效防治多种植物病害，其应用范围广泛，在谷类、豆类、油料类、蔬菜类、水果类以及棉花等作物的病害防治方面均有大量报道。除了有益菌群外，根际土壤中也存在能够引起植物病害、产生有毒物质的病原微生物，如镰刀菌属（*Fusarium*）、齐整小核菌（*Sclerotium rolfsii*）、核盘菌（*Sclerotinia sclerotiorum*）和立枯丝核菌（*Rhizoctonia solani*）等（Ganeshan & Kumar，2005；战鑫等，2020；李法喜和段廷玉，2021）。

1.6.4.2 根际微生物多样性的研究方法及应用

由于根际土壤环境复杂性和微生物群落多样性等，传统的微生物分离培养及常规的分析方法难以系统地分离培养微生物，不利于对其进行更为深入的研究。近年来，随着分子生物技术的发展，研究者能在更精细的分子水平上确定土壤微生物群落组成、多样性变化及潜在功能，使得根际微生物的研究进入了一个崭新的阶段。

高通量测序（high-throughput sequencing，HTS）技术又称下一代测序技术，可以实现一次性读取几十万到几百万条 DNA 分子序列，全面且细致地对样本进行分析。高通量测序特点是产出数据量大、准确率高、成本低于传统 Sanger 测序技术、可以进行双向测序且 DNA 序列的读取长度不断增加。高通量测序步骤主要包括制备克隆文库、随机片段化基因组 DNA、成对末端标记测序以及分析数据。扩增子测序分析可以用来研究物种多样性，标记基因主要有原核生物的 16S rRNA 基因、真核生物的 18S rRNA 基因以及内在转录间隔区（ITS）等（刘永鑫等，2019）。但因为扩增子测序得到的信息只包含研究对象的物种组成信息和丰度，如果想进一步研究其他功能基因，需要结合宏基因组等其他测序分析方法。

1.6.4.3 油茶根际微生物研究进展

截至目前，已有较多研究者对油茶林地土壤微生物进行了一定的研究。周国英等（2001）研究表明，油茶根际土壤中的细菌数量明显大于非根际土壤，根际土壤酶的活性高于非根际土壤；郝艳（2009）报道了采取不同抚育措施的油茶林地土壤细菌数量呈现夏、秋高，冬、春低，真菌和放线菌数量都是春季、秋季和冬季的数量较多；郭春兰等（2015）利用变性梯度凝胶电泳技术分析油茶林土壤细菌群落多样性，表明土壤优势菌为泛菌属、肠杆菌属；冯金玲等（2016）研究表明，油茶林地不同套种模式下土壤微生物数量和酶活性均存在显著差异；黄文等（2017）发现，油茶根际土壤养分含量和微生物数量在夏季、秋季表现出了明显的“根际富集”。高通量测序的应用有助于更加全面地了解油茶根际土壤微生物的构成及多样性，黄眯等（2021）等采用高通量测序技术研究了氮磷钾不同比例有机无机复合肥、有机肥、不施肥处理下的油茶根际土壤细菌多样性，结果表明有机无机复合肥、有机肥处理显著增加了土壤微生物中细菌的多样性。

在微生物群落的组成上，油茶根际微生物主要以放线菌门（Actinomycetes）、绿弯菌门（Chloroflexi）、变形菌门（Proteobacteria）和酸杆菌门（Acidobacteria）为优势菌门。唐炜等（2021）通过高通量测序技术研究不同栽培区域、不同良种、不同抚育管理水平的油茶林根际土壤中细菌和真菌的群落结构及多样性，结果表明，细菌优势菌门为变形菌门、酸杆菌门和放线菌门，而真菌的优势菌门为子囊菌门（Ascomycota）；周红敏等（2022）通过高通量测序技术研究杉木林转为油茶林后土壤细菌群落结构及多样性，结果表明主要优势菌门为变形菌门、酸杆菌门和绿弯菌门；罗鑫等（2022）采用 Illumina MiSeq 高通量测序技术对贵州油茶根际真菌群落的组成结构进行分析，共获得 634 个运算分类单元（operational taxonomic unit，OTU），隶属于 9 门 32 纲 73 目 141 科 213 属，优势菌门为担子菌门（Basidiomycota）和子囊菌门。

1.6.5 丛枝菌根真菌与植物抗病性研究进展

1.6.5.1 丛枝菌根真菌概述

丛枝菌根真菌（arbuscular mycorrhiza fungi，AMF）是联系植物与微生物最为古老的共生体，广泛分布于全球陆地生态系统，如自然界森林、草地、农田、沙漠、湿地和高寒草甸等，能够与 70%～80%的陆地植物形成共生关系。植物体向外界环境分泌化学信号，诱导 AMF 孢子萌发并侵入、定植于根系，在根系皮层内形成特殊结构，如丛枝（arbuscule）、泡囊（vesicle）和胞间菌丝等（史加勉等，2023）。根据丛枝的不同，AMF 主要分为两种类型：疆南星型（*Arum*-type，简称 A-型）和重楼型（*Paris*-type，简称 P-型）。A-型菌根，其菌丝侵入植物根系皮层的细胞间隙，而 P-型菌根的菌丝侵入皮层细胞内。

AMF 利用其强大的菌根、菌丝网络促进宿主植物根系对土壤水分和养分的吸收，在促进宿主植物的生长、影响宿主植物的生理生态功能、促进植物养分吸收、影响生态系统结构与功能、缓解植物受到的生物和非生物胁迫以及促进生态系统植被恢复方面发挥着重要的作用。

1.6.5.2 丛枝菌根真菌的多样性

国内外专家学者对 AMF 的研究至少有 100 多年的历史，Link 于 1890 年建立了内囊霉属（*Endogone*），AMF 类群由此建立，该类群发展至今经历了复杂多变的过程。由于现代分子生物学和生化技术在分类学中的广泛应用，AMF 分类学发展迅速，分类系统也逐渐趋于稳定（Koide & Mosse，2004）。Börstler 等（2006）估计，全球范围 AMF 的种类至少应该有 1250 种，我国 AMF 研究始于 20 世纪 80 年代，现已报道并描述的 AMF 近 12 属 147 种（王永明等，2018）。由 Schüβler 等建立的权威网站（http://www.amf-phylogeny.com/）对 AMF 分类系统实时更新，截至 2023 年 3 月，该网站所公布分类系统共 1 纲 4 目 12 科 41 属 338 种(表 1-1)，

表 1-1　菌物界球囊霉门（Glomeromycota）丛枝菌根真菌最新分类系统

目	科	属
Archaeosporales 原囊霉目	Ambisporaceae 双型囊霉科	*Ambispora* 双型囊霉属
	Archaeosporaceae 原囊霉科	*Archaeospora* 原囊霉属
	Geosiphonaceae 地管囊霉科	*Geosiphon* 地管囊霉属
Glomerales 球囊霉目	Claroideoglomeraceae 近明球囊霉科	*Claroideoglomus* 近明球囊霉属
	Glomeraceae 球囊霉科	*Dominikia* 多氏囊霉属
		Funneliformis 斗管囊霉属
		Funneliglomus

续表

目	科	属
Glomerales 球囊霉目	Glomeraceae 球囊霉科	*Glomus* 球囊霉属
		Halonatospora
		Kamienskia 卡氏囊霉属
		Microdominikia
		Microkamienskia
		Nanoglomus
		Oehlia
		Orientoglomus
		Rhizophagus 根孢囊霉属
		Sclerocarpum
		Sclerocystis 硬囊霉属
		Septoglomus 隔球囊霉属
Diversisporales 多样孢囊霉目	Acaulosporaceae 无梗囊霉科	*Acaulospora* 无梗囊霉属
	Diversisporaceae 多样孢囊霉科	*Corymbiglomus* 伞房球囊霉属
		Diversispora 多样孢囊霉属
		Desertispora
		Otospora 耳孢囊霉属
		Redeckera 雷德克囊霉属
		Sieverdingia
		Tricispora
	Gigasporaceae 巨孢囊霉科	*Bulbospora* 葱状囊霉属
		Cetraspora 盾孢囊霉属
		Dentiscutata 齿盾囊霉属
		Intraornatospora 内饰孢囊霉属
		Gigaspora 巨孢囊霉属
		Paradentiscutata 类齿盾囊霉属
		Racocetra 裂盾囊霉属
		Scutellospora 盾巨孢囊霉属
	Pacisporaceae 和平囊霉科	*Pacispora* 和平囊霉属
	Sacculosporaceae 囊孢囊霉科	*Sacculospora* 囊孢囊霉属
Paraglomerales 类球囊霉目	Paraglomeraceae 类球囊霉科	*Innospora*
		Paraglomus 类球囊霉属
	Pervetustaceae	*Pervetustus*
未确定分类地位		*Entrophospora* 内养囊霉属

其中，以球囊霉属（*Glomus*）的物种数最多，分布最广，是 AMF 的优势属。AMF 是寄主“广适型”，根据 rDNA 序列多态性推测，AMF 物种数比形态描述的种数可能多出 10 倍，AMF 的寄主植物超过 20 万种（Krüger et al.，2012）。目前，已有中文学名的 AMF 种类参见王幼珊和刘润进于 2017 年发表的分类系统菌种名录（王幼珊和刘润进，2017）。

1.6.5.3　AMF 多样性研究方法

在早期的物种鉴定和多样性研究中，AMF 的鉴定主要基于其形态学特征，随着分子生物学技术的兴起与广泛应用，AMF 的鉴定方式从传统的形态学鉴定逐渐转变为以分子鉴定技术为主、形态学鉴定为辅的鉴定模式。但形态学鉴定仍是研究 AMF 种群多样性中非常经典的传统分类方法，通过分离土壤中 AMF 的孢子和孢子果，依据孢子和孢子果形态及附属结构、菌丝侵染等形态学特征，即主要观察孢子和孢子果的形状、大小、包被、颜色、孢子在孢子果中的排列方式，连孢菌丝形状、数目、颜色、厚度、与孢子的连接情况及连点直径等形态学方面的特征来进行分类鉴定；观察孢壁的厚度、颜色、表面纹饰、各层壁的质地类型及在 Melzer’s 试剂中颜色反应变化（Schenck & Perez-Collins，1990）。至今，已有诸多研究工作者在形态学鉴定上进行了大量工作，奠定了 AMF 传统分类基础，形成了一套基于形态特征的完整分类系统。由于目前 AMF 纯培养难以获得，传统的形态学鉴定方法受到了诸多限制。

近年来，以核糖体 DNA（rDNA）序列分析为手段的分子鉴定方式被引入 AMF 的鉴定工作中。核糖体包含核糖体小亚基（ribosomal small subunit，SSU）与核糖体大亚基（ribosomal large subunit，LSU），在编码核糖体的基因中，高度保守的 18S rDNA、5.8S rDNA 和 28S rDNA 组成一个转录单元，其间的间隔区即为内在转录间隔区（internal transcribed spacer，ITS），包括位于 18S rDNA 与 5.8S rDNA 之间的 ITS1 和位于 5.8S rDNA 与 28S rDNA 之间的 ITS2。因 rDNA 在同源物种的进化上具有的高度保守性，rDNA 片段成为 AMF 特异性引物设计的靶向基因和主要的鉴别片段，通过利用 rDNA 拥有的保守区及其在不同区域的不同进化水平，研究者设计了用于扩增 AMF 的 rDNA 特定区域引物，该基因片段被应用于 AMF 的物种鉴定以及物种多样性分析等方面（Sun et al.，2016）。随着高通量测序技术的出现与发展，植物与微生物间复杂的互作关系被慢慢揭开，对 AMF 基因组和转录组信息的挖掘成为 AMF 高通量鉴定、AMF 种群与群落分析以及 AMF 与植物共生关系研究的重要手段。至此，对 AMF 多样性的相关研究迎来新的发展契机。

1.6.5.4　丛枝菌根真菌与植物病害的关系

AMF 是一类分布十分广泛的植物共生型菌种，植物根系与 AMF 形成共生体，

AMF 为进行自身生命活动从宿主植物体内获取产物，作为回馈，AMF 通过提高植物对磷的吸收促进植物的生长和定植，即产生植物-土壤正反馈，植物-土壤正反馈可降低由土壤病原菌引起的植物-土壤负反馈（Bever，1994）。已有较多研究表明，AMF 能够促进植物生长，改善植物品质，增强植物对病虫害和非生物胁迫的抵抗。早在 1968 年，Safir（1968）首次发现了摩西球囊霉（*G. mosseae*）在根系的定植能够减少红根腐菌（*Pyrenochaeta terestris*）对洋葱（*Allium cepa*）根部的侵染，减轻洋葱受红根腐菌的危害，提高洋葱的抗病性。自此，越来越多的研究关注了 AMF 对植物病原菌的防控作用。高岩等（2020）研究发现，接种 AMF 能显著降低鸡蛋花干腐病的发病率和感病指数。

AMF 提高植物抗病性的作用机制大致包括以下几方面：①AMF 共生体诱导根系形态发生变化，使根系皮层细胞壁变厚，形成机械保护屏障来抵抗病原物的侵入，从而提高寄主植物的抗病性（Gutjahr et al.，2009）；②AMF 通过发达的根外菌丝网络扩大根系的吸收范围，提高寄主植物的营养吸收水平，与非菌根化植株相比，菌根化程度高的植株会表现出更强的抵御病菌侵染能力（Smith et al.，2011）；③AMF 与土壤病原物共存于土壤中，占有相同的生态位，存在着空间竞争关系，AMF 可通过抢占生态位抑制病菌的繁殖，达到防控病害的目的（黄咏明等，2021）；④AMF 与植物建立共生关系的过程中还能诱导植物的免疫防御反应，能够诱发一系列的生理生化反应来增强植物多套防御体系，提高植物的系统抗性，如激活植物防御酶类保护系统、诱导病程相关蛋白（pathogenesis-related protein，PR protein）合成、诱导酚类化合物和类黄酮等抗病次生代谢物质合成，以及诱导植株合成内源信号物质，激活防御信号转导途径（Fiorilli et al.，2011；侯劭炜等，2018）。

1.6.5.5 AMF 对根际微环境的调控作用

植物与根际微生物存在着互利共惠的关系，植物与环境之间的联系，依靠微生物在植物、根际和土壤之间进行调节（Zhalnina et al.，2018）。土壤维持健康状况的影响因素之一是根际土壤微生物群落多样性，丰富的群落多样性能够提高土壤自身的修复能力，进而提高土壤的抑病能力，有利于植物的生长发育。菌根真菌介导植物与其他根际生物的互作，植物根系、根际细菌、根际真菌、根系内生微生物等菌根圈成员之间往往通过协同或拮抗作用影响土壤群落的组成、相互作用和物种多样性，达到动态平衡。

AMF 与植物促生菌（plant growth promoting bacteria）相互作用，菌根的形成有利于植物促生菌的生长和繁殖，使根际植物促生菌种类及数量增多来缓解胁迫，同样，许多促生菌对 AMF 菌丝生长、根部定植和产孢量也有着显著的积极影响（Vahedi et al.，2021）。有研究表明，AMF 与根瘤菌共同接种，能够显著提高植物的抗逆性和抗病性，具有显著的协同作用，AMF 可以增强宿主植物对许多土传真菌病原物的防御能力（Meng et al.，2015）。AMF能通过改变土壤微生物区系和土壤结构等方式优化根际土壤，从而促进宿主植物生长。宋福强等（2004）对大青杨接种 AMF 后，根际土壤的微生物区系没有发生显著变化，但根系及其周围的细菌数量增加，且土壤中磷酸酶、脲酶的活性增强。康佳等（2022）将 AMF 菌剂施用到花生土壤中后，土壤中的真菌和细菌群落结构发生了显著的变化，在一定程度上改变了微生物的群落组成。AMF定植于植物根系后，对植物根际土壤有益真菌和病原真菌的比例和群落结构等产生影响，进而影响植物的生长状况。西洋参连作土壤中接种 AMF 后，能够富集与土壤有效磷含量呈正相关的长孢被孢霉（*Mortierella elongata*），进而抑制茄病镰刀菌和尖孢镰刀菌的生长，改善土壤环境，促进植物生长（Liu et al.，2020）。有研究表明，AMF对植物根际土壤中放线菌群落也有影响，连作花生根际土壤接种 AMF 显著增加了花生根际有益放线菌 *Gaiella* sp.的多度，使得花生对病原真菌的抵抗能力及品质提高（崔利等，2019）。

1.7 油茶物候期及树体养分生态化学计量的研究进展

我国系统地开展油茶研究始于20世纪50年代，初期以油茶资源调研、油茶品种整理、栽培生产经验总结为主，油茶优良种质资源的选育工作开展于20世纪60年代，至今已选育出174个优良家系、无性系、杂交组合和优良农家品种，通过国家审定的优良品种（系）有54个（郑京津等，2015）。油茶发展初期，种质资源欠缺、油茶栽培重量轻质，致使劣质株多、林区环境差、林相结构参差不齐，加之管理不善、病虫害严重等因素，使得我国大部分油茶林处于无人看管状态，产量非常低，制约了我国油茶产业的发展（胡小康等，2014）。近年来，油茶的研究主要集中于培育技术优化、养分管理、病虫害胁迫管理、土壤微生物研究、茶油加工技术和其他副产物研究等方面。油茶培育技术方面，传统的种子繁育结合嫁接进行培育已经成为当前油茶繁育的主流方式，不少研究者开展了嫁接技术、管理措施以及影响因素的探究（韦子仲，2021）。

1.7.1 油茶物候期研究进展

油茶是一种较为特殊的树种，与常见的结果果树具有很大的差异，具体表现为其他果树往往具有十分清晰的物候阶段特征，萌芽、开花、结果、落叶，具有很强的阶段性，而油茶树的营养生长过程和生殖生长过程相互交错，年生长周期内抽梢三次，开花的同时伴随着春梢的生长，果实发育的同时伴随着夏梢、秋梢的生长，同时进行花芽分化，这种奇特现象在民间被称为“抱子怀胎”，当年的果实还未成熟，来年的花朵就已经准备开放，果实成熟后期可以观测到花果同存的现象。

生长发育阶段的复杂重叠，加之来自生境、气候等外部环境因素的作用，直接影响到油茶的健康和开花结果。袁树杰（1982）研究油茶产量变异与气候的关系，认为油茶结实对光和热的要求较高，水分充足的条件下，一定范围内，油茶产量随光、温的变化而增减，影响油茶年产量的主导因子因地区而异。陈守常等（1974）研究油茶炭疽病发生与物候期的相关性，认为油茶物候期的复杂性延长了油茶病害的发生时间且增加了其复杂性，两者具有一致性，油茶物候期可以作为油茶炭疽病发生短期测报的依据，不受地区条件限制。结合发病温度、湿度、降雨量和病菌散发量，可以预测预报全年病害发生动态。李遨夫（1979）研究气候与油茶结实大小年的关系，认为油茶结实大小年与盛花期晴雨天气的多少紧密相关，恶劣灾害性天气会造成油茶产量大幅度下降。

物候因子关系到油茶林的健康产出以及茶油质量的高低，同时也给油茶的经营管理带来了巨大的挑战，庄瑞林和王劲风（1965）研究油茶的开花生物学，观测油茶物候期，探究油茶开花坐果的影响因素，认为油茶花期较长，花期降雨与落花率、成果率高低有很大关系，过多的雨水会造成传粉的失败，导致大量落花，影响油茶产量。黎章矩（1983）对油茶开花习性和花期物候的研究表明，油茶的花期除受不同品种、单株本身特性影响外，受气候条件影响也很大，花期气温变化直接影响油茶开花早迟、花期长短及着果率，决定着油茶产量的高低。

油茶寿命很长且生长发育速度缓慢，从种子发芽、栽种到树木开花结实的幼年阶段需历时 5 至 6 年，大量开花结实的成年阶段可持续 70～80 年，投入和回报周期长。梁瑞友等（2016）观测几个关键物候期油茶优树的生长结实特点，认为不同优良树种在枝条生长和开花时间上存在很大差异。在生产和造林过程中，应优先考虑不同优良品种在出梢期、果实成熟期和开花时间上的差异，选择同一类型或相似类型的油茶混合种植。邱金兴（1980）探讨油茶花期选择，认为花期不良气候对油茶产量影响巨大，油茶培育应该结合当地气候条件，选择花期合适的油茶进行栽植，避免不良气候带来的减产。作为油茶研究的基础，油茶物候期的研究尤为重要，研究油茶物候期，有助于了解油茶的生长发育规律，以及开花结实等生物学特性，也有助于油茶种质资源的开发和保护利用，同时可为高效栽培管理技术的制定提供理论依据。

1.7.2 油茶树体养分研究进展

油茶生长发育的每个阶段都需要连续不断地从外界环境吸收养分以满足自身生存的需要，油茶根作为主要的养分吸收器官承担着从土壤吸收矿质养分供给生长发育的任务，其矿质养分的供应水平直接影响到整个油茶树体的生长发育。叶片是油茶进行养分制造和积累，供树体生长发育的重要器官，油茶叶片对于树体养分的反映较为准确，有研究者认为叶片养分元素的动态变化情况反映出树体和土壤养分的盈亏情况（莫宝盈等，2013）。油茶果实作为树体养分的汇聚地，其养分含量的变化也较为直观地反映出植物体的养分状况，果实养分的积累量可以体现出油茶生殖发育阶段对养分的需求。

养分元素的缺乏或者不均衡供给会对油茶的生长发育产生不利的影响，保持良好的养分供给水平和各养分要素间的均衡对油茶林的健康和产出至关重要。戚嘉敏等（2017）研究油茶树体年生长周期内的养分动态变化，认为油茶树体中，各营养元素总含量由大到小依次为钾、氮、磷，果实为需要养分最多的器官；地理环境、气候等诸多因素均会对油茶氮、磷和钾元素的年生长周期动态变化产生影响。

针对油茶的特殊性，油茶的养分需求与其物候期有十分紧密的联系，养分供给不足会带来果实发育不良、叶片脱落等不利影响。因此，油茶树体各器官养分动态研究，对于树体养分判断和油茶林的养分管理具有重要意义。

1.7.3 油茶土壤养分研究进展

土壤是陆生植物生存的基础，组成成分十分复杂，土壤养分是植物体养分的直接和主要来源，是可以直接反映土壤肥力的基础指标，土壤养分元素包括大量元素：碳（C）、氮（N）、磷（P）和钾（K）；中量元素：钙（Ca）、镁（Mg）和硫（S）；微量元素：铁（Fe）、锌（Zn）、硼（B）和锰（Mn）等。

土壤养分的高低限制着油茶的生长发育和产出。陈家法等（2017）研究油茶林地的长期施肥对土壤肥力和油茶林产出量的持续影响，认为施肥对油茶林产量具有显著提高作用，专用肥的使用显著提高了土壤全氮、有效磷、速效钾和有机质的含量及油茶产果量。精准施肥能在提高油茶产量和品质的同时，减少或控制肥料的投入，一方面降低生产成本，另一方面减少油茶和土壤中毒害物质的残留，有利于保持油茶林地生态的平衡和减少肥料过量带来的土壤板结及肥效浪费等问题。罗汉东等（2016）研究油茶林地施用不同量的钾素对油茶林地养分含量和油茶树体生长的影响，认为油茶林地施用钾肥对油茶土壤养分利用率的提高具有显著的影响，显著提高了油茶叶片氮、磷、钾的含量，从而促进油茶树的营养生长和生殖生长。

作为生产目的为收获果实的油茶经济林，每年油茶果的收获都会带走大量的土壤养分，有研究表明，油茶每生产 100 kg 枝叶，要从土壤中吸收 0.9 kg 氮素、0.22 kg 磷素、0.28 kg 钾素；每结 100 kg 油茶果，要从土壤中吸收 1.11 kg 氮素、0.85 kg 钾素、3.43 kg 磷素（岑加鑫，2020）。油茶是“抱子怀胎”物候期复杂的树种，多个物候期重叠的特点决定了油茶年生长周期中对土壤养分的吸收特点复杂多变，对土壤养分的消耗和需求在时间上产生了差异性，俞元春等（2013）论述油茶林施肥效应，认为油茶盛果期对磷、钾、钙和镁这几种营养元素的需求较大，在花芽分化期和开花授粉期施肥可显著控制油茶大小年结实现象。因此，油茶的养分管理需要结合物候期进行，对关键物候期土壤养分变化进行动态监测，有助于了解油茶的需肥特点和油茶年生长周期内各个发育时期对土壤具体养分元素及含量的需求变化，从而为开展精准施肥提供依据，有助于提高科学养分管理水平和油茶产量。

1.7.4 生态化学计量研究进展

植物生态化学计量学研究植物器官元素含量的计量特征及它们与环境因子、生态系统功能之间的关系，常用于判断植物体和群落的养分限制情况和指导生态系统养分管理。土壤生态化学计量是土壤有机质组成和养分有效性的重要指标，土壤有机质的分解与积累可以由碳氮比、碳磷比、氮磷比反映。因此，在一定范围内，氮、磷的含量和有效性可以作为土壤肥力的指标（白小芳等，2015）。

植物叶片生态化学计量能反映植物生长特性和养分限制状况，根据特定植物叶片的N∶P阈值、N∶K阈值和P∶K阈值可以判断植物体氮、磷、钾养分限制情况（Venterink et al.，2003）。土壤-叶片生态化学计量密切相关，土壤理化性质、养分有效性的改变会影响植物叶片的化学计量特征，进而影响植物的养分吸收和生长发育，植物则通过根系及枯落物将养分归还土壤，改变土壤化学计量特征，影响土壤理化性质（张子琦等，2022）。吴家森等（2019）研究树龄不同的油茶，其土壤和叶片的碳、氮和磷的生态化学计量特征，认为林龄对叶片氮磷含量产生了直接的影响，不同林龄间存在着差异，随着油茶林龄的增加，叶片的氮磷含量也随之增加，影响油茶生长的限制因素是油茶林氮含量的多寡，为了促进油茶树体的生长发育，在油茶林土壤管理中，应该适当增施氮肥。因此，研究树体和土壤生态化学计量及其相关关系，可以指导油茶林地养分管理，为油茶林经营抚育措施的制定提供参考。

第 2 章　油茶炭疽病和根腐病的发生与流行

油茶（*Camellia oleifera*）被广泛地栽植于我国 14 个省份，截至 2019 年底，云南省共发展油茶约 350 万亩，综合产值 7.9 亿元（郑静楠等，2021）。单一品种的油茶集约化栽植、良种选育滞后及栽培管护技术落后导致油茶病虫害发生严重，其中炭疽病和根腐病的发生严重制约着油茶产业的发展，但云南省栽培油茶炭疽病和根腐病的发生情况及病原菌种类还未见系统、详细的报道。

本研究对云南省德宏州、文山州及保山市油茶种植区炭疽病和根腐病的发生情况进行调查，并联合形态学特征和多位点序列分析明确病原菌的种类，通过科赫法则验证菌株对油茶的致病性，对栽培地油茶炭疽病的发生流行规律进行分析。同时，针对主要的致病菌株开展复合侵染和生物学特性研究，为油茶炭疽病和根腐病的绿色防控提供理论依据。

2.1　试验材料与仪器

2.1.1　供试试剂

葡萄糖、琼脂、乙醇、升汞（$HgCl_2$）、链霉素、氨苄青霉素（ampicillin，AMP）、异丙醇、异戊醇、十六烷基三甲基溴化铵（CTAB）、三羟甲基氨基甲烷（Tris）、β-巯基乙醇、甘油、琼脂糖和 50×TAE 缓冲液，上述常用试剂购买自昆明盘龙华森实验设备成套部。

TRIzol、Ex *Taq*、10×Ex *Taq* Buffer、dNTP Mixture、DH5α感受态细胞、pMD™ 19-T Vector Cloning Kit、PrimeScript™ RT reagent Kit with gDNA Eraser，购买自宝生物工程（大连）有限公司。

DNA Ladder 2000、4S Green 核酸染料、Ezup 柱式真菌基因组 DNA 抽提试剂盒、SanPrep 柱式质粒 DNA 小量抽提试剂盒、SanPrep 柱式 DNA 胶回收试剂盒、异丙基硫代-β-D-半乳糖苷（IPTG）、X-Gal 和引物，购买自生工生物工程（上海）股份有限公司。

2.1.2　供试植物

2019 年和 2020 年 7～9 月，在云南省德宏州、文山州及保山市油茶种植基地各选择 3 块主要的栽植样地，各样地内再按五点取样法划分 5 个 20 m×20 m 的小样方，每个小样方内采集 30 株油茶，用枝剪剪取表现出典型炭疽病症状的病叶（每株收集 30 片病叶），用自封袋保存带回实验室。

2.1.3 供试培养基

马铃薯葡萄糖琼脂（potato dextrose agar，PDA）固体培养基：马铃薯 200 g，葡萄糖 20 g，琼脂粉 20 g，蒸馏水 1000 mL，pH=7.0。

马铃薯葡萄糖（potato dextrose，PD）液体培养基：马铃薯 200 g，葡萄糖 20 g，蒸馏水 1000 mL，pH=7.0。

Luria-Bertani 培养基（LB）：胰蛋白胨 10 g，酵母提取物 5 g，NaCl 10 g，蒸馏水 1000 mL，pH=7.0。

马铃薯蔗糖琼脂（potato saccharose agar，PSA）固体培养基：马铃薯 200 g，蔗糖 20 g，琼脂粉 20 g，蒸馏水 1000 mL，pH=7.0。

燕麦粉琼脂（oat meal agar，OA）固体培养基：燕麦 20 g，琼脂 20 g，蒸馏水 1000 mL，pH=7.0。

察氏培养基（Czapeks medium）：$NaNO_3$ 3 g，K_2HPO_4 1 g，$MgSO_4·7H_2O$ 0.5 g，KCl 0.5 g，$FeSO_4$ 0.01 g，蔗糖 30 g，琼脂粉 20 g，蒸馏水 1000 mL，pH=7.0。

2.1.4 供试仪器

本研究所用仪器名称及生产厂家信息如表 2-1 所示。

表 2-1 本研究所用的仪器名称及生产厂家

仪器名称	生产厂家
移液枪	Eppendorf
低温高速离心机	Eppendorf
伯乐 PowerPac 基础电泳仪	Bio-Rad
凝胶成像系统	G：Box
Real-time PCR 仪	ABI 7500
Applied Biosystems Veriti 热循环仪	美国应用生物系统（中国）公司
DK-8D 型电热恒温水槽	上海森信实验仪器有限公司
Nikon E100 显微镜	尼康仪器（上海）有限公司
高通量组织破碎仪	宁波新芝生物科技股份有限公司
洁净工作台	苏净集团苏州安泰空气技术有限公司
电子分析天平	深圳柏莱科技有限公司
高通量组织研磨仪	上海净信实业发展有限公司
NanoDrop 2000 超微量分光光度计	赛默飞世尔科技（中国）

2.2 试验方法

2.2.1 油茶炭疽病和根腐病的病害调查

2019 年和 2020 年 7～9 月，对德宏州、文山州和保山市的油茶栽植区各进行 6 次病害调查，每个地区调查 3 个种植样地，样地内油茶行距约 3 m，树龄 20～30 年，各样区内按五点采样法分 5 个 20 m×20 m 小样方，各小样方内抽取 30 株，每株在 4 个方向各抽查 30 片叶片和根系，计算发病率。参照表 2-2 中炭疽病和根腐病的分级标准，计算病情指数。病情指数 = 100 × Σ[各级病叶（根）数 × 各级代表数值] / [调查总叶（根）数 × 最高级代表数值]。观测数据通过 SPSS 26 进行统计分析，通过独立样本 *t* 检验及单因素方差分析（one-way ANOVA）中 Tukey 事后检验法进行差异显著性分析（$p<0.05$），通过 GraphPad Prism 9 进行绘图。

表 2-2　油茶炭疽病和根腐病的分级标准

级别	油茶炭疽病分级标准	油茶根腐病分级标准	代表数值
I	无病叶，植株健康	无病根，植株健康	0
II	病叶率≤10%	主根基部褐变≤25%	1
III	病叶率为 11%～20%	主根基部褐变 26%～50%	2
IV	病叶率为 21%～30%	主根基部褐变 51%～75%	3
V	病叶率≥31%	主根基部褐变≥76%	4

2.2.2 油茶炭疽菌和根腐病菌的分离与保存

采用常规组织分离法分离病原菌。方法如下。

（1）剪取染病油茶病健交界处 1 cm×1 cm 的叶片组织，先用 75%乙醇浸泡 10 s，然后用 0.1%升汞溶液浸泡 2 min，接着用无菌水彻底漂洗 3～5 次；由于根系表面附着较多的土壤微生物，将表面消毒流程进行调整，用 75%乙醇浸泡消毒 1 min，无菌水冲洗 1 次，用 5%（有效氯）次氯酸钠溶液表面消毒 5 min，最后用无菌水彻底冲洗 3 次。

（2）表面消毒后的组织块用无菌滤纸吸干水分，接种于 PDA 培养基（首次分离添加 30 mg/L 链霉素）平板，置于 25℃恒温培养箱内避光培养 3～5 d。

（3）待组织周围长出菌丝后，用新制 PDA 平板重复纯化 3～5 次，得到纯菌株。

（4）纯菌株培养 7～10 d 使菌丝长满平板，用无菌水充分洗涤分生孢子并收集于 1.5 mL 离心管内，用血球计数板调节分生孢子浓度为 1×10^{6} 个/mL。

（5）使用终浓度为 25%甘油冻存于–80℃冰箱内备用。

2.2.3 病原菌的形态学鉴定

采用徒手切片法观察染病部位炭疽菌的形态特征。将病症明显的病叶切成较薄的组织片并制成临时玻片标本，通过 Nikon E100 光学显微镜观察病原菌的形态学特征。

采用玻片培养检视法观察 PDA 平板中病原菌的形态特征。将无菌盖玻片斜插入新制 PDA 平板，供试菌接种于斜插片附近，25℃恒温培养 7～10 d 后拔出盖玻片，通过光学显微镜观察其形态特征。

2.2.4 病原菌分子鉴定及系统发育

从 PDA 平板挑取单菌落菌丝约 50 mg 并转移至 1.5 mL 离心管内，同时加入 3 颗 2 mm 氧化锆磁珠（四方相氧化锆，tetragonal zirconium polycrystal，TZP）后置于液氮中速冻，将离心管置于高通量组织研磨仪内（60 Hz，60 s）充分研磨至粉末状。采用 Ezup 柱式真菌基因组 DNA 抽提试剂盒提取病原菌总 DNA，提取后保存于–20℃备用。

以真菌总 DNA 为模板，炭疽菌总 DNA 分别扩增 ITS、*ACT*、*TUB2*、*CHS-1*、*GAPDH* 和 *HIS3* 基因（Carbone & Kohn，1999）；根腐病菌总 DNA 分别扩增 ITS、*EF-1α* 和 *RPB2* 基因。PCR 扩增所用引物及反应条件见表 2-3，扩增采用 25 μL 体

表 2-3　本研究 PCR 采用的引物及反应条件

基因	引物	序列（5′-3′）	反应条件
ITS	ITS1	TCCGTAGGTGAACCTGCGG	94℃ 5 min
	ITS4	TCCTCCGCTTATTGATATGC	[94℃ 30 s，56℃ 40 s，72℃ 50 s]35 个循环 72℃ 10 min
ACT	ACT-512F	ATGTGCAAGGCCGGTTTCGC	94℃ 5 min
	ACT-783R	TACGAGTCCTTCTGGCCCAT	[94℃ 30 s，52℃ 30 s，72℃ 30 s]40 个循环
TUB2	Btub2Fd	GTBCACCTYCARACCGGYCARTG	72℃ 7 min
	Btub4Rd	CCRGAYTGRCCRAARACRAAGTTGTC	
CHS-1	CHS-79F	TGGGGCAAGGATGCTTGGAAGAAG	
	CHS-354R	TGGAAGAACCATCTGTGAGAGAGTTG	
GAPDH	GDF1	GCCGTCAACGACCCCTTCATTGA	
	GDR1	GGGTGGAGTCGTACTTGAGCATGT	
HIS3	CYLH3F	AGGTCCACTGGTGGCAAG	
	CYLH3R	AGCTGGATGTCCTTGGACTG	
EF-1α	EF1	ATGGGTAAGGARGACAAGAC	
	EF2	GGARGTACCAGTSATCATG	
RPB2	RPB2-5f2	GGGGWGAYCAGAAGAAGGC	
	RPB2-7cr	CCCATRGCTTGYTTRCCCAT	

注：简并位置的核苷酸由单一字母代替，B= C/G/T；Y=C/T；R=A/G；S=G/C；W= A/T

系，包括 Ex *Taq* 0.2 μL、10×Ex *Taq* Buffer 2.5 μL、dNTP Mixture 2 μL，引物（F/R）各 1 μL，DNA 1 μL，ddH_2O 17.3 μL。扩增产物通过 1%琼脂糖凝胶电泳检测。

正确扩增的 PCR 产物经胶回收试剂盒切胶纯化后，与 pMD19-T 载体连接后进行克隆测序，方法如下。

（1）在冰上预冷的 200 μL 微量离心管内配制 5 μL 连接体系，包括 pMD19-T 载体 1 μL，待插入 DNA 片段 3 μL，ddH_2O 1 μL。

（2）向上述连接体系内加入 Solution I 缓冲液 5 μL，放入 PCR 仪内 16℃反应 30 min。

（3）吸取 5 μL 上述连接液加入至 50 μL DH5α感受态细胞中，冰中放置 30 min。

（4）置于 42℃水浴锅内热击 45 s 后，置于冰上放置 1 min。

（5）向感受态细胞中加入 600 μL LB 培养基，37℃振荡（180 r/min）复苏培养 60 min。

（6）预先制备含 AMP（100 mg/L）且涂布 X-Gal（20 mg/mL）40 μL 和 IPTG（200 mg/mL）4 μL 的 LB 培养基平板，吸取 100 μL 复苏培养后的感受态细胞涂布于上述培养基，正置吸收片刻后置于 37℃恒温倒置培养 12～16 h。

（7）用无菌枪头挑选白色菌落，利用载体通用引物（M13F/M13R），通过菌液 PCR 法验证阳性克隆子。

（8）将插入片段正确的阳性 PCR 产物送昆明擎科生物科技股份有限公司进行测序。

PCR 产物测序完成后进行分子系统发育分析，方法如下。

（1）双向测通的序列通过 Geneious 9.0.2 软件（http://www.geneious.com）进行拼接和校正。

（2）拼接后序列提交至 NCBI（https://www.ncbi.nlm.nih.gov）数据库进行 BLAST 比对，同时下载部分同源性较高的参考序列，用于构建系统发育树。

（3）通过 MEGA11 将供试序列和参考序列进行多重比对，并对多基因片段的序列进行整合串联。

（4）通过 PAUP* 4.0b10 软件构建最大简约法（maximum-parsimony method，MP）系统发育树，参数设置为：非模糊排列的缺失位点处理为新特征；模糊排列位点不予采用；进行 1000 次 Bootstrap 自展支持分析；所有特征等权；采用启发式搜索（heuristic search）方式；Max-trees 值设为 5000。

（5）通过 RAxML-HPC2 构建最大似然法（maximum-likelihood method，ML）系统发育树，设置模型为 GTR+G，进行 1000 次 Bootstrap 自展支持分析。

（6）节点的可靠性用最大似然自持值（maximum likelihood bootstrap，MLB）≥70%和最大简约自持值（maximum parsimony bootstrap，MPB）≥50%衡量。

2.2.5 病原菌的致病性测定

采用活体植物接种法验证病原真菌致病性，方法如下。

（1）病原菌在 PDA 平板活化培养后，用 6 mm 打孔器制成菌丝块。

（2）将两个 6 mm 菌丝块接种于 200 mL PD 液体培养基中，置于 25℃恒温摇床中（180 r/min）振荡培养 10 d。

（3）用无菌三层纱布过滤菌丝后获得孢子悬浮液，置于低温离心机内 5000 r/min 离心 10 min，弃上层培养基后用无菌水重悬，孢子悬浮液与 50%甘油按 4∶1 的比例混合，调节其终浓度为 1×10^6 个/mL。

（4）健康油茶叶片或根系组织用 75%乙醇轻轻擦拭表面并自然风干，将接种针灼烧后在组织表面轻轻刺出伤口。

（5）吸取 20 μL 孢子悬浮液接种至组织伤口处，以接种无菌水为空白对照，每株油茶接种 10 个组织，设 5 次生物学重复，25℃保湿黑暗培养 24 h 后，移至组培室光照（16 h 光照/8 h 黑暗）保湿（相对湿度 60%～70%）培养 10 d，每天观察并测量病斑面积，观测数据通过 SPSS 进行统计分析。

（6）接种位置表现症状后，以科赫法则为依据，对该部位病原菌进行再分离，分离株利用相同的形态学和分子生物学方法进行鉴定。

2.2.6 代表性炭疽菌菌株的复合侵染

选取两株具有分离优势的油茶炭疽菌作为代表菌株，进行复合侵染试验。在同一叶片的刺伤位置先后分别接种两株炭疽菌的 2.5 mm 菌丝块，之后调换接种顺序再进行接种处理，每处理设 3 个生物学重复。

待油茶叶片表现出症状，病斑表面菌丝蔓延生长后，对病原菌进行分离和鉴定，检测其是否为最初接种的菌株，通过科赫法则判断菌株病原体致病性。

2.2.7 代表性炭疽菌菌株的生物学特性

将两株代表性炭疽菌菌株分别制成 6 mm 菌丝块，接种至新的 PDA、PSA 和 OA 培养基中央，于 25℃恒温培养箱中倒置培养，定期用十字交叉法测量菌落的生长直径。将代表性菌株接种于 PDA 平板，设置 5℃、10℃、15℃、20℃、25℃、30℃、35℃和 40℃的温度梯度；设置 pH 分别为 5、7、9、11 和 13 的梯度；设置连续光照、连续黑暗和光照/黑暗（12 h/12 h）的光照处理，每处理设 3 个生物学重复。

以察氏培养基为基础培养基，以等量的葡萄糖、甘露醇和可溶性淀粉为碳源替换基础培养基中的蔗糖，同时设置无碳源培养基为对照，制成不同碳源的培养基。以等量的硫酸铵[$(NH_4)_2SO_4$]、蛋白胨、牛肉膏和甘氨酸为氮源替换基础培养基中的硝酸钠，同时设置无氮源培养基为对照，制成不同氮源的培养基。以上每个处理设 5 个生物学重复，于 25℃培养箱倒置培养。

2.2.8　云南油茶炭疽病发病规律研究

（1）发病规律调查：对 2019～2020 年两年田间油茶炭疽病的发生规律进行调查。每隔一个月调查 1 次，记载炭疽病初发期、发生盛期、发生末期以及不同温度、湿度下发生发展情况。

（2）病原菌越冬场所试验：取自德宏、楚雄及昆明三地两年（2019 年和 2020 年）的落叶、落枝和落果，对油茶炭疽病病原菌的越冬场所及越冬形态进行试验观察。将秋季收集的病叶、病枝和病果用尼龙纱网袋挂于树上和放置于地表越冬。翌年春天，采用纽鲍尔氏血球计数法和载玻片法，镜检越冬材料上残留分生孢子的数量及孢子萌发率。取不同越冬场所的病叶、病枝和病果各 30 枚用清水浸泡 10 min 后，用 75%乙醇表面消毒 50 s，清水漂洗 3 次，用已消毒的手术刀切取部分感病组织的病健交界处移至载玻片上，放入保湿培养皿中，置于 25℃恒温箱中培养 5～6 d，检查病组织内菌丝体的存活情况。

（3）分生孢子萌发试验：取在 PDA 培养基上培养 10 d 产生的分生孢子作为试验材料，采用凹槽玻片法、温箱控制温度法（5～45℃）和硫酸控制湿度法（25℃）进行分生孢子萌发试验，48 h 后检查孢子萌发情况。

（4）初侵染和潜育期观察试验：经两年观测试验，在云南三地区田间发病最早的是德宏州芒市，为 4 月 17 日～6 月 13 日出现一个高峰，7 月 15 日～9 月 18 日又出现一个高峰，在不同年份因春季降雨早晚和雨量大小不同略有差异。2019 年 6 月和 2020 年 6 月，在野外病叶、病枝和病果上套塑料袋，经 10 d 后，去掉初发病的病果，保留 60 枚健康青果，用新鲜的孢子悬液做针刺和不刺伤处理。同时在 2019～2020 年的 4 月，在实验室离体接种，分别喷雾接种后，继续保湿，6 d 后调查发病率。2019 年在野外叶、枝和果上套袋，15 d 后选未发病的叶、枝和果各 60 枚分别作为试验材料，以人工繁育的新鲜分生孢子为接种材料，对离体和树上的叶、枝及果进行接种试验，采用喷雾接种法，孢子浓度为 1×10^6 个/mL，接种保湿，观察发病始期。

（5）传播方式和再侵染观察：经观察，2019～2020 年两年油茶园内树上残存的病叶、病果和病枝翌春遇到雨季温湿度适宜时便可产生大量分生孢子，借风、雨、昆虫等媒介传播到健康的叶、枝和果上引起初侵染。发病后受害叶、枝和果经过 10～20 d 的潜育期发育后，叶部最先开始变黑，其上又可产生大量分生孢子，借风雨、昆虫或人的采果作业进行传播，反复地进行再侵染，使病情逐步加重恶化。

（6）野外病情扩展规律调查：在 2019～2020 年对昆明金殿的油茶炭疽病田间扩展情况进行了调查，从 5 月下旬开始逐月调查记录田间发病率，结合当地气象资料分析该病发病程度与气象条件的关系。

2.3 结果与分析

2.3.1 油茶炭疽病病害调查

对云南省德宏州、文山州及保山市油茶栽培地进行病害调查，结果表明，人工栽植油茶炭疽病发生严重，幼嫩的叶片、枝条和果实症状较明显。染病叶片病斑初期暗褐色，圆形，边缘整齐，随着病情发展，病斑逐渐扩大延伸，病斑中心灰白色至褐色，中心下陷，病斑表面轮生黑色点状物（病原菌分生孢子盘或子囊壳）。空气湿度大时，在叶斑处可见橙黄色分生孢子堆，发病严重时叶片大面积枯死并大量早落（图 2-1A，B）；染病幼果初期产生多个较小的圆形病斑，随后病斑延伸或多个小斑连成一片，病斑处产生轮状黑色点状物，后期果皮开裂，果实早落（图 2-1C，D）；染病的小枝出现椭圆形病斑，后期病斑干燥开裂，待病斑延伸绕枝一周后，整个小枝枯死脱落（图 2-1E）。

图 2-1　油茶炭疽病症状表现

A，B：染病叶片；C，D：染病幼果；E：染病小枝

综合 2019～2020 年 6 次定点调查结果表明，德宏州地区油茶炭疽病发生较为严重，平均发病率为 56.18%，病情指数为 53.11；文山州病情较轻，平均发病率为 43.99%，病情指数为 42.01；保山地区平均发病率为 53.65%，病情指数为 47.19（表 2-4）。

表 2-4 云南省三个地区油茶炭疽病病害调查

地点	发病率（%）	病情指数
德宏州	56.18 ± 0.32^{a}	53.11 ± 0.18^{a}
文山州	43.99 ± 0.31^{c}	42.01 ± 0.15^{c}
保山市	53.65 ± 0.20^{b}	47.19 ± 0.23^{b}

注：同列数据上标不同字母表示差异显著（$p<0.05$）

2.3.2 油茶炭疽菌的分离

从云南省三个地区油茶栽植基地中收集的染病叶片上共分离得到 82 株真菌，通过菌落形态去除形态相似的菌株后，初步鉴定出 11 株炭疽菌（表 2-5，以 CA 命名的株系）。初步筛选的 11 株炭疽菌在 PDA 培养基平板的生长速率大体一致，25℃恒温培养 7 d 后菌落直径为 6.4～8.9 cm。

鉴于德宏州油茶炭疽病发生较为严重，本研究还在德宏州的中营村、翁冷村和平山村三个样地中随机收集 100 株染病油茶并分离炭疽菌。利用 PDA 培养基一共分离到 21 株病原菌（表 2-5，以 DHYC 命名的株系），各菌株在生长后期菌落均呈现出轮纹圈，且背面有色素沉淀，属于炭疽菌的典型特征。

表 2-5 菌落在 PDA 培养基平板上的形态特征

菌株	菌落直径（cm）	菌落颜色	菌落形态	菌落边缘	是否产生分生孢子
CA01	8.1	灰绿色	绒毛状	规则	少量产生
CA02	8.4	灰绿色	绒毛状	规则	是
CA05	7.6	灰色	稍平伏状	稍不规则	是
CA07	8.2	灰绿色	绒毛状	规则	是
CA09	6.4	墨绿色	稍平伏状	规则	是
CA11	7.8	灰白色	绒毛状	规则	少量产生
CA13	8.9	灰绿色	绒毛状	规则	少量产生
CA14	8.8	灰绿色	绒毛状	规则	是
CA17	8.6	灰色	绒毛状	规则	是
CA21	8.3	橙红色	绒毛状	规则	是
CA23	8.1	灰色	稍平伏状	稍不规则	是
DHYC06	7.9	淡灰色	绒毛状	规则	是
DHYC08	8.1	淡灰色	绒毛状	规则	是
DHYC09	7.9	灰绿色	稍平伏状	规则	是

续表

菌株	菌落直径（cm）	菌落颜色	菌落形态	菌落边缘	是否产生分生孢子
DHYC10	8.1	灰白色	绒毛状	规则	是
DHYC11	7.8	灰绿色	绒毛状	稍不规则	少量产生
DHYC12	7.5	灰白色	绒毛状	规则	是
DHYC13	8.2	灰白色	稍平伏状	规则	少量产生
DHYC14	7.7	橙黄色	绒毛状	规则	是
DHYC15	8.3	灰白色	绒毛状	规则	少量产生
DHYC16	7.6	灰白色	绒毛状	规则	少量产生
DHYC17	8.0	灰褐色	绒毛状	规则	是
DHYC20	7.6	灰白色	绒毛状	规则	少量产生
DHYC21	7.8	橙黄色	绒毛状	规则	是
DHYC23	7.6	灰绿色	绒毛状	规则	是
DHYC24	8.1	灰白色	稍平伏状	规则	是
DHYC25	8.4	灰白色	绒毛状	规则	是
DHYC26	7.9	灰白色	绒毛状	规则	是
DHYC27	7.8	灰褐色	绒毛状	规则	少量产生
DHYC28	8.2	淡灰色	绒毛状	规则	是
DHYC29	8.5	灰绿色	绒毛状	规则	是
DHYC30	8.2	灰绿色	绒毛状	规则	是

2.3.3 油茶炭疽菌的形态学鉴定

通过玻片检视法观察上述炭疽菌菌株的形态学特征，菌株 CA01、CA02、CA07、CA11、CA13 和 CA14 的形态学特征如图 2-2 所示，在 PDA 培养基上，菌丝初期为白色，后逐渐加深为灰绿色，绒毛状，边缘整齐；气生菌丝较发达，绒毛状。分生孢子单胞，无色，长椭圆形，具 1～2 个油球，13.5～15.5 μm×4.5～5.9 μm。光镜下可见少量附着胞，浅棕色，球形、棒形至不规则形，8.2～9.5 μm×5.5～6.3 μm，初步确定上述 6 株菌属于胶孢炭疽菌复合种（*C. gloeosporioides* complex）。

菌株 CA17 在 PDA 培养基上（图 2-3A），菌落初期为白色，后期变为灰色，背面乳白色至灰色，有气生菌丝，绒毛状，边缘整齐。分生孢子单胞，无色，纺锤形至长椭圆状，两端钝圆，中心常可见 1 明显的油滴，14.2～16.5 μm×4.9～5.1 μm。光镜下可见附着胞，卵圆形至不规则状，褐色至黑褐色，可鉴定为暹罗炭疽菌（*C. siamense*），亦属于 *C. gloeosporioides* 复合种。

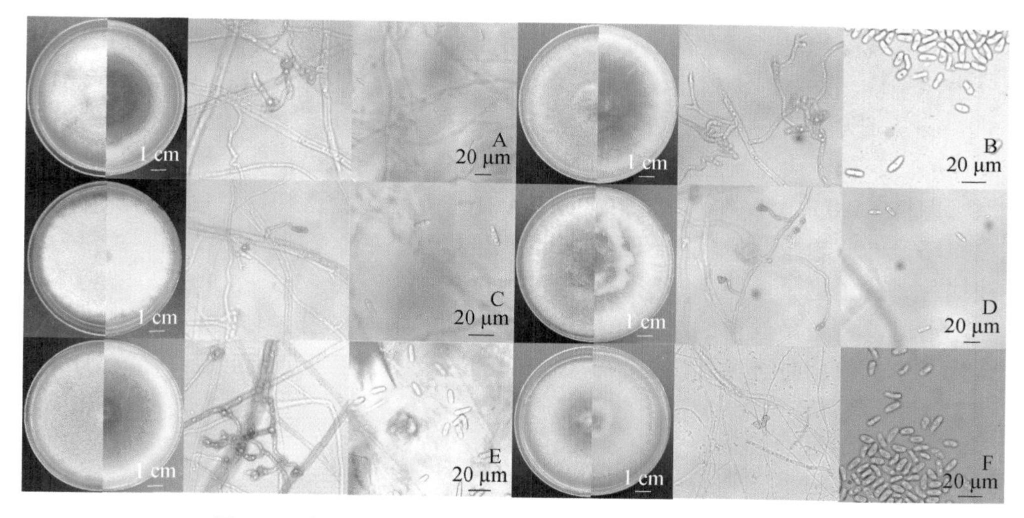

图 2-2　胶孢炭疽菌复合种在 PDA 培养基上的形态学特征

A：CA01；B：CA02；C：CA11；D：CA13；E：CA14；F：CA07；各分图中左图为菌落，由培养皿正、反面拼接而成；中间图为附着胞或菌丝；右图为分生孢子

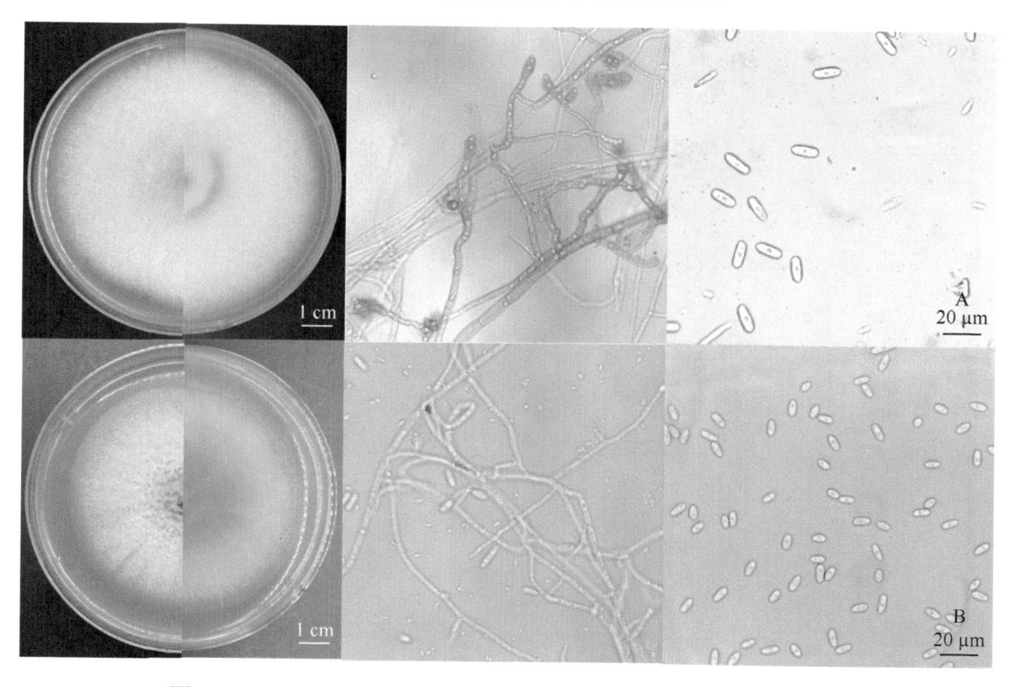

图 2-3　暹罗炭疽菌与松针炭疽菌在 PDA 培养基上的形态学特征

A：CA17；B：CA21；各分图中左图为菌落，由培养皿正、反面拼接而成；中间图为附着胞或菌丝；右图为分生孢子

菌株 CA21 在 PDA 培养基上（图 2-3B），菌落初期白色，后期气生菌丝发达，

毯状，出现鲜艳的橘红色至粉红色，菌落背面橘红色至粉色，菌落表面可见橘色分生孢子堆，分生孢子单胞，无色，纺锤形至卵圆形，光滑，11.2～15.5 μm×3.1～5.2 μm。光镜下可见有隔菌丝，未见附着胞形成，可鉴定为松针炭疽菌（*C. fioriniae*），属于尖孢炭疽菌复合种（*C. acutatum* complex）。

菌株 CA05、CA09 和 CA23 在 PDA 培养基上，菌落初期白色，后加深至灰色，略呈同心轮纹状，气生菌丝较发达，呈致密的毯状，中央略凸起，菌落背面浅橘色。分生孢子单胞，透明，纺锤形，11.2～18.8 μm×3.3～5.5 μm。光镜下未见附着胞，可见菌丝常纠结和缠绕形成较复杂的结构（图 2-4），上述 3 株菌可鉴定为博宁炭疽菌复合种（*C. boninense* complex）中的喀斯特炭疽菌（*C. karstii*）。

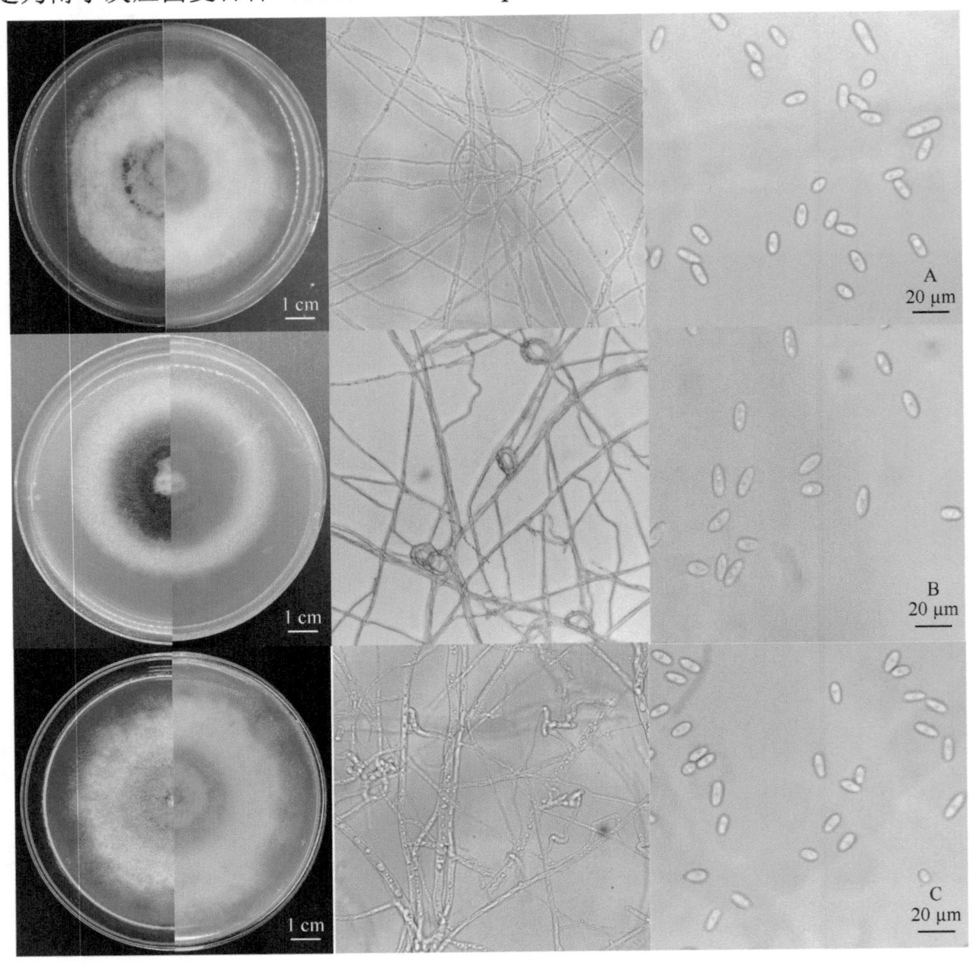

图 2-4　喀斯特炭疽菌在 PDA 培养基上的形态学特征

A：CA05；B：CA09；C：CA23；各分图中左图为菌落，由培养皿正、反面拼接而成；中间图为附着胞或菌丝；右图为分生孢子

通过徒手切片观察染病叶片病斑处组织的显微结构，光镜下可见病斑处叶组织褐变，疏松易碎，叶肉细胞离析、被破坏（图 2-5A）；病原菌分生孢子盘暗褐色至黑色，初期埋生在叶组织内，后期顶部逐渐突破呈半埋生状态（图 2-5A，C），周围有刚毛或无，刚毛暗色，45.1～115.5 μm（图 2-5A～C）；分生孢子着生在分生孢子梗上，分生孢子无色，单胞，常具有 1～2 个油滴，长椭圆形或短棒形，11.2～16.7 μm×3.9～5.2 μm（图 2-5B～D）。

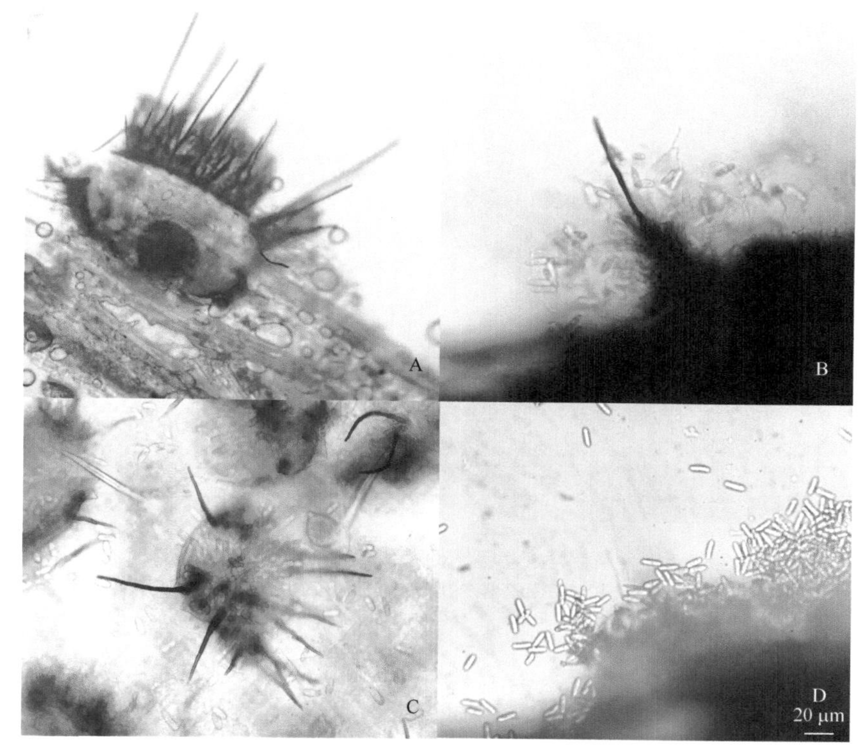

图 2-5　染病部位炭疽菌的形态特征

A：分生孢子盘；B：分生孢子及刚毛；C：分生孢子盘和分生孢子；D：分生孢子

选取分离自德宏州染病油茶的两株代表性菌株 DHYC14 和 DHYC30 进行形态学特征鉴定。菌株 DHYC14 在 PDA 培养基上，菌落呈圆形，初期气生菌丝白色，棉花状，菌落正反面有明显的轮纹圈；生长后期，菌丝变为浅灰色，背面中央处有黑褐色色素沉淀，且菌落边缘有橘黄色的油滴状外渗物，为分生孢子液滴，分生孢子盘散生，未观察到刚毛，分生孢子梗光滑，无色，长短不一，分生孢子无色，卵圆形或长圆形，大小为 15.1～18.0 μm × 4.4～5.8 μm（图 2-6A）。菌株 DHYC30 在 PDA 培养基上，菌落圆形，初期菌丝白色，絮状，正反面有明显的轮纹圈，后期菌落逐渐变为灰绿色，菌落中央有淡黄色透明渗出物，为分生孢子液滴，病原菌分生孢子盘垫状，见黑褐色刚毛着生，分生孢子梗较短，光滑，无色，分生孢子卵圆形，单胞，无色，两端钝圆或一端略尖，大小为 11.0～15.1 μm × 3.1～5.0 μm（图 2-6B）。

图 2-6　分离自德宏州染病油茶代表性炭疽菌的形态特征

A：DHYC14；B：DHYC30；各分图中左图为菌落，由培养皿正、反面拼接而成；中间图为分生孢子盘；右图为分生孢子

2.3.4　油茶炭疽菌的分子鉴定及系统发育

以病原菌总 DNA 为模板分别扩增 ITS、*ACT*、*TUB2*、*CHS-1*、*GAPDH* 和 *HIS3* 基因片段，各基因片段与 pMD19-T 载体连接后的阳性克隆子经菌液 PCR 验证，分别获得了约 700 bp、300 bp、500 bp、300 bp、300 bp 和 450 bp 的目标基因片段，均与预期片段大小一致（图 2-7）。

基于 ITS+*ACT*+*TUB2*+*CHS-1*+*GAPDH*+*HIS3* 多基因片段构建油茶炭疽菌的系统发育树，包括了炭疽菌属（*Colletotrichum*）中 10 个复合种类群的 37 个物种和 1 个作为外群物种的 *Monilochaetes infuscans*。所用 2304 个特征中含有 1148 个恒定特征、165 个无简约信息可变特征和 991 个简约信息特征。在 MP 系统发育树中，最佳核苷酸替代模型为 GTR+I+G，树长（tree length，TL）为 197，一致性指数（consistency index，CI）为 0.6294，趋同指数（homoplasy index，HI）为 0.3706，

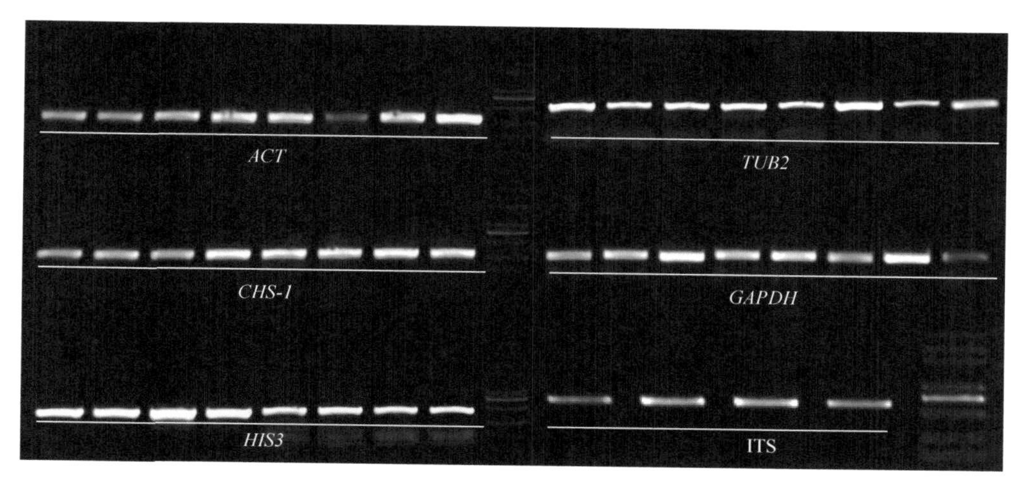

图 2-7　目标基因片段阳性克隆子验证

保留指数（retention index，RI）为 0.9352，重调一致性指数（rescaled consistency index，RC）为 0.5887。通过 ML 构建的系统发育树，大致结果与 MP 相似，因此，*Colletotrichum* 系统发育树以 MP 拓扑结构为框架，将 MP 与 ML 系统发育树进行合并分析（图 2-8）。

系统发育树结果表明，菌株 CA01、CA02、CA07、CA11、CA13、CA14 和 CA17 并在 *C. gloeosporioides* 复合种进化支内（86/100），结合形态学特征，菌株 CA01、CA02、CA11、CA13 和 CA14 可鉴定为胶孢炭疽菌 *C. gloeosporioides*；CA07 与 *C. kahawae* 聚为一单独分支，结合形态学鉴定，鉴定为 *C. kahawae*；菌株 CA17 与 *C. siamense* 聚为一支，自展支持率 MPB＞50%，结合形态学特征，CA17 鉴定为 *C. siamense*；菌株 CA05、CA09 和 CA23 处于 *C. boninense* 复合种进化支内（94/100），在复合种进化支内以较高支持率（90/92）与 *C. karstii* 聚为一进化支，结合形态特征将其鉴定为 *C. karstii*；菌株 CA21 位于尖孢炭疽菌复合种进化支（100/100），与 *C. fioriniae* 聚为一支（90/100），结合形态学结果鉴定为 *C. fioriniae*。

利用相同的方法，对分离自德宏州的 21 株炭疽菌进行分子鉴定和系统发育分析（图 2-9）。结果表明，菌株 DHYC30 与 *C. siamense* 聚为一支，结合形态学特征，将菌株 DHYC30 鉴定为 *C. siamense*。以 DHYC14 为代表的其余 20 株菌与 *C. fructicola* 聚为一支，结合形态学特征，将其鉴定为 *C. fructicola*。这表明德宏州油茶炭疽病的主要病原菌是果生炭疽菌和暹罗炭疽菌，且果生炭疽菌属于优势病原菌。

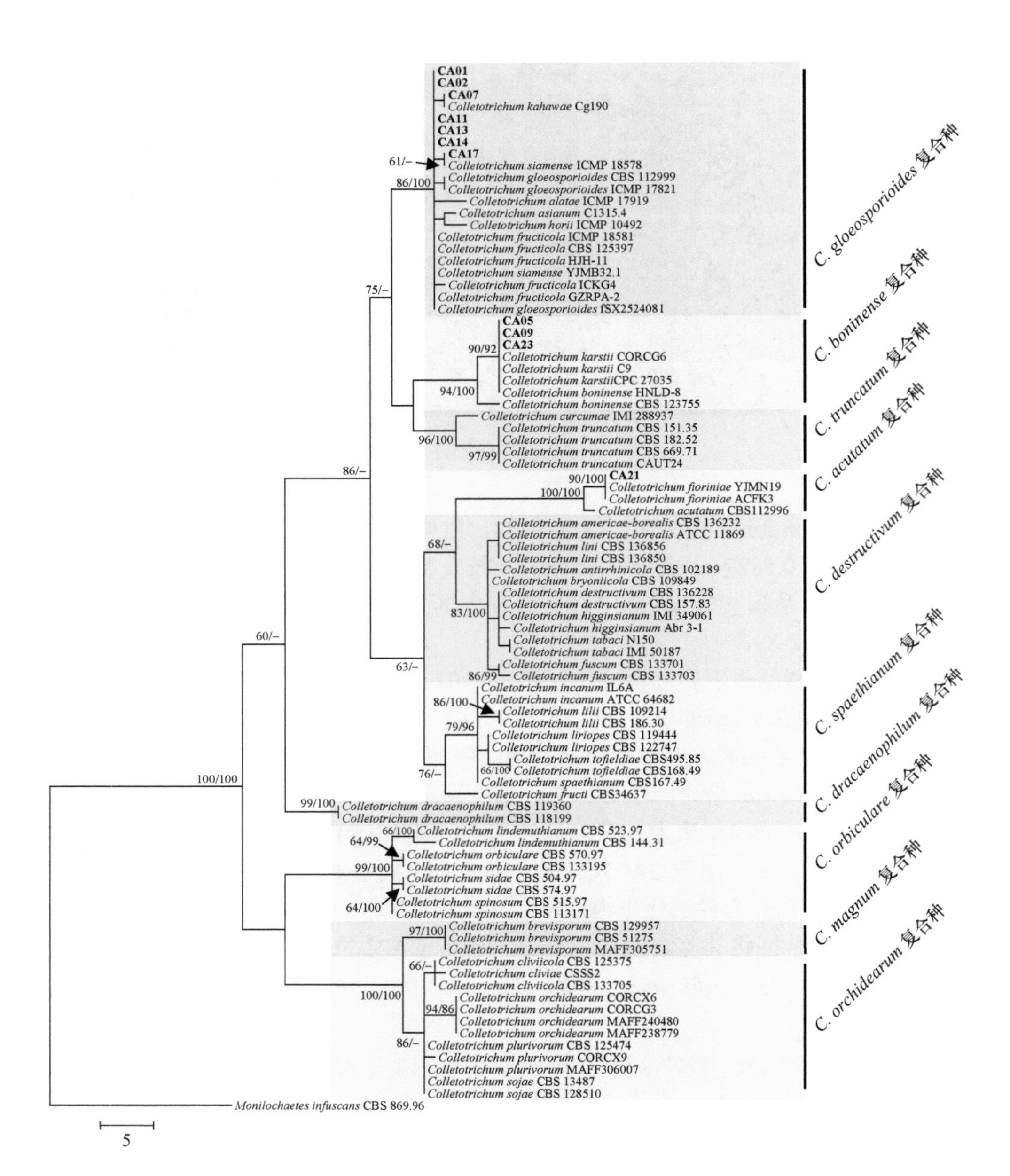

图 2-8 基于 ITS+*ACT*+*TUB2*+*CHS-1*+*GAPDH*+*HIS3* 构建的炭疽菌属的系统发育树

拓扑结构表示具有最大简约自展支持率（≥50%，左侧数值）和最大似然自展支持率（≥70%，右侧数值）的 MP 分析

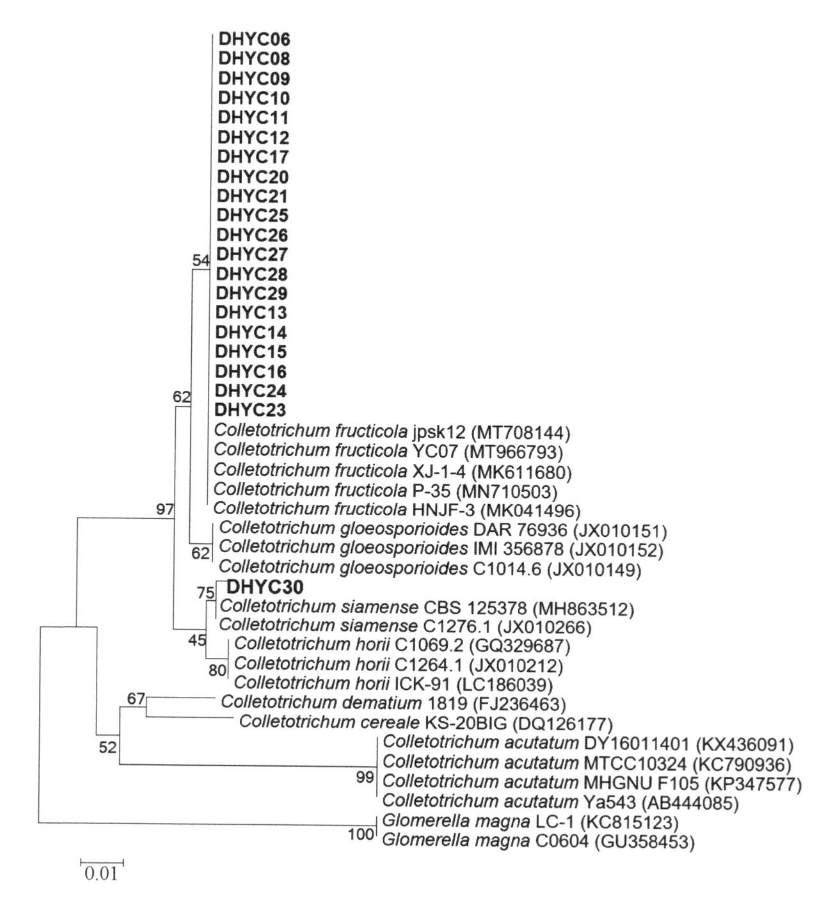

图 2-9　分离自德宏州染病油茶的炭疽菌菌株系统发育分析

2.3.5　油茶炭疽菌的致病性测定

各分离株的孢子悬浮液接种至活体油茶保湿培养 10 d 后结果表明，上述炭疽菌对活体油茶叶片均有致病性，但致病力存在差异。接种 3 d 后叶片开始表现症状，接种点处出现水渍状圆形病斑，叶片背面亦可见圆形小斑，接种 5 d 后病斑面积扩大且颜色变深，病斑中心组织干枯易脱落，边缘呈水渍状，接种 10 d 后病斑持续扩展，接种症状与田间自然症状相似，接种无菌水的对照组在接种的 10 d 内，除接种点的针刺伤口外，未表现出症状（图 2-10L）。

于接种的第 10 天测量病斑面积并统计，结果表明，菌株 CA01、CA09、CA11 和 CA14 病斑面积较小，扩展速度较慢，在人工接种条件下致病力较弱（图 2-10A、E、F、H）。菌株 CA17 对油茶的致病力较强，病斑自接种点向外扩散，并可跨过

图 2-10　炭疽菌致病性测定

A：CA01；B：CA02；C：CA05；D：CA07；E：CA09；F：CA11；G：CA13；H：CA14；I：CA17；J：CA21；K：CA23；L：CK（H_2O）

中心叶脉继续扩展，接种点的刺伤部位出现白色的菌丝，周围可见乳白色至浅黄色的分生孢子堆，病斑呈轮纹状（图 2-10I）。值得注意的是，菌株 CA21 对油茶叶片的致病力弱于菌株 CA17，但在接种点附近出现分生孢子堆的时间先于其余各菌株，且分生孢子堆的数量多于其余各菌株（图 2-10J）。

为筛选出在人工接种油茶中的强致病力菌株，对病斑面积的统计分析表明，接种菌株 CA17 后，油茶叶斑面积达（3.24±0.66）cm^2，且与其他菌株所致病斑面积存在显著性差异（$p<0.0001$）（图 2-11），即 CA17（*C. siamense*）为人工接种条件下油茶炭疽病的较强致病力菌株。

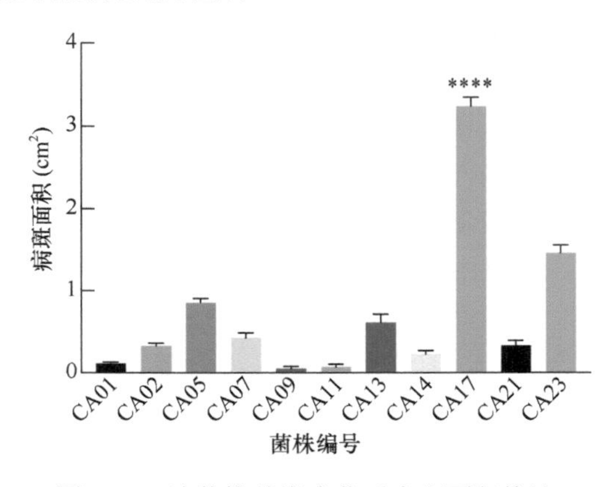

图 2-11　油茶接种炭疽菌后病斑面积统计

****表示 $p<0.0001$

2.3.6 代表性炭疽菌菌株的复合侵染

分离自德宏州的 21 株炭疽菌接种健康油茶叶片，结果显示，健康叶片上都会出现病斑，发病率为 100%，均属于致病菌。接种 3 d 后，DHYC14 菌株产生的病斑大小为 5.72 mm，显著大于其余的菌株，DHYC30 菌株产生的病斑大小为 5.14 mm。以上结果表明种间以及种内不同菌株之间致病力存在差异。

为了解不同菌株之间是否存在复合侵染的现象，将两株代表菌株在油茶健康叶片上进行混合接种和再次单独接种，结果显示，单独接种菌株 DHYC14 产生的病斑大小为 6.17 mm，显著大于单独接种菌株 DHYC30 产生的病斑（5.00 mm），表明前者的致病力强于后者（图 2-12）。混合接种的结果显示，先接种 DHYC14 后接种 DHYC30 产生的病斑大小为 2.25 mm，先接种 DHYC30 后接种 DHYC14 产生的病斑大小为 2.17 mm，接种无菌水的空白对照未表现出症状（图 2-13）。以上结果表明，混合接种病原菌所产生的病斑明显小于单独接种所产生病斑，可能是由于两株炭疽菌存在一定的拮抗效应。

图 2-12　代表性炭疽菌单独或混合接种油茶离体叶片

A：单独接种 DHYC14；B：单独接种 DHYC30；C：混合接种 DHYC14 和 DHYC30；D：混合接种 DHYC30 和 DHYC14；E：CK（H_2O）；F：林间染病植株

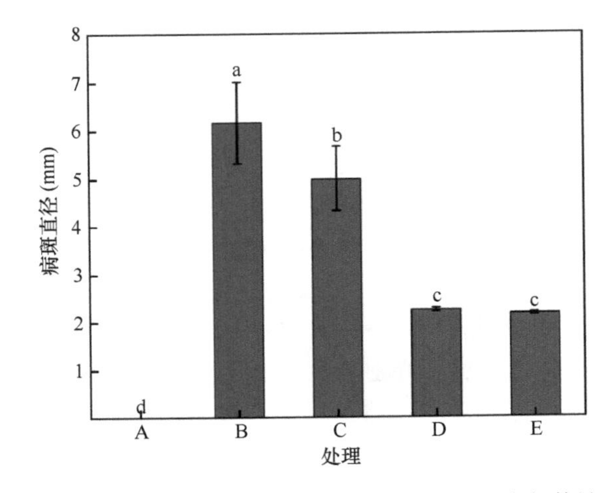

图 2-13　单独或混合接种油茶离体叶片病斑直径统计

A：CK（H_2O）；B：单独接种 DHYC14；C：单独接种 DHYC30；D：混合接种 DHYC14 和 DHYC30；E：混合接种 DHYC30 和 DHYC14

2.3.7　代表性炭疽菌菌株的生物学特性

DHYC14 和 DHYC30 两株病原菌在三种培养基上的生长表现不同。DHYC14 和 DHYC30 两株菌在 PDA 培养基上菌丝生长速率最快，分别为 14.47 mm/d、12.27 mm/d，PSA 培养基次之，分别为 13.77 mm/d、12.1 mm/d，且两菌株在 PDA 和 PSA 培养基上的生长均无显著性差异。在 OA 培养基上，两株菌的生长明显受到抑制，菌落稀疏，无气生菌丝，菌丝颜色极浅，DHYC14 和 DHYC30 的菌落直径分别为 49.67 mm、53.67 mm（图 2-14A）。

两株病原菌在 10～35℃范围内均能正常生长。菌株 DHYC14 的最适生长温度是 25℃，该温度下菌落直径最大，为 72.67 mm，继续升高温度后，菌丝生长受限明显，40℃时，菌丝不生长，转移到 25℃后，仍然不能生长，认为 40℃为该菌株的致死高温。5℃时，未观察到菌丝生长，转移至 25℃培养箱，菌丝能正常生长，认为 5℃的低温只能抑制菌丝的生长，并非该菌株的致死低温。菌株 DHYC30 的最适生长温度是 30℃，此温度条件下，菌落直径最大，达 65.83 mm。同样发现，40℃是该菌株的致死高温，5℃为抑制低温，而非致死低温（图 2-14B）。

连续光照和连续黑暗不会对菌株 DHYC14 的菌丝生长产生影响，但光照/黑暗（12 h/12 h）交替处理会导致菌落直径减小至 77.00 mm。光照对菌株 DHYC30 的生长影响不显著，其菌落直径在 63.67～64.00 mm 范围内波动（图 2-14C）。

两株病原菌在 pH=5～13 范围内均能正常生长，但最适 pH 存在差异。菌株 DHYC14 的最适 pH 在 pH=5～7，菌落直径为 70.17～71.00 mm，显著大于其他处理组。相反，菌株 DHYC30 则是在一定碱性环境下表现出较好的生长势，pH=11 为最适生长条件，菌落直径达 58.50 mm，pH=13 时，菌落直径表现出下降的趋势（图 2-14D）。

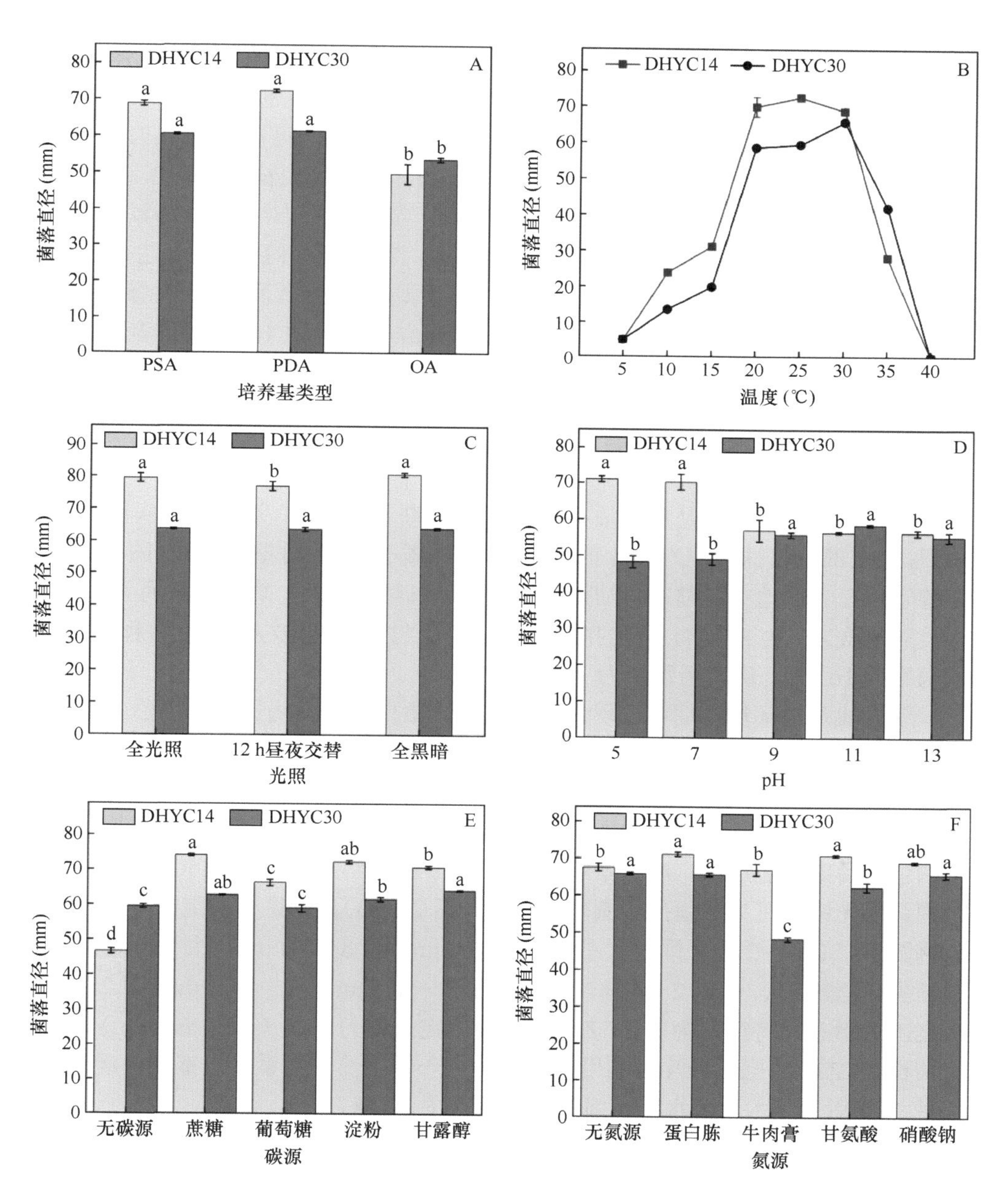

图 2-14　菌株 DHYC14 和 DHYC30 的生物学特性

A：培养基类型；B：温度；C：光照；D：pH；E：碳源；F：氮源

两株病原菌在不同碳源培养基上的生长势存在差异。菌株 DHYC14 在无碳源（CK）对照组培养基上生长最差，无碳源培养基上菌落十分稀疏，颜色极浅，以蔗糖、淀粉和甘露醇作为碳源时，病原菌丝的生长无显著差异，直径在 70.83～74.17 mm，以葡萄糖作为碳源时，菌落的直径显著低于其他处理组，为 66.33 mm。菌株 DHYC30 在无碳源（CK）对照培养基上生长最差，菌落极其稀疏，颜色极浅，以甘露醇为碳源时，生长最快，直径为 64.17 mm，以葡萄糖为碳源时，直径为 59.00 mm，显著低于甘露醇，而以蔗糖和淀粉为碳源时，菌落直径介于二者之间（图 2-14E）。

菌株 DHYC14 在以蛋白胨和甘氨酸作为氮源的条件下，生长速率最快，菌落直径分别为 71.17 mm 和 70.83 mm，且菌丝较为密集，显著优于以牛肉膏作为氮源的培养基，在无氮源（CK）对照组培养基上，菌落十分稀疏，颜色极浅，但菌丝直径达 67.5 mm。菌株 DHYC30 在以蛋白胨和硝酸钠为氮源时，病原菌的生长显著优于其他氮源处理，牛肉膏为氮源条件下，菌落直径最小，为 48.33 mm，在无氮源（CK）培养基上，菌落直径虽为 65.83 mm，但菌落极其稀疏，菌丝颜色极浅，生长势最弱（图 2-14F）。

2.3.8 油茶根腐病调查及病原菌鉴定

德宏州油茶根腐病是危害油茶林较为严重的一种病害，油茶受到病原菌的侵染后，地上部分植株表现为叶片黄化脱落，植株矮小，严重时整株枯死（图 2-15A）。在德宏州三个样地中，翁冷村油茶基地发病率高达 47.3%，病情指数为 41；中营村发病率次之，约 39.4%，病情指数为 31；平山村油茶基地根腐病危害程度较轻，发病率为 16.7%，病情指数约为 14。

染病油茶根部初期症状表现为根部变色，由白色变为褐色至黑褐色，随着病情的发展，后期根部表现为表皮腐烂脱落，严重时症状延伸到根茎交界处，严重地影响了油茶果的产量（图 2-15B）。

在 PDA 培养基上，分离获得一株真菌 YCZJ1，该菌株菌落圆形，菌落初期呈白色，后期颜色加深，产生紫红色色素，气生菌丝发达（图 2-15C）。通过玻片检视，在光镜下可见厚垣孢子圆形，无色（图 2-15D），多见小型孢子，卵圆形或长椭圆形，有 1～2 个分隔，大小为 4.2～5.6 μm × 1.8～3.0 μm，大型分生孢子先端渐尖，呈镰刀状，多为 2～4 隔，大小为 22.5～60.5 μm × 3.3～4.7 μm（图 2-15E）。根据上述形态学特征，菌株 YCZJ1 被初步鉴定为镰刀菌属（*Fusarium* sp.）真菌。将菌株 YCZJ1 的孢子悬浮液利用灌根接种至一年生油茶根系，温室内保湿培养，接种 20 d 后可见木质部水渍状腐烂的症状（图 2-15F，G）。

利用真菌柱式总 DNA 提取试剂盒提取菌株 YCZJ1 的基因组 DNA，通过 PCR 扩增 ITS、*EF-1α* 和 *RPB2* 基因片段。双向测通后的序列在 GenBank 数据库中通过 BLAST 进行比对，并构建系统发育树，结果表明菌株 YCZJ1 与 *F. oxysporum*

聚为一单独进化支，自展支持率为 73%（图 2-16）。结合形态学特征和分子生物学鉴定结果，确定引起德宏州油茶根腐病的病原菌为尖孢镰刀菌（*F. oxysporum*）。

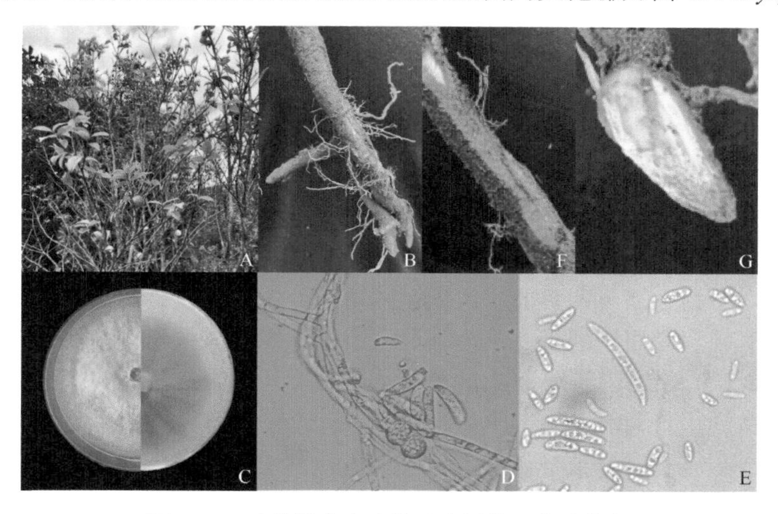

图 2-15　油茶根腐病症状及病原菌形态学特征

A：油茶根腐病地上部分症状；B：地下部分症状；C：菌落特征；D：厚垣孢子及菌丝；E：大型、小型分生孢子；F，G：致病性测定；图 C 为两照片拼接而成，左、右分别为平板正、反面

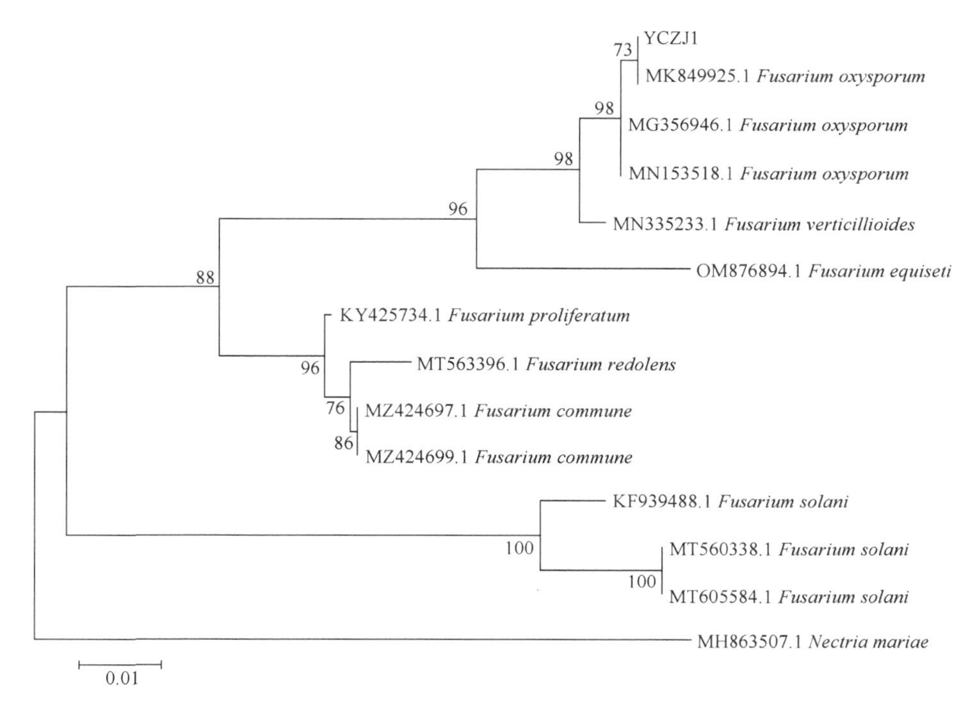

图 2-16　油茶根腐病菌系统发育树

2.3.9 云南油茶炭疽病发病规律研究

2.3.9.1 病原菌越冬试验

病原菌能以无性孢子的形态在树上病果（SSBG）、树上病叶（SSBY）、树上病枝（SSBZ）、树下病果（SXBG）、树下病叶（SXBY）和树下病枝（SXBZ）6个不同场所越冬，但越冬时残留的孢子数量不一致。病原菌在树上病果上的残留分生孢子数量最多，两年平均值达到每果115 100个；其次是树上病叶组织，两年平均值达到每叶114 867个；最少的是在树下病枝上，两年平均值达到每枝94.75个。此外，于树上还未凋落的病组织上残留的分生孢子数量更多，而凋落在地上的病叶、病枝容易腐烂埋于土中，因此地上病组织残体中炭疽菌孢子数远远少于树上（图2-17）。结果表明，树上病果和其他树上病组织是油茶炭疽菌主要的越冬场所，也是翌年主要的侵染来源。

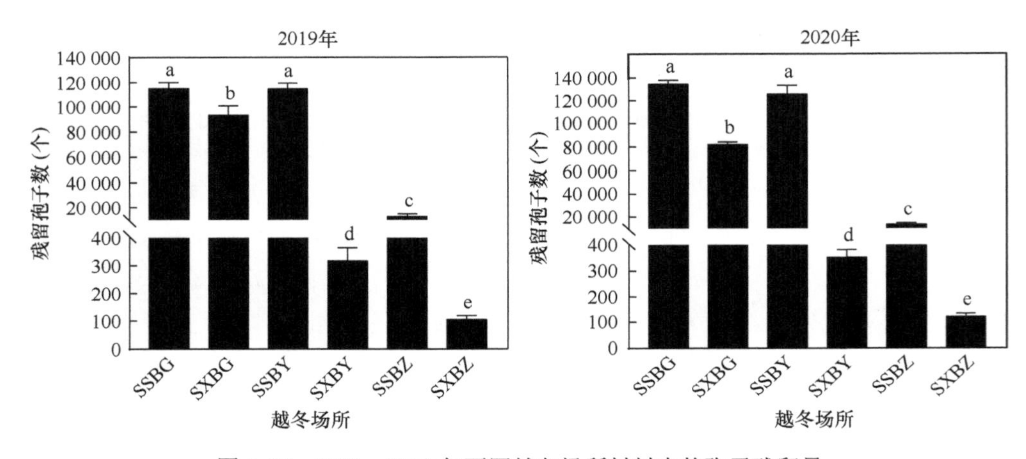

图2-17 2019～2020年不同越冬场所材料中的孢子残留量

越冬场所中分生孢子萌发率测定结果如图2-18所示，在6个不同越冬场所中树上病果（SSBG）残留的分生孢子萌发率最高，其次是树下病果（SXBG）、树上病叶（SSBY）和树上病枝三者中分生孢子萌发率比较接近，树下病叶和树下病枝中最低，这与残留分生孢子数量呈正相关。

此外，针对一年中发病期3～10月，逐月对分生孢子萌发率进行测定，结果表明，随着时间的推移，孢子萌发率逐渐降低（图2-19）。

越冬病组织内菌丝体可以在树上病果、树下病果、树上病叶、树上病枝4个越冬场所存活，且在树上病果中的存活率最高，叶片和枝条中存活率比较低（图2-20）。这表明树上病果是炭疽菌在油茶中以菌丝体形态越冬的主要场所，少数菌丝体在树下病果、树上病叶和病枝中存活并侵染健康植株。

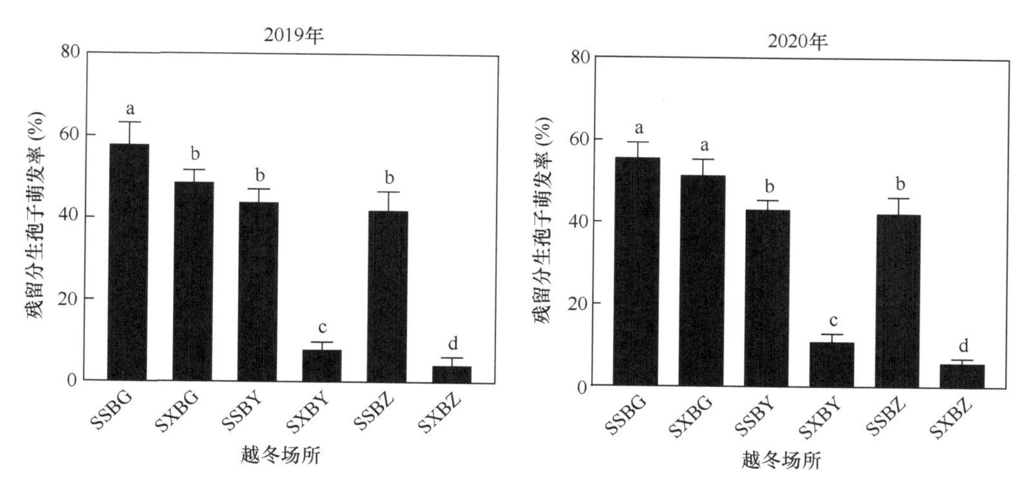

图 2-18　2019～2020 年各越冬场所残留分生孢子的萌发率

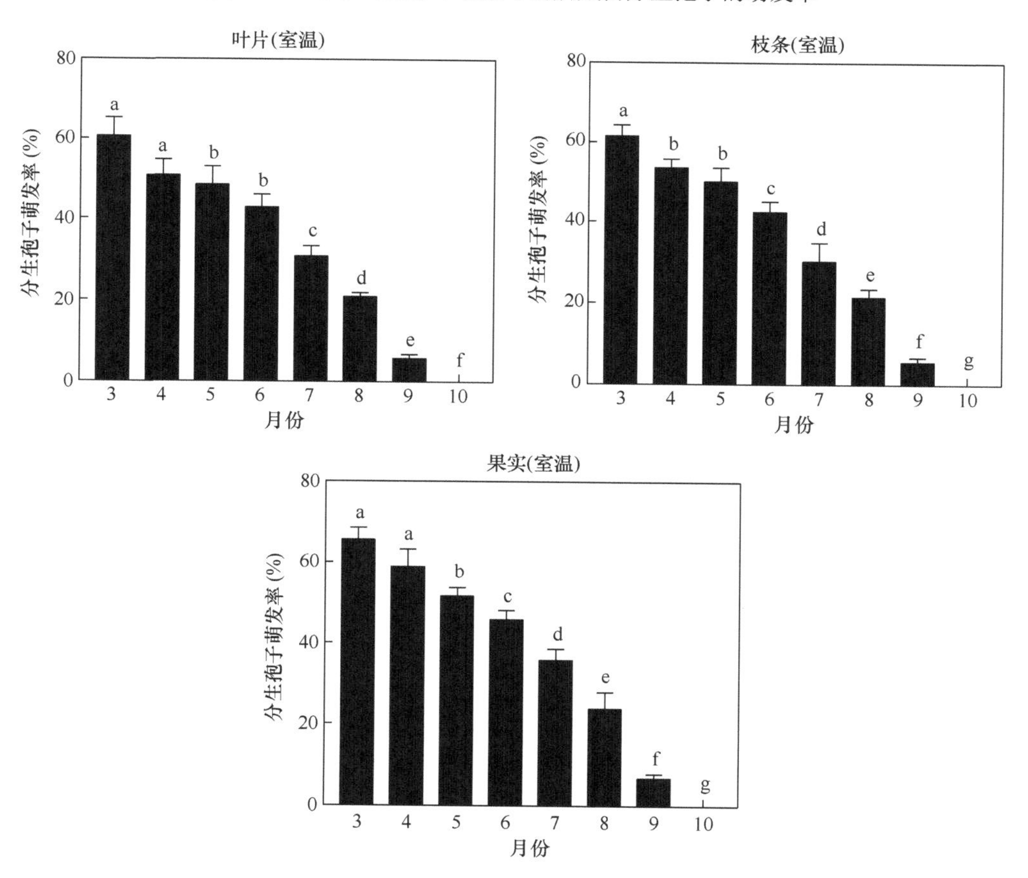

图 2-19　叶片、枝条及果实等病残体上分生孢子的萌发率

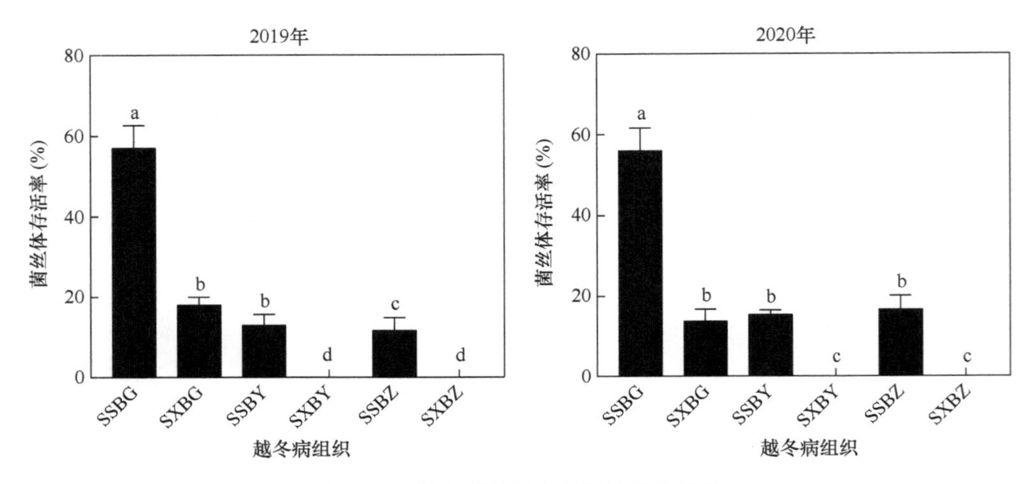

图 2-20　越冬病组织内菌丝体的存活率

以上试验结果表明，越冬后的病果均残存有大量病原菌的分生孢子，但只有树上病果表面的分生孢子能够大部分存活，其萌发率为 40.6%～75.3%，掉落于地下的病叶和病枝样品中的分生孢子基本丧失了萌发能力。在室内干燥条件下保存的病果表面分生孢子存活时间可达 14 个月，但孢子萌发率随时间推移逐月下降，田间树上病果组织内的菌丝体在越冬后的存活率仍然比较高，为 58%～88%，由此可见树上残留病叶、病枝和病果表面的分生孢子及组织内的菌丝体是病菌越冬的主要形态和田间初侵染的主要来源。

2.3.9.2　分生孢子萌发试验

在不同温度条件下，炭疽菌分生孢子萌发率有较大差别，在 15～38℃范围内，分生孢子均能萌发，其中 25～30℃为孢子萌发最适温度，温度低于 15℃或高于 33℃时，分生孢子萌发率很低，低于 10℃或高于 40℃时孢子不萌发（图 2-21）。

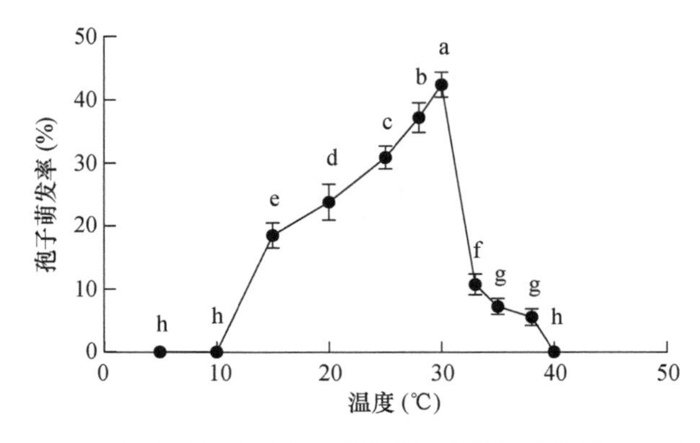

图 2-21　温度对果生炭疽菌分生孢子萌发影响结果（48 h）

湿度对分生孢子的影响结果表明，分生孢子的萌发对湿度的要求比温度更加严格，萌发需要 95%以上的相对湿度，此外，当相对湿度低于 75%时分生孢子不能萌发（图 2-22）。

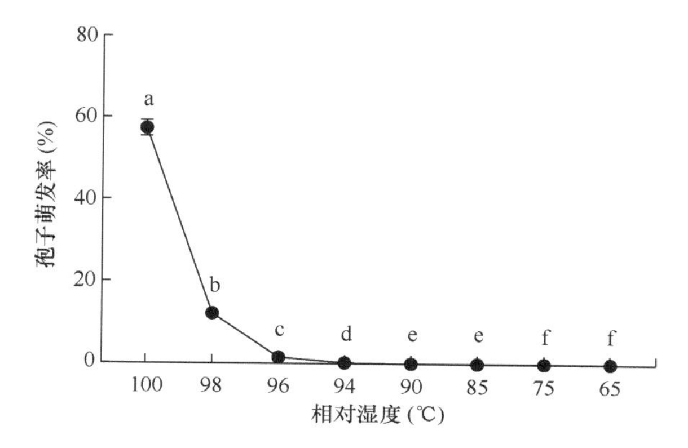

图 2-22　湿度对果生炭疽菌分生孢子萌发影响结果（48 h）

2.3.9.3　初侵染和潜育期观察

初侵染途径的研究，通过刺伤与不刺伤接种两种方式对油茶健康叶、枝、果进行侵染试验。结果发现，在 3 个部位刺伤接种油茶的发病率均高于不刺伤接种的发病率，说明在油茶炭疽病的发生和流行中，病原菌可以通过伤口和自然孔口两种方式侵染油茶，伤口侵染途径更易致病（图 2-23）。

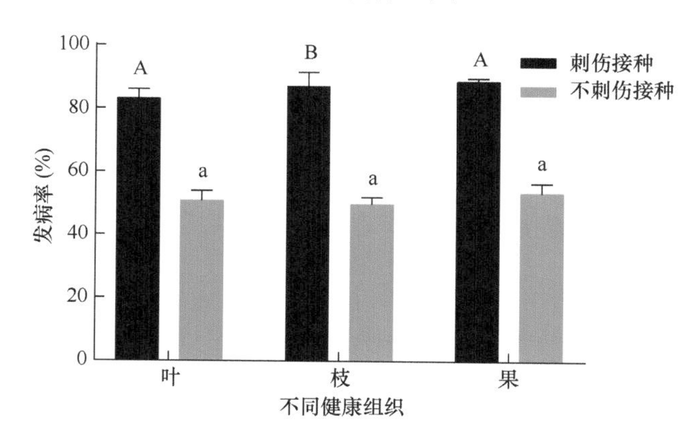

图 2-23　油茶炭疽病的侵染途径

对田间和室内油茶的不同部位健康组织接种病原菌，并保湿培养，接种后表现症状的时间如表 2-6 所示，田间试验结果表明，在 3 个不同部位上接种病原菌后，田间植株的潜育期均与室内植株的潜育期无差异。综上所述，病菌可从伤口侵入，也可直接侵入，从伤口侵入更容易，但在自然条件下，主要是直接侵入。侵入后在22～29℃和保湿的条件下，潜育期为87～94 h。

表2-6 油茶炭疽病的潜育期

接种部位	处理方式	显症天数	温度（℃）	潜育期（h）
叶	室内离体健叶接种	5	26～28	120
		4	25～29	96
	田间植株健叶接种	5	23～29	120
		4	24～27	96
枝	室内离体健枝接种	5	26～28	120
		4	25～29	96
	田间植株健枝接种	5	23～29	120
		4	24～27	96
果	室内离体健果接种	5	26～28	120
		4	25～29	96
	田间植株健果接种	5	23～29	120
		4	24～27	96

2.3.9.4 传播方式和再侵染观察

对油茶园内炭疽病发生情况进行为期两年的观测，结果发现，树上残留的病叶、病枝和病果，当翌年春遇雨且温湿度适宜时会产生大量的分生孢子，借风、雨传播到健叶、健枝和健果上引起初侵染。感病的叶、枝和果经过10～20 d的潜育期发育后，叶部最先开始变黑，其上再次产生大量分生孢子借风雨、昆虫或人的采果作业进行传播，进行多次再侵染，使病情逐步扩展。

2.3.9.5 野外病情扩展规律调查

在2019～2020年两年对昆明金殿的油茶炭疽病田间发生发展情况进行了调查，结果表明，在田间病害发生的早晚、扩展的速度、发病的轻重程度与气温、降雨量和空气相对湿度密切相关。6月上旬以前，少雨、干旱、气温偏低，病害很少发生或发生轻微。6月上旬以后，气温上升至20℃以上，田间发病程度随降雨量的增多、相对湿度的升高逐步加重，7～8月为多雨季节，月平均降雨量达50～80 mm，田间相对湿度变化为70%～90%，气温在20℃以上，为病菌的繁殖和反复再侵染提供了有利条件，病情扩展迅速，是病害大发生的季节，危害严重。由此可见，降雨量和田间相对湿度是影响病害流行的决定性因素，在油茶炭疽病发生期间，气温的变化均在病菌繁殖和侵染的适温范围内（图2-24

和图 2-25）。因此，气温并非关键性因素，只起辅助作用，但对初侵染的时间确实有一定限制作用。

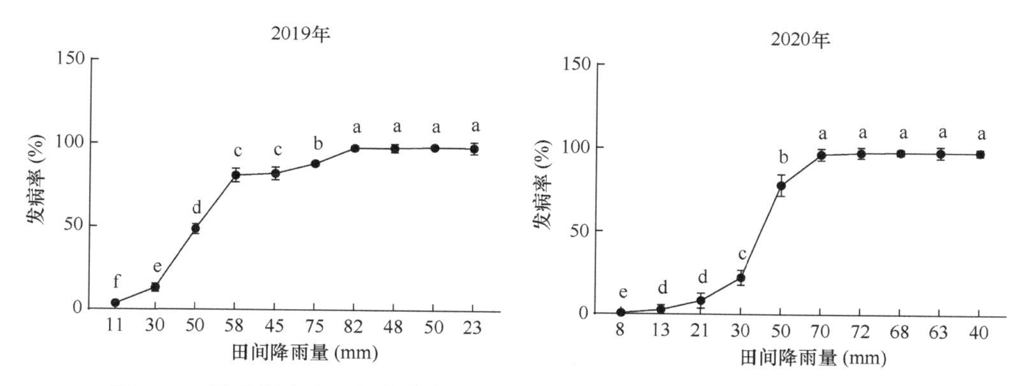

图 2-24　油茶炭疽病田间发病率与田间月降雨量的关系（2019 年、2020 年）

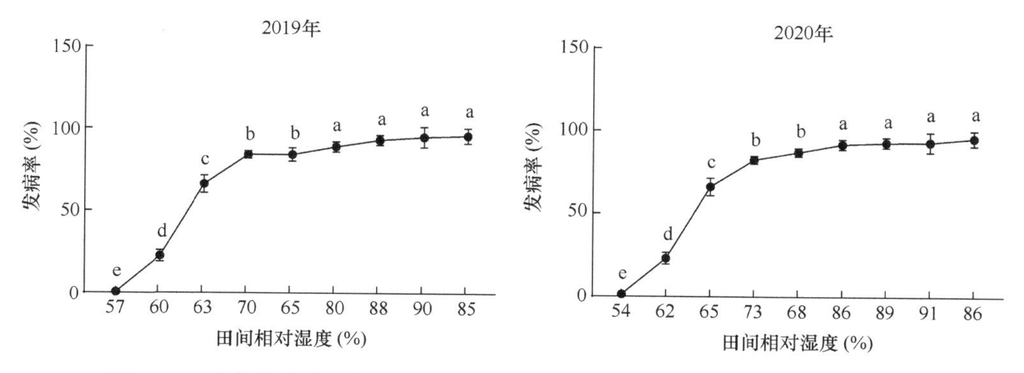

图 2-25　油茶炭疽病田间发病率与田间相对湿度的关系（2019 年、2020 年）

2.4　小结与讨论

2.4.1　小结

经调查发现，在云南省油茶三个主要栽植地区中，德宏州地区油茶炭疽病发生较严重，平均发病率为 56.18%，病情指数为 53.11。结合形态学特征及分子生物学鉴定了云南省德宏州、文山州及保山市油茶炭疽菌种类主要有五种，分别是 *C. gloeosporioides*、*C. kahawae*、*C. karstii*、*C. fioriniae* 和 *C. siamense*，其中 *C. gloeosporioides* 复合种是优势病原菌，菌株 CA17（*C. siamense*）在活体油茶叶片上的致病性最强。在德宏州染病油茶上分离到 21 株病原菌，经形态学鉴定和分子鉴定，确定了病原为 *C. siamense* 和 *C. fructicola*，且 *C. fructicola* 为优势病原菌。此外德宏州翁冷村油茶基地根腐病发生严重，发病率高达 47.3%，病情指数为 41，结合形态学特征和分子生物学鉴定结果，确定引起德宏州油茶根腐病的病原菌为尖孢镰刀菌（*F. oxysporum*）。

本研究经连续两年对田间油茶炭疽病的发生进行观测，结合室内试验证实了油茶的病菌主要以分生孢子和菌丝体的形态越冬，其中以树上的病叶、病果和病枝越冬为主，凋落后的植物组织存活能力比较差。油茶树上残留病叶、病枝和病果表面的分生孢子及组织内的菌丝体都能越冬，成为翌年的初侵染源，野外病叶、病枝和病果可以不断产生大量的分生孢子，主要借风、雨和人的摘果作业进行传播引起再侵染。在一定范围内，温度越低，潜育期越长，温度越高，潜育期则越短。温度在 25～28℃情况下，油茶果实炭疽病在室内的潜育期为 5～8 d，在田间为 12～17 d。

2.4.2 讨论

依据传统的形态学特征和分析系统发育关系对病原真菌进行鉴定是目前植物病害诊断重要的手段之一，但该方法在近缘种及形态多变的物种中仍具有一定的局限性。常用于真菌分类鉴定的 ITS 片段对某些近缘种的差异不大，本研究发现，利用 ITS 单基因序列对炭疽菌构建的系统发育树自展支持率不高，不能准确地区分亲缘关系较近的种，对于炭疽菌的复合种就无法提供足够的支持率和区分度。Liu 等（2022）对中国常见炭疽菌分子系统学最新研究报告指出，基于 ITS 序列能将炭疽菌鉴定至复合种（complex）水平，但相近复合种与复合种内部物种的更准确的区分仍需要基于多位点的联合分析，该研究中多基因片段串联构建的系统发育树及全基因组特征分析的结果证实，*ACT*、*TUB2*、*CAL*、*CHS-1*、*GS* 和 *GAPDH* 联合分析能有效区分大多数炭疽菌复合种，但 *C. gloeosporioides* 复合种的准确区分还需要借助 *ApMat* 和 *GS* 两个基因片段的串联分析。

本研究通过形态学特征及多位点序列联合构建系统发育树分析发现，*C. gloeosporioides* 是云南省油茶炭疽病的主要病原菌，*C. gloeosporioide*s 是被广泛证实的油茶炭疽病的病原，但先前的研究普遍是基于 ITS 的单一片段分析，加之 NCBI 中无效序列的存在，导致很多胶孢炭疽菌的近缘种类未得到准确区分。*C. siamense* 作为 *C. gloeosporioides* 复合种成员，已在油茶等多种植物上被报道，因形态多变一直是有争议的分类单元。松针炭疽菌（*C. fioriniae*）之前被认为是尖孢炭疽菌（*C. acutatum*）的变种，刘威（2013）在我国福建和云南等地的茶树报道了该种，秦绍钊等（2019）首次在贵州省的油茶上报道，并通过 *ACT-GAPDH* 串联进行分子鉴定，因此，本研究构建的多基因系统发育树 *C. fioriniae* 与 *C.*

acutatum 位于不同的两个分支，共聚为 *C. acutatum* 复合种进化支。同时，本研究也是 *C. fioriniae* 在云南省油茶的首次报道。

本研究对德宏州两株代表性菌株 DHYC14 和 DHYC30 进行了致病性分析，测定结果显示，两株病原菌单独接种均表现出致病力，都能引起健康油茶叶片表现症状。且菌株 DHYC14（*C. fructicola*）的致病力强于菌株 DHYC30（*C. siamense*）。既往研究表明，炭疽菌种类多样，同一复合种内的菌株在菌落形态、致病性等方面均会存在较大的差异（Fu et al.，2019）。另外，对两株菌进行复合侵染的情况进行研究，结果显示，单独接种两株病原菌所产生的病斑明显大于两株菌混合接种产生的病斑，本书作者推测，可能同属不同物种之间存在拮抗作用，导致混合接种产生的症状较轻的现象，但该现象的机制有待进一步的研究。

既往研究也表明，病害发生发展的季节性明显，7、8 月后病情逐渐减缓，在降雨量高的年份中，病害可直接从初期过渡到盛期（靳爱仙等，2009）。油茶树上残留病叶、病枝和病果表面的分生孢子及组织内的菌丝体都能越冬，成为翌年的初侵染源。野外病叶、病枝和病果可以不断产生大量的分生孢子，主要借风、雨和人的摘果作业进行传播引起再侵染。基于以上研究结果，采收时摘除病果带至园外深埋是减少野外再侵染菌源的有效措施，而结合喷施化学药剂防治可收到防病保产的成效。油茶炭疽病的分生孢子借助于雨水分散后，由雨水反溅和风力传播。油茶地上叶、枝、果都可以受到多次侵染，尤以果实病斑数最多、孢子量最大，在病害传播上占有显著地位。油茶象等害虫也可携带病菌孢子进行传播。油茶各器官在一年中被侵染顺序是：先嫩梢、嫩叶，后果实，再次是花芽、叶芽，最后是初春的花。病菌侵染的途径较多，但伤口侵入更有利于病菌感染。潜育期的长短与温度关系最为密切。云南省西南地区的气候特点决定了历年油茶炭疽病的发病始期为 4 月下旬至 6 月上旬，发病盛期为 7 月中下旬至 8 月下旬。决定野外病害流行的主导因素是降雨量和田间相对湿度。因此，在病害始发期及时喷施化学药剂防治，控制再侵染，根据降雨情况决定喷药防治的时间和次数，可以经济、有效地降低油茶炭疽病的危害（Dai et al.，2008；伍建榕等，2012）。

云南省油茶炭疽病发病最早的部位是春梢，春梢病斑初见于 4 月下旬植株刚展叶后不久，病斑出现盛期为 5 月上、中旬，当春梢开始木质化后，病情逐渐停止发展。枝干上带菌部位的菌丝是引起春梢发病的主要侵染来源。果实的发病时期较春梢稍晚，一般在 5 月上、中旬，发病盛期在果实成熟期。叶芽和花芽在分化始期，即 6 月上中旬会受到病菌的侵染，发病盛期则出现在 8 月。掌握油茶炭疽病的发生发展时间规律，对于确定最佳防治时期十分重要。结合以上结果，油茶炭疽病防治的关键时期是春季抽梢时、发叶后期和花期。病菌越冬前对幼果的侵染和潜伏，在果实整个发病过程中具有极其重要的作用，是防治工作中不可忽视的环节。

油茶炭疽病具有典型的潜伏侵染特征，幼果形成时，即可受到枯萎花器中的病菌或分生孢子侵染，病菌在越冬前侵染幼果后，一般不表现症状，当气温上升到 15℃以上时，果实病害症状才开始显现，果实成熟前达到发病高峰。炭疽病的潜伏时间长可达 10 个月，病害在 15～20℃时开始发生，当温度达到 25～30℃时开始迅速蔓延。温度主要影响的是发病初期，湿度则主要影响炭疽病的传播及其侵入，因此，影响炭疽病发展的最主要气候因素是降雨量和相对湿度。当年的降雨量直接影响发病程度，一般春季有 1～2 次降雨，夏季雨水多的年份发病严重。根据油茶炭疽病的侵染循环，通过消灭和减少来自越冬（夏）场所的病原菌，阻断病原菌危害的传播途径及阻止或抑制病原菌的侵染，为油茶炭疽病的精准防控技术提供理论依据。

第3章　油茶炭疽菌和拟南芥互作模型的建立

油茶炭疽病的大面积发生带来了巨大的经济损失，抗性育种是油茶炭疽病绿色防控最经济和最有效的措施之一。Lin 等（2022）公布了油茶的基因组信息，为油茶的分子抗病育种提供了参考依据，但其中基因组注释的内容还是不充足的，因此借助模式物种研究宿主与微生物的互作关系，进而筛选植物抗病基因或明确微生物致病因子是指导油茶抗性育种的基础。拟南芥因其植株个体小，生育周期短，种子量大，具有显花植物的全部特征，且仅包含 5 对染色体，成为研究分子生物学、植物遗传育种及病原菌与植物互作关系的模式植物，为了解油茶炭疽菌和植物的互作机制，本研究建立拟南芥-暹罗炭疽菌互作模型，并通过转录组测序分析不同侵染时段拟南芥响应炭疽菌侵染的机制。

3.1　试验材料与仪器

3.1.1　供试试剂

台盼蓝（trypan blue）、甲基蓝（又称棉蓝）、苯酚、乳酸、冰醋酸、水合氯醛、石蜡、二甲苯、水杨酸（SA）和茉莉酸（JA）购买自昆明盘龙华森实验设备成套部；Bestar® qPCR Master Mix SYBR GREEN 购买自 DBI 公司。其余试剂与前面章节相同。

拟南芥种子消毒液：30%过氧化氢（H_2O_2）与 75%乙醇按 1∶4（体积比）混匀。

拟南芥栽植营养土：营养腐殖土、2 mm 蛭石和珍珠岩按 4∶4∶2（体积比）混匀，于阳光下暴晒 7 d 后保存备用。

2×CTAB 抽提液：CTAB 2 g，Tris 1.211 g，EDTA 0.744 g，NaCl 8.182 g，聚乙烯基吡咯烷酮（PVP）2 g，用无菌水定容至 100 mL，高压灭菌后室温保存。

福尔马林-乙酸-乙醇（FAA）固定液：无水乙醇 50 mL，冰醋酸 5 mL，甲醛 5 mL，蒸馏水 40 mL。

组织脱色液：无水乙醇 50 mL，冰醋酸 50 mL。

棉蓝乳酚油：棉蓝 0.05 g，苯酚 20 mL，乳酸 20 mL，甘油 40 mL，蒸馏水 20 mL。

台盼蓝储存液：台盼蓝 0.02 g，苯酚 10 g，甘油 10 mL，乳酸 10 mL，蒸馏水 10 mL。

台盼蓝工作液：将台盼蓝储存液与无水乙醇按 1∶2（体积比）混匀。

水合氯醛饱和溶液：水合氯醛 250 g 加热溶解于 100 mL 蒸馏水中。

SA 储存液（10 mmol/L）：称取 SA 粉末 0.0138 g，用 1 mL 无水乙醇溶解后再用无菌水定容至 10 mL，置于 4℃冰箱避光保存。

JA 储存液（10 mmol/L）：称取 JA 粉末 0.0224 g，用 1 mL 无水乙醇溶解后再用无菌水定容至 10 mL，置于 4℃冰箱避光保存。

3.1.2 供试植物

野生型（wild type，WT）拟南芥（*Arabidopsis thaliana*）为 Columbia 生态型（Col），购自美国 Lehle Seeds 公司。

3.1.3 供试菌株

第 2 章所述的暹罗炭疽菌（*Colletotrichum siamense*）CA17 菌株用于本章试验，甘油菌保存于西南林业大学云南省森林灾害预警与控制重点实验室–80℃超低温冰箱内。

3.1.4 供试培养基

植物 MS 培养基：10×大量元素 100 mL，100×微量元素 10 mL，100×有机元素 5 mL，100×铁盐 5 mL，100×肌醇 10 mL，琼脂 10 g，蒸馏水 1000 mL。

上述培养基配方中的母液配制方法如下。

10×大量元素：

试剂	用量（g）
KNO_3	19
NH_4NO_3	16.5
$MgSO_4 \cdot 7H_2O$	3.7
KH_2PO_4	1.7
$CaCl_2 \cdot 2H_2O$	4.4
ddH_2O	定容至 1 L

注：$CaCl_2 \cdot 2H_2O$ 单独溶解，再与其他组分混合，配制后 4℃保存

100×微量元素：

试剂	用量（mg）
$MnSO_4 \cdot 4H_2O$	223
$ZnSO_4 \cdot 7H_2O$	86
H_3BO_3	62
KI	83
$NaMoO_4 \cdot 2H_2O$	2.5
$CuSO_4 \cdot 5H_2O$	2.5
$CoCl_2 \cdot 6H_2O$	2.5
ddH_2O	定容至 1 L

注：$MnSO_4 \cdot 4H_2O$ 先用 1 mol/L HCl 溶解，再与其他组分混合，配制后 4℃保存

100×有机元素：

试剂	用量（g）
烟酸	0.1
硫胺素	0.01
吡哆素	0.1
甘氨酸	0.4
ddH_2O	定容至 1 L

100×铁盐：

试剂	用量（g）
$FeSO_4 \cdot 7H_2O$	2.78
Na_2EDTA	3.73
ddH_2O	定容至 1 L

注：各组分分别溶解后混匀，调节 pH=5.5，配制后用棕色瓶 4℃保存

100×肌醇：

试剂	用量（g）
肌醇	10
ddH_2O	定容至 1 L

3.2　试验方法

3.2.1　拟南芥的栽植与管理

将单株收种保存于 4℃冰箱内的拟南芥种子按如下方法进行表面消毒和铺种

栽植。

（1）将少量的拟南芥种子放入 1.5 mL 无菌离心管中，加入 1 mL 无菌水，充分漂洗，浸泡 2 min 后弃洗液，然后加入 1 mL 种子消毒液，充分悬浮种子并浸泡 2 min，其间悬浮种子 2 次，吸弃消毒液后再用 1 mL 无菌水漂洗种子 2 次，以避免消毒液残留。

（2）用少量无菌水悬浮管底种子后，均匀铺种于 MS 培养基平板，吸弃多余水分后，置于 4℃冰箱中春化处理 48 h。

（3）纯化后的种子放入光照培养箱[光周期为 16 h 光照/8 h 黑暗，光照强度为 50 μmol/（m^2·s），相对湿度为 70%，温度为 22℃]，培养 10 d。

（4）将生长 10 d 的拟南芥幼苗移栽到营养土中，用水浇透土壤后，用保鲜膜覆盖，置于植物生长室中保湿培养 48 h。

（5）揭去保鲜膜后，继续在植物生长室中培养，植物抽薹前应保持土壤湿润，抽薹后可适当控水，若出现病虫害应给予适当的农药防控。

3.2.2 拟南芥接种油茶炭疽菌

为确定暹罗炭疽菌 CA17 能否侵染拟南芥及明确其侵染阶段。首先需将 CA17 菌株接种至拟南芥 WT 植株的叶片，方法如下。

（1）将冻存的 CA17 接种于新制 PDA 平板，25℃活化培养 5 d，将两个 6 mm 菌丝块接种于 200 mL PD 液体培养基中，置于 25℃恒温摇床中（180 r/min）振荡培养 7 d，收集分生孢子，并与 50%无菌甘油按 4∶1（体积比）充分混匀，调节孢子悬浮液终浓度为 1×10^6 个/mL。

（2）选取生长周期及生长势一致的拟南芥 WT 植株，每片叶子中脉一侧接种 10 μL 孢子悬浮液，同时设置接种无菌水的空白对照，每盆拟南芥接种 5 片叶子，每个处理重复 10 次，放置于植物生长室内避光保湿 24 h 后再按正常光周期培养 10 d，每天观察并记录叶片的发病情况。

3.2.3 组织化学染色

采用棉蓝染色观察叶片组织内炭疽菌的侵染阶段，方法如下。

（1）剪取叶片病斑处 1 cm^2 的组织放入离心管内，加入 FAA 固定液置于 4℃冰箱内固定 24 h。

（2）吸弃固定液后，加入组织脱色液脱色 24 h。

（3）吸弃脱色液后，加入饱和水合氯醛中透明 24 h，透明后用蒸馏水彻底漂洗 3 次后弃洗液。

（4）加入棉蓝乳酚油染色 12 h，染色结束后，用饱和水合氯醛脱色透明 2 h，制成半永久玻片，用显微镜观察拍照，或短期保存于 50%甘油内备用。

3.2.4　叶片组织石蜡切片

通过石蜡切片与番红-固绿染色观察在不同侵染阶段叶片微观组织变化，方法如下。

（1）固定：将病斑处 1 cm^2 的组织浸入 FAA 固定液中并在真空泵中抽气 48 h，直至叶片组织完全沉入液体底部。

（2）脱水：吸弃固定液后，将组织块投入梯度乙醇溶液（50%、70%、85%、90%、95%及无水乙醇）中进行脱水，每个梯度脱水 2 h。

（3）透明：脱水完成后，组织块经 1/2 二甲苯+1/2 无水乙醇过夜后，用纯二甲苯透明 2 次，每次 2 h。

（4）渗透：将最后一次透明的二甲苯丢弃 1/5，向其中添加碎蜡屑至饱和，放入 37℃恒温箱内过夜，过夜后丢弃瓶内 1/4 体积液体并补充纯蜡至饱和，55℃恒温箱内渗透 8 h，丢弃瓶内 1/3 体积液体补充纯蜡，于 60℃渗透 2 h，丢弃 2/3 体积液体补充纯蜡，继续渗透 2 h，丢弃瓶内全部液体补充纯蜡，过夜渗透。

（5）包埋：将渗透完成的材料及融化的石蜡一同倒入冰块盒中，用镊子将组织块按切片位置进行排列调整，待石蜡表面冷却后将整个冰块盒沉入冷水中迅速冷却。

（6）切片：蜡块完全冷却后将其取出，用刀片适当修剪蜡块，使其平整，将蜡块放置在切片机上，调节切片厚度为 6～10 μm 后进行切片。

（7）染色：将蜡片放入水中，用载玻片轻轻捞起，使蜡片贴在载玻片上，适当干燥后置于染缸中染色。

（8）封片：染色完成后，用中性树胶封片，37℃烘箱中干燥。

3.2.5　油茶暹罗炭疽菌 *actin* 基因表达量分析

3.2.5.1　拟南芥总 RNA 提取

采用 Trizol 法提取拟南芥总 RNA，用于后续荧光定量 PCR 反应，方法如下。

（1）剪取 100 mg 拟南芥组织迅速转移至事先预冷的 1.5 mL 无酶离心管（含 3 颗 2 mm 氧化锆研磨珠）内，放入液氮中速冻 2 min 后，通过高通量组织研磨仪充分研磨至粉末状。

（2）加入 1 mL 预冷的 Trizol 剧烈涡旋 15 s，室温放置 10 min，使其充分裂解。

（3）加入 200 μL 氯仿，颠倒 15 s，室温下放置 5 min。

（4）转移至低温离心机中，于 4℃，12 000 r/min 离心 15 min。

（5）将 600 μL 上清转移至新的 1.5 mL 无酶离心管中，加入等体积预冷的异丙醇，轻柔颠倒混匀后置于–20℃放置 1 h，转移至低温离心机中，12 000 r/min 离心 10 min，弃上清。

（6）加入 1 mL 75%乙醇[用焦碳酸二乙酯（DEPC）水新鲜配制]轻柔颠倒晃动离心管，悬浮并清洗沉淀，于低温离心机内，8000 r/min 离心 5 min，弃上清。

（7）室温晾干管内残留的乙醇，但应避免 RNA 过度干燥而难以溶解，加入 50 μL DEPC 水溶解 RNA。

（8）取 1 μL 样品通过 NanoDrop 2000 测定 RNA 浓度和纯度，合格样品经液氮速冻置于–80℃超低温冰箱保存备用。

3.2.5.2 反转录合成第一链 cDNA

以拟南芥总 RNA 为模板通过 PrimeScript™ RT reagent Kit with gDNA Eraser 合成第一链 cDNA，方法如下。

（1）在冰上预冷的 200 μL 微量离心管内配制 10 μL 去除基因组 DNA 反应体系，包括 5×gDNA Eraser Buffer 2 μL，gDNA Eraser 1 μL，总 RNA 1 μL，无核糖核酸酶（RNase free）dH_2O 补足至 10 μL。

（2）置于 PCR 仪内，42℃反应 2 min 后置于冰上快速冷却。

（3）在预冷的微量离心管内配制 10 μL 反转录体系，包括 PrimeScript RT Enzyme Mix Ⅰ 1 μL，RT Primer Mix 1 μL，5×PrimeScript Buffer 2（for Real Time）4 μL，RNase free dH_2O 4 μL，配制完成后加入上述去除基因组 DNA 的 10 μL 体系中。

（4）置于 PCR 仪内，37℃反应 15 min，85℃反应 5 min，于–20℃保存备用。

3.2.5.3 肌动蛋白基因 *actin* 的定量检测

肌动蛋白（*actin*）基因在细胞增殖中具有稳定且重要的作用，因此测定叶片组织内油茶暹罗炭疽菌 *actin*（*Csact*）的表达量即可从分子水平了解炭疽菌在不同基因型植物中扩展和增殖的能力与程度。根据 NCBI 数据库中的 *Csact* 基因设计特异性引物（表 3-1），以拟南芥 *actin2*（*Atactin2*）作为内参基因。

表 3-1 炭疽菌 *actin* 基因检测所用引物

目标基因	引物	序列（5′-3′）	反应条件
Csact	Csact-F	ATGTGCAAGGCCGGTTTCGC	94℃ 5 min [94℃ 30 s，52℃ 30 s，72℃ 30 s]40 个循环 72℃ 7 min
	Csact-R	TACGAGTCCTTCTGGCCCAT	
Atactin2	Atact-F	GGTAACATTGTGCTCAGTGGTGG	
	Atact-R	AACGACCTTAATCTTCATGCTGC	

首先利用半定量 PCR 检测 *Csact* 的表达情况，以拟南芥 cDNA 为模板，通过 25 μL 体系 PCR 扩增拟南芥 *Atactin2* 基因，用于判断反转录的效果及总 mRNA 浓度水平，若 *Atactin2* 基因扩增结果正确，则对 *Csact* 基因进行 PCR 检测。若半定量 PCR 检测 *Csact* 基因表达存在差异，则参照 Bestar® qPCR Master Mix SYBR GREEN 操作说明书进行 qPCR 反应，方法如下。

（1）在 96 孔 qPCR 板中加入以下反应预混液，低温短暂离心后用光学塑料薄膜密封管口，每个反应设置 3 个技术重复和 3 个生物学重复。

试剂	用量（μL）
qPCR mix	10
引物	各 0.5
H_2O	8
cDNA	1

（2）将 96 孔板置于荧光定量 PCR 仪中，按以下程序进行 qPCR 反应，并在延伸步骤及熔解曲线步骤中采集荧光信号。

反应	条件	
预变性	95℃　2 min	
变性	95℃　10 s	40 个循环
退火	58℃　31 s	
延伸*	72℃　30 s	
熔解曲线*	95℃　1 min	
	55℃　1 min	
	95℃　1 min	

*表示该步骤为荧光信号采集阶段

（3）记录反应 C_t 值，通过 $\Delta\Delta C_t$ 算法进行数据处理，利用 GraphPad 绘图。

3.2.6　转录组测序及差异基因分析

3.2.6.1　转录组测序

为了解拟南芥-炭疽菌在转录组水平的互作情况及不同侵染阶段拟南芥响应炭疽菌侵染的策略，通过以下步骤进行转录组 RNA 测序。

（1）取样：在接种后的 3 d、5 d 和 7 d 收集拟南芥叶片组织，剪取后立即放入液氮预冷的 1.5 mL 无酶离心管内，置于液氮中速冻 1 h，置于–80℃冰箱内保存，避免反复冻融，不同阶段的样品分别收取 3 套植物材料用于后续试验。

（2）总 RNA 提取：利用 Trizol 提取拟南芥叶片总 RNA，利用 NanoDrop 2000 检测 RNA 浓度和纯度，通过琼脂糖凝胶电泳检测 RNA 完整性。

（3）转录组测序：提取后的总 RNA 委托上海美吉生物医药科技有限公司通过 Illumina 平台（PE 文库，读长 2×150 bp）进行测序。

（4）数据质控：将 Illumina 平台测序获得的原始数据通过 SeqPrep 进行数据质控，将测序后的原始序列中包含的测序接头序列、低质量读段、不确定碱基信息率（*N*）较高的序列及长度过短序列进行剔除。

（5）序列比对：通过 HISAT2 将质控后的序列（clean data）与拟南芥参考基因组（版本：TAIR10）进行比对，同时对该次转录组测序的比对结果进行质量评估。

（6）组装：基于所选参考基因组序列，使用 StringTie 或 Cufflinks 软件对比对到指定的参考基因组上的 reads（mapped reads）进行拼接，并与原有的基因组注释信息进行比较，寻找原来未被注释的转录区。

（7）表达量分析：使用 RSEM 软件以每千碱基每百万读取片段数（fragments per kilobases per million reads，FPKM）值对不同样本间基因表达水平进行定量分析，以便后续分析不同样本间基因差异表达情况。

（8）差异表达分析：获得基因的 reads 数目（read counts）后，通过 DESeq 对多样本项目进行样本间基因/转录本的差异表达分析，鉴定出样本间差异表达基因/转录本，进而研究差异基因/转录本的功能，参数设置为差异倍数（fold change，FC）≥2 且校正 *p* 值（*p*-adjust）＜0.001。

（9）功能分析：将差异基因/转录本利用基因本体（GO）数据库和京都基因和基因组数据库（KEGG）进行功能分类分析，对相关功能进行注释和富集分析，同时分析 KEGG 基因通路。基因集分析：根据一定的筛选条件，获得基因/转录本集（gene list），并对其进行分析，用于挖掘与研究目的或表型相关的一些基因/转录本，并进行功能、表达等研究。转录因子分析：通过 JASPAR 数据库研究转录本中差异表达的转录因子家族成员。

3.2.6.2 差异表达基因 qPCR 验证

将转录组筛选出的差异基因进行统计，筛选出差异倍数大且在不同样本间存在差异的基因，通过 TAIR（https://www.arabidopsis.org/）中的基因组信息设计特异引物（表 3-2），通过荧光定量 PCR 进行验证，选择拟南芥持家基因 *actin2* 作为内参，分别设 3 个技术重复和 3 个生物学重复。

表 3-2　候选差异基因及 qPCR 引物

基因登录号	基因名称	引物	序列（5′-3′）
AT2G42840	*PDF1*	PDF1-F	TTGGGCTCTCTTTGCTGCTTTACTC
		PDF1-R	GAAGAAGGAGGCGTGTGTGATGG
AT5G44430	*PDF1.2C*	PDF1.2C-F	GGCTAAGTCTGCTACCATCATCACC
		PDF1.2C-R	ACTTGGCTTCTCGCACAACTTCTG
AT2G26010	*PDF1.3*	PDF1.3-F	ATCACTTTCCTCTTCGCTGCTCTTG
		PDF1.3-R	ACTTGGCTTCTCGCACAACTTCTG
AT2G14610	*PR1*	PR1-F	GTTCACAACCAGGCACGAGGAG
		PR1-R	CCAGGCTAAGTTTTCCCCGTAAGG
AT1G75040	*PR5*	PR5-F	ACTCCAGGTGCTTCCCGACAG
		PR5-R	GAACTCCGCCGCCGTTACATC
AT2G31230	*ERF15*	ERF15-F	TTAGGGTTTGGCTCGGGACATTTG
		ERF15-R	GCAAGAGATCCTTTTGTGGCGAAAG
AT3G11110	*ATL6*	ATL6-F	CGGAGAGAAAGGGCGGAGGAG
		ATL6-R	GGTAACAATGGCTACACGGAGGAAG
AT4G11330	*MPK5*	MPK5-F	CGAGCCTGTTTGTTCCAACCATTTC
		MPK5-R	TGAACTTCACAGATTCGAGCCACAC
AT5G22570	*WRKY38*	WRKY38-F	ATGAACTCCCCACACGAAAAGGC
		WRKY38-R	TAACTTGAAAGCGGTCCACCATCAG
AT2G24570	*WRKY17*	WRKY17-F	AGGAGAGCACCGTCATCACCAG
		WRKY17-R	CAAGCCGAACCAAACACCAAACC
AT2G34420	*LHB1B2*	LHB1B2-F	CTATCCGCCGACCCAGAGACC
		LHB1B2-R	CTTCACTCCGTTCCTAGCCAATAGC
AT2G45580	*CYP76C3*	CYP76C3-F	CTGGCTCGTGCTTCCTTCGTC
		CYP76C3-R	CCGTCAGGTGAACCACTGTGTTG
AT5G51810	*GA20OX2*	GA20OX2-F	GTCAGCGAGTCACTAATAGCGGATG
		GA20OX2-R	ACTTGCATAGCCACAACTCTCACC
AT5G65670	*IAA9*	IAA9-F	GCTGCTGGGAAGGATATGCTTAGTG
		IAA9-R	ACATCTCCAACAAGCATCCAGTCAC
AT3G23410	*FAO3*	FAO3-F	AGTGCGTTGCCTAGTGCTGTTG
		FAO3-R	CCAGTGGTCATGGACTTAGCGATTC

3.2.7　植物激素影响拟南芥对炭疽菌的抗性分析

为研究 SA 和 JA 在植物基础免疫中的作用，对拟南芥外源补充激素后研究其抗性的变化，方法如下。

（1）选取生长周期和生长势一致的拟南芥 WT，分别喷施 0.1 mmol/L 的 SA 和 JA 溶液，保湿培养 24 h 后揭去薄膜。

（2）于喷施激素的第 3 天，在拟南芥叶片以相同的方法接种炭疽菌菌株，每天观察并记录病情的变化。

（3）统计叶片病斑大小，分析植株抗性的变化。

3.3 结果与分析

3.3.1 油茶炭疽菌侵染拟南芥进程分析

拟南芥 WT 接种 CA17 的症状及组织结构如图 3-1 所示，接种 0 d，叶片未表现症状，棉蓝染色未见菌组织，石蜡切片显示植物叶片细胞完整，可见病原菌孢子分布在植物细胞附近。接种后 3 d，接种点已可见水渍状斑点，棉蓝染色后可见分生孢子萌发出附着胞和侵染丝，从气孔开始侵染植物细胞，石蜡切片可见分生孢子数量增多，植物细胞尚完整。接种后 5 d，接种点病斑明显，病斑中心稍凹陷，

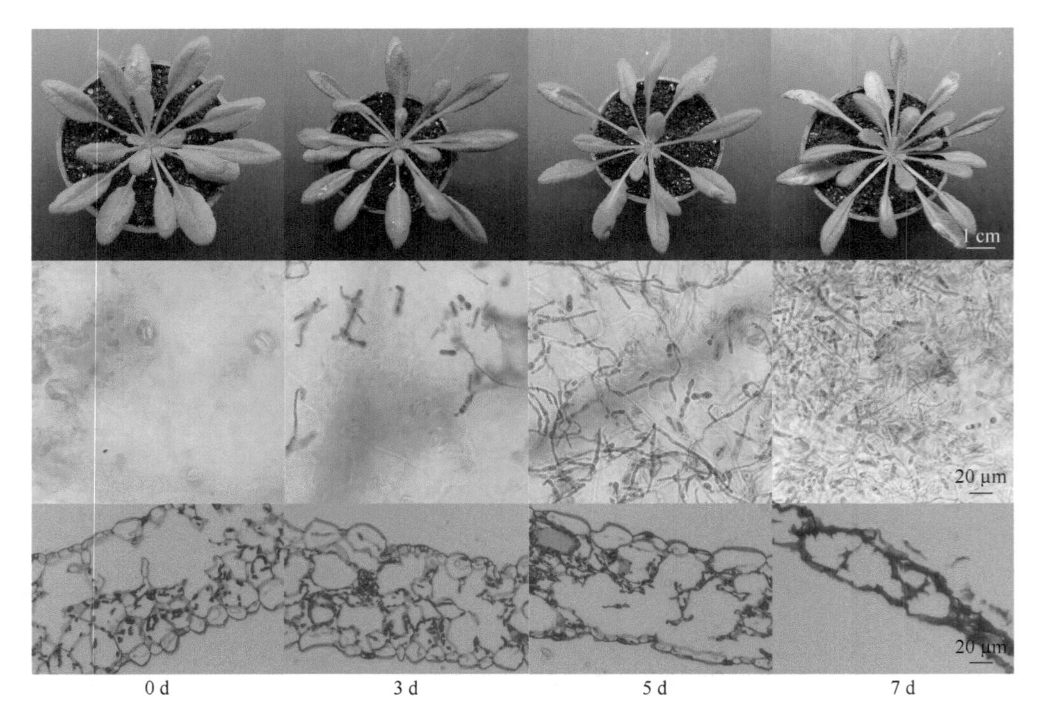

图 3-1 野生型拟南芥接种炭疽菌的症状及组织微观结构

图中第 1 行是拟南芥接种 CA17 的症状表现；第 2 行是病斑组织棉蓝染色；第 3 行是病斑组织石蜡切片

外缘褪绿，棉蓝染色可见孢子大量萌发，侵染菌丝遍布植物细胞表面，石蜡切片可见炭疽菌菌丝开始侵染邻近细胞，植物细胞开始分解离析。接种后 7 d，病斑持续扩展，并可以越过叶脉组织继续侵染，病斑开始干燥凹陷，棉蓝染色可见菌丝纠结成片状，并产生大量的分生孢子，石蜡切片可见菌丝在植物组织中纠结缠绕，植物细胞出现较大空洞。

综合上述接种试验、棉蓝染色和石蜡切片的结果，暹罗炭疽菌 CA17 能与拟南芥建立侵染关系，接种后 3 d 分生孢子萌发并且产生侵染菌丝开始侵入植物细胞，接种后 5 d 炭疽菌通过菌丝侵染邻近细胞，结合 O'Connell 等（2004）建立的侵染模型，证实了接种 3～5 d 为活体营养阶段向死体营养阶段过渡的阶段，3 d 之前为活体至半活体阶段，5 d 后为半活体至死体阶段，依此确定了后续转录组测序的时间阶段。

3.3.2　油茶炭疽菌 *actin* 基因表达量分析

通过检测接种炭疽菌后 0 d、3 d 和 5 d 拟南芥中 *Csact* 的表达量水平，从分子水平比较不同基因型植株的抗性差异。半定量 PCR 显示，拟南芥内参基因 *Atactin2* 亮度趋于一致，代表 mRNA 浓度水平基本一致，*Csact* 基因的表达量随着接种时间的增加表现出递增的趋势（图 3-2A）。qPCR 检测 *Csact* 基因表达量结果与半定量结果吻合，随着油茶炭疽菌侵染时间的延长，*Csact* 的表达量增加（图 3-2B）。

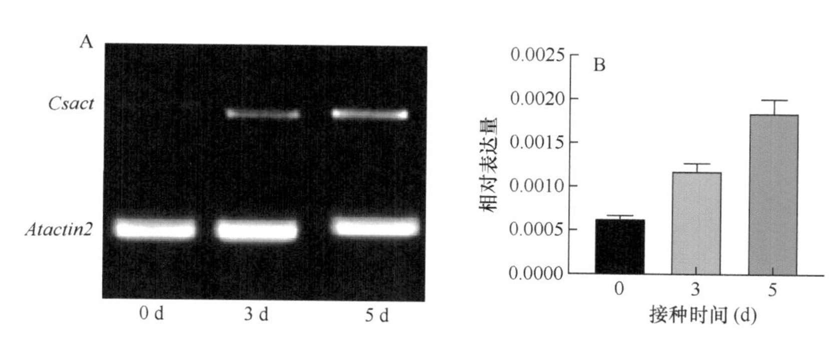

图 3-2　拟南芥中炭疽菌 *actin* 基因表达量分析
A：半定量 PCR；B：荧光定量 PCR

3.3.3　总 RNA 提取及转录组测序

总 RNA 经琼脂糖凝胶电泳检测的结果表明 RNA 条带清晰，无色素、蛋白质、糖类等杂质污染，28S/23S 亮度大于 18S/16S，经 NanoDrop 2000 检测的结果显示

$OD_{260/280}$≥1.8，$OD_{260/230}$≥1.0，即 RNA 质检合格，可以进行后续试验。

对照组样本（WT_CK）、接种 3 d 后样本（WT_T）、接种 5 d 后样本（WT_F）和接种 7 d 后样本（WT_S）经 Illumina 平台测序后，分别获得 50 724 018 条、43 716 566 条、43 070 918 条和 48 106 910 条原始序列（raw reads），质控后得到的有效序列（clean reads）占比较大，碱基质量 Q_{20} 和 Q_{30} 分别大于 97%和 94%，GC 含量 45%～46%（表 3-3），即表明测序数据质量较高。

测序饱和度曲线（图 3-3）表明，测序样本中大部分中等以上表达量的基因在测序 reads 的 40%比对上时接近饱和（纵坐标数值趋近于 1），即说明测序饱和度总体较高，该测序量能够覆盖绝大多数的表达基因。

表 3-3　转录组测序数据及质量评估

样品	原始序列（条）	质控序列（条）	错误率	Q_{20}（%）	Q_{30}（%）	GC 含量（%）
WT_CK	50 724 018	50 371 406	0.025	97.99	94.15	45.62
WT_T	43 716 566	43 410 812	0.023 7	98.61	95.41	46.33
WT_F	43 070 918	42 715 024	0.024	98.49	95.05	46.2
WT_S	48 106 910	47 656 776	0.023 9	98.53	95.19	46.23

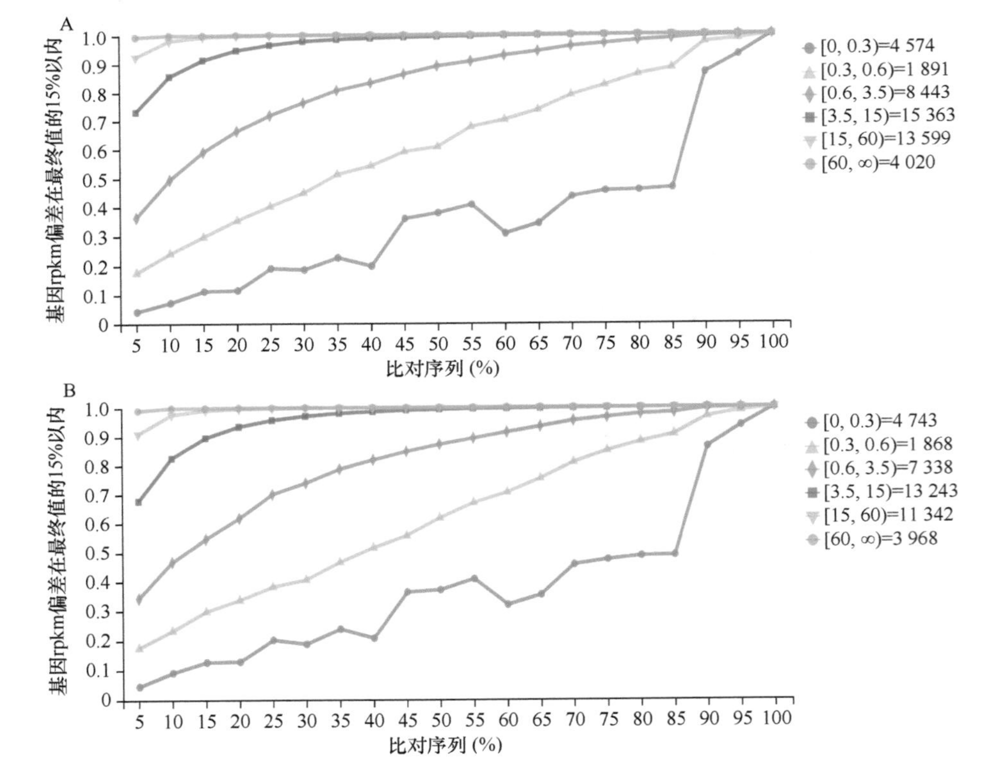

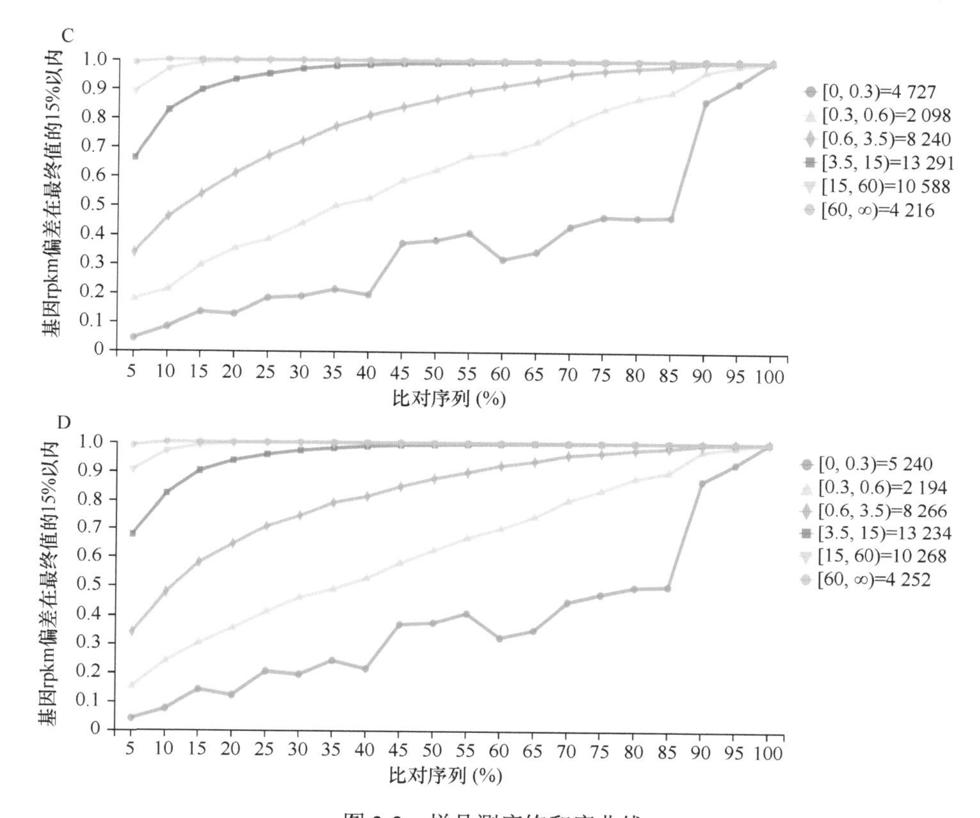

图 3-3　样品测序饱和度曲线

A：样品 WT_CK；B：样品 WT_T；C：样品 WT_F；D：样品 WT_S

3.3.4　差异基因表达分析

根据 FC≥2，*p*-adjust≤0.001，比较不同时间段接种处理组和对照组基因表达情况，结果表明（图 3-4），拟南芥受炭疽菌侵染后，下调表达基因的数量整体高于上调表达基因的数量。接种 3 d 后鉴定到的差异表达的基因共有 9644 个，其中上调的基因有 2001 个，下调基因有 7643 个，接种 5 d 后共鉴定到差异基因 11 583 个，其中上调基因 2929 个，下调基因 8654 个，接种 7 d 后共有差异基因 12 050 个，其中上调表达 2933 个，下调表达 9117 个。

筛选出上/下调倍数大于 2 倍且与植物激素和抗性通路相关的 54 个差异表达基因，并计算其 FPKM 值绘制表达谱，研究了在不同处理样本间及不同时间段的样本中与植物抗性反应和激素代谢相关基因的表达情况（图 3-5）。表达谱结果从整体上分析，结果发现拟南芥响应炭疽菌侵染的过程中与 JA 途径相关的抗性基因（如 *PDF1.2B*、*PDF1.2C* 和 *PDF1.3* 等）显著上调，JA 通路的负调控因子（如

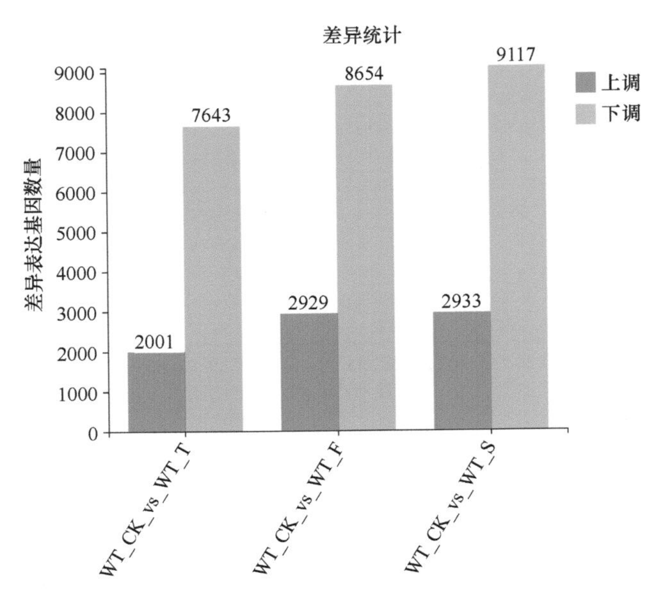

图 3-4 差异表达基因统计

JAZ9、*JAZ10* 和 *JAZ13* 等）和乙烯（ET）途径中相关转录调控因子（如 *ERF042*、*ERF15* 和 *ERF053* 等）也呈现出差异表达。SA 途径的代表抗性基因 *PR5* 呈上调表达。另外，拟南芥中与 MAPK 信号通路相关的基因（*MPK5*、*MPK3* 和 *MAPKKK10*）也呈上调表达。上述结果表明，拟南芥通过启动由 ET/JA 介导的信号通路与 MAPK 信号通路级联，激活植物的基础免疫以应对炭疽菌的侵染。

此外，拟南芥中叶绿素 a-b 结合蛋白（*LHB1B2*）显著下调表达，果胶裂解酶超家族蛋白（如 *PME4*、*PME5*、*AT3G07820* 和 *AT3G14040* 等）、纤维素合酶基因（*ATCSLA01* 和 *CSLD4*）、过氧化物酶相关基因（*PER65*、*PER9*、*PER40* 和 *PER17* 等）呈现下调表达。即炭疽菌侵染拟南芥时分泌相应的水解酶作用于植物细胞壁，抑制纤维素合酶基因的表达，进入植物细胞后，破坏叶绿素相关蛋白，破坏植物光合作用，同时通过抑制植物果胶水解酶的合成抑制植物水解酶对真菌菌丝的降解过程。

通过表达谱中样品的聚类分析，结果表明样品聚类为两支，空白对照组样品与接菌处理组样品基因表达差异显著，单独属于一个分支。接菌处理组中接种 3 d 和 5 d 的样本中基因表达模式较为相似，与接种 7 d 的样本存在一定的差异。分析差异基因表达的趋势发现，与植物抗性及激素信号转导通路相关的基因在接种后 3 d 和 5 d 变化程度较大，接种后 7 d 相关基因的表达开始向初始水平趋势变化。上述结果表明，拟南芥对炭疽菌侵染的前中期具有较高的信号转导和抗性反应，通过植物激素信号转导驱动植物转录重编程抵御病原菌的侵染。

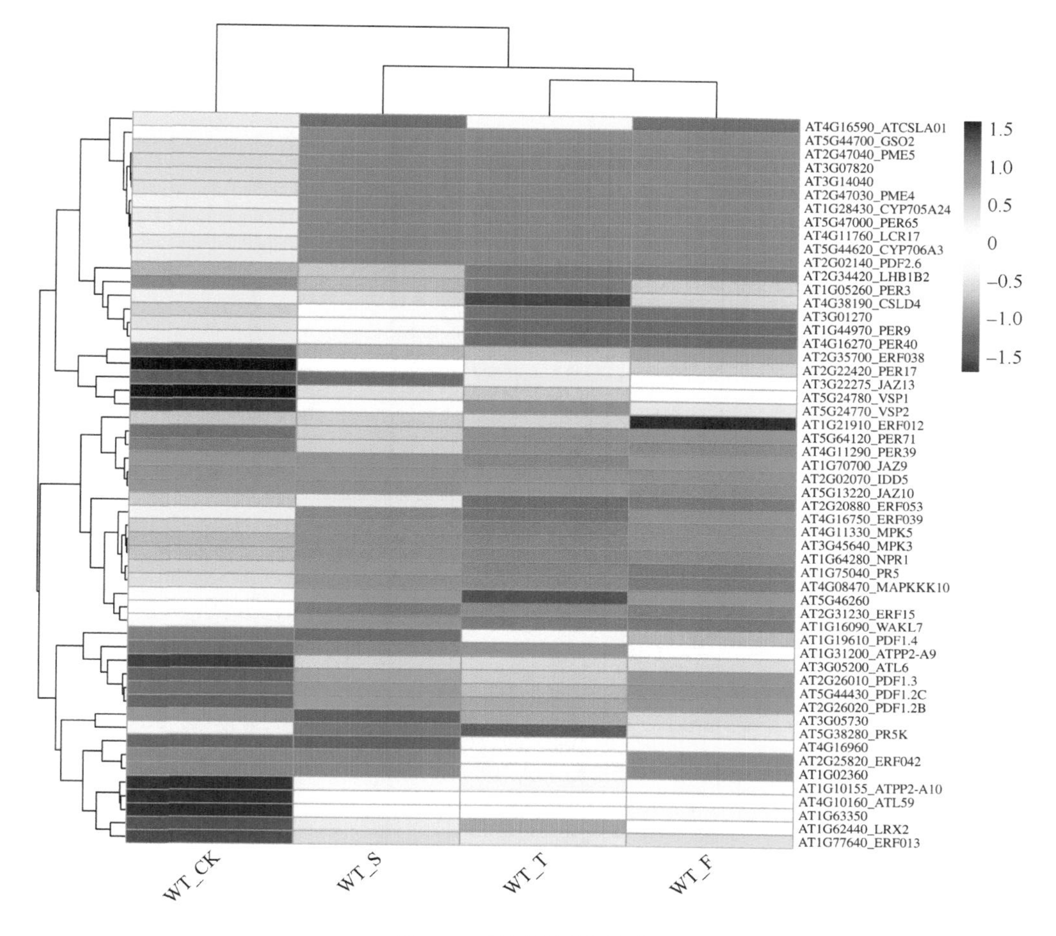

图 3-5　差异基因表达谱

3.3.5　差异基因 KEGG 功能分析

将接种处理组与空白组间差异表达基因分别通过 KEGG 数据库进行功能注释，整体水平上注释结果表明，接种炭疽菌后均上调的基因在新陈代谢通路中主要被注释到能量代谢（Energy metabolism）、碳水化合物代谢（Carbohydrate metabolism）及脂质代谢（Lipid metabolism）的通路中，三大通路中以氧化磷酸化、光合作用、淀粉和蔗糖代谢、乙醛酸和二羧酸代谢和甘油酯代谢为主要的代谢通路。其次，上调基因在信号转导（Signal transduction）和环境适应(Environmental adaptation）两大通路中均有 26 个基因被注释到，信号转导通路中以 MAPK 信号通路和植物激素信号转导通路为主，环境适应通路中以植物-病原相互作用通路为主（图 3-6A）。

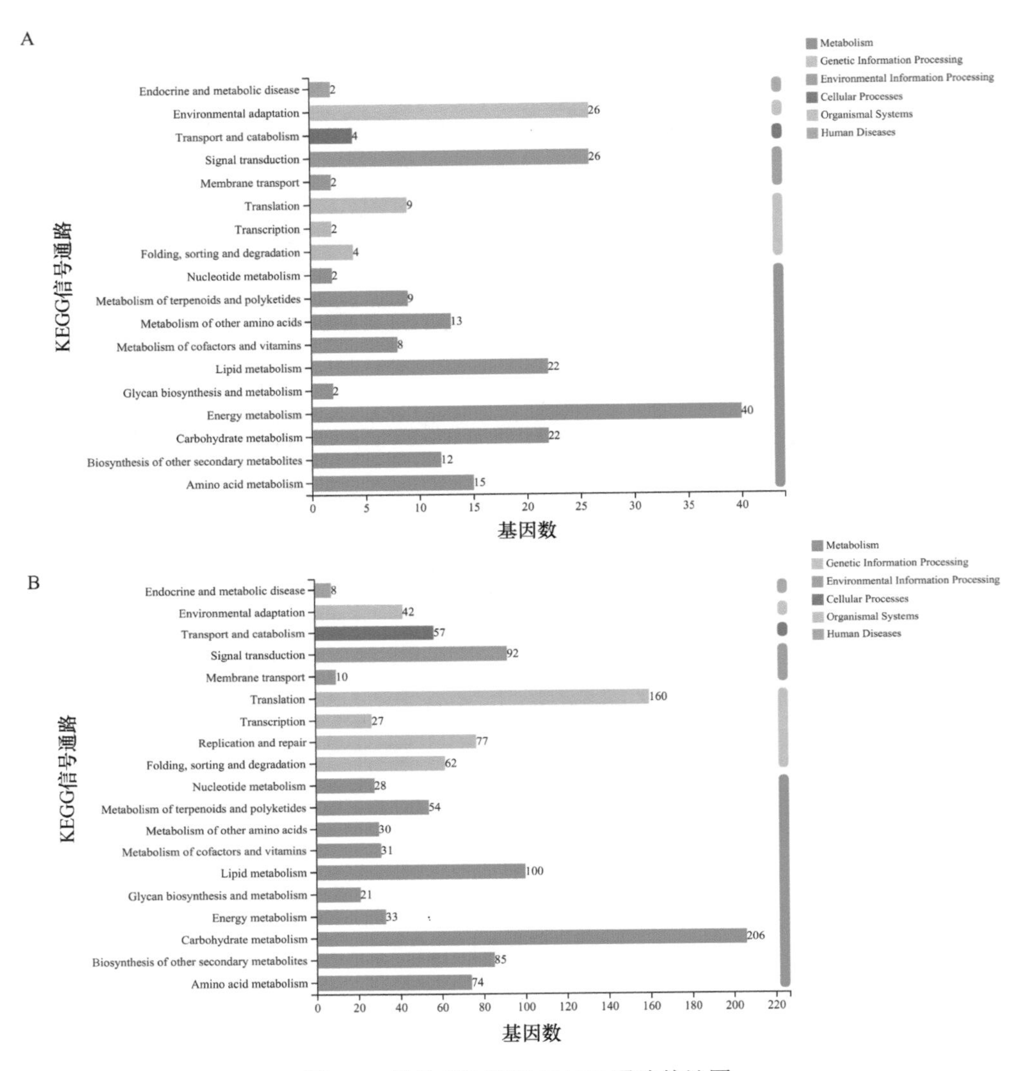

图 3-6　差异表达基因 KEGG 通路统计图

A：上调基因；B：下调基因

接种炭疽菌后均下调的基因在新陈代谢通路中主要被注释到碳水化合物代谢（Carbohydrate metabolism）、脂质代谢（Lipid metabolism）和其他次级代谢产物的生物合成（Biosynthesis of other secondary metabolites），其中以戊糖和葡萄糖醛酸的相互转化、淀粉和蔗糖代谢、角质、木栓碱和蜡的生物合成、甘油磷脂代谢、类黄酮生物合成和苯丙烷生物合成通路为主。另外，有 160 个基因注释到翻译（Translation）通路中，有 92 个基因被注释到信号转导（Signal transduction）中，其中以核糖体通路和植物激素信号转导通路为主（图 3-6B）。

3.3.6 差异基因 KEGG 富集及通路分析

通过 KEGG 数据库将差异基因进行富集分析并绘制富集气泡图，结果表明，拟南芥接种炭疽菌后上调表达的基因主要富集到植物-病原相互作用、氧化磷酸化和光合作用通路中（图 3-7A），下调表达的基因主要富集到角质、软木质和蜡的生物合成、DNA 复制，以及戊糖和葡萄糖醛酸的相互转化的通路中（图 3-7B）。

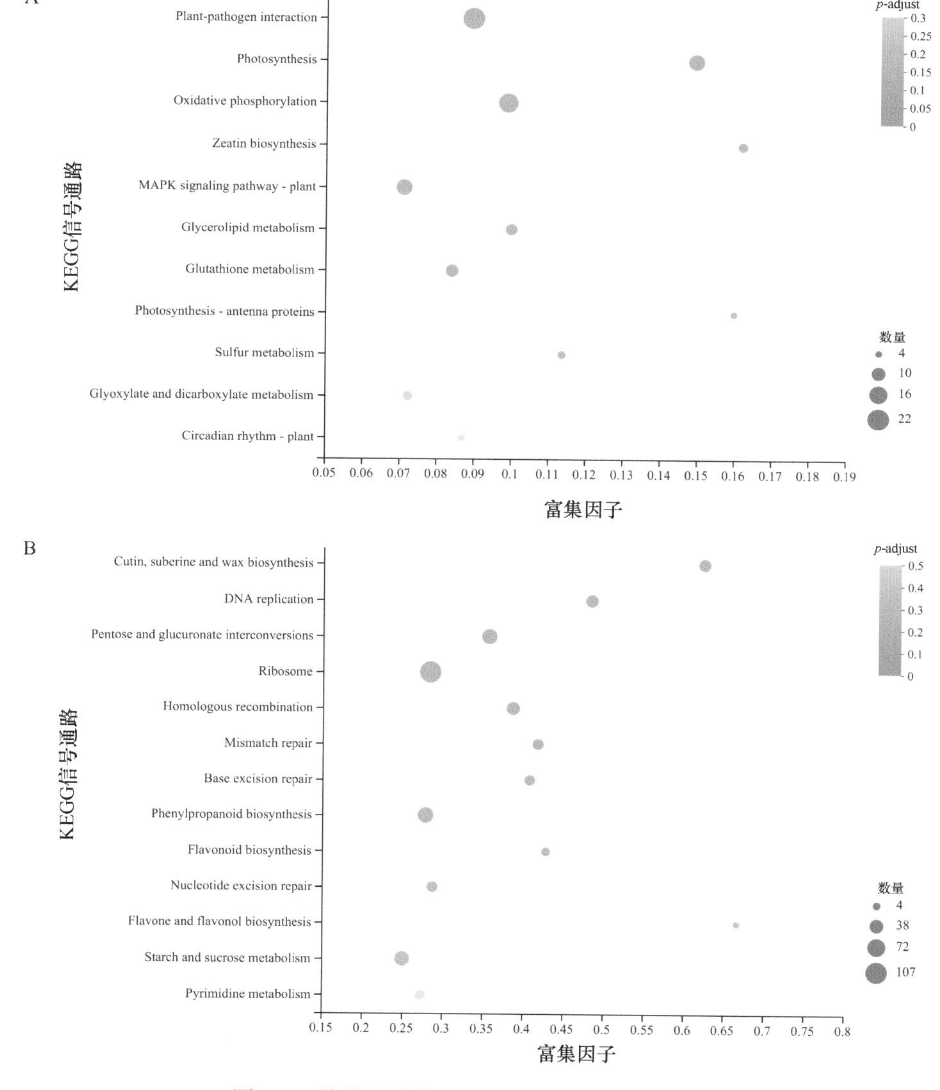

图 3-7　差异表达基因 KEGG 通路富集气泡图

A：上调基因；B：下调基因。p-adjust 表示矫正后的 p 值，下同

通过 KEGG 数据库对接种的不同时间段的差异表达基因进行富集，以此阐述拟南芥在活体营养阶段和死体营养阶段不同的应答策略。接种炭疽菌 3 d 后上调表达基因主要富集到植物激素信号转导通路中，其中，*ERF1/2* 基因被注释到乙烯通路中，*JAR1* 和 *MYC2* 基因被注释到茉莉酸通路中，*NPR1*、*TGA* 和 *PR1* 基因被注释到水杨酸通路中。接种 5 d 后上调表达基因主要富集到植物-病原相互通路中，其中 *CNGCs*、*CDPK*、*Rboh*、*CaM/CML*、*WRKY22/25/29/33* 和 *FRK1* 基因主要呈上调状态。接种 7 d 后上调表达基因除富集到植物-病原相互通路外，还被显著富集到 MAPK 信号通路中，在 MAPK 通路中，*MEKK1*、*MKK1/2*、*MPK4* 和 *MPK3/6* 为主要上调基因（图 3-8A～C）。

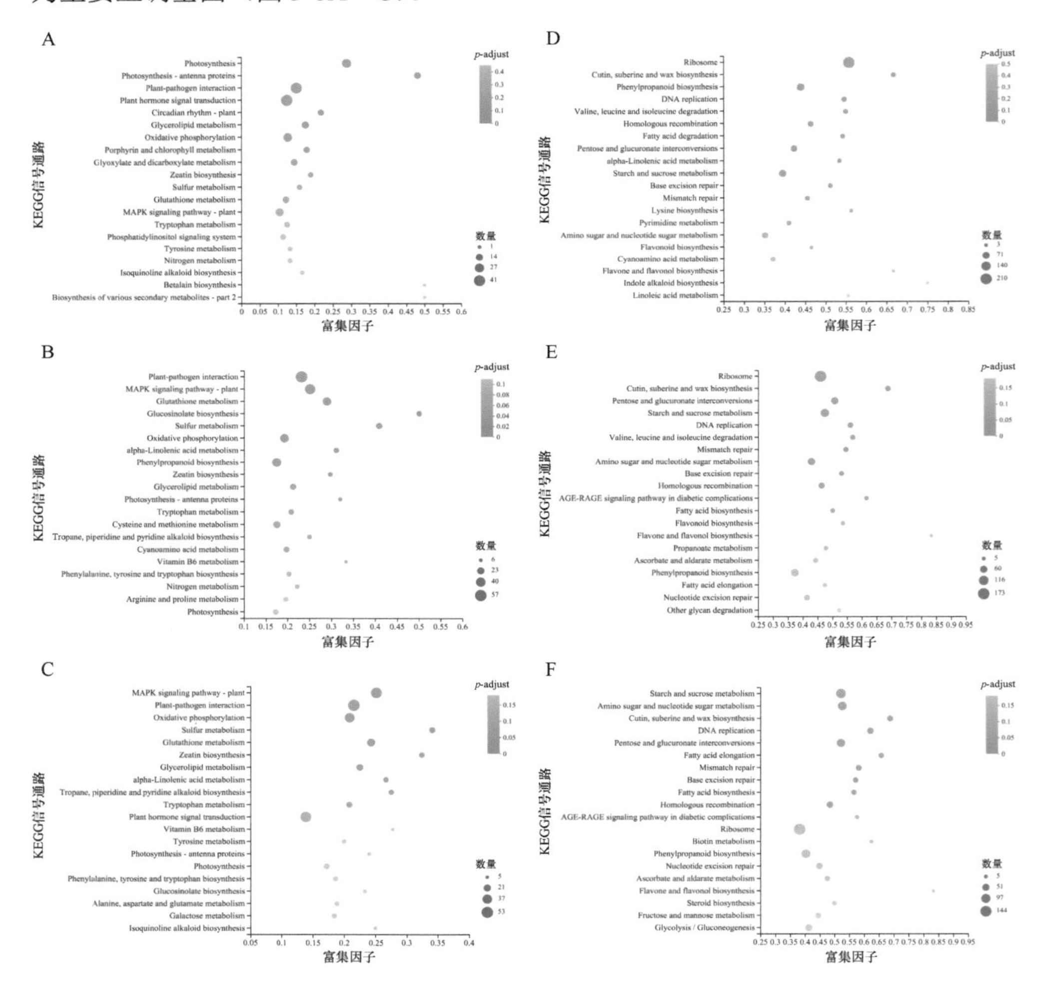

图 3-8　不同阶段差异基因的 KEGG 通路富集分析

A，D：3 d；B，E：5 d；C，F：7 d；A～C：上调表达基因；D～F：下调表达基因

接种 3 d 后下调表达的基因主要富集到核糖体通路中，与核糖体蛋白通路相关的基因大多数呈下调状态。接种 5 d 后下调表达基因的富集情况与接种 3 d 后相似，除富集到核糖体途径外，还富集到角质、木栓碱和蜡的生物合成通路，以及戊糖与葡萄糖醛酸的相互转化通路中，其中与角质合成相关的基因 *CYP86A4S* 和 *CYP704B1* 呈现下调状态，蜡质合成途径中 *CER1* 和 *MAH1* 基因为下调状态。接种 7 d 后下调表达基因主要富集到淀粉和蔗糖代谢通路及氨基糖和核苷酸糖代谢通路中，与淀粉、蔗糖和氨基酸代谢关键化合物相关的基因呈现下调状态（图 3-8D～F）。

通过将差异表达基因进行功能富集分析，解释了拟南芥受炭疽菌侵染的前期主要影响植物内源激素的变化，如内源 SA 和 JA 开始积累，随后植物激素作为信号分子通过一系列植物-病原物互作信号分子转导途径，最后激活 MAPK 信号通路，通过磷酸化进而调控下游转录因子及相应的靶基因，激活植物发生免疫抗病反应。受炭疽菌侵染导致拟南芥下调的基因，主要富集到一系列生物合成和代谢通路中，侵染早期拟南芥的核糖体蛋白通路相关基因显著下调，蛋白质合成受到抑制，随着炭疽菌的进一步侵染，植物细胞壁组成物质相关的基因下调，无法正常合成细胞壁或修复受损细胞壁，葡萄糖醛酸对于清除外源物质具有重要的作用，该途径的关键基因下调对植物的抗病反应具有不良的影响，炭疽菌侵染后期，植物关键的糖代谢和氨基酸代谢通路受到抑制，植物生长势衰弱甚至死亡。

对差异表达基因进行 KEGG 数据库分析，结果表明，至少有 8 个基因被注释到植物 ET/JA 和 SA 信号转导通路中（图 3-9）。ET 在胞外由半胱氨酸和甲硫氨酸代谢合成，进入细胞质后在内质网中与 ETR 互作并作用于 CTR1，通过抑制 SIMKK 并磷酸化激活 MPK6，间接作用于 EIN2，入核后通过与 EIN3 结合激活 ERF1/2 作用于 DNA，或由 EIN3 直接与 DNA 作用，并与泛素介导的蛋白质水解过程和

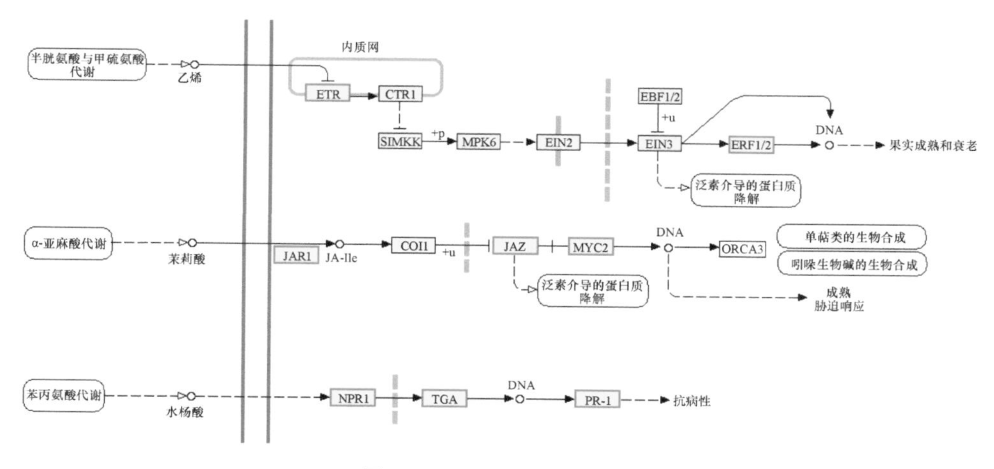

图 3-9 KEGG 通路注释图

+p：磷酸化；+u：泛素化

植物成熟过程有关。JA 在胞外由α-亚麻酸代谢合成，进入细胞膜后与 JAR1 结合产生茉莉酸异亮氨酸配合物（JA-Ile），与 COI1 结合并经泛素化后进入细胞核，导致 JAZ 被泛素化降解，解离出 MYC2 作用于 DNA 产生 ORCA3，参与植物单萜化合物和吲哚化合物的调控，同时与泛素介导的蛋白质水解和应激反应过程有关。SA 在胞外由苯丙氨酸代谢合成，通过与胞质中 NPR1 间接作用后进入细胞核，激活 TGA 后与 DNA 互作，作用于 PR-1，参与植物抗病性调控过程。

3.3.7 转录因子差异表达分析

在进行差异表达基因统计分析时发现，拟南芥受炭疽菌侵染后有大量的转录因子被激活或抑制，与处理组相比表现出上调或下调的情况。通过对差异表达基因的筛选，统计分析了拟南芥中与应激反应、免疫反应、植物与病原物互作、激素响应相关转录因子的表达情况。结果表明，拟南芥的 *MYB*、*WRKY*、*ERF*、*BHLH* 和 *BZIP* 等几类转录因子均参与响应炭疽菌的侵染，其中参与 SA 积累的 *MYB* 和 *WRKY* 家族转录因子在处理后分别有 12 个和 6 个转录因子上调，57 个和 24 个转录因子下调；参与 ET/JA 介导的信号途径下游调控的 *ERF*、*BHLH* 和 *BZIP* 家族转录因子在处理组中分别有 13 个、10 个和 1 个转录因子上调，15 个、28 个和 12 个转录因子下调（图 3-10）。结果揭示了上述几类转录因子家族基因主要通过正调控或负调控参与拟南芥的抗性响应。

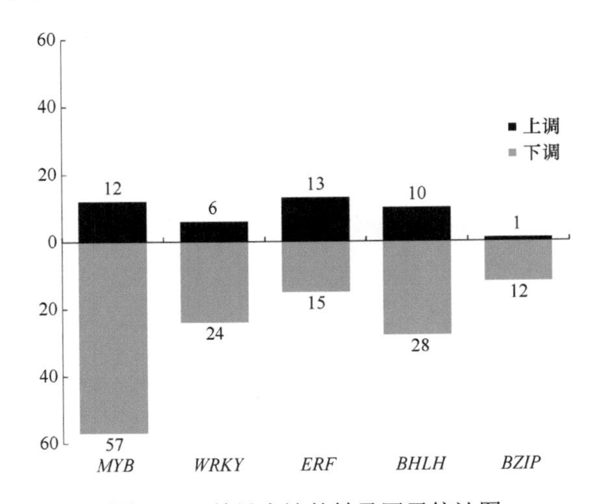

图 3-10 差异表达的转录因子统计图

3.3.8 qPCR 验证差异表达基因

对候选的差异表达基因进行 qPCR 分析，结果显示，15 个候选差异表达基因的表达情况与转录组测序情况基本吻合，即转录组数据可信度较高。其中 *PDF1*、*PDF1.2C* 和 *PDF1.3* 是 JA 信号转导通路中 3 个关键基因，在接种炭疽菌 3 d 后均呈现上调的状态，*PR1* 和 *PR5* 基因是 SA 通路中重要的基因，接种 3 d 呈上调表达，*WRKY38* 作为 JA 和 SA 信号转导的负调控因子，在接种 3 d 后呈下调状态（图 3-11）。

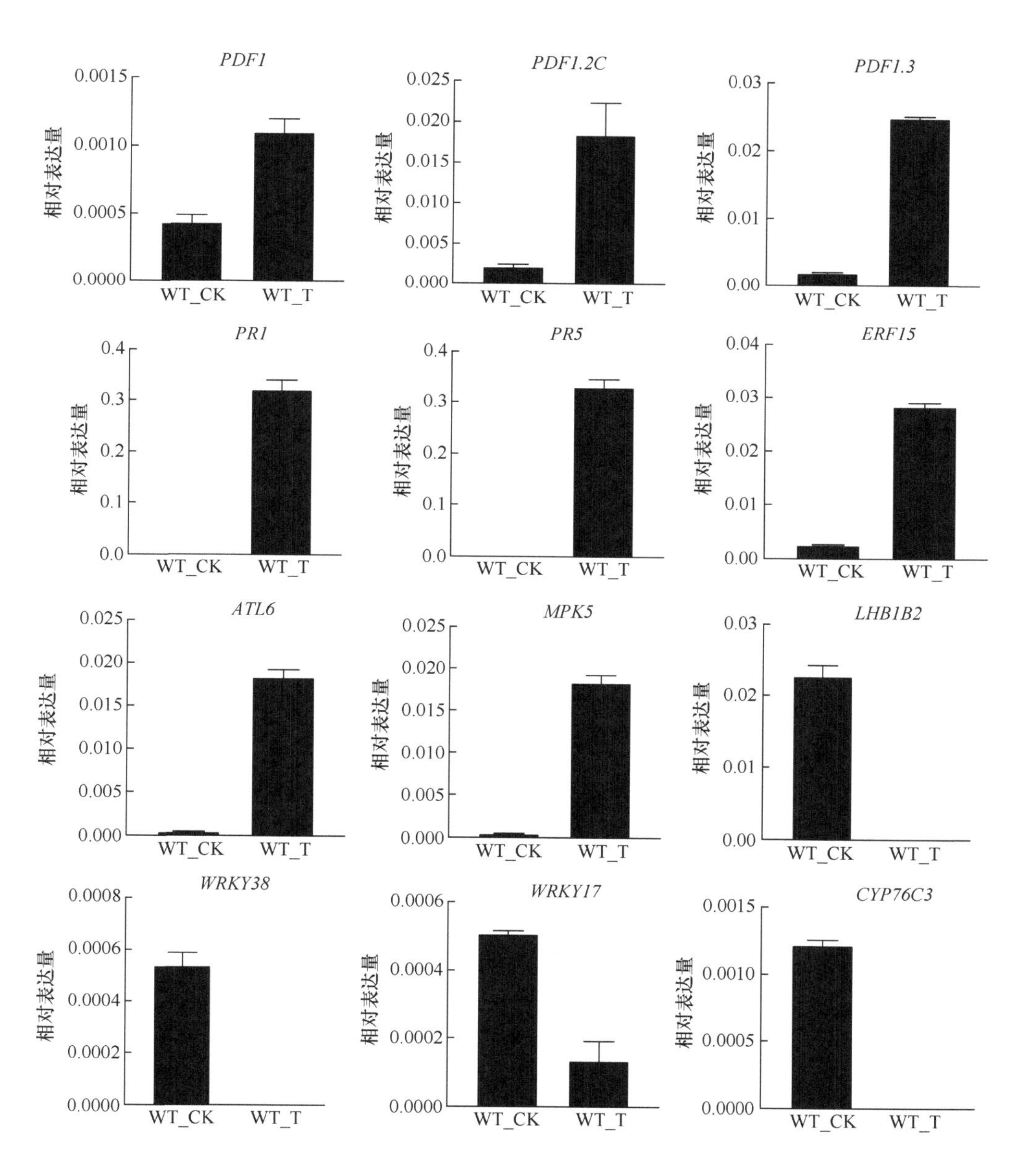

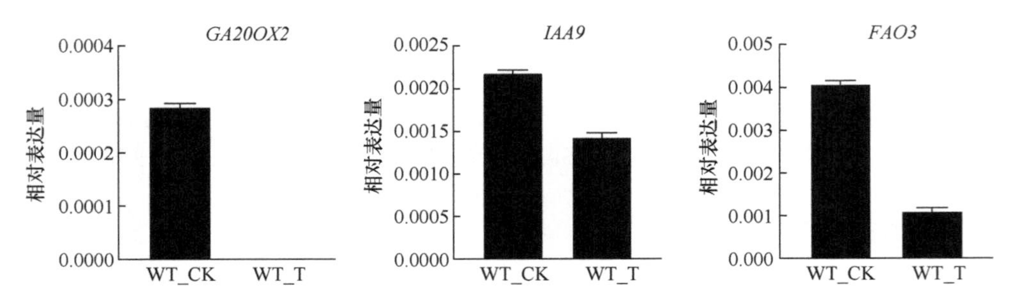

图 3-11　差异表达基因 qPCR 检测

3.3.9　植物激素影响拟南芥对炭疽菌的抗性分析

转录组中差异表达基因分析及功能注释分析结果表明，植物激素很大程度上参与了拟南芥对炭疽菌的抗性调控，拟南芥受炭疽菌侵染后，通过 JA 和 SA 生物合成与代谢参与植物的基础免疫反应。

分别外源喷施 0.1 mmol/L SA 和 JA 后再接种炭疽菌，结果发现，接种 5 d 后处理组的病斑面积小于对照组叶片病斑面积（图 3-12A），对照组的 WT 植株病斑占比为（14.85±0.71）%，喷施 JA 后病斑占比显著降低为（11.10±0.58）%，喷施 SA 后病斑占比也较对照组显著降低，WT 植株的病斑占比为（12.46±0.63）%（图 3-12B），即表明补充 JA 和 SA 能提高拟南芥对炭疽菌的抗性，喷施 JA 的效果优于喷施 SA 的效果。

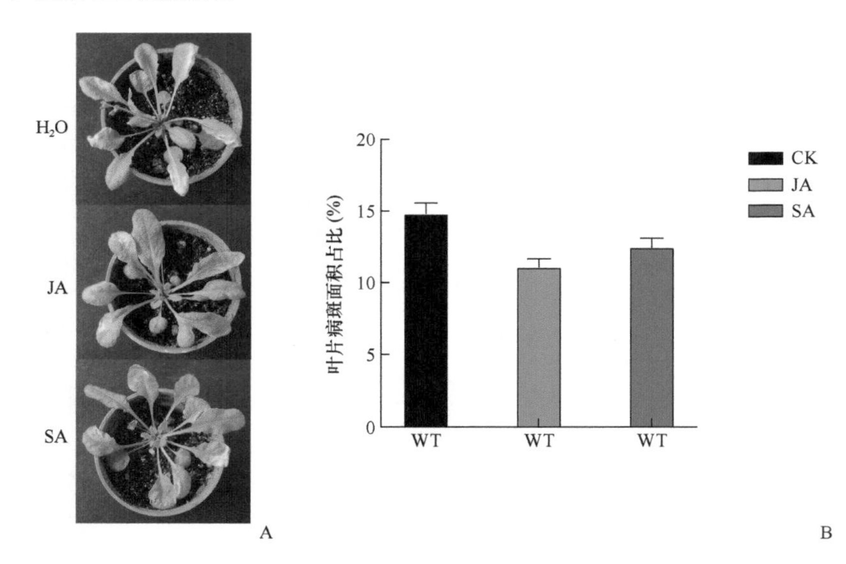

图 3-12　外源 JA 和 SA 对抗性的作用

A：喷施激素后症状表现；B：病斑面积占比统计

3.4　小结与讨论

3.4.1　小结

本研究建立了暹罗炭疽菌 CA17 与拟南芥的互作体系，并通过转录组测序分析植物激素介导的信号通路在植物抗性响应过程中的作用。结果表明，接种暹罗炭疽菌 3 d、5 d 和 7 d 后分别筛选到差异表达基因 9644 个、11 583 个和 12 050 个。差异基因统计及 KEGG 功能分析结果显示，差异表达的基因主要注释到能量代谢、碳水化合物代谢及脂质代谢功能的通路中，同时差异基因主要富集在核糖体功能、植物激素信号转导功能、淀粉和蔗糖代谢、苯丙烷生物合成及植物-病原物互作功能等几个重要的通路中，揭示了拟南芥应对暹罗炭疽菌的侵染，主要是通过调控生长发育及植物激素合成与转运参与植物抗性反应过程。

转录组筛选到的差异基因，有较多被注释到 JA 和 SA 通路中，提示我们植物内源激素可能与植物基础免疫反应有关，通过外源补充 JA 和 SA，能提高拟南芥 WT 植株抗性水平，且喷施 JA 的抗性效果优于 SA 的效果。

3.4.2　讨论

探究炭疽菌与植物互作机理并从分子生物学水平揭示病原菌致病机制及植物响应病原菌刺激而诱导的抗病基因及植物信号转导通路，可为抗病育种提供理论依据。因此构建油茶炭疽菌-拟南芥互作体系并研究分子水平的互作机制对油茶炭疽病的抗性育种防治具有重要的指导意义。

暹罗炭疽菌与其他炭疽菌属相似，属于半活体营养型病原真菌，主要存在细胞内半活体营养侵染型和角质层下内部侵染型两种定植侵染方式。细胞内半活体营养侵染型在初期阶段，依靠附着胞分化出侵染钉，同时分泌纤维素酶、果胶酶、蛋白质降解酶，以此穿透寄主角质层和细胞壁，在表皮细胞内形成侵染泡囊结构，此时细胞仍保持活力，随着病程发展，分化出次生菌丝侵染邻近活细胞，并分泌酶类及毒素杀死细胞，开始向死体营养转变（O’Connell et al.，2004）。卢秦华（2019）通过转录组数据分析了炭疽菌与茶树互作过程中炭疽菌差异表达的基因谱，明确了在侵染过程中，炭疽菌在侵染的初期阶段主要是水解酶相关基因表达，产生的水解酶靶向作用于植物细胞壁，以此破坏植物的物理防御。本研究分析发现接种炭疽菌后，拟南芥中果胶裂解酶超家族蛋白主要成员呈现下调表达，结果表明，炭疽菌侵染拟南芥时，可通过抑制寄主植物产生的水解酶，以此加速侵染进程。通过 KEGG 数据库分析不同时间段的差异基因富集情况，结果表明拟南芥感知炭疽菌的侵染后，主要通过激素信号转导和 MAPK 信号通路激活下游抗病基因的表达，而病原菌主要通过扰乱植物核糖体蛋白、糖类物质和核苷酸的代谢进程而使植物偏离正常的生长发育进程从而表现病状。

植物激素除调控植物的生长发育外还参与调控植物的抗病性。

本研究中，转录组数据表明除了ET/JA和SA信号通路外，IAA和赤霉素（GA）信号通路相关基因在互作过程中也被诱导表达，ET/JA 信号转导途径相关的基因在72 h显著上调，参与ET/JA信号通路的合成、转导及受体基因上调表达，但SA途径中部分基因上调而某些基因被显著下调，JA 和 ET 信号转导被认为与植物的应激反应有关（Muthamilarasan & Prasad，2013）。李娇卓等（2021）研究证实了精氨酸酶在MeJA介导采后番茄果实灰霉病抗性中发挥重要作用，蒲小剑（2021）的研究也证实JA能诱导红三叶对白粉病的抗性。目前对SA抗性的研究表明，SA主要是参与植物病原细菌的防御，王军等（2006）通过SA诱导处理的油茶叶片表面，炭疽菌分生孢子芽管的生长受到抑制，甚至发生变形和扭曲，难以直接侵入。IAA 和 GA 相关基因受诱导而上调或下调，推测在复杂的植物信号转导通路中，IAA 和 GA 参与协调JA和SA信号转导网络，共同调控着拟南芥对炭疽菌侵入的响应与抗性反应。

值得关注的是，拟南芥受炭疽菌侵染的前期主要是植物激素信号转导通路的基因上调表达，内源激素加速合成并积累，随后通过与 *CNGCs*、*CDPK* 和 *Rboh* 等植物-病原物互作信号分子互作，激活 MAPK 信号通路以调控下游转录因子并激活与免疫反应相关的靶基因。MAPK级联途径是植物PTI反应的重要组成部分，通过该信号转导途径逐级磷酸化将信号分子进行级联，最终激活下游基因的转录，在植物生长发育和胁迫响应中发挥着重要的作用（Ishihama & Yoshioka，2012）。研究指出 *AtMPK1/4* 参与拟南芥系统抗性的调节，*AtMPK6* 能够被真菌和细菌诱导而激活（Nishihama et al.，1997）。本研究中发现，在MAPK通路中，*MEKK1*、*MKK1/2*、*MPK4* 和 *MPK3/6* 为主要上调基因，即拟南芥通过MAPKKK-MAPKK-MAPK逐级磷酸化传递炭疽菌侵染的信号，最终由MAPK磷酸化下游底物，调控抗病相关基因表达，对炭疽菌做出响应。MAPK级联途径与植物激素信号转导途径能构成互作网络，共同调控植物的基础免疫反应，拟南芥接收JA的信号后通过 *MKK3-MAPK6-MYC2* 级联反应，调控下游 *ORCA3* 基因，进而参与单萜化合物和吲哚化合物的调控，同时也参与泛素介导的蛋白质水解和应激反应调控（Nishihama et al.，1997）。另外，MAPK位于MAPK级联途径的最下游，磷酸化后的MAPK能够入核与下游转录因子互作，进而调控靶基因的表达。因此，鉴定MAPK通路下游的转录因子对下游调控网络来说尤为重要。本研究通过差异表达基因注释，发现 *MYB*、*WRKY*、*ERF*、*BHLH* 和 *BZIP* 几类转录因子被显著富集，其中以 *WRKY* 和 *MYB* 家族基因被注释的数量最多，因此，我们推测拟南芥通过植物内源激素与MAPK级联途径，磷酸化后的MAPK进入细胞核与 *WRKY*、*MYB* 等转录因子相互作用，调控植物基础免疫反应。

第 4 章 油茶炭疽菌和秀丽隐杆线虫互作模型的建立

天然免疫反应广泛存在于各种生物体内，是抵御外来入侵物的第一道防线。生物体中存在的天然免疫进化地位古老且保守，且动植物在天然免疫系统上具有一定的相似性。秀丽隐杆线虫能被多种动植物病原细菌和病原真菌所感染，且具有易培养、繁殖速度快、生长周期短、已完成基因组全序列测序等优点，已成为研究病原菌感染机制的理想模型。

那么，油茶炭疽菌能否侵染秀丽隐杆线虫并造成组织或机体损伤？能否成功建立油茶炭疽菌与秀丽隐杆线虫的跨界侵染模型？它们之间是否存在互作关系？本研究构建了油茶炭疽菌和秀丽隐杆线虫的互作模型，分析油茶炭疽菌对秀丽隐杆线虫基本生物学特性的影响，并通过互作转录组测序，分析秀丽隐杆线虫响应油茶炭疽菌侵染的关键基因和信号通路，以此探索广泛分布于动植物组织或细胞中进化最为保守的天然免疫成分，由此为防治油茶炭疽病的发生，寻找新的、广谱的作用位点提供新视角和新思路。

4.1 试验材料与仪器

4.1.1 供试试剂

$CaCl_2$、$MgSO_4$、KH_2PO_4、K_2HPO_4、NaCl、NaOH、胆固醇和次氯酸钠购买自昆明盘龙华森实验设备成套部，其余试剂与前面章节相同。

$CaCl_2$ 溶液（1 mol/L）：$CaCl_2$ 5.55 g，蒸馏水 50 mL。

$MgSO_4$ 溶液（1 mol/L）：$MgSO_4$ 6.02 g，蒸馏水 50 mL。

胆固醇（5 mg/mL）：胆固醇 0.25 g，无水乙醇 50 mL。

磷酸盐缓冲液（1 L）：KH_2PO_4 119 g 和 K_2HPO_4 21.5 g 溶于 1 L 去离子水。

以上四种缓冲液配制后利用 0.22 μm 滤膜过滤除菌，4℃储存备用。

M9 缓冲液（1 L）：Na_2HPO_4 6 g、KH_2PO_4 3 g、NaCl 5 g，高压灭菌后加入经过滤除菌的 $MgSO_4$（1 mol/L）1 mL。

线虫裂解液（5 mL）：无菌水 3.5 mL、次氯酸钠 1.2 mL、NaOH（5 mol/L）300 μL。

氨苄青霉素（100 mg/mL）：称取 2.5 g 氨苄青霉素（Ampicillin）溶于 20 mL

去离子水中，充分混匀使其完全溶解，定容至 25 mL，以 0.22 μm 水相滤器过滤除菌后分装至无菌 1.5 mL 离心管内，–20℃保存备用。

IPTG（1 mol/L）：称取 12 g IPTG 溶于约 40 mL 去离子水中，待充分溶解后定容至 50 mL，以 0.22 μm 滤膜除菌后分装至无菌离心管内，–20℃保存备用。

甘油溶液（100 mL）：用量筒量取 60 mL 甘油，加蒸馏水定容至 100 mL，121℃高压灭菌 30 min，4℃储存备用。

线虫冻存液（1 L）：NaCl 5.85 g、NaH_2PO_4 6.8 g、甘油 300 mL、NaOH（1 mol/L）5.6 mL，高温灭菌后加入经过滤除菌的 $MgSO_4$（1 mol/L）300 μL，分装于无菌冻存管内，–20℃保存备用。

4.1.2 供试虫株

供试秀丽隐杆线虫野生型为 N2 Bristol，购买自线虫遗传学中心（*Caenorhabditis* Genetics Center，CGC）。

4.1.3 供试菌株

供试炭疽菌为第 1 章中分离自染病油茶的 *Colletotrichum gloeosporioides*、*C. fructicola*、*C. siamense* 和 *C. karstii*，甘油菌保存于西南林业大学森林病理学实验室–80℃超低温冰箱内。

大肠杆菌（*Escherichia coli*）OP50 作为秀丽隐杆线虫的食物，从线虫遗传学中心（CGC）购买获得；大肠杆菌（*E. coli*）HT115 作为线虫 RNA 干扰（RNAi）实验中的对照菌株，内含空载体；秀丽隐杆线虫 RNAi 文库（*C. elegans* RNAi library）作为线虫基因干扰实验所用干扰菌株库。

4.1.4 供试培养基

线虫生长培养基（nematode growth medium，NGM）：NaCl 3 g、蛋白胨 2.5 g、琼脂 17 g、蒸馏水 975 mL，高压灭菌后加入经过滤除菌的 $CaCl_2$（1 mol/L）1 mL、$MgSO_4$（1 mol/L）1 mL、磷酸盐缓冲液（1 mol/L，pH=6.0）10 mL、胆固醇（5 mg/mL）1 mL。

NGM-IPTG 诱导培养基：在冷却至 60℃左右的 1000 mL NGM 培养基中加入氨苄青霉素（100 mg/mL）1 mL 和 IPTG（1 mol/L）1 mL。

混合培养基（NGM+PDA）：在 NGM 培养基中分别加入 1/50、1/30、1/20 的马铃薯葡萄糖琼脂（PDA）培养基。

PDA 培养基和 LB 培养基配方如第 2 章所述。

4.2 试验方法

4.2.1 油茶炭疽菌的培养

将供试的油茶炭疽菌的甘油冻存管取出，吸取 100 μL 甘油菌涂布于 PDA 培养基平板，于 25℃恒温培养箱倒置培养 3～5 d，边缘长出菌丝后，将其挑取至新的 PDA 平板重复纯化 3 次。用 6 mm 打孔器制备炭疽菌菌丝块，将菌丝块投入 150 mL PD 液体培养基中，于 25℃恒温摇床中以 180 r/min 培养 10 d，用 3 层无菌纱布过滤菌丝获得孢子悬浮液。孢子悬浮液经无菌水洗涤后离心弃上清，沉淀用 M9 缓冲液重悬，并调节分生孢子悬浮液浓度为 1×10^6 孢子/mL。为了使病原菌保持毒力，每次试验前制备新鲜孢子悬浮液。

4.2.2 大肠杆菌 OP50 的培养

吸取少量大肠杆菌 OP50 菌液，在 LB 固体培养基平板上四分区划线，37℃恒温培养箱过夜培养，挑取单菌落重复划线 3～4 次，直至菌落形态均一。挑取单菌落接种于 LB 液体培养基中于 37℃恒温摇床中 180 r/min 培养 16～20 h，即获得大肠杆菌 OP50 储备液，置于 4℃贮存备用。该储备液有效期为一个月，超期需重新活化培养。

4.2.3 线虫的培养及同步化

4.2.3.1 线虫的培养

秀丽隐杆线虫在–80℃冰箱中长期保存，培养前将冻存管取出解冻，接种于准备好的 NGM 培养基平板上进行复苏，在 25℃生化培养箱中培养至成虫。若在复苏过程中平板上有真菌污染，可用接种环将线虫转接到新的培养基平板上，重复转板去除污染。

利用含食物（大肠杆菌 OP50）的 NGM 培养基平板进行培养，高压灭菌后 NGM 倒平板，平板吹干后吸取 500 μL 大肠杆菌 OP50 菌液于平板中央，用涂布器均匀涂布并吹干菌液，将平板放置于 37℃培养箱过夜培养。将线虫接种于含大肠杆菌 OP50 的 NGM 食物板内，16℃或 25℃培养。

4.2.3.2 线虫的同步化

待平板上的线虫长至成虫期时，用 M9 缓冲液将线虫洗至 15 mL 离心管中，放置数分钟，待大部分线虫自然沉降至离心管底部时，弃上清，并用 M9 缓冲液清洗线虫 2～3 次。根据线虫量的多少加入 1～2 mL 线虫裂解液，裂解约 5 min，2000 r/min 离心 2 min，弃上清，用 M9 缓冲液反复清洗 5～6 次，收集管底虫卵，清洗后的虫卵置于无菌培养皿中，加入 M9 缓冲液，25℃恒温孵化 16～24 h，获得 L1 期幼虫，备用。

4.2.4 油茶炭疽菌-秀丽隐杆线虫共培养体系的建立

4.2.4.1 共培养体系培养基的筛选

由于炭疽菌与线虫的培养基成分差别较大，共培养体系需兼顾二者的生长，因此制定了以下 4 种共培养体系的培养基方案。①PDA-NGM 双层平板：培养皿底部倒一层 NGM 培养基，待凝固后覆盖一层 PDA 培养基；②NGM-PDA 双层平板，培养皿底部倒一层 PDA 培养基，待凝固后覆盖一层 NGM 培养基；③NGM+PDA 混合平板：NGM 培养基中分别加入 1/50、1/30、1/20 PDA 培养基；④单独使用 NGM 培养基。

4.2.4.2 油茶炭疽菌和线虫的共培养

吸取 1×10^6 孢子/mL 炭疽菌孢子悬浮液 200 μL 均匀涂布于培养基平板，超净台内吹干后加入 50 μL 经离心浓缩的大肠杆菌 OP50 菌液，同时，设置无炭疽菌孢子悬浮液的培养基平板为对照。先将平板放置 25℃培养箱培养 2 d，取出后放入 4℃冰箱保存备用。对照板和处理板接入约 50 条 L1 期幼虫，每组设 3 个生物学重复，25℃下恒温培养。共培养过程中，若发现平板上食物菌株大肠杆菌 OP50 全部消耗完，应及时向平板中添加食物，当线虫开始产卵后，需每天将成虫转移至新的平板，避免后代对实验数据造成干扰。

4.2.5 油茶炭疽菌分生孢子对线虫存活率的影响

为探究不同种油茶炭疽菌对秀丽隐杆线虫存活率的影响，对共培养后的线虫存活率进行测定，每 12 h 对板上线虫总数进行计数，以测定存活率。当线虫对接种环的触碰没有反应时，即可认为线虫已经死亡，爬到平板边缘或钻到培养基内部的线虫不计入结果。

4.2.6 油茶炭疽菌分生孢子对线虫基本生物学特性的影响

为探究在无油茶胶孢炭疽菌分生孢子（NS）、高温灭活分生孢子（DS）及有活性分生孢子（AS）的处理下，线虫的基本生物学特性，在共培养体系中，用不同处理的胶孢炭疽菌分生孢子（NS、DS 和 AS）和秀丽隐杆线虫共培养，以 DS 和 NS 作为对照，测定 AS 对线虫存活率、体长、繁殖能力、运动能力和咽泵速率的影响。

其中，NS 和 AS 培养基平板的制备方法同上，DS 培养基平板的制备方法为：将 1×10^6 孢子/mL 浓度的孢子悬浮液 121℃高压灭菌 15 min，吸取灭活分生孢子悬浮液 200 μL 均匀涂布于培养基平板上，超净台内吹干后加入 50 μL 经离心浓缩的大肠杆菌 OP50 菌液。

4.2.6.1 油茶炭疽菌分生孢子对线虫存活率的影响

将油茶胶孢炭疽菌分生孢子调节至 1×10^6 孢子/mL，将 L1 期、L4 期约 50 条线虫分别接种至 NS、DS 和 AS 培养板，每组设 3 个生物学重复，25℃共培养，每 12 h 测定线虫存活率。

4.2.6.2 油茶炭疽菌分生孢子浓度对线虫存活率的影响

分别设置 10^6 孢子/mL、10^5 孢子/mL、10^4 孢子/mL 三个浓度梯度的孢子悬浮液，将约 50 条 L1 期线虫分别接种至 NS、DS 和 AS 培养板上，每组设 3 个生物学重复，每 12 h 测定线虫存活率。

4.2.6.3 油茶炭疽菌分生孢子对线虫体长大小的影响

将线虫的体长作为一个间接指标，以此了解秀丽隐杆线虫受油茶炭疽菌感染后的营养状况。将约 100 条 L1 期线虫分别置于 NS、DS 和 AS 各培养板上，在 12 h、24 h、36 h、48 h 和 60 h 时间点用 M9 缓冲液洗下线虫，用酒精灯过火固定，在显微镜下观察虫体呈伸直状态，即可进行体长大小的测量，每组测量 15 条线虫。

4.2.6.4 油茶炭疽菌分生孢子对线虫繁殖能力的影响

繁殖能力通过所产后代数目进行评价。由于线虫的产卵量较大，一条线虫每次可获得 300～350 个子代个体，因此本试验参照 Dhawan 等（1999）的方法做了相应改动，并根据线虫接触胶孢炭疽菌孢子时间长短及先后顺序设计以下 3 种方法，先测定 NS 和 AS 对线虫繁殖能力的影响，从中选取一种最适合测定线虫繁殖能力的方法进行后续试验。

（1）将同步化后的 L1 期线虫直接接种至 NS 和 AS 培养基平板上，25℃培养至 L4 末期，从 NS 和 AS 培养板上挑取一条线虫，分别放在加有大肠杆菌 OP50 无孢子的 NGM 平板上，每组处理设 3 个生物学重复，48 h 后统计子代数目（不含虫卵）。

（2）将 L1 期线虫直接接种至 NS 和 AS 培养基平板上，25℃培养至 L4 末期，从 NS 和 AS 培养板上挑取一条线虫，分别放在新制的相应培养基平板上，每组处理设 3 个生物学重复，48 h 后统计子代数目。

（3）将 L1 期线虫先接种至含大肠杆菌 OP50 的 NGM 平板上，25℃培养至 L4 期，挑取线虫放入 NS 和 AS 培养基平板，每个平板各放一条线虫，每组处理设 3 个生物学重复，48 h 后统计子代数目。

4.2.6.5 油茶炭疽菌分生孢子对线虫运动能力的影响

将约 50 条同步化后的 L1 期线虫分别接至 NS、DS 和 AS 培养基平板，置于 25℃恒温培养箱培养至 48 h，测定 1 min 内线虫的头部摆动频率和身体弯曲频率，每组处理测定 15 条线虫（白娟等，2022）。

头部摆动频率：1 min 内线虫头部摆动次数（来回计为 1 次）。

身体弯曲频率：1 min 内线虫身体弯曲次数（完成正弦运动计为 1 次）。

4.2.6.6 油茶炭疽菌分生孢子对线虫咽泵速率的影响

为了研究线虫是否能通过调整咽泵速率来减少对病原菌的摄入，从而减轻病原菌对自身的损伤，将 L1 期幼虫接种至 NS、DS 和 AS 培养基平板，分别在培养的 48 h、72 h 和 96 h 时间点在显微镜下观察并统计线虫每分钟咽泵活动次数，每组处理测定 15 条线虫（迟东泽等，2021）。

4.2.7 油茶炭疽菌代谢物对线虫基本生物学特性的影响

为检测胶孢炭疽菌是否通过菌体产生的代谢物中的毒性物质从而导致线虫死亡，本研究用液体培养的胶孢炭疽菌去除分生孢子的上层发酵液体进行试验。

将双层纱布过滤后的孢子悬浮液经 12 000 r/min 离心 10 min，再用 0.22 μm 滤膜彻底去除分生孢子，所得液体即为胶孢炭疽菌代谢初产物，以此测定其对线虫的基本生物学特性的影响。同时，设置添加空白 PD 培养基的 NGM 平板为对照组（NM），含代谢物的平板为处理组（CM）。

供试培养基平板的制备方法：取 200 μL 胶孢炭疽菌发酵液或空白 PD 培养基均匀涂布于 NGM 板上，超净台内吹干后加入 50 μL 经离心浓缩的大肠杆菌 OP50 菌液。平板制备好后在 25℃培养箱培养 2 d，取出后放入冰箱备用。

本研究中评估胶孢炭疽菌代谢物对线虫存活率、线虫体长大小、线虫繁殖能力、线虫运动能力和线虫咽泵速率的影响所用试验方法同 4.2.6 小节所述方法。

4.2.8 秀丽隐杆线虫响应油茶炭疽菌的转录组分析

4.2.8.1 试验样品准备

将 400 μL 胶孢炭疽菌孢子悬浮液均匀涂布于 NGM 平板（9 cm），超净台内吹干后在平板中间加入 100 μL 经离心浓缩的大肠杆菌 OP50 菌液，设置以无胶孢炭疽菌分生孢子的 NGM 平板为对照，培养基平板制备完成后在 25℃恒温培养箱培养 2 d。

将同步化后的 L1 期线虫接种到 NGM 食物平板上生长到 L4 期，用 M9 缓冲液将线虫洗下，并清洗 3 次以去除残留的大肠杆菌。将大约 2000 条 L4 期线虫转移并接种至含胶孢炭疽菌孢子和空白的 NGM 试验平板，每组设 6 个生物学重复，于 25℃恒温培养至半数致死时间 144 h。用 M9 缓冲液将平板上的线虫洗下并重复清洗线虫 3 次，转移至 1.5 mL 离心管中，自然沉降后弃上清，将离心管置于液氮中速冻，转移至–80℃超低温冰箱保存备用。

值得注意的是，在培养过程中，线虫长为成虫后会不断产卵，在线虫产卵后，需要用 M9 缓冲液洗下线虫，转移至 15 mL 离心管自然沉降，弃上清后将管底的线虫接种到新的对照板和处理板上，直到半数致死时间点将线虫洗下，其间需要无菌操作以避免污染。

4.2.8.2 总 RNA 提取及转录组测序

将–80℃超低温保存的 12 个待测样品委托北京六合华大基因科技有限公司进行 RNA 的提取、质检、文库构建及转录组测序。

将 DNBSEQ 测序平台获得的原始数据进行数据质控，进行数据分析之前需要去除包含低质量、接头污染以及不确定碱基信息率（*N*）含量过高的数据，以保证结果的可靠性，并供后续分析使用。

差异表达基因的筛选以错误发现率（false discovery rate，FDR）＜0.05 且差异倍数（fold change，FC）＞2（$|\log_2 FC|$＞1）为标准，并对达到该标准的差异表达基因进行 GO 功能和 KEGG 富集分析。

4.2.9 秀丽隐杆线虫 RNAi

4.2.9.1 线虫 RNAi 菌株的培养

根据转录组分析结果，选取差异倍数最高的基因进行功能验证，对候选差异基因进行 RNAi，分析胶孢炭疽菌分生孢子对 RNAi 后线虫基本生物学特性的影响。

从秀丽隐杆线虫 RNAi 文库中找到上调基因 *lact-3*、*ced-9* 和 *ZK218.5*，下调

基因 *arx-1*、*coq-8* 和 *C13F10.6* 菌株位置，将候选干扰菌株接种至含有 100 μg/mL 氨苄青霉素的固体 LB 平板，获得单菌落后接种至含氨苄青霉素的 LB 液体培养基中，摇培后提取质粒 DNA，以候选基因相应的引物进行 PCR 验证。验证正确的干扰菌株接种至含氨苄青霉素的 LB 液体培养基中过夜培养（12～16 h），摇培结束后进行离心浓缩备用。

4.2.9.2 线虫的 RNAi

使用 NGM-IPTG 诱导培养基平板进行 RNAi 试验，试验前制备 4 组不同处理的培养基平板：①线虫在不接触胶孢炭疽菌分生孢子时，在干扰平板中央分别加入 50 μL 浓缩后的空载对照菌株大肠杆菌 HT115 和各干扰菌株；②线虫在接触胶孢炭疽菌分生孢子的情况下，在含分生孢子的 NGM-IPTG 干扰平板中央分别加入 50 μL 浓缩后的空载对照菌株大肠杆菌 HT115 和各干扰菌株。

培养基平板中菌液吹干后，将同步化后的 L1 期线虫接种到干扰平板上，经共培养后测定候选基因被干扰后对线虫存活率、繁殖能力、体长大小、运动能力和咽泵速率的影响，试验均在 25℃恒温培养箱中进行。

以上试验均采用 Excel 2019 和 GraphPad Prism 5 进行数据处理及统计分析，用 t 检验法分析组间差异，以 $p<0.05$ 为差异有统计学意义，$p<0.05$ 记为*，$p<0.01$ 记为**，$p<0.001$ 记为***。

4.3 结果与分析

4.3.1 共培养体系培养基的筛选

根据胶孢炭疽菌在供试的 4 种培养基平板上的生长速率和菌丝茂密程度对培养基进行筛选，选择一种最适培养基进行后续试验。

在 NGM-PDA 双层培养基平板中，无论 PDA 处于上层还是下层，胶孢炭疽菌菌丝均生长迅速，而当 PDA 位于上层时菌丝比 PDA 位于下层生长更快。当 PDA 位于上层时，培养 36 h 炭疽菌菌丝已密布全板（图 4-1A），当 PDA 位于下层时，菌丝在 48 h 时覆盖全板（图 4-1B）。使用 NGM-PDA 双层培养基平板时，菌丝过密，导致线虫被严重遮盖而难以观察。

在 NGM 中加入不同浓度 PDA（1/50、1/30 和 1/20）制成的混合平板上，胶孢炭疽菌均处于快速生长状态，且 PDA 含量越高，菌丝生长越茂密。当 PDA 浓度为 1/30（图 4-1D）和 1/20（图 4-1E）时，菌丝密度过高，对线虫观察造成干扰，当 PDA 浓度为 1/50 时，菌丝密度较低，对线虫观察的影响较小（图 4-1C），可作为共培养体系的备用培养基。

在单独的 NGM 平板上，炭疽菌生长速度缓慢，菌丝密度较低，不影响线虫观察的视野（图 4-1F），也可作为共培养体系的备用培养基。

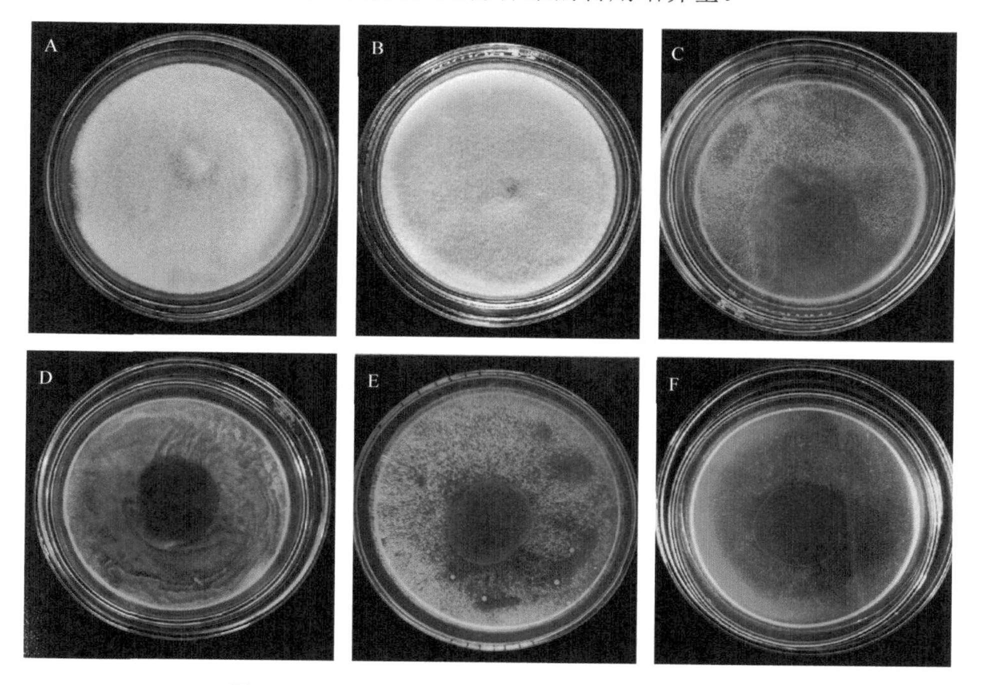

图 4-1　不同种类培养基上胶孢炭疽菌的生长情况

A：PDA-NGM 双层平板；B：NGM-PDA 双层平板；C～E：PDA 浓度分别为 1/50、1/30、1/20 的 NGM+PDA 混合平板；F：NGM 平板

上述结果显示，NGM 培养基与 NGM+PDA（1/50）混合培养基均可作为共培养体系的备用培养基。由于 PDA 培养基渗透压对于线虫过高，因此，评估了向 NGM 中添加 1/50 的 PDA 培养基平板上线虫的存活率（图 4-2）。同步化后的 L1 期线虫

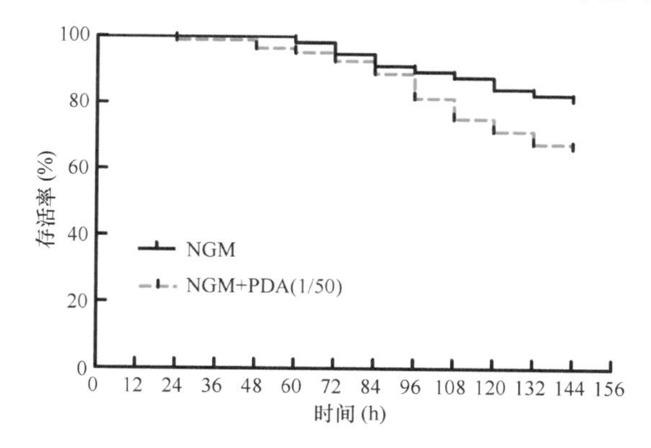

图 4-2　NGM+PDA（1/50）和 NGM 培养基对线虫存活率的影响

在 NGM+PDA（1/50）混合培养基平板上 132 h 的存活率显著低于 NGM 培养基（p=0.0251），到观察终点 144 h 时，线虫在 NGM 培养基上存活率为 75.14%，混合培养基为 60.80%，两者具有显著差异（p=0.0070）。结果表明，混合培养基 NGM+PDA（1/50）对线虫有显著伤害作用，因而共培养体系采用 NGM 培养基进行实验。

4.3.2 不同种类油茶炭疽菌分生孢子对线虫存活率的影响

本试验共测定了 4 种不同油茶炭疽菌对线虫的存活率的影响，结果如图 4-3 所示。与对照组相比，经 *C. karstii* 处理 72 h 后，线虫存活率显著下降（p=0.0355），到观察终点 144 h 时，对照组线虫存活率为 76.39%，处理组为 65.67%（图 4-3A）。经 *C. fructicola* 处理 108 h 后，对照组线虫存活率为 84.01%，处理组为 70.22%，存活率显著下降（p=0.0368）（图 4-3B）。经 *C. siamense* 处理 48 h 后，线虫存活率显著下降（p=0.0347），到观察终点 156 h 时，对照组线虫存活率为 73.79%，处理组为 55.18%（图 4-3C）。经 *C. gloeosporioides* 处理 24 h 后，存活率显著下降（p=0.0223），在 96 h 时线虫达到半数致死，到观察终点 144 h 时，对照组线虫存活率为 77.36%，处理组为 36.98%（图 4-3D）。

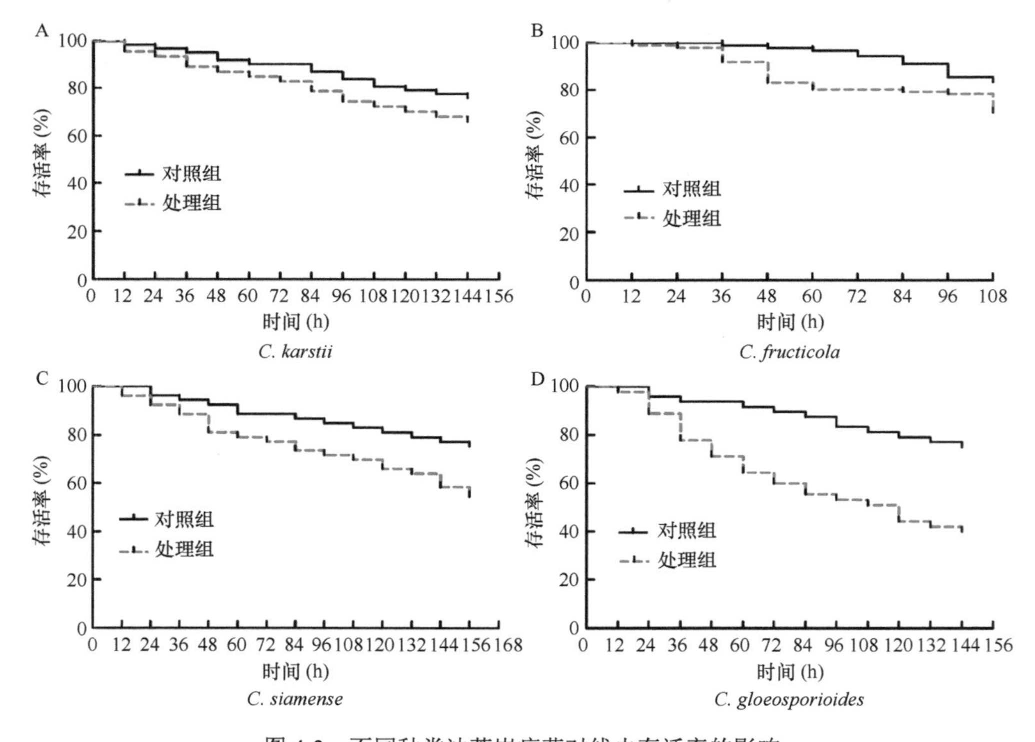

图 4-3 不同种类油茶炭疽菌对线虫存活率的影响

共培养结果表明，供试的 4 种油茶炭疽菌对秀丽隐杆线虫均有致病力，均会显著降低线虫的存活率。其中，胶孢炭疽菌能使线虫达到半数致死，表明胶孢炭疽菌对线虫存活率的影响较大，后续试验使用胶孢炭疽菌进行研究。

4.3.3 油茶炭疽菌分生孢子对线虫基本生物学特性的影响

4.3.3.1 油茶炭疽菌分生孢子对线虫存活率的影响

将 L1 期和 L4 期线虫与胶孢炭疽菌分生孢子共培养，结果如图 4-4 所示。无孢子组（NS）和灭活孢子组（DS）对线虫的存活率无显著影响。培养 24 h 后，L1 期线虫接种于有活性孢子组（AS）中，线虫存活率显著下降（p=0.0125），培养 156 h 时，AS 组存活率仅为 35.16%，而 NS 组和 DS 组约为 70.00%。L4 期线虫培养至 24 h 后，存活率也显著下降（p=0.0138），到观察终点 168 h 时，AS 组存活率为 39.26%，而 NS 组和 DS 组约为 66.00%。

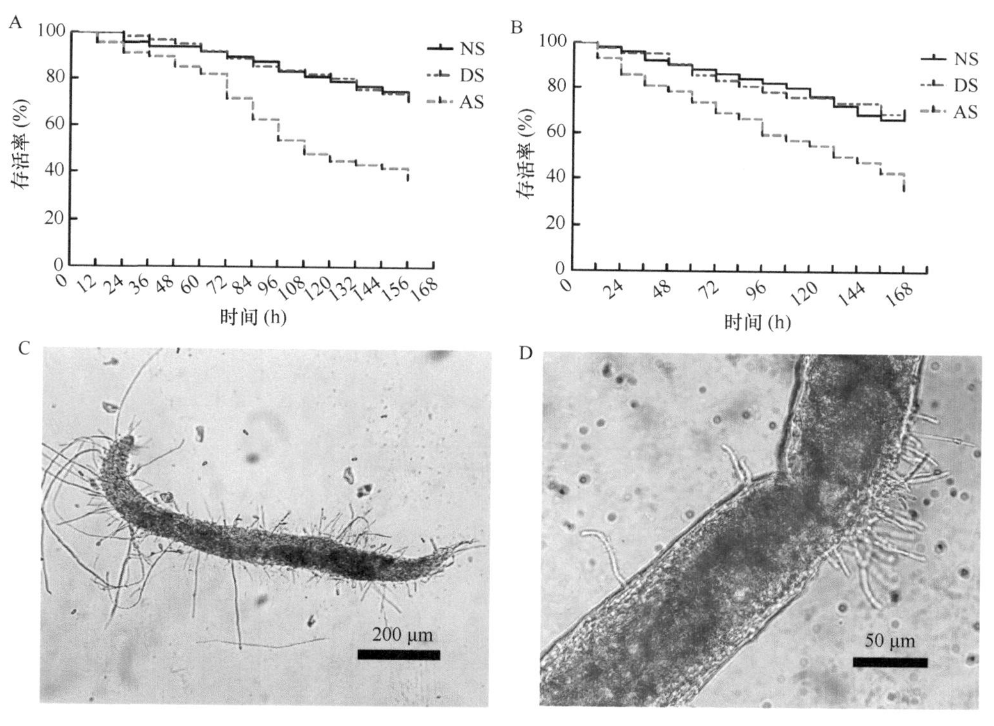

图 4-4　胶孢炭疽菌对线虫存活率的影响

A，B：胶孢炭疽菌分别侵染 L1 期和 L4 期线虫的生存曲线；C，D：菌丝破坏线虫表皮

此外，虫龄也是影响线虫存活率的因素。不同龄期线虫接触胶孢炭疽菌孢子

后的半数致死时间不同，L1 期为 108 h（图 4-4A），L4 期则为 144 h（图 4-4B），表明 L1 期线虫更易受胶孢炭疽菌损伤。此外，在 AS 组部分死亡的线虫体内可显微观察到虫体周围有菌丝破坏虫体表皮的现象（图 4-4C，D），约 20%的线虫有菌丝形成。

4.3.3.2 油茶炭疽菌分生孢子浓度对线虫存活率的影响

在 DS 组和 AS 组分别设置 10^4～10^6 孢子/mL 浓度梯度的孢子悬浮液，以此评估分生孢子浓度对线虫生存的影响。图 4-5 结果表明，DS 组中不同浓度梯度的灭活孢子对线虫的存活率没有显著差异，且与 NS 组也无显著差异。与 NS 组和 DS 组相比，当孢子浓度为 10^6 孢子/mL 时，培养 24 h 后 AS 组线虫存活率显著降低（p=0.0125），线虫在 108 h 达到半数致死。当孢子浓度为 10^5 孢子/mL 时，培养 24 h 后 AS 组线虫存活率显著降低（p=0.0309），线虫在 132 h 达到半数致死。当孢子浓度为 10^4 孢子/mL 时，AS 组线虫的存活率显著降低（p=0.0179）的时间延长至培养后的 48 h，线虫在 156 h 才达到半数致死。结果表明，线虫的半数致死时间与孢子浓度有关，胶孢炭疽菌分生孢子浓度与线虫存活率呈负相关性，孢子浓度越大，线虫存活率越低。

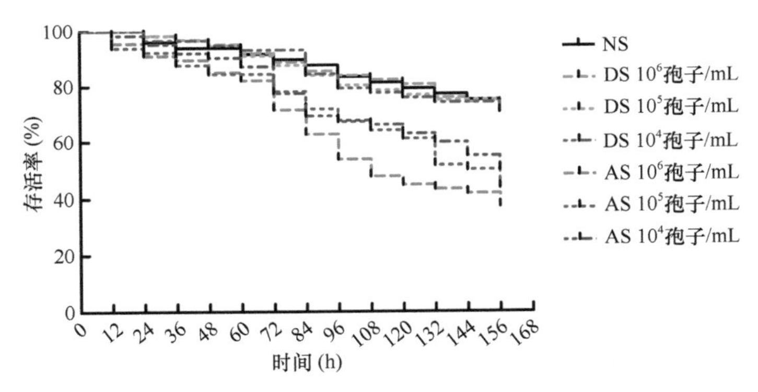

图 4-5 胶孢炭疽菌分生孢子浓度对线虫存活率的影响

4.3.3.3 油茶炭疽菌分生孢子对线虫体长大小的影响

选取胶孢炭疽菌与线虫共培养的 5 个时间段测量线虫的体长，培养 36 h 后，AS 组线虫的体长明显短于 NS 组和 DS 组（p=0.0322），DS 组线虫的体长与 NS 组无显著差异（图 4-6）。结果表明，有活性的胶孢炭疽菌是对线虫体长发育产生影响的关键，而菌体灭活后，该影响效应则随之丧失。

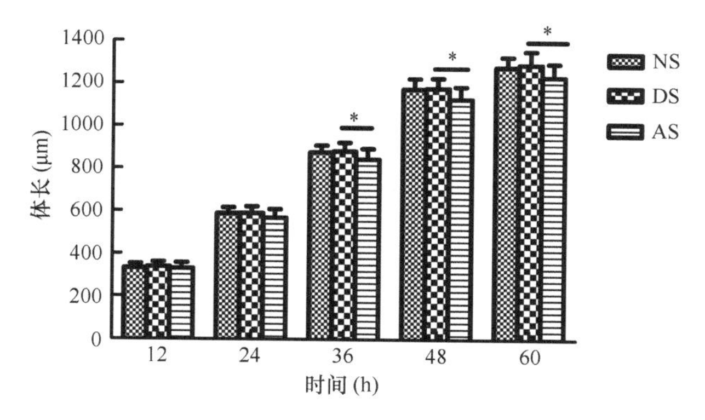

图 4-6　胶孢炭疽菌对线虫体长大小的影响

4.3.3.4　油茶炭疽菌分生孢子对线虫繁殖能力的影响

子代线虫数目是评估线虫繁殖能力的重要指标，图 4-7 所示为本研究所设的 3 种不同处理条件下，活性胶孢炭疽菌对线虫的繁殖能力的影响。

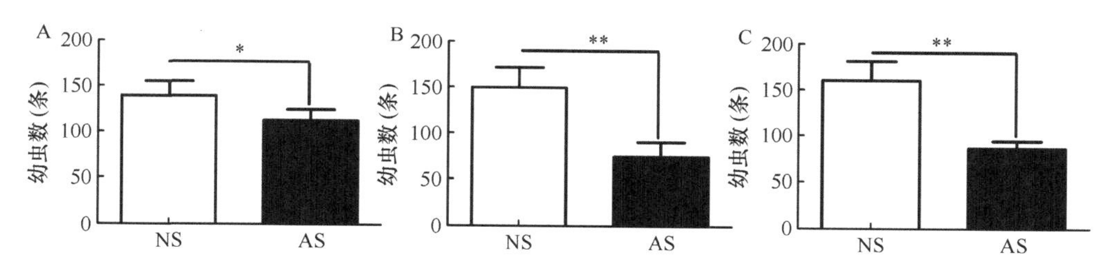

图 4-7　胶孢炭疽菌对线虫繁殖能力的影响

（1）如图 4-7A 所示，L1 期线虫分别接种至 NS 组和 AS 组培养基平板上，培养至 L4 末期时，挑取单条线虫分别接种至加有 OP50 的 NGM 平板上培养。培养 48 h 后 NS 平板内线虫幼虫有 139 条，AS 平板内线虫幼虫为 113 条，两者呈显著差异（p=0.0384）。

（2）如图 4-7B 所示，L1 期线虫分别接种至 NS 组和 AS 组培养基平板上，培养至 L4 末期时，挑取单条线虫分别接种至新的 NS 组和 AS 组平板上培养。培养 48 h 后 NS 平板内幼虫数为 150 条，AS 平板内幼虫数为 74 条，两组之间具有显著差异（p=0.0089）。

（3）如图 4-7C 所示，L1 期线虫先在含 OP50 的 NGM 培养基平板上培养至 L4 期，挑取单条线虫接种至 NS 组和 AS 组平板上培养。培养 48 h 后 NS 平板内幼虫为 161 条，而 AS 平板内幼虫数为 86 条，子代线虫数目显著下降（p=0.0047）。

以上 3 种方法都表明，只要亲代线虫 L1 期时接触胶孢炭疽菌孢子，成虫无论是否再接触炭疽菌孢子，均对线虫的繁殖能力产生显著影响，导致线虫繁殖能力显著下降。其中，方法（2）和方法（3）对线虫繁殖能力的影响更为显著。在方法（2）中，由于线虫整个试验过程都接触胶孢炭疽菌活性孢子，结合线虫与胶孢炭疽菌共培养时存活率的测定，96 h 时线虫达到半数致死，所以观察时未发现亲代。因此，选用方法（3）进行后续繁殖能力测定试验。

为测定 DS 对线虫的繁殖能力有无影响，用上述第三种方法测定不同条件下，NS、DS 和 AS 对线虫繁殖能力的影响。结果如图 4-8 所示，NS 组平板内幼虫数为 113 条，DS 组平板内幼虫数为 116 条，两者无显著差异，而 AS 组板内幼虫数仅为 50 条，其繁殖能力显著低于 NS 组和 DS 组（p=0.0067）。表明有活性的胶孢炭疽菌会显著抑制线虫的繁殖能力，而菌体高温失活后，对线虫的繁殖能力无影响。

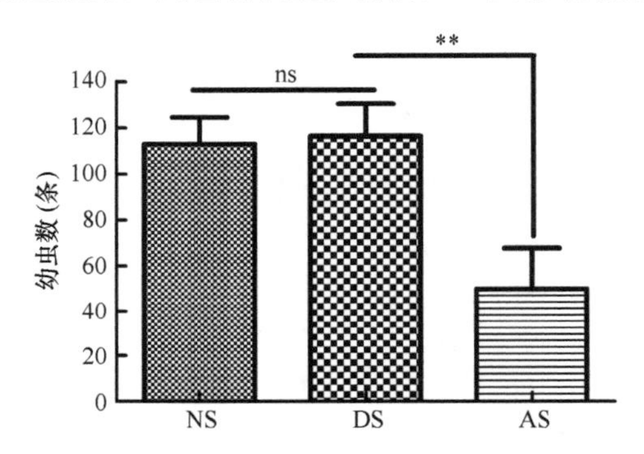

图 4-8　灭活分生孢子对线虫繁殖能力的影响

4.3.3.5　油茶炭疽菌分生孢子对线虫运动能力的影响

对 NS 对照组及 DS 和 AS 两个处理组平板上线虫头部摆动频率进行测量，发现三组中线虫头部摆动频率无显著差异，约为 82 次/min；身体弯曲频率约为 73 次/min，三组之间也无显著差异（图 4-9）。研究结果表明，胶孢炭疽菌灭活孢子和有活性孢子对线虫的运动能力未产生明显影响。

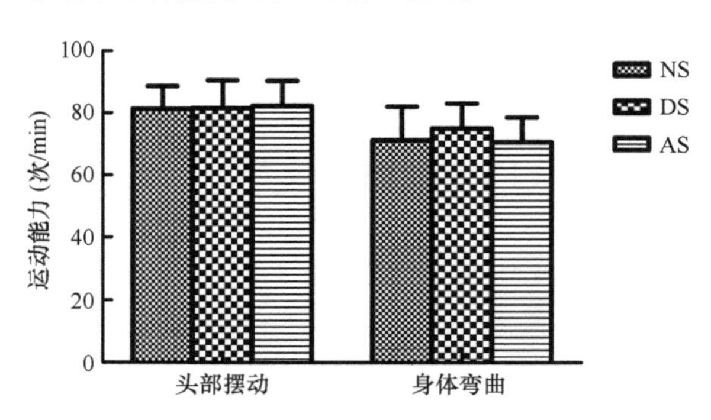

图 4-9　胶孢炭疽菌对线虫运动能力的影响

4.3.3.6　胶孢炭疽菌分生孢子对线虫咽泵速率的影响

线虫的咽泵速率与其摄食状况密切相关，是反映其进食能力的重要指标。连续 3 d 测定了 NS、DS 和 AS 组对线虫咽泵速率的影响，第 1 天线虫的咽泵速率约为 172 次/min，第 2 天线虫的咽泵速率约为 166 次/min，第 3 天线虫的咽泵速率约为 151 次/min，组间线虫的咽泵速率均无显著差异（图 4-10）。结果表明，胶孢炭疽菌灭活孢子和有活性孢子并未对线虫的摄食行为造成明显的影响。

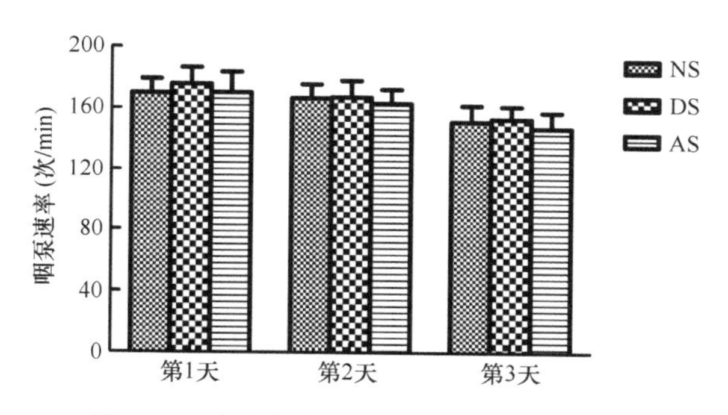

图 4-10　胶孢炭疽菌对线虫咽泵速率的影响

4.3.4　油茶炭疽菌代谢物对线虫基本生物学特性的影响

4.3.4.1　油茶炭疽菌代谢物对线虫存活率的影响

胶孢炭疽菌能够降低线虫的存活率，有可能与胶孢炭疽菌培养过程中产生的代谢物的毒性有关。通过将 L1 期线虫与胶孢炭疽菌代谢物共培养，培养至观察终点 192 h 时，无代谢物组（NM）线虫存活率为 61.10%，含代谢物组（CM）为 57.82%，两组间线虫的存活率没有显著差异（图 4-11），结果表明，胶孢炭疽菌代谢物对线虫的存活率没有显著影响。

4.3.4.2　油茶炭疽菌代谢物对线虫体长大小的影响

胶孢炭疽菌代谢物与线虫共培养，共测量 5 个时间段线虫的体长，直至线虫长为成虫，各时间段在有无胶孢炭疽菌代谢物的条件下，线虫体长都没有显著差异（图 4-12），结果表明，胶孢炭疽菌代谢物不会对线虫的生长发育产生不利的影响，不会影响虫体的大小。

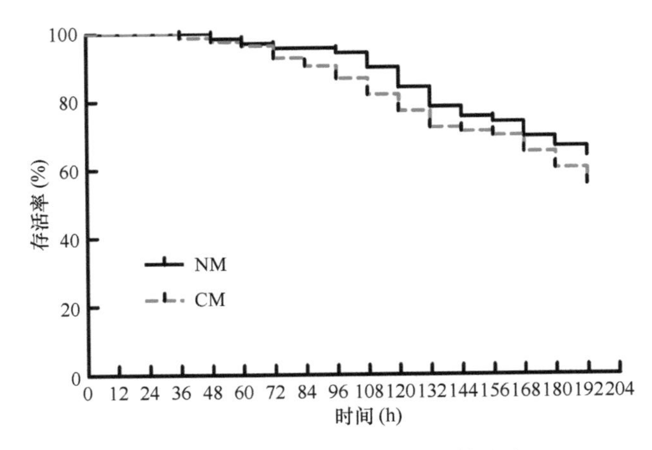

图 4-11　代谢物对线虫存活率的影响

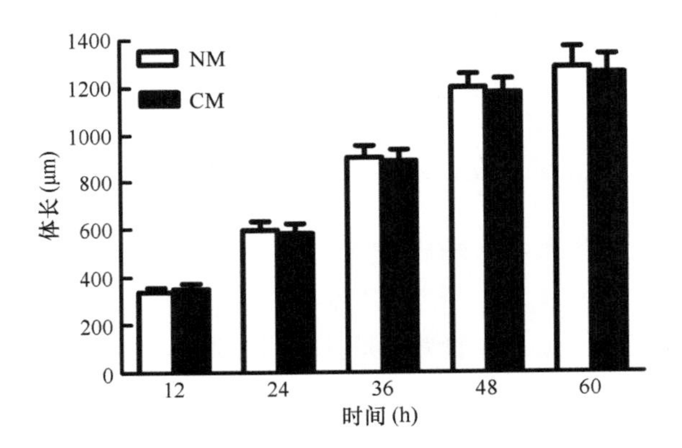

图 4-12　代谢物对线虫体长大小的影响

4.3.4.3　胶孢炭疽菌代谢物对线虫繁殖能力的影响

胶孢炭疽菌代谢物与线虫共培养 48 h 后对子代线虫数目进行统计，NM 组平板内幼虫为 148 条，而 CM 组平板内幼虫为 127 条，子代线虫数目显著下降（p=0.0363）（图 4-13）。结果表明，胶孢炭疽菌代谢物显著抑制了线虫的繁殖能力。

4.3.4.4　油茶炭疽菌代谢物对线虫运动能力的影响

将线虫与胶孢炭疽菌代谢物共培养后对线虫头部摆动及身躯弯曲数据进行记录和统计，NM 组和 CM 组线虫头部摆动频率约为 88 次/min，身体弯曲频率约为 66 次/min，与 NM 组相比，CM 组线虫头部摆动频率和身体弯曲频率均无统计学差异（图 4-14）。结果表明，胶孢炭疽菌代谢物对线虫的运动能力并未产生显著影响。

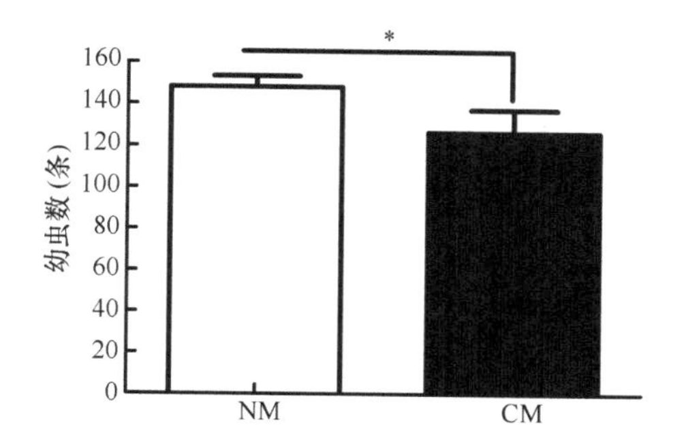

图 4-13　代谢物对线虫繁殖能力的影响

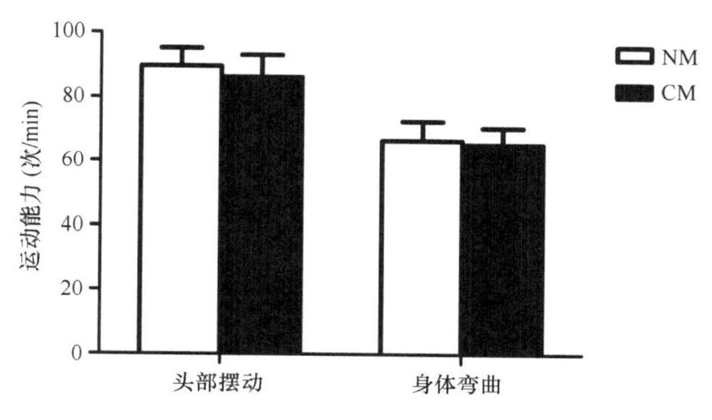

图 4-14　代谢物对线虫运动能力的影响

4.3.4.5　油茶炭疽菌代谢物对线虫咽泵速率的影响

线虫经胶孢炭疽菌代谢物共培养后，与 NM 组相比，CM 组线虫咽泵速率未发生明显改变。在连续 4 d 内进行统计，第 1 天线虫的咽泵速率约为 173 次/min，第 2 天约为 167 次/min，第 3 天约为 157 次/min，第 4 天约为 125 次/min（图 4-15）。结果表明，胶孢炭疽菌代谢物未对线虫的摄食行为造成明显影响。

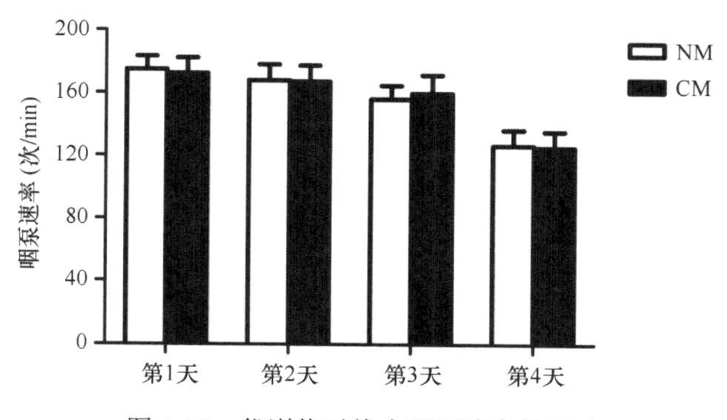

图 4-15　代谢物对线虫咽泵速率的影响

4.3.5 秀丽隐杆线虫响应油茶炭疽菌的转录组分析

4.3.5.1 转录组测序及质控

将与胶孢炭疽菌共培养 144 h 后的秀丽隐杆线虫样品进行转录组测序，测序平台为 DNBSEQ。对照组样品包括 Control 1、Control 2、Control 3、Control 4、Control 5 和 Control 6，处理组包括 Treated 1、Treated 2、Treated 3、Treated 4、Treated 5 和 Treated 6。

原始测序数据过滤后共获得 44 943 076 条有效序列，占原始数据的 95.30%，经质控后 Q_{20} 为 96.35%～97.91%，Q_{30} 为 91.26%～93.97%，序列及质控信息如表 4-1 所示，以上数据表明本次转录组测序质量较高，可用于后续分析。

表 4-1 转录组数据统计

样品	原始序列	有效序列	Q_{20}（%）	Q_{30}（%）
Control 1	45 573 892	44 127 578	96.52	91.66
Control 2	45 573 892	44 250 428	96.35	91.26
Control 3	41 737 002	40 723 610	96.38	91.37
Control 4	45 573 892	44 104 770	97.89	93.86
Control 5	45 573 892	44 084 302	97.91	93.97
Control 6	47 326 734	44 943 076	97.57	93.37
Treated 1	47 326 734	44 611 656	97.66	93.62
Treated 2	47 326 734	44 440 420	97.59	93.48
Treated 3	47 326 734	44 637 476	97.53	93.22
Treated 4	47 326 734	44 194 182	97.57	93.41
Treated 5	43 676 368	40 805 390	97.46	93.22
Treated 6	47 326 734	44 818 198	97.70	93.70

将质控后的有效序列与秀丽隐杆线虫参考基因组进行比对，对于模式物种，基因的比对率在 50%以上，则认为数据结果较好。测序结果比对分析表明（表 4-2），能比对到参考基因组上的序列占比为 94.36%～96.20%，在参考序列上有唯一比对位置的序列占比为 92.76%～94.87%，以上各项均表明转录组测序数据质量较好。

表 4-2 序列比对分析

样品	有效序列	总定位序列（占比）	单一定位序列（占比）
Control 1	44 127 578	41 727 038（94.56%）	41 073 950（93.08%）
Control 2	44 250 428	41 754 704（94.36%）	41 046 697（92.76%）
Control 3	40 723 610	38 687 429（95.00%）	38 145 805（93.67%）
Control 4	44 104 770	42 428 788（96.20%）	41 842 195（94.87%）

续表

样品	有效序列	总定位序列（占比）	单一定位序列（占比）
Control 5	44 084 302	42 373 831（96.12%）	41 703 750（94.60%）
Control 6	44 943 076	43 113 893（95.93%）	42 471 207（94.50%）
Treated 1	44 611 656	42 697 816（95.71%）	41 975 107（94.09%）
Treated 2	44 440 420	42 507 262（95.65%）	41 862 876（94.20%）
Treated 3	44 637 476	42 695 746（95.65%）	42 039 575（94.18%）
Treated 4	44 194 182	42 099 378（95.26%）	41 405 529（93.69%）
Treated 5	40 805 390	38 907 939（95.35%）	38 230 570（93.69%）
Treated 6	44 818 198	42 747 597（95.38%）	42 021 542（93.76%）

测序饱和度分析可以在一定程度上判断测序数据量是否满足要求。随着测序量（reads 数量）的增加，检测到的基因数也随之上升，当测序量达到一定区间后其检测到的基因数增长速度趋于平缓，说明检测到的基因数趋于饱和，此时测序量达到要求。测序饱和度分析结果如图 4-16 所示，横坐标读取量表示该样品当前的测序量，纵坐标表示鉴定到的基因数目比例。当测序量在 150～200（×100 K）时，鉴定到的基因数增长速度趋于平缓，说明测序饱和度总体质量较高，测序量能够覆盖绝大多数的表达基因，测序量达到要求。

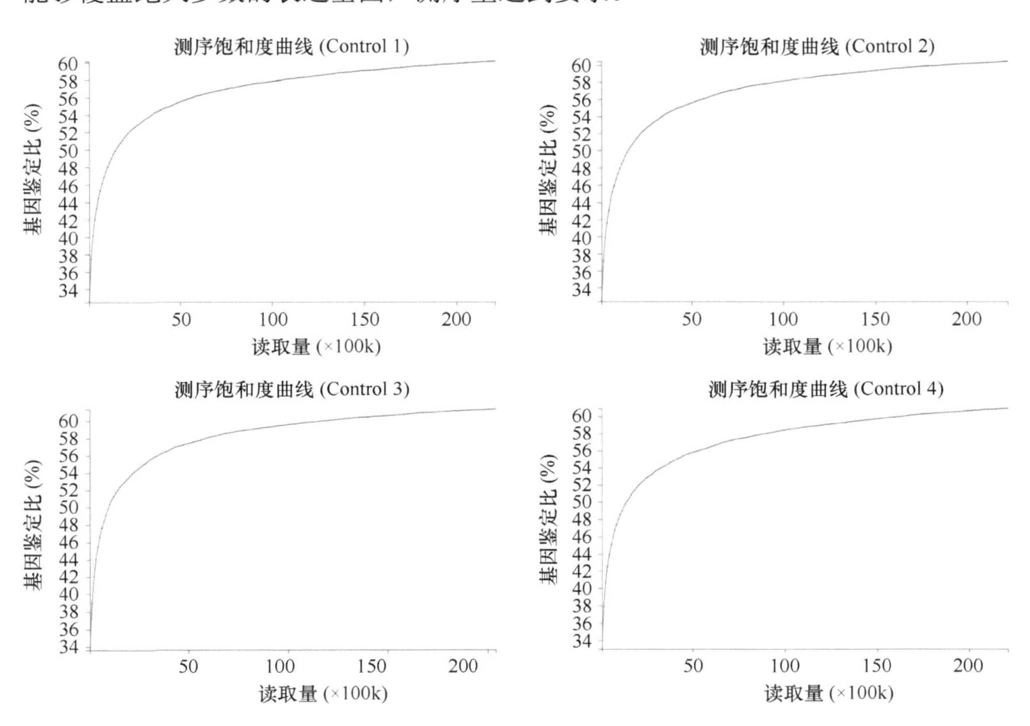

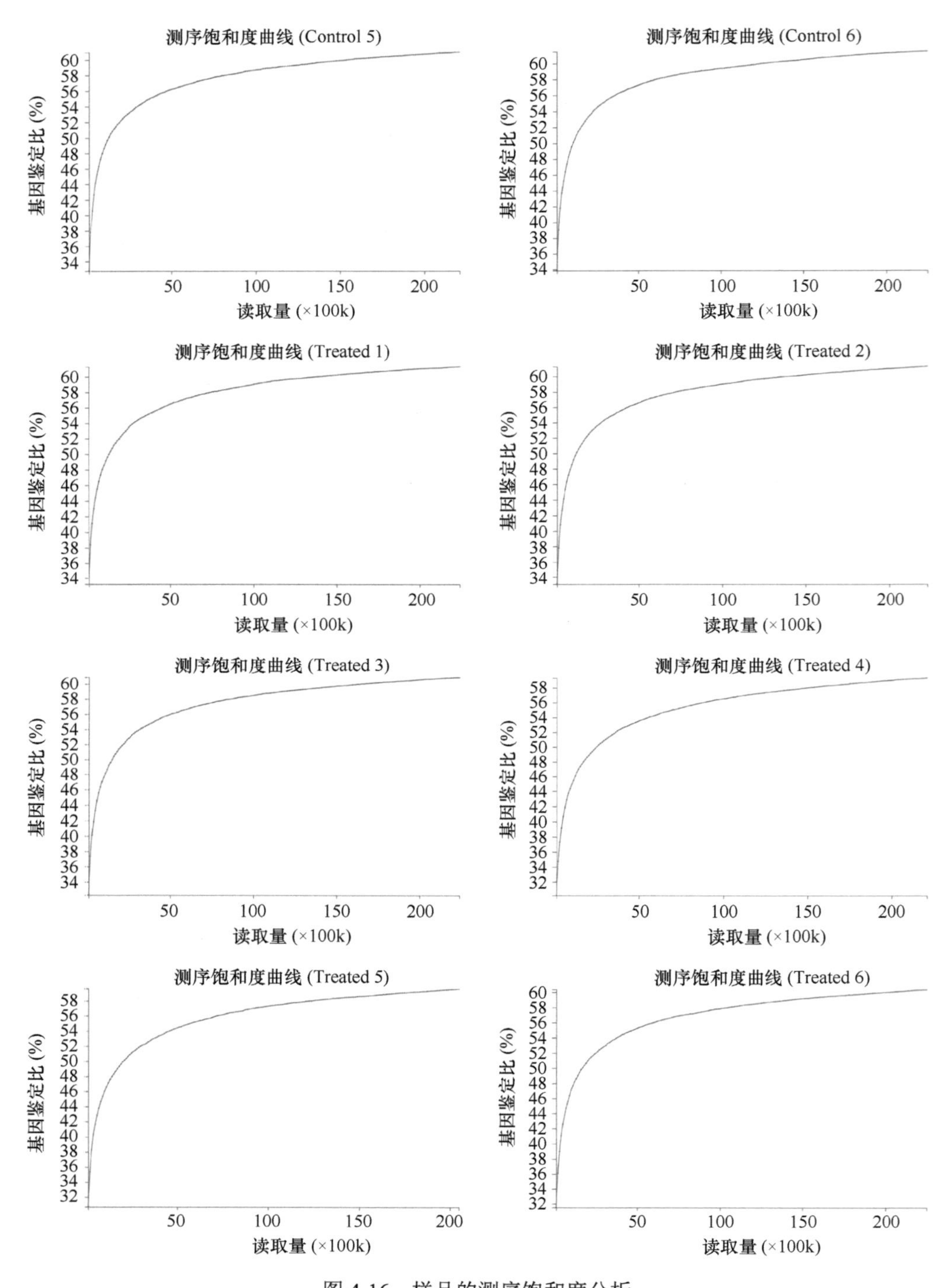

图 4-16 样品的测序饱和度分析

4.3.5.2　样品相关性分析

为了反映样本间基因表达的相关性，计算了每两个样品之间所有基因表达量的皮尔逊（Pearson）相关系数，并将这些系数以热图的形式（图 4-17A）反映出来，相关系数可以反映各个样品间总体基因表达的相似情况，相关系数越高，基因表达水平越相似。相关性热图中，样品间相关性较高，基因表达水平较相似。

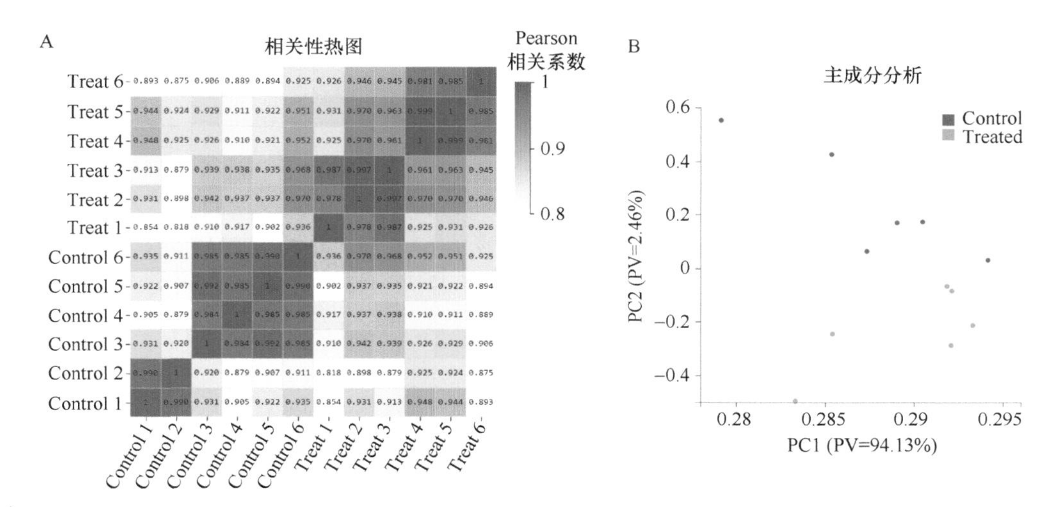

图 4-17　样品的相关性分析
PV 是主成分贡献率

主成分分析（PCA）是将多个变量降维为少数几个相互独立的变量（即主成分），在转录组的分析中，PCA 将样本所包含的大量基因表达量信息降维为少数几个互相无关的主成分，以进行样本间的比较，方便找出离群样品、判别相似性高的样品簇等。主成分分析如图 4-17B 所示，结果表明，对照组和处理组分别聚类，主成分 PC1 的贡献率为 94.13%。

4.3.5.3　差异表达基因筛选

对不同样品间的原始读数（raw counts）进行标准化处理后，利用 DEGSeq2 软件进行组间差异表达分析，设置差异表达基因筛选的标准为：$|\log_2 FC| \geqslant 1$，$p < 0.05$，可以筛选出差异倍数为 2 倍及以上的差异表达基因（DEGs）。与对照组相比，处理组中 DEGs 有 830 个，其中上调基因为 311 个，下调基因为 519 个（图 4-18）。

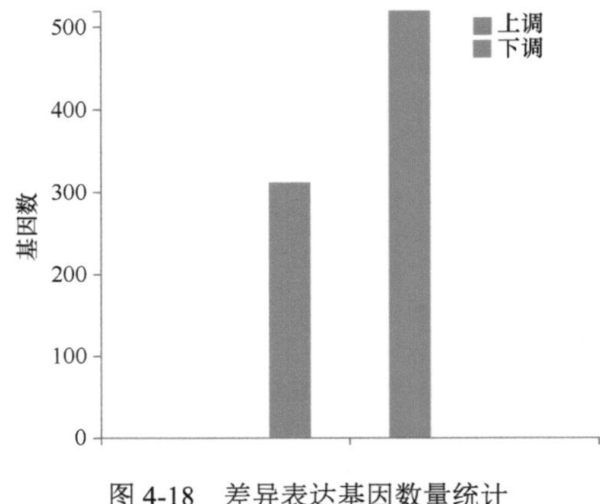

图 4-18　差异表达基因数量统计

上调倍数最高的前 5 个基因分别为 *lact-3*、*maf-1*、*ced-9*、*T28A11.4*、*ZK218.5*，下调倍数最高的前 5 个基因分别是 *arx-1*、*coq-8*、*C13F10.6*、*T22F3.11*、*fmo-2*。通过 WormBase 数据库对上述差异倍数较大的基因进行功能描述，相关内容分别列入表 4-3 和表 4-4 中。

表 4-3　秀丽隐杆线虫响应油茶炭疽菌表达上调前 5 名的差异表达基因

基因编号	基因名	$\log_2$ 差异倍数	基因描述
174644	*lact-3*	21.07	富集在 MSpaaaaa、OLL、PVD 和肠；受 DAF-16、DAF-2 和 SKN-1 的影响；受涕灭威、Cry5B 和司他夫定等化学物质的影响；预测编码 β-内酰胺酶、β-内酰胺酶相关蛋白和 β-内酰胺酶/转肽酶样蛋白
6418592	*maf-1*	20.88	表现出转录因子结合活性；参与 RNA 聚合酶 II 的转录调控，位于细胞核内；受 DAF-16、DAF-2 和 SIR-2.1 的影响；受齐多夫定、衣霉素和氯蜱硫磷的影响；预计编码类似 ShK 结构域和 ShKT 结构域。该基因的人类同源基因与 Ayme-Gripp 综合征、杜安氏综合征和白内障有关；是人类 *MAF*、*MAFG* 和 *MAFK* 的同源基因
3565776	*ced-9*	9.89	具有 GTPase 激活活性和蛋白质隔离活性；参与细胞成分的分解、生殖过程的正调节和细胞成分组织的调节；位于线粒体外膜、神经元细胞体和细胞质的核周区，在性腺中表达；该基因的人类同源基因与阿尔茨海默病、B 细胞淋巴瘤、结直肠腺癌有关；是人类 *BCL2L2*（*BCL2 like 2*）的同源基因

续表

基因编号	基因名	$\log_2$ 差异倍数	基因描述
189011	*T28A11.4*	5.02	富集在多巴胺能神经元、肌肉细胞和腹神经索；受 DAF-16、DAF-2 和 DAF-12 的影响；受硫酸铜、多壁碳纳米管和利福平的影响
191245	*ZK218.5*	4.94	富集在 g1AL、g1AR 和单细胞 g1P 中；受 daf-16、daf-2 和 sir-2.1 的影响；受齐多夫定、衣霉素和毒死蜱的影响；预计编码类似 ShK 结构域和 ShKT 结构域

注：数据来源于 WormBase（https://wormbase.org/）

表 4-4　秀丽隐杆线虫响应油茶炭疽菌表达下调前 5 名的差异表达基因

基因编号	基因名	$\log_2$ 差异倍数	基因描述
171857	*arx-1*	–24.22	预测具有 ATP 结合活性和肌动蛋白结合活性；参与 Arp2/3 复合物介导的肌动蛋白成核，胚胎形态发生，以及上皮细胞迁移；位于细胞前缘和细胞质中，在皮下表达；该基因的人类同源基因与胃肠道系统癌、胶质母细胞瘤和脊髓后裂有关；是人类 *ACTR3* 的同源基因
175647	*coq-8*	–23.16	参与泛醌生物合成过程，是线粒体内膜的外在成分；在体腔细胞、皮下组织、肌细胞和神经元中表达；该基因的人类同源基因与肾病综合征 9 和原发性辅酶 Q10 缺陷 4 有关；是人类 *COQ8A* 和 *COQ8B* 的同源基因
182579	*C13F10.6*	–8.23	富集在头鞘细胞（cephalic sheath cell）、纤毛神经元、生殖细胞系、咽细胞和直肠上皮细胞；受 DPY-10、HSF-1 和 PGL-1 的影响；受鱼藤酮、氯化锰和 D-葡萄糖的影响；预测编码富亮氨酸重复结构域超家族
178782	*T22F3.11*	–6.34	预测具有跨膜转运蛋白活性，参与跨膜转运；预测位于膜，是膜的整体组成部分
177958	*fmo-2*	–5.45	预测单加氧酶活性，参与脂质代谢过程；位于细胞质中；在头部和肠组织中表达，包括肠细胞、排泄腺细胞和神经元细胞；该基因的人类同源基因与高血压和三甲胺尿症有关；是人类 *FMO2*、*FMO3* 和 *FMO4* 的同源基因

注：数据来源于 WormBase（https://wormbase.org/）

为更直观地了解对照组与处理组间的整体分布情况，以 $\log_2$ 差异倍数值为横坐标，$-\log_{10}$ 显著性值（p 值）为纵坐标绘制火山图，图中的红色点代表样品中的上调基因，绿色点代表下调基因，灰色点表示非显著差异基因，图两侧的差异基因点越靠近两侧和上方表示该基因越显著。与对照组相比，处理组将线虫与胶孢炭疽菌共培养后，多数基因差异程度较小，但也有少部分 DEGs 变化较显著（图 4-19）。

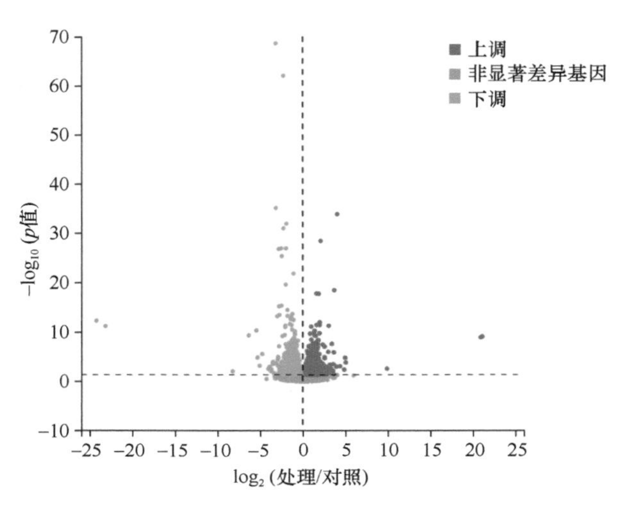

图 4-19　差异基因火山图

4.3.5.4　差异表达基因 GO 和 KEGG 功能注释

将筛选后的 DEGs 在 GO 数据库中进行注释分类，在第二层级中，从生物学过程（biological process）、细胞组分（cellular component）和分子功能（molecular function）的层次分析差异表达基因的注释情况（图 4-20）。DEGs 在 3 个部分均有涉及，共富集到 51 个子通路中，其中生物学过程包含 24 个条目，DEGs 富集最多的是细胞过程（cellular process）、代谢过程（metabolic process）和对刺激的反应（response to stimulus），分别有 212 个、199 个和 99 个基因。细胞组分包含 17 个条目，DEGs 富集最多的是膜（membrane）、膜部分（membrane part）、细胞（cell）和细胞部分（cell part），分别有 216 个、203 个、198 个和 196 个基因。分子功能包含 10 个条目，DEGs 富集最多的是催化活性（catalytic activity）和结合（binding），分别有 216 个和 182 个基因。

将 DEGs 在 KEGG 数据库中进行注释，在第二层级中，从新陈代谢（Metabolism）、遗传信息处理（Genetic information processing）、环境信息处理（Environmental information processing）、细胞过程（Cellular processes）、生物系统（Organismal systems）和人类疾病（Human diseases）等方面解释差异表达基因的生物学功能。注释结果表明，对照组和处理组中的 DEGs 主要被注释到运输和分

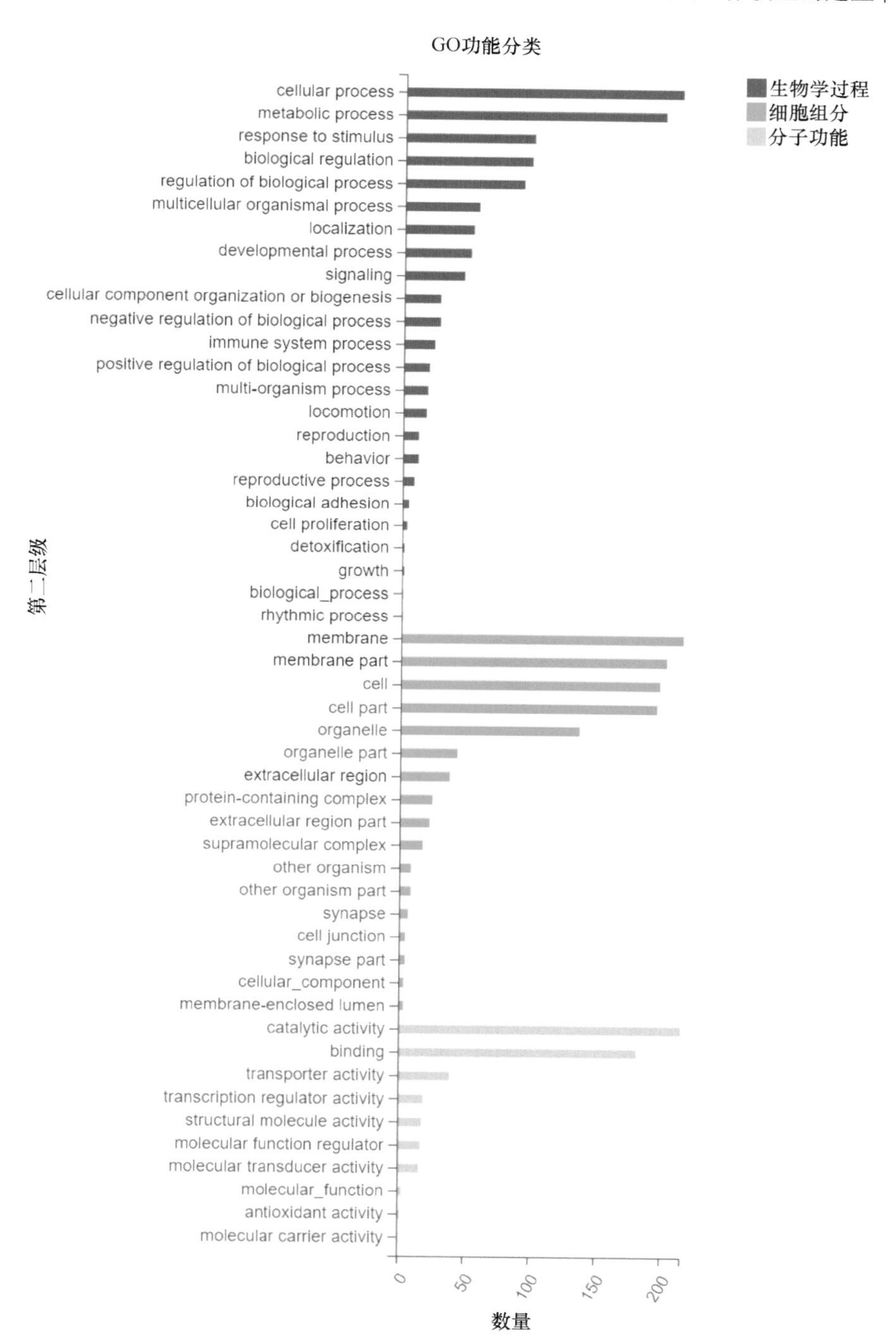

图 4-20 差异表达基因 GO 注释分类图

解代谢（Transport and catabolism）、全局和总览图（Global and overview maps）、脂质代谢（Lipid metabolism）、氨基酸代谢（Amino acid metabolism）、碳水化合物代谢（Carbohydrate metabolism）、信号转导（Signal transduction）、衰老（Aging）和内分泌系统（Endocrine system）等生物学通路中（图 4-21）。

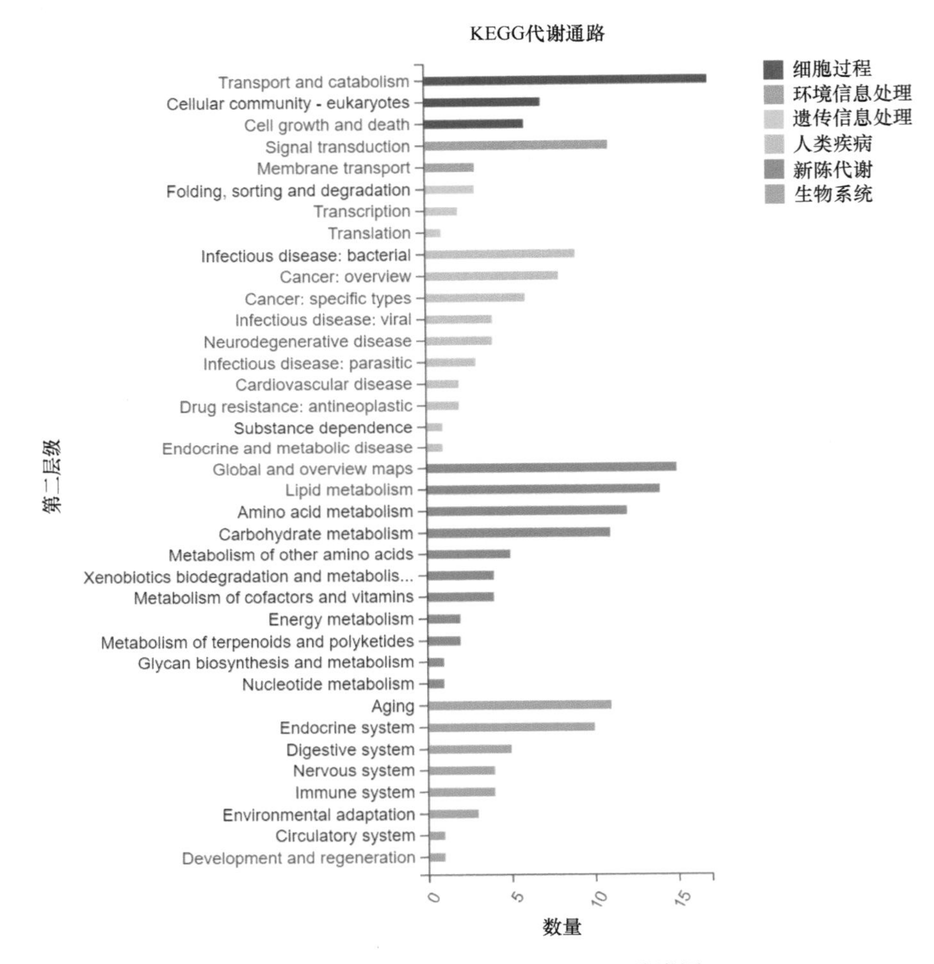

图 4-21　差异表达基因 KEGG 注释分类图

4.3.5.5　差异表达基因 GO 功能富集分析

对 DEGs 进行 GO 功能富集分析，分析 DEGs 主要具有的生物学功能，对照组和处理组样本中的 DEGs 主要富集到的前 20 条通路如图 4-22 所示。细胞组分呈显著富集（$p<0.05$）的有 7 个通路，分别为：胞内膜结合细胞器（Intracellular membrane-bounded organelle）、肌原纤维（Myofibril）、A 带（A band）、肌球蛋白

丝（Myosin filament）、胞外区（extracellular region）、肌肉肌球蛋白复合体（Muscle myosin complex）和 I 带（I band）。

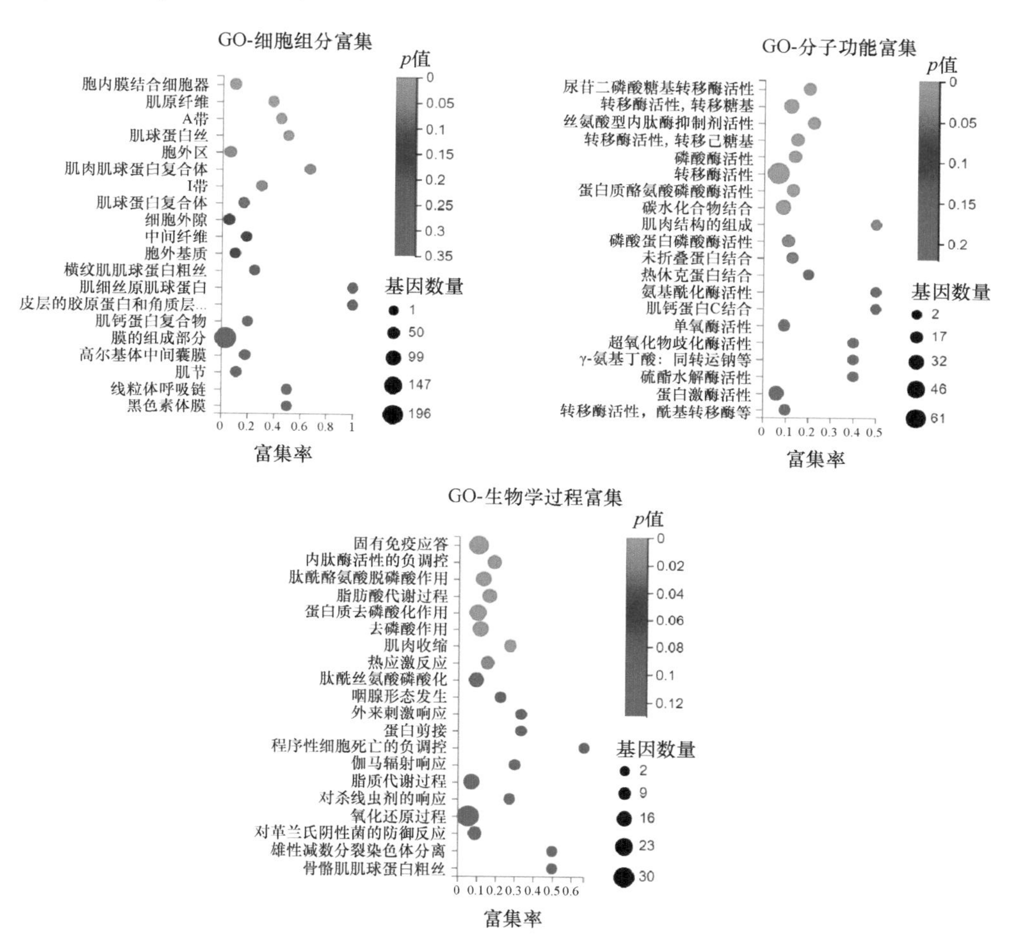

图 4-22　差异表达基因 GO 富集图

在生物学过程中呈显著富集的有 9 个通路，分别为：固有免疫应答（innate immune response）、内肽酶活性的负调控（negative regulation of endopeptidase activity）、肽酰酪氨酸脱磷酸作用（peptidyl-tyrosine dephosphorylation）、脂肪酸代谢过程（fatty acid metabolic process）、蛋白质去磷酸化作用（protein dephosphorylation）、去磷酸作用（dephosphorylation）、肌肉收缩（muscle contraction）、热应激反应（response to heat）和肽酰丝氨酸磷酸化（peptidyl-serine phosphorylation）。

分子功能呈显著富集的有 11 个通路，分别为：尿苷二磷酸糖基转移酶活性

(UDP-glycosyltransferase activity)、转移酶活性，转移糖基（transferase activity, transferring glycosyl groups）、丝氨酸型内肽酶抑制剂活性（serine-type endopeptidase inhibitor activity）、转移酶活性，转移己糖基（transferase activity, transferring hexosyl groups）、磷酸酶活性（phosphatase activity）、转移酶活性（transferase activity）、蛋白质酪氨酸磷酸酶活性（protein tyrosine phosphatase activity）、碳水化合物的结合（carbohydrate binding）、肌肉结构的组成（structural constituent of muscle）、磷酸蛋白磷酸酶活性（phosphoprotein phosphatase activity）和未折叠蛋白结合（unfolded protein binding）。

4.3.5.6 差异表达基因 KEGG 功能富集分析

除了对 DEGs 本身功能的注释分类，使用 R 软件中的 phyper 函数在 KEGG 数据库中进行富集分析，可以了解 DEGs 富集的代谢通路，从而在代谢通路水平阐明样本间的差异。在对照组和处理组样本中，DEGs 富集到的前 20 条通路如图 4-23 所示，呈显著富集($p<0.05$)的有 6 个通路，分别为：寿命调节途径-多物种(Longevity regulating pathway-multiple species）、脂肪酸降解（Fatty acid degradation）、PPAR 信号通路（PPAR signaling pathway）、过氧化物酶体（peroxisome）、脂肪酸代谢（Fatty acid metabolism）和寿命调节途径-线虫（Longevity regulating pathway-worm）。

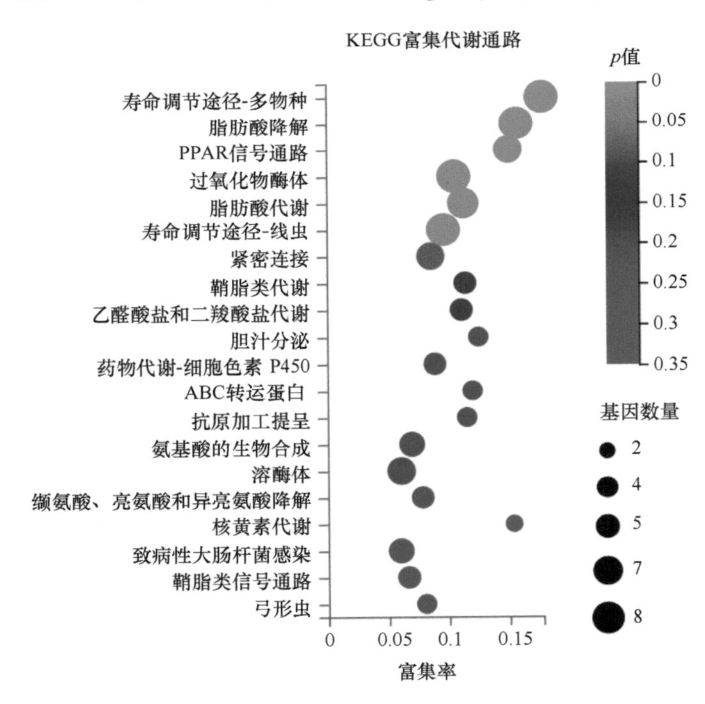

图 4-23　差异表达基因 KEGG 富集图

4.3.5.7　差异表达基因功能分析鉴定

由于 DEGs 涉及的代谢通路较多，为了解胶孢炭疽菌感染的影响机制，本研究在 KEGG 富集分析中将分析重点主要放在对已知在病原菌感染期间对线虫生物学特性有重大影响的基因进行分析（表 4-5）。

寿命调节途径是与线虫寿命直接相关的通路，也是富集到 DEGs 最显著的通路，该途径中热休克蛋白的 5 个编码基因上调（*hsp-70*、*hsp-12.6*、*hsp-16.1*、*hsp-16.48*、*hsp-16.11*），超氧化物歧化酶的 2 个编码基因上调（*sod-3*、*sod-5*），金属硫蛋白的编码基因 *mtl-1* 上调，以及谷胱甘肽 *S*-转移酶的编码基因 *gst-38* 上调。该结果表明，当线虫感受到油茶炭疽菌侵染刺激时，启动热休克蛋白和超氧化物歧化酶来提高自身的应激反应能力。羟基酰基辅酶 A 脱氢酶的编码基因 *hacd-1* 下调，脂肪酸辅酶 A 合成酶家族的编码基因 *acs-2* 下调，脂肪酸脱饱和酶的编码基因 *fat-7* 下调，这些基因与脂肪酸代谢和降解信号通路有关，参与脂肪酸 β-氧化和脂肪酸代谢过程。根据以上结果推测，油茶炭疽菌感染秀丽隐杆线虫通过介导线虫的代谢途径以及应激反应使其致病，从而缩短了线虫的寿命。

表 4-5　转录组数据中鉴定到的部分相关基因

基因编号	基因名	描述	主要代谢通路
177778	*hsp-12.6*	热休克蛋白（heat shock protein）	寿命调节途径-线虫 寿命调节途径-多物种
179286	*hsp-16.1*		
179289	*hsp-16.11*		
179287	*hsp-16.48*		
172757	*hsp-70*		MAPK 信号通路，剪接体，内质网蛋白加工，内吞作用，寿命调节途径-多物种
181748	*sod-3*	超氧化物歧化酶（SOD）	过氧化物酶体，寿命调节途径-线虫，寿命调节途径-多物种
173776	*sod-5*		过氧化物酶体，寿命调节途径-多物种
179060	*mtl-1*	金属硫蛋白（metallothionein）	寿命调节途径-线虫 矿物质的吸收
185299	*gst-38*	谷胱甘肽 *S*-转移酶（glutathione *S*-transferase）	谷胱甘肽代谢，细胞色素 P450 对外源药物的代谢，药物代谢-细胞色素 P450，铂类耐药，寿命调节途径-线虫
3565680	*acs-2*	脂肪酸辅酶 A 合成酶家族（fatty acid CoA synthetase family）	脂肪酸生物合成，脂肪酸降解，脂肪酸代谢
178638	*hacd-1*	羟基酰基辅酶 A 脱氢酶（hydroxy-acyl-CoA dehydrogenase）	脂肪酸降解，缬氨酸、亮氨酸和异亮氨酸降解，赖氨酸降解，脂肪酸代谢
179100	*fat-7*	脂肪酸脱饱和酶（fatty acid desaturase）	不饱和脂肪酸的生物合成，脂肪酸代谢，寿命调节途径-线虫

4.3.6 干扰 *lact-3*、*ced-9* 和 *ZK218.5* 基因对线虫生物学功能的影响

4.3.6.1 干扰 *lact-3*、*ced-9* 和 *ZK218.5* 基因对线虫存活率的影响

秀丽隐杆线虫 *lact-3* 基因 RNAi 对线虫的存活率未产生显著影响，但接触胶孢炭疽菌后，从 108 h 开始，其存活率显著低于未干扰组（大肠杆菌 HT115）的线虫（p=0.0323）（图 4-24A）。结果表明，未接触胶孢炭疽菌孢子，仅干扰线虫基因 *lact-3* 不会对线虫存活率产生影响，但接触胶孢炭疽菌孢子时，会加速 *lact-3* 基因被敲减线虫的死亡，表明 *lact-3* 上调表达可能对线虫响应胶孢炭疽菌侵染具有积极保护意义。

线虫 *ced-9* 基因被干扰后，不接触胶孢炭疽菌孢子时，培养 48 h 后，线虫存活率显著降低（p=0.0007），而接触炭疽菌孢子则导致该线虫存活率下降更快（p<0.0001）（图 4-24B）。结果表明，*ced-9* 基因是线虫生命活动的关键基因，该基因被干扰后，可直接影响线虫的存活，同时在响应胶孢炭疽菌中该基因也发挥作用，其表达升高可能是线虫应对炭疽菌侵染的防卫机制。

线虫 *ZK218.5* 基因被干扰后，未对线虫的存活率产生影响，但与胶孢炭疽菌共培养 120 h 后，胶孢炭疽菌分生孢子可加剧该线虫的死亡（图 4-24C），结果表明，*ZK218.5* 基因可能在线虫响应炭疽菌侵染中发挥保护性作用。

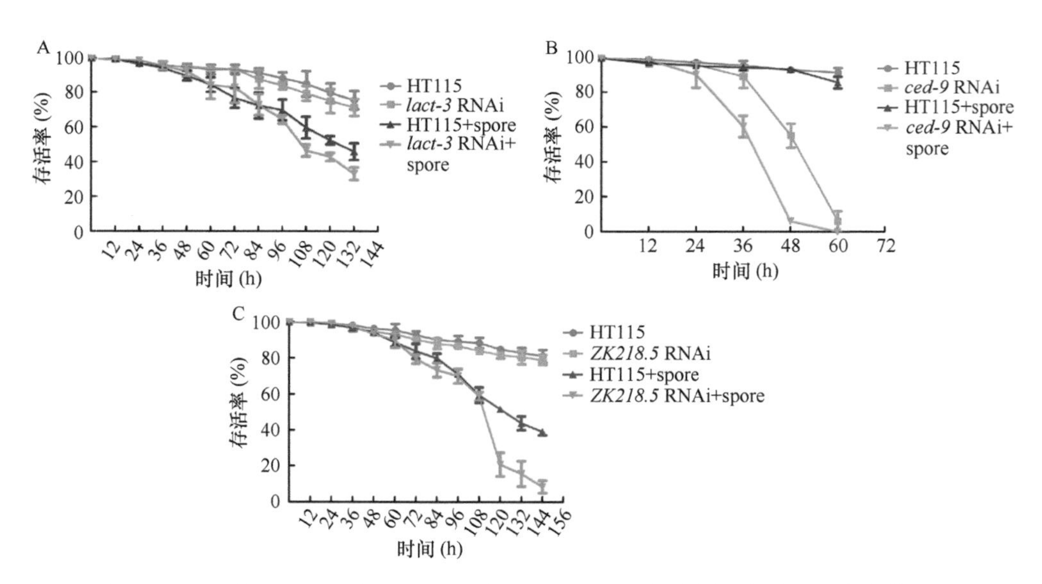

图 4-24 干扰 *lact-3*（A）、*ced-9*（B）、*ZK218.5*（C）基因对线虫存活率的影响

HT115：RNAi 的空白对照；spore：炭疽菌分生孢子处理

4.3.6.2　干扰 *lact-3*、*ced-9* 和 *ZK218.5* 对线虫体长的影响

lact-3 被干扰对线虫的体长不产生显著影响，接触胶孢炭疽菌的 36 h 后，其体长显著低于未干扰组的线虫（$p<0.0001$）（图 4-25A）。结果表明，仅干扰线虫 *lact-3* 基因不会对线虫的体长产生显著影响，但胶孢炭疽菌分生孢子会明显抑制 *lact-3* 基因被敲减线虫的体长，该基因表达升高可能对线虫响应胶孢炭疽菌侵染具有积极保护意义。

线虫 *ced-9* 基因被干扰后，不接触胶孢炭疽菌孢子时，线虫的体长显著变短（$p<0.0001$）；而接触炭疽菌孢子则导致该线虫体长变短更显著（$p<0.0001$）（图 4-25B）。结果表明，*ced-9* 基因是线虫生长发育的关键基因，该基因被干扰后可直接影响线虫的体长，同时在响应胶孢炭疽菌中该基因表达升高可能是线虫应对炭疽菌侵染的防卫机制。

当 *ZK218.5* 被干扰后，培养 48 h 开始，*ZK218.5* 干扰株明显抑制线虫的体长（$p<0.0001$），接触胶孢炭疽菌孢子 60 h 后，其体长显著低于未干扰组的线虫（$p=0.0047$）（图 4-25C）。结果表明，*ZK218.5* 基因可直接影响线虫的体长，是线虫生长发育的关键基因，该基因表达升高可能对线虫响应胶孢炭疽菌侵染有保护作用。

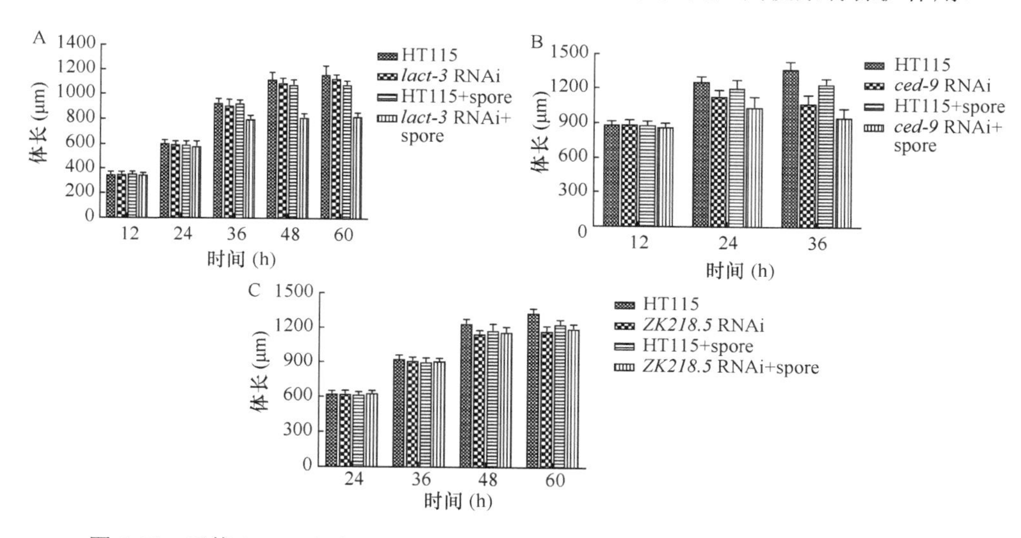

图 4-25　干扰 *lact-3*（A）、*ced-9*（B）、*ZK218.5*（C）基因对线虫体长大小的影响

HT115：RNAi 的空白对照；spore：炭疽菌分生孢子处理

4.3.6.3　干扰 *lact-3*、*ced-9* 和 *ZK218.5* 对线虫繁殖率的影响

线虫 *lact-3* 基因被干扰后的子代线虫数为 149 条，与对照组相比，*lact-3* 的敲减对线虫的繁殖能力不产生显著影响。但接触胶孢炭疽菌分生孢子后，子代幼虫

为 112 条，其繁殖能力显著低于干扰组的线虫（p=0.0227）（图 4-26A）。结果表明，仅干扰线虫 *lact-3* 基因不会对线虫的繁殖能力产生显著影响，但胶孢炭疽菌分生孢子会显著抑制 *lact-3* 基因被敲减线虫的繁殖能力，该基因表达升高可能对线虫响应胶孢炭疽菌侵染具有积极保护意义。

线虫 *ced-9* 基因被干扰后，不接触胶孢炭疽菌分生孢子时，线虫幼虫仅为 3 条，而对照组线虫幼虫为 114 条，该线虫繁殖能力显著降低（$p<0.0001$），而接触炭疽菌分生孢子也导致该线虫繁殖能力显著降低（p=0.0001）（图 4-26B）。结果表明，基因 *ced-9* 是线虫生长发育的关键基因，该基因被干扰后，可直接影响线虫的繁殖能力，同时在响应胶孢炭疽菌侵染中该基因也发挥作用。

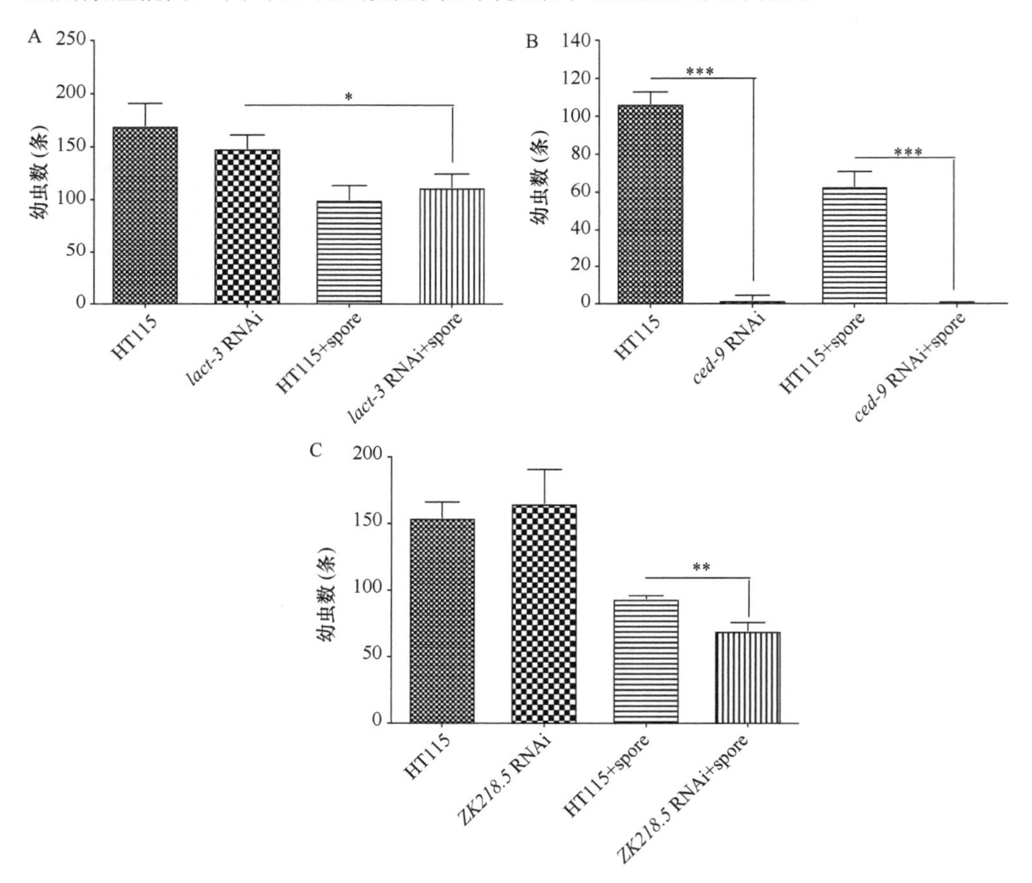

图 4-26　干扰 *lact-3*（A）、*ced-9*（B）、*ZK218.5*（C）基因对线虫繁殖能力的影响

HT115：RNAi 的空白对照；spore：炭疽菌分生孢子处理

基因 *ZK218.5* 被干扰后的子代幼虫为 165 条，未对线虫的繁殖能力产生显著影响。但在接触胶孢炭疽菌分生孢子后，子代幼虫仅为 70 条，HT115 对照组子代

幼虫为 94 条，其繁殖能力显著降低（p=0.0029）（图 4-26C）。结果表明，*ZK218.5* 基因接触胶孢炭疽菌分生孢子导致该线虫繁殖能力下降更显著，该基因可能在线虫响应炭疽菌侵染中发挥保护性作用。

4.3.6.4　干扰 *lact-3*、*ced-9* 和 *ZK218.5* 对线虫运动能力的影响

线虫 *lact-3* 基因被干扰后，无论是否接触胶孢炭疽菌分生孢子，不同处理组的干扰平板中，线虫头部摆动频率均约为 80 次/min，身体弯曲频率均约为 70 次/min（图 4-27A），与对照组相比，线虫 *lact-3* 基因对线虫的运动能力都不产生显著影响。

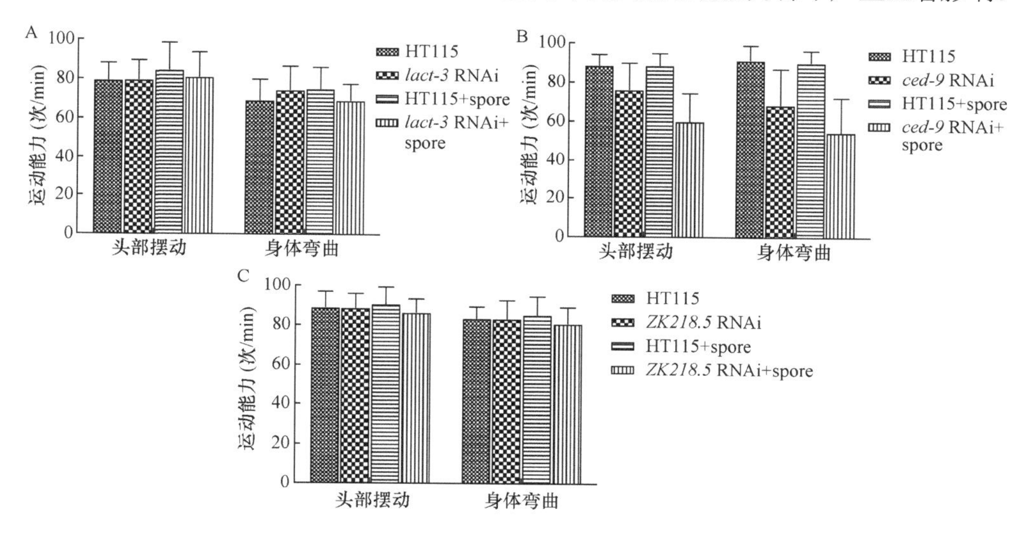

图 4-27　干扰 *lact-3*（A）、*ced-9*（B）、*ZK218.5*（C）基因对线虫运动能力的影响

HT115：RNAi 的空白对照；spore：炭疽菌分生孢子处理

线虫 *ced-9* 基因被干扰后，在不接触胶孢炭疽菌分生孢子时，线虫头部摆动频率约为 76 次/min，而对照组频率为 89 次/min，处理组头部摆动频率显著降低（p=0.0028）。线虫身体弯曲频率约为 69 次/min，而对照组频率为 92 次/min，处理组身体弯曲频率也显著降低（p=0.0001）。在接触胶孢炭疽菌分生孢子后，线虫头部摆动频率约为 60 次/min，身体弯曲频率约为 55 次/min，其运动能力显著低于未干扰组的线虫（图 4-27B），结果表明 *ced-9* 基因是线虫生命活动的关键基因，该基因被干扰后接触胶孢炭疽菌分生孢子导致线虫运动能力下降更快。

线虫 *ZK218.5* 基因被干扰后，不同处理的干扰平板中，线虫头部摆动频率均约为 89 次/min，身体弯曲频率均约为 84 次/min，接触胶孢炭疽菌分生孢子环境下，头部摆动频率和身体弯曲频率与对照组处理也无显著差异（图 4-27C），结果

表明，*ZK218.5* 基因对线虫的运动能力不产生显著影响。

4.3.6.5 干扰 *lact-3*、*ced-9* 和 *ZK218.5* 对线虫咽泵速率的影响

线虫 *lact-3* 基因被干扰后，在不同处理的干扰平板中，线虫咽泵速率第 1 天均约为 125 次/min，第 2 天均约为 120 次/min，接触胶孢炭疽菌分生孢子后，线虫的咽泵速率与对照组无显著差异（图 4-28A），即 *lact-3* 基因对线虫的咽泵速率不产生显著影响。

线虫 *ced-9* 基因被干扰后，在不接触胶孢炭疽菌分生孢子时，线虫的咽泵速率为 63 次/min，对照组线虫咽泵速率约为 160 次/min，处理组咽泵速率显著降低（$p<0.001$）。在接触胶孢炭疽菌分生孢子后，线虫咽泵速率为 32 次/min，未干扰组的线虫咽泵速率为 163 次/min，处理组咽泵速率显著降低（$p<0.001$）（图 4-28B）。结果表明，*ced-9* 基因是线虫生命活动的关键基因，该基因被干扰后接触胶孢炭疽菌分生孢子导致该线虫咽泵速率下降更快。

线虫 *ZK218.5* 被干扰后，在不同处理的干扰平板中，线虫咽泵速率第 1 天均约为 132 次/min，第 2 天均约为 141 次/min，接触胶孢炭疽菌分生孢子后，线虫的咽泵速率与对照组无显著差异（图 4-28C），即 *ZK218.5* 基因对线虫的咽泵速率不产生显著影响。

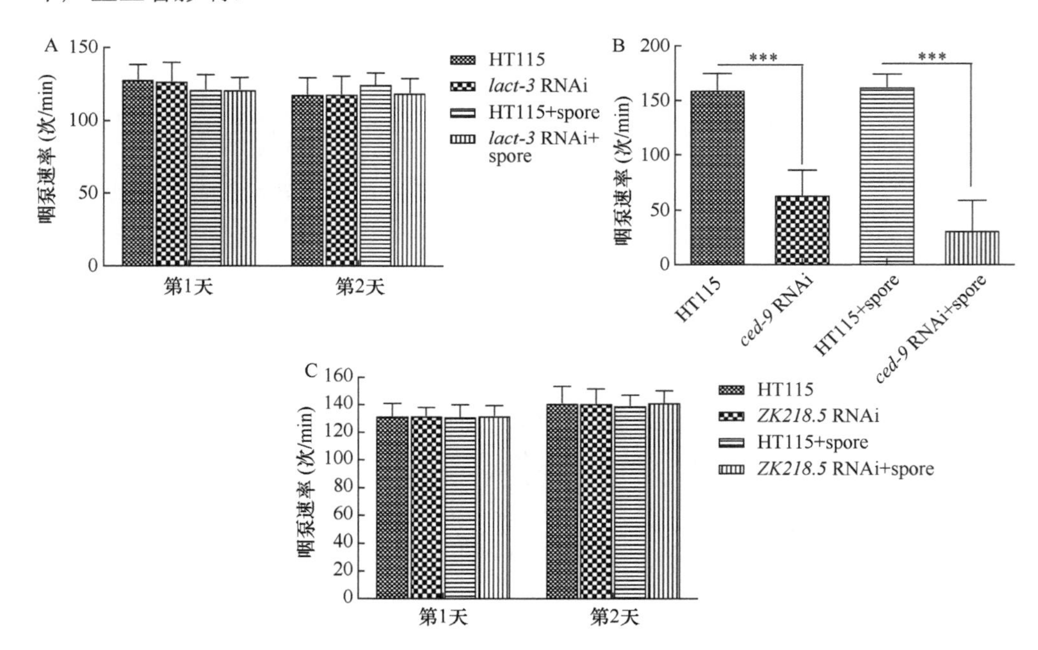

图 4-28　干扰 *lact-3*（A）、*ced-9*（B）、*ZK218.5*（C）基因对线虫咽泵速率的影响

HT115：RNAi 的空白对照；spore：炭疽菌分生孢子处理

4.3.7 干扰 *arx-1*、*coq-8*、*C13F10.6* 基因对线虫生物学功能的影响

4.3.7.1 干扰 *arx-1*、*coq-8*、*C13F10.6* 对线虫存活率的影响

线虫 *arx-1* 基因被干扰后，不接触胶孢炭疽菌孢子时，培养 60 h 后，该线虫存活率显著降低（p=0.0288），当接触炭疽菌孢子后，该线虫存活率下降更快（p=0.0028）（图 4-29A），结果表明，*arx-1* 基因是线虫生命活动的关键基因，该基因被干扰后，可直接影响线虫的存活，同时在响应胶孢炭疽菌中该基因也发挥作用。

线虫 *coq-8* 基因被干扰后，与对照组相比，*coq-8* 的敲减对线虫的存活率没有显著影响。但接触胶孢炭疽菌 84 h 后，其存活率显著高于未干扰组的线虫（p=0.0186）（图 4-29B），结果表明，仅干扰线虫 *coq-8* 基因不会对线虫存活率产生影响，但接触胶孢炭疽菌孢子 84 h 后，*coq-8* 基因敲减线虫存活率高于对照组，表明 *coq-8* 表达降低可能对线虫响应胶孢炭疽菌侵染具有积极保护意义。

线虫 *C13F10.6* 基因被干扰后，未对线虫的存活率产生显著影响。在接触胶孢炭疽菌孢子 120 h 后，其存活率显著低于未干扰组的线虫（p=0.0063）（图 4-29C），结果表明 *C13F10.6* 基因可能在线虫响应炭疽菌侵染中发挥重要作用。

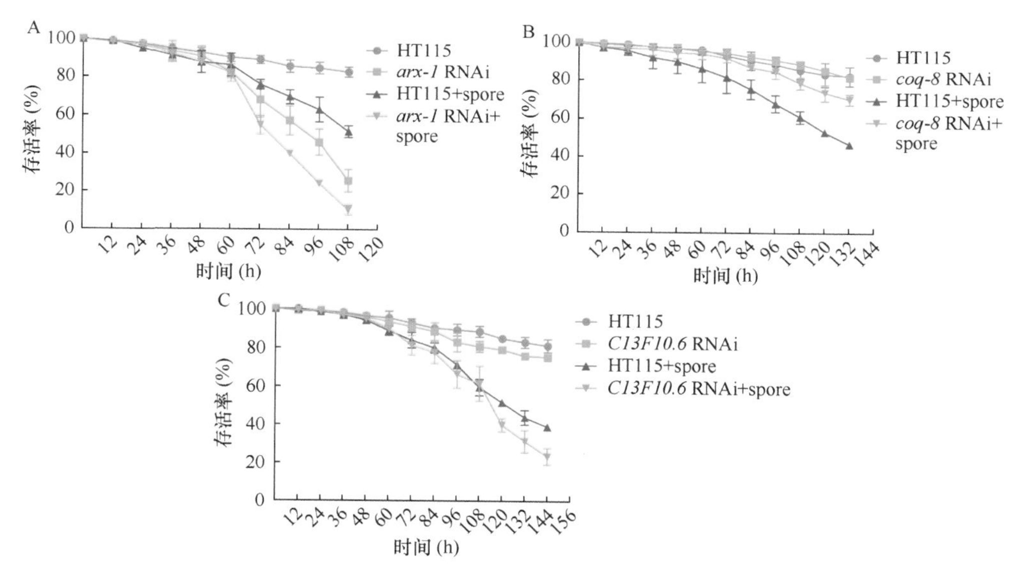

图 4-29　干扰 *arx-1*（A）、*coq-8*（B）、*C13F10.6*（C）基因对线虫存活率的影响

HT115：RNAi 的空白对照；spore：炭疽菌分生孢子处理

4.3.7.2 干扰 *arx-1*、*coq-8*、*C13F10.6* 对线虫体长大小的影响

线虫 *arx-1* 被干扰后，与对照组相比，*arx-1* 基因的敲减显著抑制线虫的体长

发育（p=0.0080），而接触炭疽菌孢子则导致该线虫体长变短更加显著（图 4-30A），结果表明，*arx-1* 基因可能在线虫响应炭疽菌侵染中发挥保护性作用。

线虫 *coq-8* 被干扰后，与对照组相比，*coq-8* 基因的敲减对线虫的体长不产生显著影响，但在接触胶孢炭疽菌的 36 h 后，其体长显著大于未干扰组的线虫（p=0.0003）（图 4-30B），结果表明，仅干扰 *coq-8* 基因不会对线虫的体长产生显著影响，但接触胶孢炭疽菌分生孢子后，能显著提高 *coq-8* 敲减线虫的体长，表明该基因表达降低可能对线虫响应胶孢炭疽菌侵染具有积极保护意义。

线虫 *C13F10.6* 被干扰后，与对照组相比，明显抑制线虫的体长（p=0.0003），在接触胶孢炭疽菌孢子后，其体长显著小于未干扰组的线虫（p=0.0024）（图 4-30C），结果表明，*C13F10.6* 基因可直接影响线虫的体长，是线虫生长发育的关键基因，该基因表达降低可能对线虫响应胶孢炭疽菌侵染有保护作用。

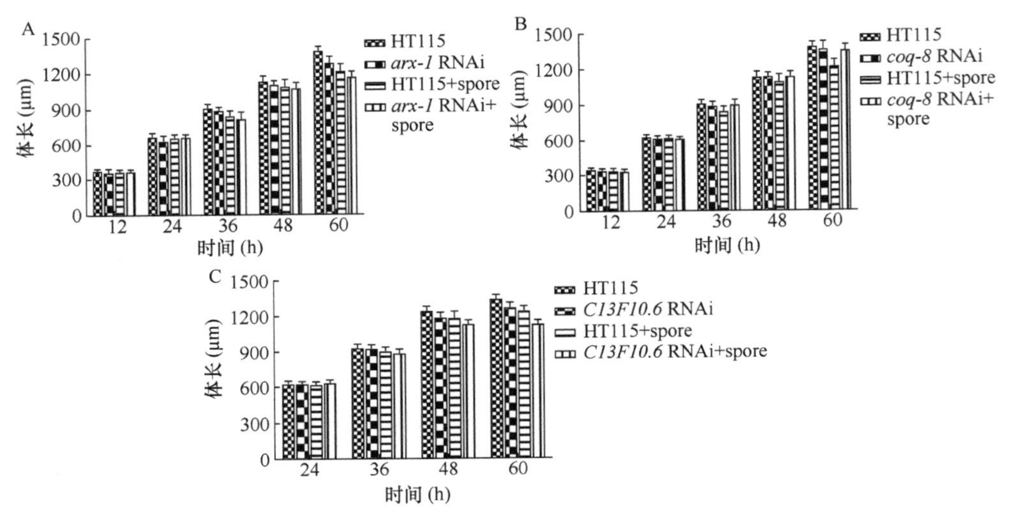

图 4-30 干扰 *arx-1*（A）、*coq-8*（B）、*C13F10.6*（C）基因对线虫体长大小的影响

HT115：RNAi 的空白对照；spore：炭疽菌分生孢子处理

4.3.7.3 干扰 *arx-1*、*coq-8*、*C13F10.6* 对线虫繁殖能力的影响

线虫 *arx-1* 被干扰后的子代幼虫为 45 条，对照组线虫幼虫为 174 条，处理组繁殖能力显著降低（p=0.0013），在接触胶孢炭疽菌分生孢子后，线虫幼虫为 43 条，未干扰组线虫幼虫为 99 条，处理组繁殖能力显著降低（p=0.0019）（图 4-31A），结果表明，*arx-1* 可能对线虫响应胶孢炭疽菌侵染有保护作用。

线虫 *coq-8* 被干扰后的子代幼虫为 160 条，与对照组相比，线虫 *coq-8* 基因的敲减对线虫的繁殖能力不产生显著影响，但接触胶孢炭疽菌分生孢子后，子代幼虫为156条，未干扰组线虫幼虫为91条，其繁殖能力显著升高（p=0.0113）

（图 4-31B），结果表明，仅干扰线虫 *coq-8* 基因不会对线虫的繁殖能力产生影响，但胶孢炭疽菌分生孢子会显著提高 *coq-8* 敲减线虫的繁殖能力，该基因表达降低可能对线虫响应胶孢炭疽菌侵染具有积极保护意义。

线虫 *C13F10.6* 基因被干扰后，子代幼虫为 158 条，未对线虫的繁殖能力产生显著影响，但在接触胶孢炭疽菌分生孢子后，子代幼虫为 94 条，处理组繁殖能力显著低于仅干扰组线虫的繁殖能力（p=0.0053）（图 4-31C）。结果表明，仅干扰线虫基因 *C13F10.6* 不会对线虫的繁殖能力产生影响，但接触胶孢炭疽菌分生孢子会明显抑制 *C13F10.6* 敲减线虫的繁殖能力，该基因在线虫响应胶孢炭疽菌侵染进程中具有重要的作用。

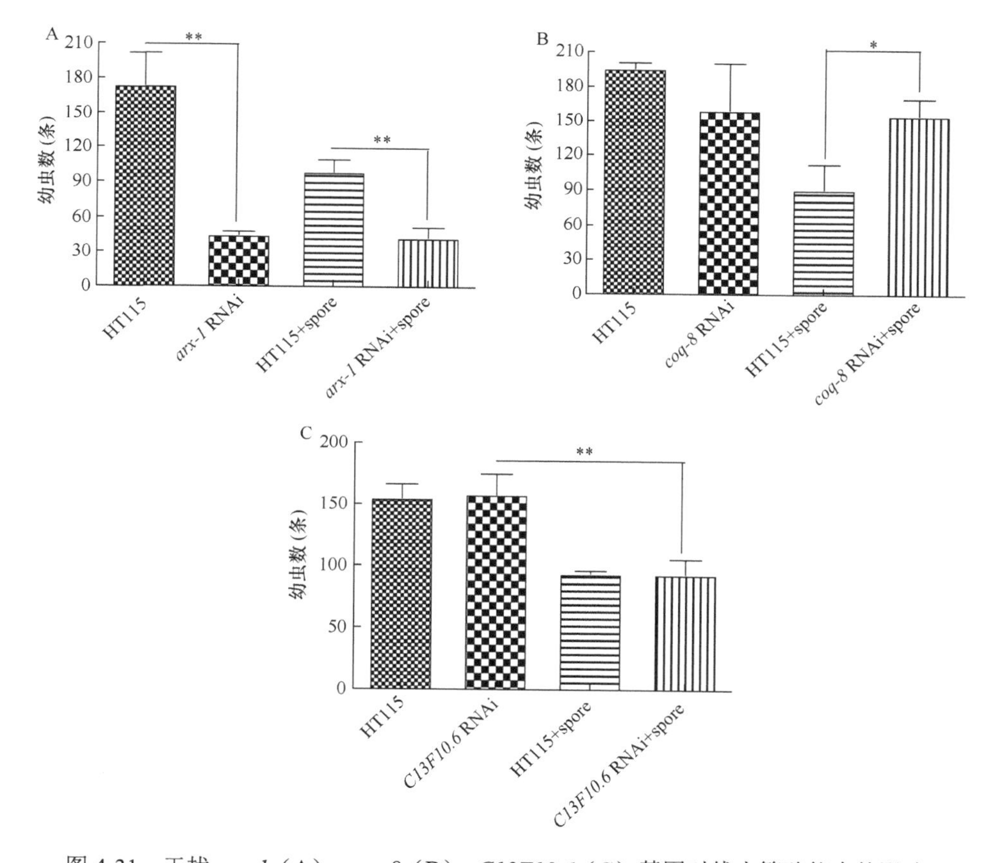

图 4-31　干扰 *arx-1*（A）、*coq-8*（B）、*C13F10.6*（C）基因对线虫繁殖能力的影响

HT115：RNAi 的空白对照；spore：炭疽菌分生孢子处理

4.3.7.4　干扰 *arx-1*、*coq-8*、*C13F10.6* 对线虫运动能力的影响

线虫 *arx-1* 基因被干扰后，线虫头部摆动频率约为 78 次/min，对照组为

84 次/min，处理组头部摆动频率显著降低（p=0.0129），线虫身体弯曲频率约为76 次/min，对照组为 82 次/min，处理组身体弯曲频率也显著降低（p=0.0427）。在接触胶孢炭疽菌分生孢子后，线虫头部摆动频率约为 80 次/min，身体弯曲频率约为 78 次/min，其运动能力显著低于未干扰组的线虫（图 4-32A），结果表明，*arx-1* 基因是线虫生命活动的关键基因，该基因被干扰后接触胶孢炭疽菌分生孢子导致该线虫运动能力下降更快。

线虫 *coq-8* 基因被干扰后，在不同处理的干扰平板中，线虫头部摆动频率均约为 65 次/min，身体弯曲频率均约为 62 次/min。与对照组相比，无论是否接触胶孢炭疽菌分生孢子，*coq-8* 基因对线虫的运动能力都不产生显著影响（图 4-32B）。

线虫 *C13F10.6* 基因被干扰后，在不同处理的干扰平板中，线虫头部摆动频率均约为 89 次/min，身体弯曲频率均约为 83 次/min。与对照组相比，无论是否接触胶孢炭疽菌分生孢子，*C13F10.6* 基因对线虫的运动能力都不产生显著影响（图 4-32C）。

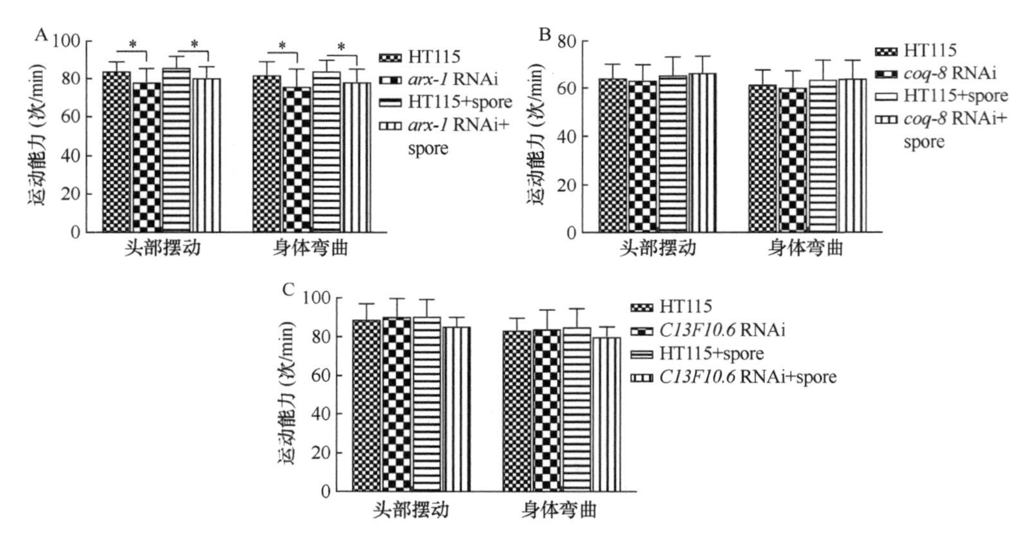

图 4-32　干扰 *arx-1*（A）、*coq-8*（B）、*C13F10.6*（C）基因对线虫运动能力的影响

HT115：RNAi 的空白对照；spore：炭疽菌分生孢子处理

4.3.7.5　干扰 *arx-1*、*coq-8*、*C13F10.6* 对线虫咽泵速率的影响

线虫 *arx-1* 基因被干扰后，在不接触胶孢炭疽菌分生孢子时，第 2 天线虫的咽泵速率为 107 次/min，对照组线虫咽泵速率约为 135 次/min，处理组咽泵速率显著降低（$p<0.0001$），在接触胶孢炭疽菌分生孢子后，线虫咽泵速率为 101 次/min，未干扰组的线虫咽泵速率为 131 次/min，处理组咽泵速率显著降低（$p<0.0001$）

（图 4-33A）。结果表明，*arx-1* 基因是线虫生命活动的关键基因，该基因被干扰后接触胶孢炭疽菌分生孢子导致该线虫咽泵速率下降更快。

线虫 *coq-8* 基因被干扰后，在不同处理的干扰平板中，线虫咽泵速率第 1 天均约为 123 次/min，第 2 天均约为 133 次/min。与对照组相比，无论是否接触胶孢炭疽菌分生孢子，*coq-8* 基因对线虫的咽泵速率都不产生显著影响（图 4-33B）。

线虫 *C13F10.6* 被干扰后，在不同处理的干扰平板中，线虫咽泵速率第 1 天均约为 133 次/min，第 2 天均约为 142 次/min。与对照组相比，无论是否接触胶孢炭疽菌分生孢子，*C13F10.6* 基因对线虫的咽泵速率都不产生显著影响（图 4-33C）。

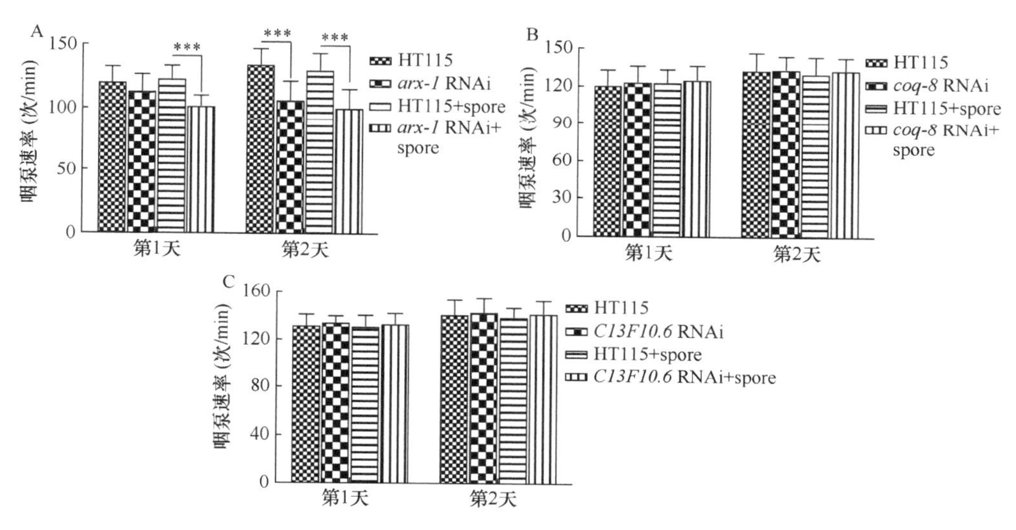

图 4-33　干扰 *arx-1*（A）、*coq-8*（B）、*C13F10.6*（C）基因对线虫咽泵速率的影响

HT115：RNAi 的空白对照；spore：炭疽菌分生孢子处理

4.4　小结与讨论

4.4.1　小结

NGM 培养基为油茶炭疽菌和秀丽隐杆线虫共培养体系的最佳培养基，供试的 4 种病原菌对秀丽隐杆线虫均有致病性，能显著降低线虫的存活率，其中 *C. gloeosporioides* 对线虫存活率的影响最大。

在共培养体系中，无分生孢子处理组和高温灭活分生孢子处理组对线虫基本生物学特性没有显著影响，而具有活性分生孢子处理组可显著降低线虫存活率，且该现象与线虫接触胶孢炭疽菌孢子时的虫龄和分生孢子浓度密切相关，L1 期幼虫接触孢子后的死亡速度显著快于 L4 期线虫，同时，分生孢子浓度与线虫存活率呈负相关性，孢子浓度越高，线虫存活率则越低。除存活率外，活性分生孢子可导致线虫体长显著变短，繁殖能力显著下降。胶孢炭疽菌的代谢物也呈现显著抑制线虫繁殖能力的作用，但对线虫的存活率、体长大小、运动能力和咽泵速率则无显著影响效应。

秀丽隐杆线虫与胶孢炭疽菌分生孢子共培养后进行转录组测序，共有 830 个基因的表达发生显著变化，上调基因为 311 个，下调基因为 519 个。上调倍数最高的前 5 个基因分别为 *lact-3*、*maf-1*、*ced-9*、*T28A11.4*、*ZK218.5*，下调倍数最高的前 5 个基因分别为 *arx-1*、*coq-8*、*C13F10.6*、*T22F3.11*、*fmo-2*。DEGs 在 GO 数据库中富集于先天性免疫应答、内肽酶活性的负调控和脂肪酸代谢过程等信号通路，而在 KEGG 库中主要富集于线虫寿命调节途径、脂肪酸降解途径和脂肪酸代谢等途径。

线虫的 *ced-9* 和 *arx-1* 基因被干扰后，线虫的寿命、生长发育和运动行为都产生严重缺陷，表明 *ced-9* 和 *arx-1* 是线虫生命活动的关键基因；*lact-3* 和 *coq-8* 基因被干扰后并未对线虫基本生物学特性造成明显改变；*ZK218.5* 和 *C13F10.6* 被干扰后，线虫体长发育受到抑制；*lact-3*、*ZK218.5* 和 *C13F10.6* 分别被干扰的背景下，线虫接触胶孢炭疽菌分生孢子后，其存活率显著降低，体长和繁殖能力明显下降；而 *coq-8* 被干扰，线虫接触胶孢炭疽菌分生孢子后，其存活率得以提高，线虫体长和繁殖能力也显著提高。这表明上述基因在线虫响应胶孢炭疽菌的过程中发挥重要的作用。

4.4.2 讨论

炭疽菌属真菌具有广泛的寄主范围，且包括胶孢炭疽菌在内的多种炭疽菌均具有潜伏侵染的特性，在侵染进程中能分化出附着胞、侵染钉和菌丝等侵染结构，但在不同寄主或相同寄主中，不同研究学者对侵染结构有不同的看法（Latunde-Dada，2001）。本研究发现，胶孢炭疽菌对秀丽隐杆线虫具有较强致病力，因此推断，胶孢炭疽菌致病性的强弱与侵染结构和寄主有关。由于植物病原菌和动物病原菌毒力因子不同，因此，相较植物病原菌，动物病原菌对线虫的致病能力更强，荚膜组织胞浆菌（*Histoplasma capsulatum*）在侵染 48～72 h 对线虫的致死率为≥90%；金黄色葡萄球菌和粪肠球菌对线虫的半致死天数为 2 d 和 4 d；腐皮镰刀菌（*F. solani*）和尖孢镰刀菌（*F. oxysporum*）可在 120 h 内杀灭 90%以上的线虫（Garsin et al.，2001；Johnson et al.，2009；Muhammed et al.，2012）。本研究以秀丽隐杆线虫作为油茶炭疽菌的替代模型宿主，也同样表明胶孢炭疽菌对秀丽隐杆线虫具有致病性。

秀丽隐杆线虫是进行真菌感染疾病研究的良好模型，秀丽隐杆线虫与真菌的互作模型已被广泛应用于多种临床相关的真菌病原物，包括白念珠菌、新型隐球菌和荚膜组织胞浆菌等的研究中（Mylonakis et al.，2002；Johnson et al.，2009）。本研究建立油茶胶孢炭疽菌-秀丽隐杆线虫共培养体系，研究发现，L1 期幼龄线虫接触分生孢子后的死亡速度明显快于 L4 期接触孢子的线虫，可能与线虫天然免疫系统发育的完善程度相关，虫龄越小其免疫系统发育越不完善，对逆境的抵抗力越弱，而进入 L4 期，线虫天然免疫系统基本发育完善，因而对胶孢炭疽菌产生一定的抗性。除存活率外，受油茶炭疽菌的影响，秀丽隐杆线虫的体长大小显著缩短，繁殖能力显著降低，表明胶孢炭疽菌对线虫生长发育也会产生显著影响。由此可见，作为典型的半活体营养型植物病原真菌，胶孢炭疽菌也可在多个方面对线虫造成伤害，呈现出一定的致病作用，也证实了胶孢炭疽菌可跨越自然植物寄主对秀丽隐杆线虫的基本生物学特性产生显著影响，且不同虫龄响应胶孢炭疽菌伤害的差异表明线虫的天然免疫在其中发挥着重要作用。因而该互作模型可能成为探索动植物天然免疫系统进化关系以及寻找天然免疫中最古老和保守部分的理想工具，由此可进一步探索防治此类病害的广谱性作用靶点。

对油茶胶孢炭疽菌培养过程中产生的代谢物对线虫的影响进行分析，结果发现，胶孢炭疽菌活性代谢物对线虫的存活率、体长、运动能力和咽泵速率均无显著影响，但显著降低线虫的繁殖能力。目前，一些学者利用秀丽隐杆线虫模型评估真菌毒素的作用，周鸿媛等（2018）研究发现脱氧雪腐镰刀菌烯醇（DON）、黄曲霉毒素 B1（AFB1）和玉米赤霉烯酮（ZEN）会显著抑制线虫的体长和繁殖能力，本研究证实了油茶胶孢炭疽菌代谢物对线虫繁殖能力的影响，为后续植物病原菌对低等无脊椎动物线虫产生危害的生物防治方法和线虫的天然免疫及相互关系的研究奠定了基础。

转录组筛选出的差异表达基因在 GO 数据库中主要富集到先天性免疫应答、内肽酶活性的负调控和脂肪酸代谢过程等信号通路，在 KEGG 数据库中主要富集在寿命调节途径、脂肪酸降解和脂肪酸代谢途径等信号通路。*hsp-70*、*hsp-12.6*、*hsp-16.1*、*hsp-16.48*、*hsp-16.11*、*sod-3*、*sod-5*、*fat-7*、*mtl-1* 和 *gst-38* 均参与线虫寿命调节途径；其中，发现 3 个编码抗氧化防御蛋白的基因，主要包括 2 个超氧化物歧化酶基因（*sod-3* 和 *sod-5*）和谷胱甘肽 *S*-转移酶基因（*gst-38*）。*acs-2* 和 *hacd-1* 还参与脂肪酸代谢和降解过程。秀丽隐杆线虫中调控寿命的重要转录因子包括 FOXO/DAF-16、HSF-1 和 Nrf-2/SKN-1（于晓璇，2021），许多参与线虫寿命调节信号通路的基因在被感染的线虫中表达高度上调，其中主要包括热休克蛋白（HSP）、超氧化物歧化酶（SOD）和谷胱甘肽 *S*-转移酶（GST）的编码基因。应激能力会影响生物体的衰老进程，当生物个体处于对自身不利的外界环境中，便会产生应激状态。此时，细胞通过 DNA 损伤修复能力，以及热休克应答等应激能力维持内环境的稳定（童坦君和张宗玉，2007），热休克蛋白家族 HSP 可在多种应激后受其转录因子 HSF 影响，导致其上调，可减缓多种应激包括氧化应激所造成的损伤（Liu et al.，2014），谷胱甘肽 *S*-转移酶基因也在秀丽隐杆线虫抗氧化过程中发挥重要功能（王晨，2020）。受胶孢炭疽菌侵染后，线虫体内产生大量的活性氧，对线粒体和其他细胞质细胞器造成氧化应激损伤，从而加速线虫的衰老，HSP、SOD 和 GST 相关基因的上调表达，有利于活性氧的清除以减轻氧化应激的损伤。已知热休克蛋白 *hsp-70* 参与 MAPK 信号通路，*gst-38* 参与蛋白激酶 RNA 样 ER 激酶（protein kinase RNA-like ER kinase，PERK）介导的未折叠蛋白反应和先天性免疫反应，胰岛素/胰岛素样生长因子 DAF-16 的靶位点大多是与寿命及抗性有关的基因，包括编码热休克蛋白、超氧化物歧化酶的基因和 *mtl-1* 等参与应激反应的基因（Murphy et al.，2003），由此表明秀丽隐杆线虫的先天性免疫反应在响应胶孢炭疽菌中具有重要的作用。

相比之下，与脂肪合成相关的 *fat-7* 基因，与脂肪酸 β-氧化有关的 *hacd-1*、*acs-2* 基因在被感染的线虫中高度下调表达，结果表明，油茶炭疽菌主要影响了秀丽隐杆线虫脂肪酸降解和代谢的过程。凌思凯（2017）对秀丽隐杆线虫喂食海洋菌 *Olleya marilimosa* ML182，发现其体内脂肪合成与分解受 *fat-7* 和 *acs-2* 的影响，徐蔓玲（2014）选取 118 个与脂肪相关的基因进行研究，发现海洋天然产物 YK01 对线虫降脂机制作用的基因包括 *fat-7* 和 *hacd-1*，这些相关基因的下调，反映了相应的蛋白质表达或活性的减少，导致脂肪降解途径的通量降低，其通过负反馈调节阻碍线虫产生足够的能量，对入侵的病原菌产生有效的免疫反应（Somasiri et al.，2020）。

RNA 干扰（RNAi）是一种由双链 RNA（dsRNA）加工成小干扰 RNA（siRNA）引起的基因沉默（Grishok，2005）。RNAi 技术经常用于对秀丽隐杆线虫进行反向遗传筛选，有研究者用全基因组干扰线虫来鉴定影响线虫细胞过程的基因，来预测以前没有特征的基因的新功能（Lettre et al.，2004）。*lact-3* 是一个含 β-内酰胺酶结构域的蛋白质，既往研究证实，经 RNAi 敲减 *lact-3* 后导致线虫脂肪含量降低（Ashrafi et al.，2003）。本试验将 *lact-3* 敲减后的线虫与胶孢炭疽菌分生孢子共培养，发现其存活率显著降低，体长和繁殖能力明显下降。程序性细胞死亡（PCD）参与到秀丽隐杆线虫的免疫应答中，线虫细胞凋亡的直接原因是半胱天冬酶 CED-3 将非活性酶原（proCED-3）转化为成熟蛋白酶，*ced-9* 与 *Bcl-2* 同源，在发育过程中，*ced-9* 负责抑制细胞死亡，对于防止细胞发生程序性死亡至关重要，*ced-9* 的突变会导致细胞死亡增加，从而导致母体死亡和不育（Conradt et al.，2016）。Gaeta 等（2011）研究表明 *ced-9* 被干扰后，细胞死亡途径上调，秀丽隐杆线虫的繁殖力下降达 21%，将南方根结线虫暴露于 *ced-9* dsRNA 中，使烟草植物中的虫瘿形成减少。所以，在对表达 *ced-9* 样序列的转基因植物的研究中，可进一步测试产生基于 RNAi 的抗寄生线虫的植物的可行性。本试验对 *ced-9* 基因进行干扰后，发现胶孢炭疽菌会对线虫的基本生物学特性产生影响，这与之前学者的研究结果具有相似之处。*ZK218.5* 是编码 ShKT 结构域的蛋白质，Higashitani 等（2021）用秀丽隐杆线虫研究微重力引起的表观遗传调控，发现包括 *ZK218.5* 在内的 39 个基因在成年秀丽隐杆线虫响应空间微重力时受到组蛋白去乙酰酶 HDA-4 作用的抑制，*hda-4* 突变体中的基因与野生型线虫相比显著上调，结果证实，该基因是生长和发育的调节因子，通过组蛋白修饰进行表观遗传学微调以适应微重力环境。受油茶胶孢炭疽菌侵染后，秀丽隐杆线虫 *ZK218.5* 基因显著上调，RNAi 后线虫受到炭疽菌的侵染而加速死亡，并且体长和繁殖能力受到显著抑制，表明 *ZK218.5* 是线虫生长和发育的调节因子，在线虫响应炭疽菌侵染中发挥重要的作用。

线虫 *arx-1* 被干扰后，线虫的寿命、生长发育、繁殖能力和咽泵速率都产生严重缺陷。*arx-1* 是 *Arp-3* 的同源物，编码保守的 Arp2/3 复合体中肌动蛋白相关蛋白的一个亚基，Arp2/3 复合物在线虫的发育过程中起到关键作用，*arx-1* 被干扰后导致胚胎在形态发生过程中的停滞，胚胎致死率高达 95%。死亡胚胎显示真皮下细胞畸变，RNAi 对 Arp2/3 复合物的消耗所造成的主要缺陷发生在原肠胚形成期间的细胞迁移中（Roh-Johnson & Goldstein，2009）。辅酶 Q 是线粒体电子传递链中的关键因子，具有抗氧化剂作用，作为线粒体解偶联蛋白的辅助因子。秀丽隐杆线虫的辅酶 Q [Ubiquinone（coenzyme Q）]平衡是由饮食 Q8 摄入和内源性 Q9 的生物合成决定的。*coq-8* 参与了 Q9 的生物合成，干扰后导致 Q9 浓度降低，线粒体电子链中的超氧化物的产生降低，从而有助于延长秀丽隐杆线虫的寿命（Asencio et al.，2003）。此外，研究发现秀丽隐杆线虫的寿命延长与氧化应激的降低有关（Barja，2002），本研究证实，*coq-8* 基因被干扰后，在受胶孢炭疽菌侵染后，能显著提高线虫的存活率，并对线虫的体长、繁殖能力都有促进作用。*C13F10.6* 是一个未经鉴定的基因，被预测编码具有富亮氨酸重复结构域超家族的蛋白质。本研究对 *C13F10.6* 基因进行干扰后发现，其会抑制线虫的体长的发育，接触胶孢炭疽菌后，会显著降低线虫的存活率，并且使其体长和繁殖能力受到显著抑制，表明 *C13F10.6* 也是线虫生长和发育的调节因子，在线虫响应炭疽菌侵染中发挥保护性作用。

第5章　油茶内生芽孢杆菌防控炭疽病的机制研究

炭疽病是油茶产区普遍存在的一种严重疾病，给油茶的生产带来了严重的阻碍。在油茶的整个生长周期内，炭疽菌可侵染油茶的各个部位，导致油茶产量下降，每年造成巨大的经济损失。到目前为止，油茶炭疽病的防治主要是使用化学杀菌剂，虽然化学农药在控制炭疽病方面见效较快，但化学农药的过度使用可能对人类健康和环境产生负面影响，因此，寻找和建立安全有效的生物防治方法越来越受到重视。

使用各种不同的微生物及微生物制剂作为生物防治剂对防控油茶炭疽病具有重要的发展潜力。其中，内生微生物由于其对病原物的拮抗活性及其在宿主植物中诱导抗性的能力而被广泛研究作为生物防治剂的潜力。

5.1　试验材料与仪器

5.1.1　供试试剂

本章所用试剂与前面章节相同。

5.1.2　供试菌株

供试炭疽菌为第2章中分离自德宏州染病油茶的 *Colletotrichum fructicola* DHYC14，甘油菌保存于西南林业大学森林病理学实验室−80℃超低温冰箱内。

供试内生芽孢杆菌依据 5.2.1 节所述方法分离自健康油茶，另有分离自猪屎豆根瘤中的 8 株根瘤内生菌，甘油菌保存于西南林业大学森林病理学实验室−80℃超低温冰箱内。

5.1.3　供试培养基

PDA 培养基和 LB 培养基配方如第 2 章所述。

5.2 试验方法

5.2.1 内生细菌的分离与培养

内生细菌的分离参考方中达（1979）的方法并略作改进，从健康无损的油茶健康叶片中分离内生细菌。材料均用自来水冲洗 1 min，以去除叶表面杂质，后放入 75%乙醇溶液中浸泡消毒 2～3 s，接着用无菌水清洗 3 遍，以除去残余的乙醇溶液，最后用无菌刀片切下健康组织 5 mm×5 mm 的小块，将其接种至 LB 固体培养基中，置于 28℃培养箱培养 48 h，用三区画线法纯化菌株直至获得纯培养的菌落，单菌落接种于 LB 试管斜面，待菌落长满斜面后于 4℃冰箱保存。

5.2.2 内生细菌的 16S rRNA 序列分析与鉴定

利用生工柱式细菌总 DNA 提取试剂盒提取内生细菌总 DNA，提取后于–20℃冰箱保存备用。以内生菌总 DNA 为模板，利用 16S rRNA 通用引物 27F-AGAGTTTGATCCTGGCTCAG 和 1492R-GGTTACCTTGTTACGACTT 扩增该序列片段，PCR 的反应体系和反应条件见表 5-1。PCR 扩增产物经 1%琼脂糖凝胶电泳检测后，送擎科生物技术有限公司测序，测序所得的序列在 EzBioCloud 数据库（https://www.ezbiocloud.net/identify）进行比对分析。

表 5-1　细菌 PCR 反应体系及条件

反应体系（50 μL）		反应条件		
2×PCR *Taq* Mix	25 μL	95℃		5 min
ddH_2O	20 μL	95℃	35 个循环	1 min
27F	1 μL	60℃	35 个循环	1 min
1492R	1 μL	72℃	35 个循环	90 s
DNA 模板	3 μL	72℃		7 min
		4℃		保存

5.2.3 内生细菌中生防菌的筛选及鉴定

5.2.3.1 生防菌的体外抑菌筛选

采用平板对峙培养法在体外初步筛选具有拮抗作用的生防菌株，以分离得到的油茶内生菌及前期从猪屎豆的根瘤中分离获得的 8 株根瘤内生菌为供试菌株。将病原菌 *C. fructicola* DHYC14 在 PDA 培养基平板活化培养 5 d，用打孔器制成直径为 6 mm 的菌丝块，并接种至新的 PDA 平板中央。调节内生菌 OD_{600} 值为 0.1，然后将 5 μL 菌悬液滴加至滤纸片并点接至距离培养皿中央 3 cm 的 4 个位置处，同时设置滴加无菌水处理为空白对照，设 3 个生物学重复，置于 25℃培养箱中恒温培养，定期记录病原菌直径，按如下公式计算抑菌率。

抑菌率=[（对照病原菌直径–处理病原菌直径）/对照病原菌直径]×100%

5.2.3.2 菌株 DZY6715 和 YYC155 的生理生化测定及分子鉴定

（1）形态学鉴定：将菌株 DZY6715 和 YYC155 的单菌落接种至 LB 液体培养基，置于 28℃摇床上 180 r/min 培养 24 h。取 1 mL 摇匀后的菌悬液转移至 1.5 mL 离心管中，加入 9 mL 无菌水，采用梯度稀释法制备 1×10^{-1}～1×10^{-8} 的梯度稀释液。取 100 μL 稀释液接种至 LB 固体培养基平板，均匀涂布，置于 28℃培养箱培养 24 h 后观察菌落的形态特征。

（2）生理生化鉴定：利用 GenIII微孔板完成 DZY6715 和 YYC155 的生理生化鉴定，用无菌棉签蘸取培养 24 h 后的单个菌落转入管底端的缓冲液中，来回晃动使细菌完全地释放到缓冲液中，然后把菌悬液倒入加样水槽中，将 100 μL 菌悬液加入到所有微孔板的孔中，盖好微孔板的盖子，28℃培养观察。

（3）16S rRNA 基因系统发育分析：菌株 DZY6715 和 YYC155 的 16S rRNA 基因扩增产物送至擎科生物技术有限公司测序，测得的序列在 EzBioCloud 数据库进行比对，最后用 MEGA6.0 的邻接法（neighbor-joining，NJ）构建系统发育树，确定菌株的系统发育学地位。

5.2.3.3 菌株 DZY6715 和 YYC155 的生长曲线测定

取菌株 DZY6715 和 YYC155 培养 24 h 以后的菌落接种至 200 mL 液体 LB 培养基中摇培，分别吸取培养 6 h、12 h、24 h、48 h、72 h 和 96 h 的菌液，稀释后在 LB 固体培养基上涂布，28℃培养箱培养 24 h 后对平板菌落计数，再根据稀释倍数计算每毫升菌液中的活菌数量。

5.2.3.4 菌株 DZY6715 和 YYC155 对炭疽菌细胞的破坏作用

通过检测菌株 DZY6715 和 YYC155 产生溶解作用的酶，包括几丁质酶（CHA）和 β-1,3 葡聚糖酶（β-1,3-GLU），以此评估生防菌对菌株 DHYC14 细胞壁的破坏作用。将菌株 DZY6715 和 YYC155 单菌落接种至 LB 液体培养基中，于 28℃摇床上 180 r/min 条件下培养，并在 12 h、24 h、48 h、72 h、96 h 和 120 h 收集菌悬液。参照苏州梦犀生物医药科技有限公司试剂盒的说明书，测定 CHA 和 GLU 的酶活性。

通过检测相对电导率、丙二醛（MDA）、可溶性蛋白（soluble protein）和胞外核酸物质外泄含量 OD_{260} 四个指标，评估两株生防菌对炭疽菌细胞膜通透性的影响。

相对电导率的测定参考 Elsherbiny 等（2021）描述的方法并做适当调整，菌株 DHYC14 在 PDA 培养基平板上活化培养 7 d，DZY6715 和 YYC155 在 28℃摇床上 180 r/min 培养 24 h 以获得菌悬液。首先用打孔器制成 5 mm 的菌丝块后，接种至含有 20 mL PD 液体培养基的 50 mL 离心管中，在 25℃摇床上 160 r/min 培养 72 h，然后无菌水清洗菌丝，并将其转移至含有 4 mL 菌悬液的 10 mL 离心管中，28℃摇床上 180 r/min 培养，以无菌水处理作为空白对照，设 3 个生物学重复。分别于处理 12 h、24 h、48 h、72 h、96 h 和 120 h 取样，并及时测定电导率 R_1，于沸水中加热 15 min 并冷却至室温后测定电导率 R_2，计算相对电导率（R_1/R_2）×100%，其余样品置于–80℃冰箱保存备用。

按上述方法收集菌丝，将收集的 6 个时间点的样品置于冰上缓慢融化后，于 4℃低温离心机内 5000 r/min 离心 2 min，获得的上清液测定 OD_{260} 数值和可溶性蛋白含量，以此评估胞外核酸和可溶性蛋白的渗透程度。沉淀组织部分参照苏州科铭生物技术有限公司试剂盒方法测定丙二醛（MDA）含量。

5.2.3.5　菌株 YYC155 对炭疽菌菌丝的破坏作用

以菌株 YYC155 和 DHYC14 对峙培养后的互作区域的菌丝制备成菌丝块，菌丝块置于 2.5%戊二醛中，于 4℃冰箱固定过夜，用 0.1 mol/L 磷酸缓冲液冲洗三次，并通过一系列浓度梯度的乙醇脱水，然后利用液体 CO_2 临界点干燥样品，干燥样品喷金后使用 Hitachi Regulus 8100 扫描电子显微镜观察菌丝形态。

5.2.3.6　菌株 DZY6715 和 YYC155 生物膜形成能力

将菌株 DZY6715 和 YYC155 单菌落接种至 80 mL 液体 LB 培养基中，于 28℃摇床 180 r/min 培养 24 h。在聚苯乙烯 24 孔培养板上加入 1000 μL 液体 LB 培养基，再加入 1500 μL 细菌悬浮液，以 LB 液体培养基为对照，设 3 个生物学重复，于 28℃培养箱中恒温培养，分别于 12 h、24 h、48 h、72 h、96 h 和 120 h 测定生物膜形成能力。

首先，用移液枪缓慢移除培养板孔中的液体，加入 0.1%结晶紫溶液染色 10 min，用无菌水洗脱 5 次后，加入 2.5 mL 40%乙酸溶液溶解生物膜，在紫外可见分光光度计上定量检测波长 560 nm 下的吸光度值（Yao et al.，2022）。

5.2.3.7　菌株 DZY6715 和 YYC155 脂肽基因的检测

既往研究表明，伊枯草菌素（iturin）、杆菌霉素（bacillomycin）、芬原素（fengycin）、bacillaene、制磷脂菌素（plipastatin）、bacillibactin、枯草菌表面活性

素（surfactin）和芽胞菌溶素（bacylisin）等脂肽类物质具有高效的抗真菌活性（Farzand et al.，2019）。以菌株 DZY6715 和 YYC155 的总 DNA 为模板，通过 PCR 扩增相应的脂肽基因，所涉及的特异性引物见表 5-2。PCR 反应体系同表 5-1 中的 50 μL 体系，反应条件：95℃预变性 3 min；94℃变性 30 s，特异退火温度如表 5-2 所示，退火时间 40 s，72℃延伸 40 s，35 个循环；72℃延伸 5 min；4℃保存。

表 5-2　脂肽基因引物信息

产物	基因	退火温度（℃）	引物	片段大小（bp）
iturin	*ituB*	55.1	ATCACCGATTCGATTTCA GCTCGCTCCATATTATTTC	708
surfactin	*srfAA*	55.8	TCGGGACAGGAAGACATCAT CCACTCAAACGGATAATCCTGA	201
bacillomycin	*bmyB*	55.3	CGAAACGACGGTATGAAT TCTGCCGTTCCTTATCTC	371
fengycin	*fenD*	57.6	TCAGCCGGTCTGTTGAAG TCCTGCAGAAGGAGAAGT	231
bacillaene	*baE*	57.6	CTCCGAAAGACGCAGAAT ACCGACTTTATCCGCTCC	599
plipastatin	*ppsD*	55.8	TTTTCTGCCCCCAGTACT AAATTGAATCGGTCATCCG	346
bacillibactin	*baC*	57.6	ATCTTTATGGCGGCAGTC ATACGGCTTACAGGCGAG	595
bacylisin	*bacA*	55.8	CAGCTCATGGGAATGCTTTT CTCGGTCCTGAAGGGACAAG	498

5.2.3.8　菌株 DZY6715 和 YYC155 生防效果评估

经体外平板对峙培养法筛选出的菌株 DZY6715 和 YYC155 对炭疽菌有较好的抑制作用，将两菌株回接至油茶叶片以评估其生防效果。试验共设 4 个处理：①以接种无菌水为空白对照；②单独接种 DZY6715 和 YYC155 菌悬液；③单独接种油茶炭疽菌；④接种 DZY6715 和 YYC155 菌悬液及油茶炭疽菌，以上处理设 3 个生物学重复，回接后叶片分级标准参照表 5-3。

表 5-3　油茶叶片分级标准

级别	分级标准	代表数
0	无病斑	0
Ⅰ	病斑面积＜0.2 cm^2	1
Ⅱ	病斑面积＜1/10 叶片总面积	2
Ⅲ	病斑面积＜1/2 叶片总面积	3
Ⅳ	病斑面积＞1/2 叶片总面积	4

首先，将菌株 DZY6715 和 YYC155 摇培 24 h，将摇培后菌悬液均匀地喷施到经刺伤处理的健康油茶叶片上，喷施 24 h 后在叶片被刺伤位置处接种直径为

5 mm 的炭疽菌菌丝块，室温保湿培养，观察记录发病情况，并计算相应的病情指数和发病率，公式如下：

病情指数=[（各病级叶片数×该级代表数值）/（总叶片数×最高一级代表数值）]×100

发病率=（发病叶片数/叶片总数）×100%

5.2.4 菌株 DZY6715 和 YYC155 发酵代谢物的非靶向代谢组学分析

5.2.4.1 样本准备

菌株 DZY6715 和 YYC155 在 LB 平板培养 24 h 后，取适量接种至 LB 液体培养基，于 28℃摇床 180 r/min 培养。根据菌株的生长曲线，在细菌的对数生长期和进入衰亡阶段的时期分别收集发酵液，设 3 个生物学重复，发酵液置于–80℃冰箱保存。

5.2.4.2 样本提取

样本在冰上缓慢解冻后，取适量样本加入预冷甲醇/乙腈/水溶液（2∶2∶1，体积比），涡旋混合，低温超声 30 min，于–20℃冰箱内静置 10 min，置于 4℃低温离心机内 14 000 r/min 离心 20 min，取上清真空干燥。质谱分析时加入 100 μL 乙腈水溶液（乙腈∶水=1∶1，体积比）复溶并涡旋混匀，4℃离心 15 min 后取上清液进样分析。

5.2.4.3 色谱-质谱联合分析

样品采用 Agilent 1290 Infinity LC 超高效液相色谱（UHPLC）系统 HILIC 色谱柱进行分离，参数如下：柱温 25℃，流速 0.5 mL/min，进样量 2 μL，流动相组成（A：水+25 mmol/L 乙酸铵+25 mmol/L 氨水，B：乙腈），梯度洗脱程序如下：0～0.5 min，95% B；0.5～7 min，B 从 95%线性变化至 65%；7～8 min，B 从 65%线性变化至 40%；8～9 min，B 维持在 40%；9～9.1 min，B 从 40%线性变化至 95%；9.1～12 min，B 维持在 95%。整个分析过程中样品置于 4℃自动进样器中，为避免仪器检测信号波动而造成的影响，采用随机顺序进行样本的连续分析，样本队列中插入 QC 样品（QC 样本是由待测样本等量混合制成），用于监测和评价系统的稳定性及实验数据的可靠性。

样品经超高效液相色谱系统分离后，用 Triple TOF 6600 质谱仪（AB SCIEX）进行质谱分析，分别采用电喷雾电离（ESI）正离子和负离子模式进行检测。ESI 源设置参数如下。雾化气辅助加热气 1（Gas1）：60；辅助加热气 2（Gas2）：60；

气帘气（CUR）：0.207 MPa；离子源温度：600℃；喷雾电压（ISVF）：± 5500 V（正负两种模式）。一级质荷比检测范围：60～1000 Da；二级子离子质荷比检测范围：25～1000 Da；一级质谱扫描累积时间：0.20 s/spectra；二级质谱扫描累积时间：0.05 s/spectra。二级质谱采用数据依赖型采集模式（IDA）获得，并且采用峰强度值筛选模式；去簇电压（DP）：± 60 V（正负两种模式）；碰撞能量：35±15 eV。IDA 设置如下：动态排除同位素离子范围为 4 Da，每次扫描采集 10 个碎片图谱。

Wiff 格式的原始数据经 ProteoWizard 转换成.mzXML 格式，然后采用 XCMS 软件进行峰对齐、保留时间校正和峰面积提取。对 XCMS 提取得到的数据首先进行代谢物结构鉴定、数据预处理，然后进行实验数据质量评价，最后再进行数据分析，包括单变量统计分析（变异倍数分析、*t* 检验/非参检验、火山图分析等）、多维统计分析（主成分分析、偏最小二乘判别分析、正交偏最小二乘判别分析、差异代谢物筛选、差异代谢物相关性分析、KEGG 通路分析等）。

5.2.5 菌株 DZY6715 和 YYC155 诱导油茶的抗病防御酶

菌株 DZY6715 和 YYC155 在 28℃摇床上 180 r/min 培养 24 h，然后将菌悬液均匀地喷施到 2 年生盆栽油茶叶片上，以不滴落为准，接种量为 20 mL/株，以喷施无菌水处理作为对照，每处理设 3 个生物学重复。喷施完成后，保鲜袋套袋处理 24 h，分别在第 1、5、10、15、20、25 和 30 天共 7 个时间点取样，用于分析两株生防菌诱导植物抗病防御性。

5.2.5.1 对油茶苯丙烷代谢途径的影响

准备 1%盐酸-甲醇溶液提取液：取 1 mL 浓盐酸（分析纯），加入到 99 mL 甲醇溶液中，摇匀后置于 4℃预冷。分别称取 7 个时间点的叶片样品各 1 g，首先，在冰浴条件下加入少许经预冷的提取液研磨匀浆，然后用提取液冲洗研钵，全部转入 20 mL 刻度试管中，定容至刻度混匀，4℃避光提取 20 min，避光提取过程中多次摇动，过滤后收集滤液使用。以提取液作空白参比调零，并分别于 280 nm 和 325 nm 测定滤液的吸光度值。以每克组织在波长 280 nm 处的吸光度值表示总酚含量，即 OD_{280}/g，以每克组织在波长 325 nm 处的吸光度值表示黄酮含量，即 OD_{325}/g，每处理设 3 个生物学重复。

称取收集的 7 个时间点的叶片组织各 0.2 g，测定苯丙氨酸解氨酶（PAL）、4-香豆酸辅酶 A 连接酶（4CL）、肉桂酸-4-羟化酶（C4H）、查耳酮异构酶（CHI）、几丁质酶（CHA）、β-1,3 葡聚糖酶（β-1,3-GLU），以上化合物的提取、测定及计算方式参照苏州梦犀生物医药科技有限公司相应试剂盒的说明书完成。

5.2.5.2　对油茶活性氧代谢途径的影响

称取收集的 7 个时间点的叶片组织各 0.2 g，测定过氧化氢（H_2O_2）、超氧阴离子（$\cdot O_2^-$）、谷胱甘肽还原酶（GR）、还原型谷胱甘肽（GSH）、超氧化物歧化酶（SOD）、过氧化氢酶（CAT）、过氧化物酶（POD）、多酚氧化酶（PPO）、查耳酮异构酶（CHI），以上化合物的提取、测定及计算参照苏州梦犀生物医药科技有限公司相应试剂盒的说明书完成。

5.2.6　菌株 DZY6715 和 YYC155 诱导油茶抗病性的转录组学分析

5.2.6.1　样本收集

菌株 DZY6715 和 YYC155 在 28℃摇床 180 r/min 培养 24 h，均匀地喷施到 2 年生盆栽油茶叶片上，以不滴落为准，接种量为 20 mL/株，以喷施无菌水处理作为对照，收集处理 15 d 的样品用于转录组测序分析，每个处理设 3 个生物学重复，样品保存于–80℃超低温冰箱。

5.2.6.2　RNA 的提取及转录组测序

收集的样品委托广州基迪奥生物科技有限公司进行 RNA 的提取和质检、文库的构建及测序、测序数据的质量控制及生物学信息等的分析。

对原始数据进行质量控制，过滤低质量数据，以获得干净的序列供后续分析使用。差异表达基因的筛选以错误发现率（false discovery rate，FDR）＜0.05 且差异倍数（fold change，FC）＞2 为标准，并对达到该标准的差异表达基因进行 GO 功能和 KEGG 富集分析。

5.3　结果与分析

5.3.1　内生细菌的分离培养及 16S rRNA 序列分析

从油茶健康叶片中分离培养获得 25 株内生细菌，菌株经 16S rRNA 序列分析比对结果见表 5-4，其中，芽孢杆菌属（*Bacillus*）的菌株占总分离菌株数的 88%。

菌株 DZY6701、DZY6703、DZY6705、DZY6707、DZY6708、DZY6709、DZY6712、DZY6714、DZY6715、DZY6718、DZY6719、DZY6720 和 DZY6725 的近缘菌为 *B. tequilensis* KCTC 13622，其序列相似性为 99.58%～99.93%，占总分离菌株数的 52%；DZY6702 与 *B. megaterium* NBRC 15308 相似性最高，为 99.59%，占总分离菌株数的 4%；DZY6704 的近缘菌为 *B. mobilis* 0711P9-1，其序

列相似性为 99.1%，占总分离菌株数的 4%；DZY6706 的近缘菌为 *B. velezensis* CR-502，其序列相似性为 99.21%，占总分离菌株数的 4%；DZY6710 的近缘菌为 *B. proteolyticus* TD42，其序列相似性为 99.59%，占总分离菌株数的 4%；DZY6711 和 DZY6717 与 *B. halotolerans* ATCC 25096 序列相似性最高，为 99.3%，占所分离内生菌菌株的 8%；DZY6713 的近缘菌为 *Staphylococcus sciuri* DSM 20345，序列相似性为 99.86%，占总分离菌株数的 4%；DZY6716 与 *B. siamensis* KCTC 13613 序列相似性最高，为 99.37%，占总分离菌株数的 4%；DZY6721 的近缘菌为 *Leclercia adecarboxylata* NBRC 102595，其序列相似性为 99.71%，占总分离菌株数的 4%；DZY6722 和 DZY6723 与 *B. zanthoxyli* 1433 序列相似性最高，其相似性为 99.58%～99.65%，占总分离菌株数的 8%；DZY6724 的近缘菌为 *Paenibacillus intestini* LAH16，其序列相似性为 99.23%，占总分离菌株数的 4%。

表 5-4　内生细菌 16S rRNA 序列比对结果

菌株号	近缘种	近缘菌株	相似性（%）	比对百分比（%）
DZY6701	*B. tequilensis*	KCTC 13622	99.93	96.2
DZY6702	*B. megaterium*	NBRC 15308	99.59	98.6
DZY6703	*B. tequilensis*	KCTC 13622	99.86	95.5
DZY6704	*B. mobilis*	0711P9-1	99.1	98.4
DZY6705	*B. tequilensis*	KCTC 13622	99.79	96.1
DZY6706	*B. velezensis*	CR-502	99.21	98.6
DZY6707	*B. tequilensis*	KCTC 13622	99.58	96.4
DZY6708	*B. tequilensis*	KCTC 13622	99.58	96.4
DZY6709	*B. tequilensis*	KCTC 13622	99.93	95.9
DZY6710	*B. proteolyticus*	TD42	99.59	99
DZY6711	*B. halotolerans*	ATCC 25096	99.3	72.4
DZY6712	*B. tequilensis*	KCTC 13622	99.72	95.5
DZY6713	*S. sciuri*	DSM 20345	99.86	95.3
DZY6714	*B. tequilensis*	KCTC 13622	99.93	94.4
DZY6715	*B. tequilensis*	KCTC 13622	99.93	95
DZY6716	*B. siamensis*	KCTC 13613	99.37	96.9
DZY6717	*B. halotolerans*	ATCC 25096	99.3	96.9
DZY6718	*B. tequilensis*	KCTC 13622	99.93	96.2
DZY6719	*B. tequilensis*	KCTC 13622	99.93	95.9
DZY6720	*B. tequilensis*	KCTC 13622	99.86	95.7
DZY6721	*L. adecarboxylata*	NBRC 102595	99.71	95.6
DZY6722	*B. zanthoxyli*	1433	99.65	98.6
DZY6723	*B. zanthoxyli*	1433	99.58	98.7
DZY6724	*P. intestini*	LAH16	99.23	98.6
DZY6725	*B. tequilensis*	KCTC 13622	99.86	95.7

注：表中比对百分比指所查询的序列与命中序列的匹配程度，也称覆盖程度

5.3.2 生防菌的筛选及鉴定

5.3.2.1 生防菌的体外筛选

以油茶炭疽菌为指示菌，以分离的 25 株油茶内生菌及课题组前期从猪屎豆根瘤中分离获得的 8 株根瘤内生菌为供试菌株，通过平板对峙法测定各待测菌株的抑菌效果。平板对峙实验表明，油茶内生菌 DZY6701、DZY6702、DZY6703、DZY6704、DZY6705、DZY6706、DZY6707、DZY6708、DZY6709、DZY6710、DZY6711、DZY6712、DZY6713、DZY6714、DZY6715、DZY6716、DZY6717、DZY6718、DZY6719、DZY6720、DZY6721、DZY6722、DZY6723、DZY6724 和 DZY6725 的体外抑菌率分别为 31.65%、9.28%、42.83%、14.56%、44.09%、43.25%、41.98%、44.62%、47.05%、–0.63%、41.56%、46.20%、9.28%、42.41%、57.59%、21.94%、39.66%、41.56%、42.83%、44.94%、0、–1.27%、10.76%、11.39% 和 45.57%（图 5-1）。而猪屎豆根瘤内生菌 YYC22、YYC38、YYC72、YYC79、YYC135、YYC150、YYC155 和 YYC171 的体外抑菌率分别为 33.72%、18.02%、43.8%、33.91%、45.35%、21.51%、56.00%和 34.88%（图 5-2）。通过平板对峙培养，筛选出两株内生菌 DZY6715 和 YYC155，其在体外对油茶炭疽菌具有较好的抑菌效果，后续试验以这两株生防菌为研究对象，开展抗病机制的研究。

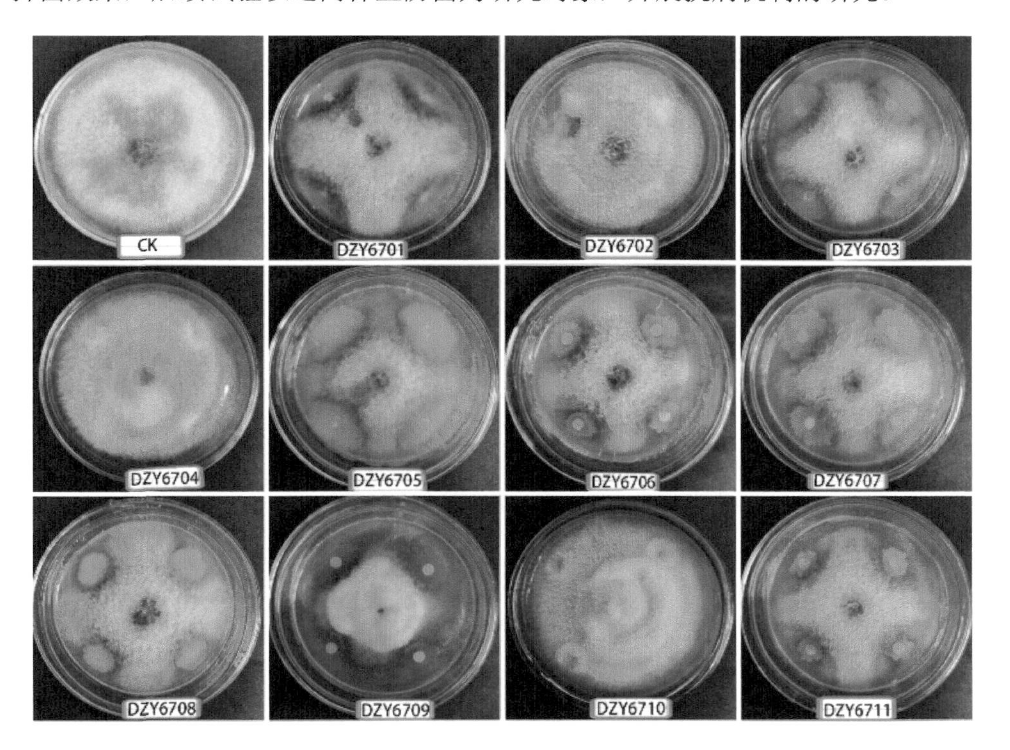

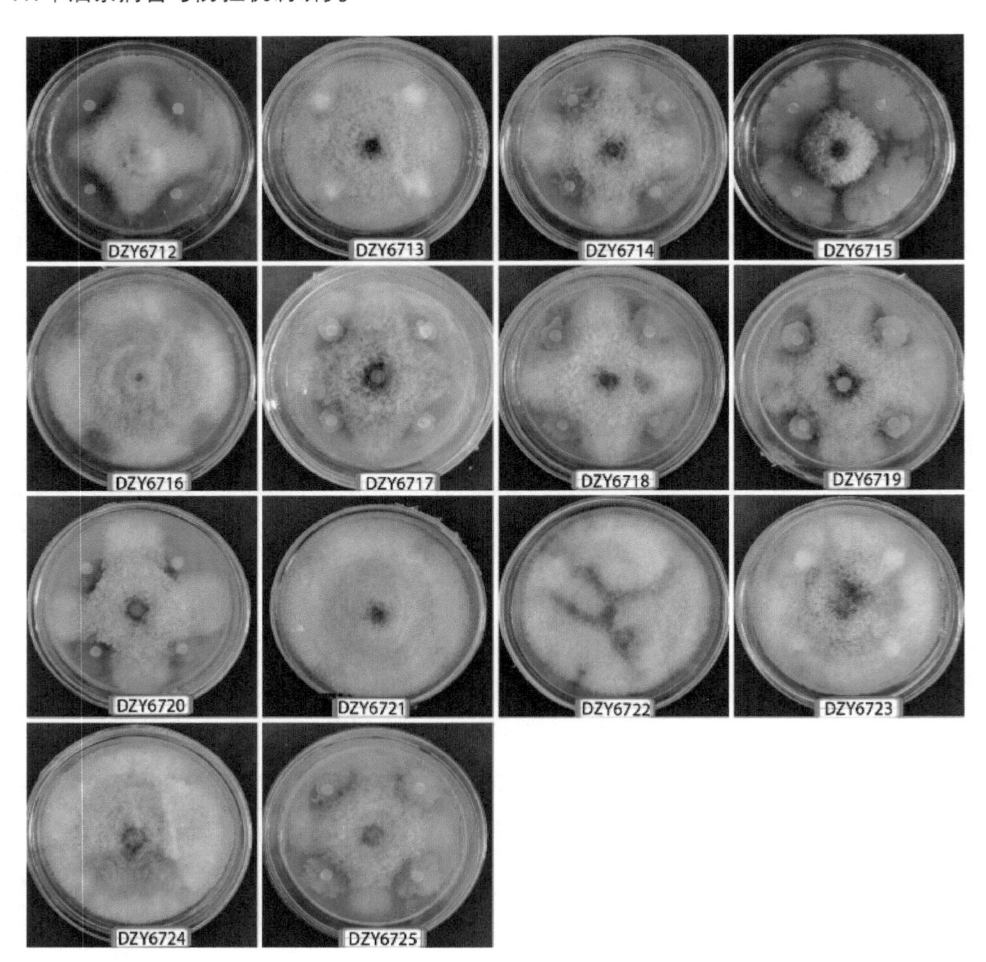

图 5-1　油茶内生细菌对油茶炭疽菌的体外抑菌作用

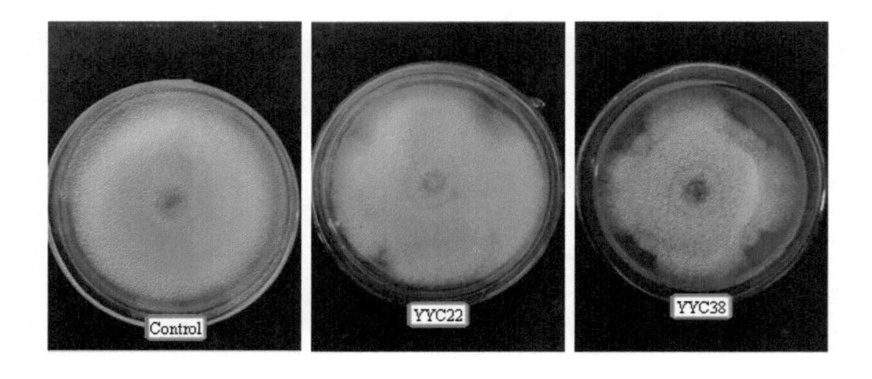

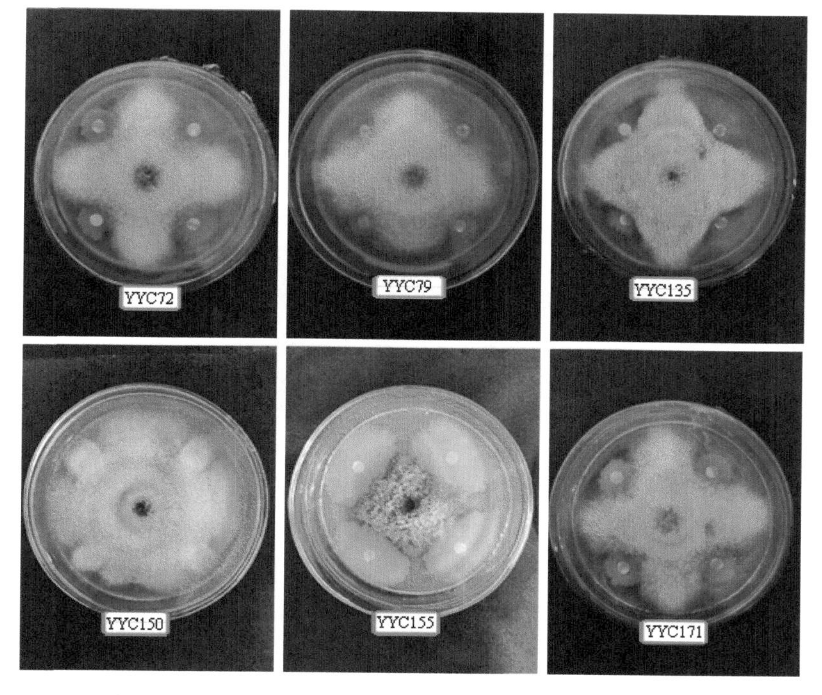

图 5-2　猪屎豆根瘤内生菌对油茶炭疽菌的体外抑菌作用

5.3.2.2　菌株 DZY6715 和 YYC155 的生理生化及分子鉴定

将菌株 DZY6715 和 YYC155 单菌落接种至 LB 液体培养基中于摇床中 180 r/min 摇培 24 h，将其梯度稀释至 1×10^{-6}，取 100 μL 在 LB 培养基上涂布，28℃恒温培养 24 h 后进行革兰氏染色。结果表明，菌株 DZY6715 在培养基上菌落呈乳白色，近圆形，菌体干燥、无黏性，表面粗糙，菌落中央有皱褶产生（图 5-3A，B），菌株 YYC155 在培养基上菌落呈乳白色，边缘不规则形，菌体干燥、无黏性，表面粗糙，有皱褶（图 5-3D，E）。革兰氏染色结果表明，菌株 DZY6715 和 YYC155 均呈棒杆状，紫色，为革兰氏阳性菌（图 5-3C，F）。

菌株 DZY6715 和 YYC155 部分生理生化测定结果如表 5-5 所示，菌株 DZY6715 能利用蜜二糖、甘油、L-丙氨酸；但 D-水杨苷、D-甘露糖、D-甘露醇、溴-丁二酸均为阴性。菌株 YYC155 的 D-水杨苷、D-甘露糖、D-甘露醇、溴-丁二酸为阳性，甘油和 L-丙氨酸呈阳性，不能利用蜜二糖。基于生理生化测定结果，发现两株菌的生理生化反应存在差异，这可能是不同菌株本身存在特异性的结果，但所测的生理生化指标结果都与 *B. tequilensis* 特性一致。

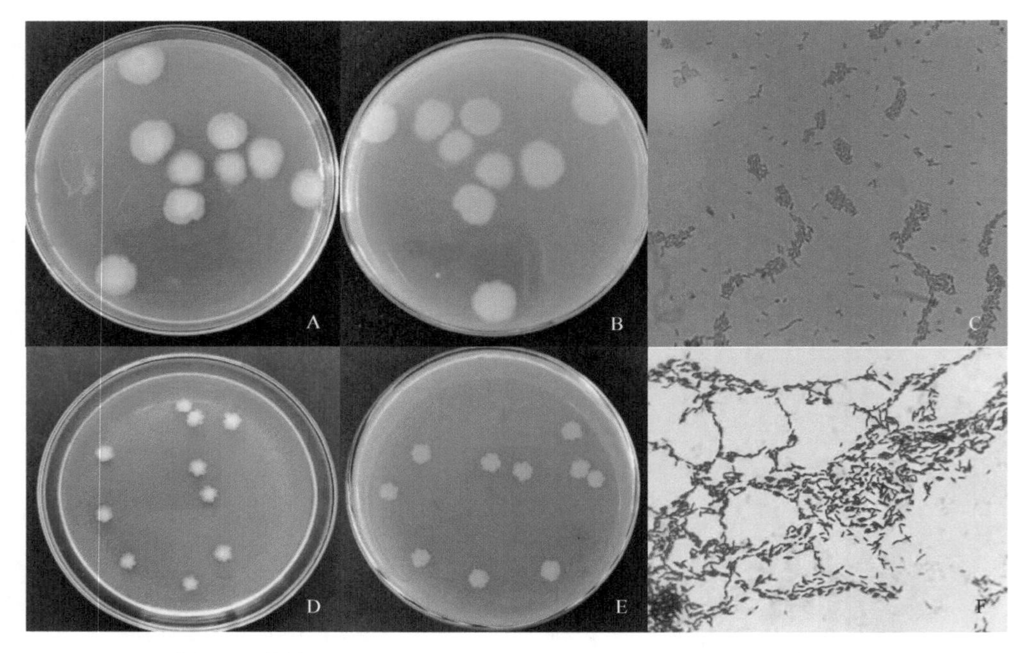

图 5-3　菌株 DZY6715（A～C）和 YYC155（D～F）形态特征图

表 5-5　菌株 DZY6715 和 YYC155 的生理生化测定

微孔	生理生化特征	菌株 DZY6715	菌株 YYC155
B3	蜜二糖（D-melibiose）	+	–
B5	D-水杨苷（D-salicin）	–	+
C2	D-甘露糖（D-mannose）	–	+
D2	D-甘露醇（D-mannitol）	–	+
D5	甘油（glycerol）	+	+
E3	L-丙氨酸（L-alanine）	+	+
G9	溴-丁二酸（bromo-succinic acid）	–	+

注：“+” 代表阳性，“–” 代表阴性

对菌株 DZY6715 和 YYC155 的 16S rRNA 基因构建 NJ 系统发育树，结果表明 DZY6715 与菌株 SJ33 的序列相似性为 100%，而 YYC155 与菌株 SJ33 和 CRRI-HN-4 的序列相似性为 100%，且都与 *B. tequilensis* 种的菌株聚为一支。因此，结合形态学特征、生理生化测定和系统发育分析，菌株 DZY6715 和 YYC155 可以鉴定为 *B. tequilensis*（图 5-4）。

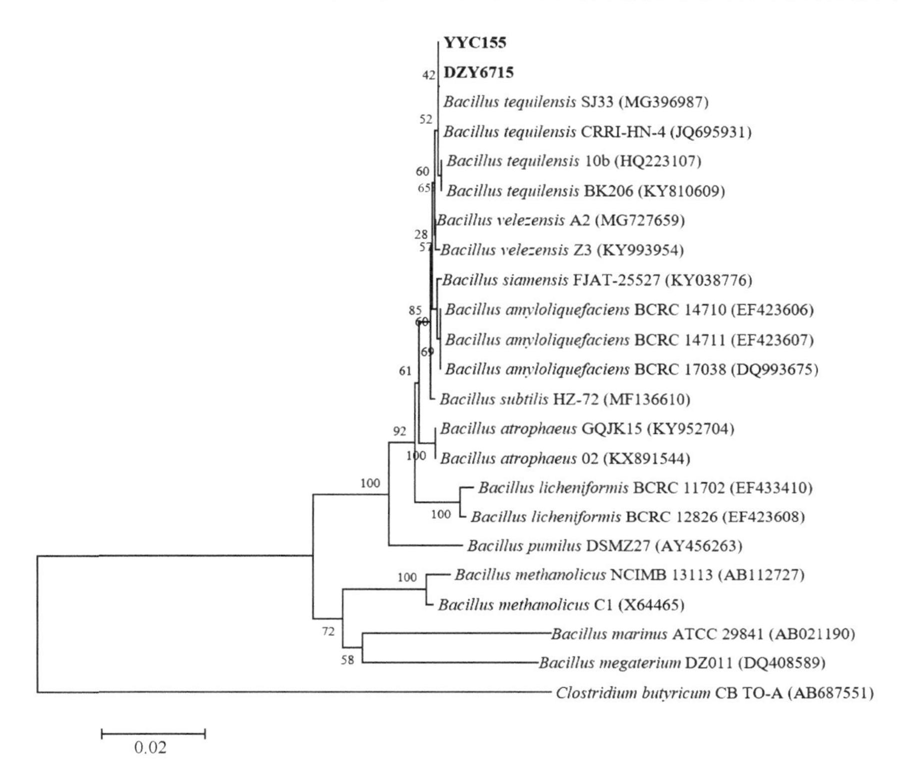

图 5-4　菌株 DZY6715 和 YYC155 的 16S rRNA 基因系统发育分析

5.3.2.3　菌株 DZY6715 和 YYC155 的生长曲线

通过绘制菌株的生长曲线，结果表明，菌株 DZY6715 在 6～24 h 为对数生长期，24～48 h 是生长稳定期，48 h 以后开始表现出下降的趋势，进入衰亡期（图 5-5A）。菌株 YYC155 的对数生长期、稳定期和衰亡期分别为 6～24 h、24～48 h 和 48～96 h（图 5-5B）。

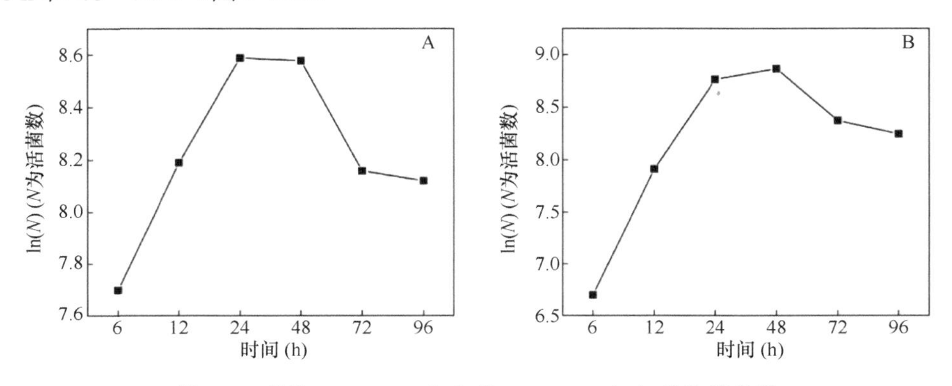

图 5-5　菌株 DZY6715（A）和 YYC155（B）的生长曲线

5.3.3 菌株 DZY6715 和 YYC155 的抑菌活性及生防效果

5.3.3.1 菌株 DZY6715 和 YYC155 产生细胞壁水解酶的测定

对菌株 DZY6715 和 YYC155 发酵液中水解酶活性进行测定，结果表明，菌株 DZY6715 经过发酵后可产生几丁质酶，随着培养时间的递增，几丁质酶活性持续上升，在 120 h 时达到最大值 1.14 U/mL；菌株 YYC155 也能产生几丁质酶，在培养期内，几丁质酶活性呈“先上升后下降”的趋势，酶活性在 12～48 h 先上升后变化平稳，48～96 h 快速升高，并在 96 h 达到峰值 1.13 U/mL，随后开始急剧下降，120 h 时酶活性为 1.09 U/mL（图 5-6A）。

菌株 DZY6715 和 YYC155 经过发酵后都能产生 β-1,3 葡聚糖酶。其中菌株 DZY6715 在 12～96 h 内 β-1,3 葡聚糖酶活性上升，96 h 酶活性最高，为 6.31 U/mL，之后开始急剧降低。菌株 YYC155 的 β-1,3 葡聚糖酶活性持续上升，并在 120 h 达到最高酶活，为 6.81 U/mL（图 5-6B）。以上结果表明，两株内生菌发酵均能产生溶解真菌细胞壁的酶，在一定程度上能水解病原菌的细胞壁，进而阻止病原菌生长。

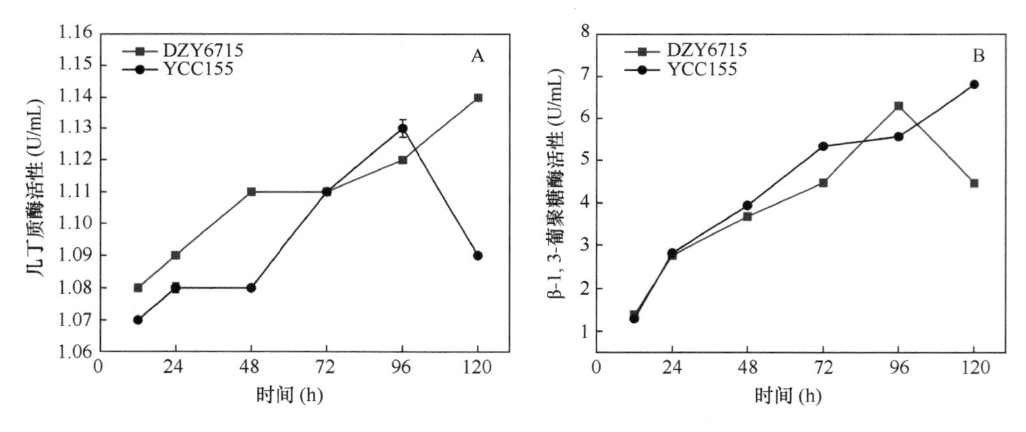

图 5-6 菌株 DZY6715 和 YYC155 细胞壁水解酶活性

5.3.3.2 菌株 DZY6715 和 YYC155 对炭疽菌细胞的破坏作用

通过测定炭疽菌菌丝的相对电导率来评估病原菌的细胞膜通透性。在整个培养过程中，与对照处理相比，经菌株 DZY6715 和 YYC155 处理后，病原菌丝体的相对电导率显著增加，且经 YYC155 处理后菌丝体的相对电导率高于 DZY6715 处理组菌丝体（图 5-7A）。

通过测定细胞氧化损伤标志物丙二醛（MDA）的含量来检测病原菌丝体的脂质过氧化程度。与对照组相比，经菌株 DZY6715 和 YYC155 处理后，菌丝体的

MDA 水平显著升高，且经 DZY6715 和 YYC155 处理的 MDA 含量也存在差异。经 DZY6715 处理在 72 h 以内 MDA 含量均呈现上升的趋势，并于 72 h 达到最大值，为 6.65 nmol/g，之后下降并逐渐趋于稳定。经 YYC155 处理的菌丝体的 MDA 含量在 120 h 时达到最高值，为 6.07 nmol/g（图 5-7B）。以上结果表明，DZY6715 和 YYC155 处理导致细胞膜损伤，病原菌丝体细胞膜通透性增大。

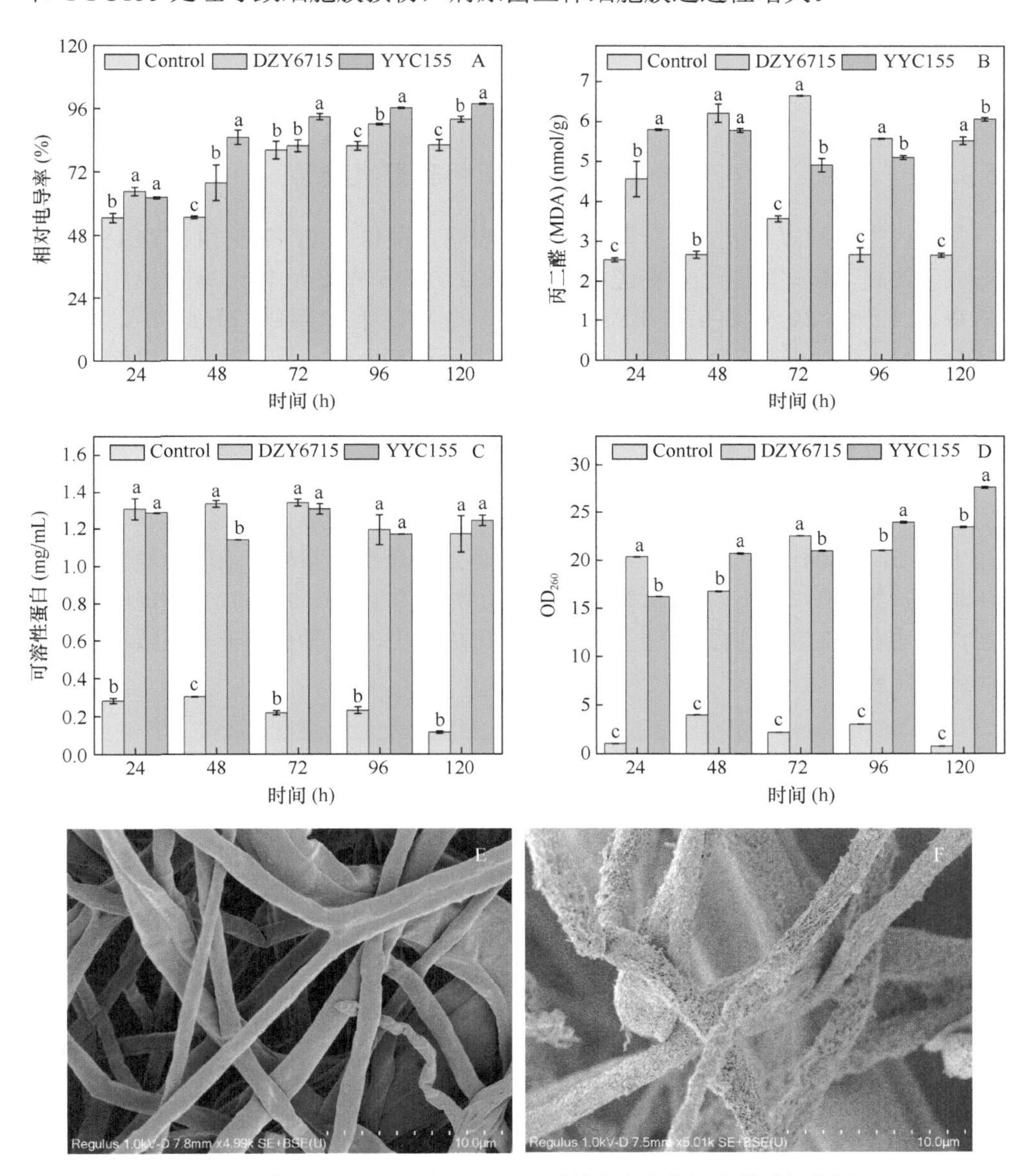

图 5-7　菌株 DZY6715 和 YYC155 对果生炭疽菌细胞的破坏作用

病原菌菌丝体核酸和蛋白质泄漏也被认为是细胞膜损伤的另一指标，在整个培养期间，与对照组相比，经菌株 DZY6715 和 YYC155 处理后的细胞外核酸和可溶性蛋白质含量显著升高，再次证明病原菌丝体的细胞膜受到损伤，通透性增大（图 5-7C，D）。

扫描电镜分析显示，与对照组（图 5-7E）相比，经菌株 YYC155 的处理，病原菌的菌丝形态发生了显著变化。对照组菌丝饱满，形态结构完整，厚度均匀，表面光滑，而经 YYC155 处理后的菌丝受损严重，表面皱缩，内容物渗漏（图 5-7F）。

5.3.3.3　菌株 DZY6715 和 YYC155 生物膜形成能力

对内生菌的成膜能力进行测定，结果表明，菌株 DZY6715 和 YYC155 均能形成生物膜，但成膜能力存在差异。菌株 DZY6715 在培养 12～24 h 内生物膜产量逐渐上升，24～72 h 生物膜产量趋于稳定，于培养后 24 h 达到最大值（OD_{560}=4.55），培养 72～96 h 产量下降，之后稍有上升，这可能是温度波动的结果。同时，观察发现 12～24 h 的生物膜松散，易变为浮游状态，认为该时间段细菌处于最初黏附阶段，24～72 h 的生物膜结构完整、易挑起，细菌可能处于发育阶段，72～120 h 时，生物膜出现解离、浮游的状态。菌株 YYC155 生物膜的产生量呈“先缓慢上升，然后趋于稳定，最后下降”的趋势，相似地，菌株 YYC155 在 12～24 h、24～72 h 和 72～120 h 分别是处于最初的黏附、成膜的稳定、解离浮游的阶段（图 5-8）。以上试验结果表明，两株内生菌在 24～72 h 的成膜能力较强，表明在该时间段内具有很强的生物膜形成能力，可能有助于其在植物表面或体内的定植。

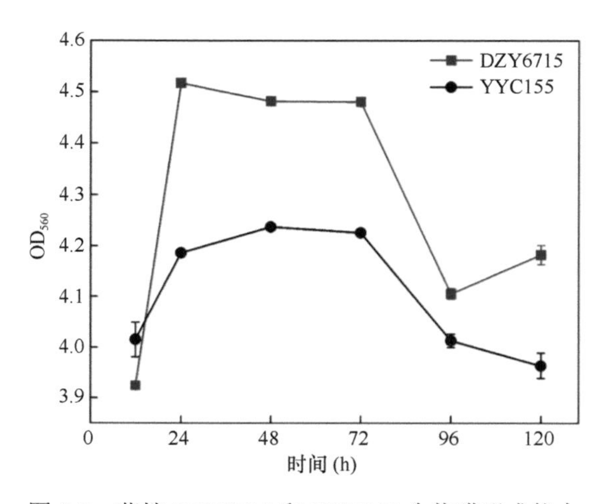

图 5-8　菌株 DZY6715 和 YYC155 生物膜形成能力

5.3.3.4　菌株 DZY6715 和 YYC155 脂肽基因检测

通过 PCR 检测既往研究所报道的脂肽基因，结果表明，菌株 DZY6715 存在脂肽基因 *bacA*、*ppsD*、*srfAA* 和 *ituB*，而菌株 YYC155 只检测到脂肽基因 *bacA*、*ppsD*、*srfAA*，*ituB* 未检出，其余脂肽基因均未检测到。其中检测到的基因 *bacA*、*ppsD*、*srfAA* 和 *ituB* 分别与 bacylisin、plipastatin、surfactin 和 iturin 四种脂肽物质相对应（图 5-9）。

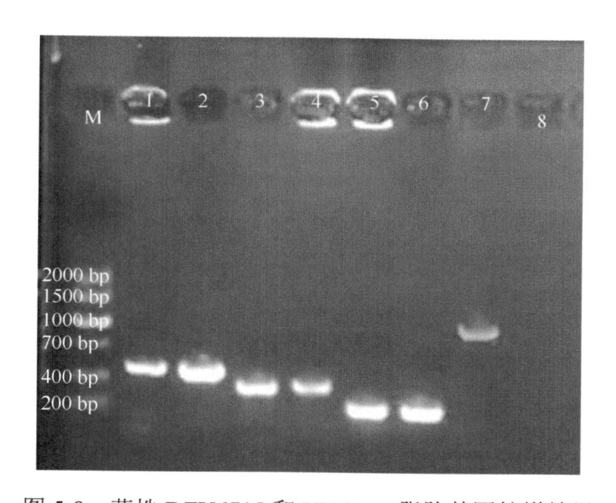

图 5-9　菌株 DZY6715 和 YYC155 脂肽基因扩增结果

M：Marker；1，2：*bacA*（500 bp）；3，4：*ppsD*（350 bp）；5，6：*srfAA*（200 bp）；7，8：*ituB*（720 bp）；1，3，5 和 7：菌株 DZY6715；2，4，6 和 8：菌株 YYC155

5.3.3.5　菌株 DZY6715 和 YYC155 在油茶上的防效测定

单独喷施无菌水（图 5-10A）及内生菌 DZY6715 和 YYC155 菌悬液（图 5-10B，C）的处理组在整个过程中叶片均未出现症状，而单独接种炭疽菌时叶片产生 5.82 mm 大小的病斑（图 5-10D）。先接种内生菌菌悬液后再接种炭疽菌的处理组叶片也产生病斑，DZY6715+*C. fructicola* 和 YYC155+*C. fructicola* 处理的病斑直径分别为 3.34 mm 和 3.01 mm，显著低于单独接种油茶炭疽菌的处理组（图 5-10E，F）。此外，单独接种炭疽菌、DZY6715+*C. fructicola* 和 YYC155+*C. fructicola* 处理的病情指数各不相同，分别为 69.44、47.22 和 38.89，证明喷施内生菌菌液后接种炭疽菌的发病程度明显低于单独接种炭疽菌的处理组。且 DZY6715+*C. fructicola* 和 YYC155+*C. fructicola* 处理能够有效控制炭疽菌，防效分别为 42.66% 和 48.28%（表 5-6）。以上结果表明，内生菌菌株 DZY6715 和 YYC155 均为非致病菌，且对油茶炭疽菌有较好的抑制活性。

表 5-6　菌株 DZY6715 和 YYC155 在油茶叶片上对炭疽菌的防效

处理	病斑直径（mm）	病情指数	防效（%）
无菌水	0±0.00[c]	—	—
C. fructicola	5.82±1.45[a]	69.44	—
DZY6715	0±0.00[c]	—	—
YYC155	0±0.00[c]	—	—
DZY6715+ *C. fructicola*	3.34±1.21[b]	47.22	42.66
YYC155+ *C. fructicola*	3.01±0.80[b]	38.89	48.28

图 5-10　菌株 DZY6715 和 YYC155 在叶片上对油茶炭疽菌的抑制效果

A：H_2O；B：DZY6715；C：YYC155；D：DHYC14；E：DZY6715+DHYC14；F：YYC155+DHYC14

5.3.4　菌株 DZY6715 和 YYC155 发酵代谢物非靶向代谢组分析

5.3.4.1　主成分分析（PCA）

主成分分析中不同颜色表示不同发酵时间下的样品，同一颜色表示同一发酵时间下的样品的 3 个生物学重复。结果表明，菌株 DZY6715（图 5-11A，B）和 YYC155（图 5-11C，D）发酵 24 h 和 72 h 两组的样本点均分布集中，说明组内样本重复性较好，不同处理间样本点分布明显分离，表明菌株 DZY6715 和 YYC155 发酵 24 h 和 72 h 的代谢物存在显著差异，说明本次数据质量高，检测性好。

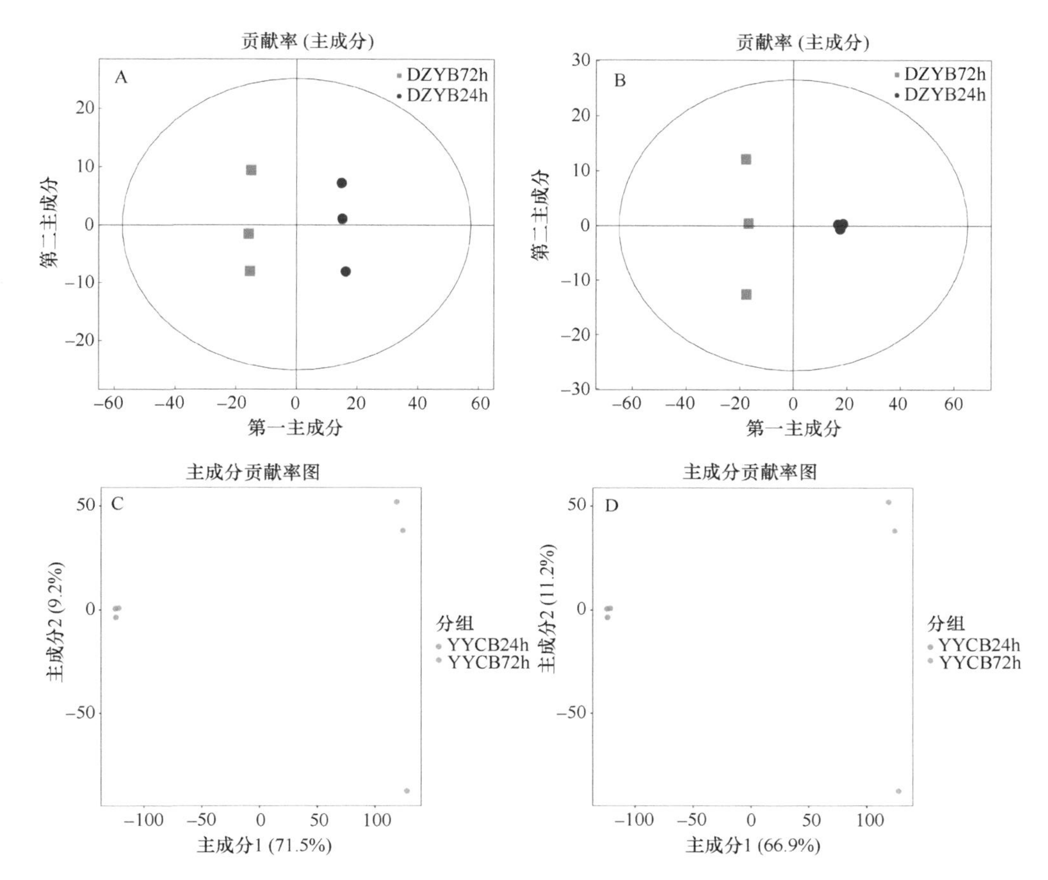

图 5-11　菌株 DZY6715 和 YYC155PCA 得分图

分图 A、B 中左侧方形代表正离子，右侧圆点代表负离子

5.3.4.2　偏最小二乘判别分析（PLS-DA）

经 7 次循环交互验证（7-fold cross-validation）得到模型评价参数（R^2 和 Q^2），一般认为 Q^2 和 R^2 大于 0.5，表明模型稳定可靠。正、负离子模式下，菌株 DZY6715（图 5-12A，B）和 YYC155（图 5-12C，D）的样本在空间位置上聚类明显，能够很好地分成两组，表明 PLS-DA 模型稳定可靠，组间有明显的差异。

为避免有监督模型在建模过程中发生过拟合，采用置换检验（permutation test）对模型进行检验，以保证模型的有效性。PLS-DA 模型的置换检验图显示，DZY6715 样本随着置换保留度逐渐降低，随机模型的 R^2 和 Q^2 均逐渐下降，说明原模型不存在过拟合现象，模型稳健性良好（图 5-13A，B）；YYC155 样本中 R^2 ＞Q^2，且所有蓝色的 Q^2 点从左起均低于最右的原始蓝色 Q^2 点（右上角蓝色 Q^2 点和绿色 R^2 点处），表明模型未过拟合，结果可靠有效（图 5-13C，D）。

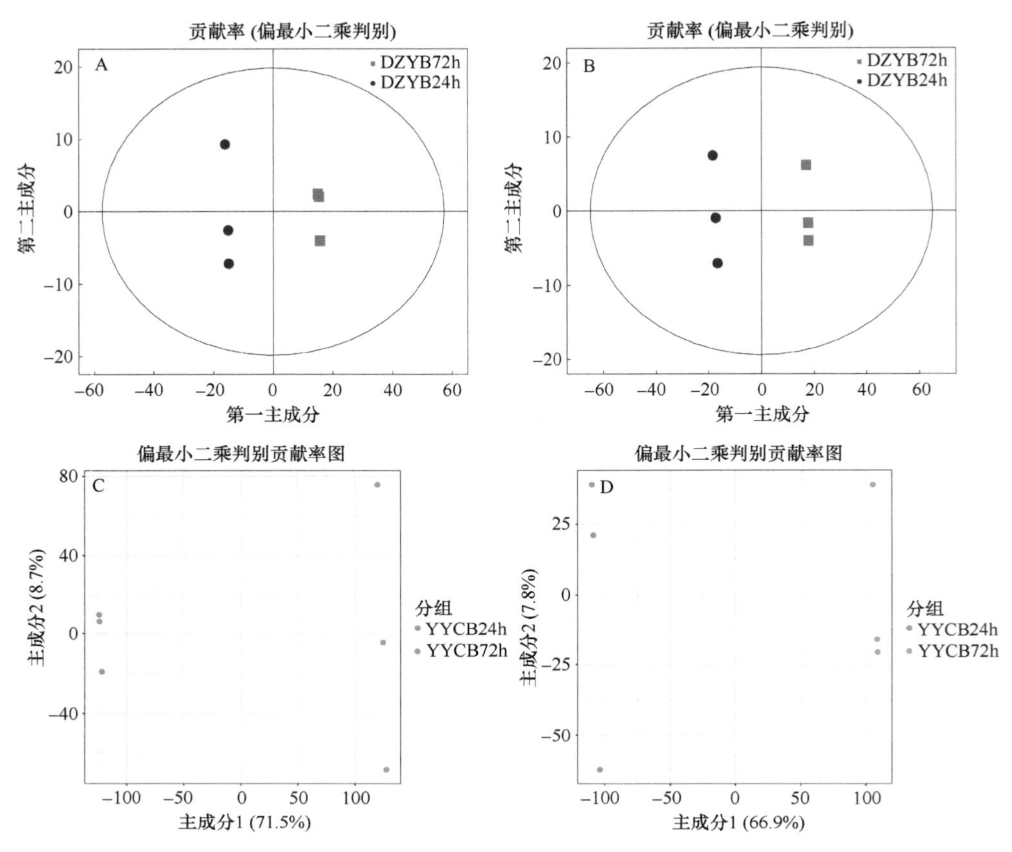

图 5-12　菌株 DZY6715（A、B）和 YYC155（C、D）的 PLS-DA 散点得分图

分图 A、B 中左侧代表正离子，右侧代表负离子

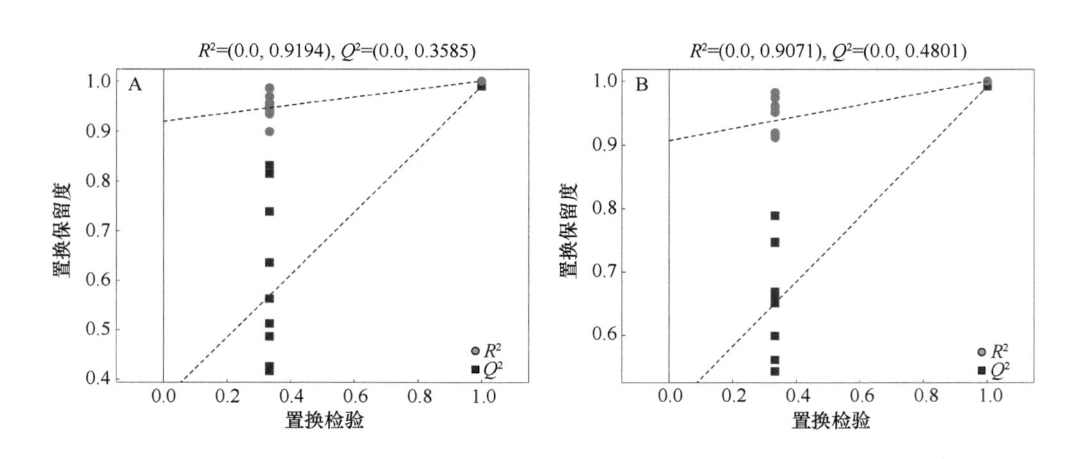

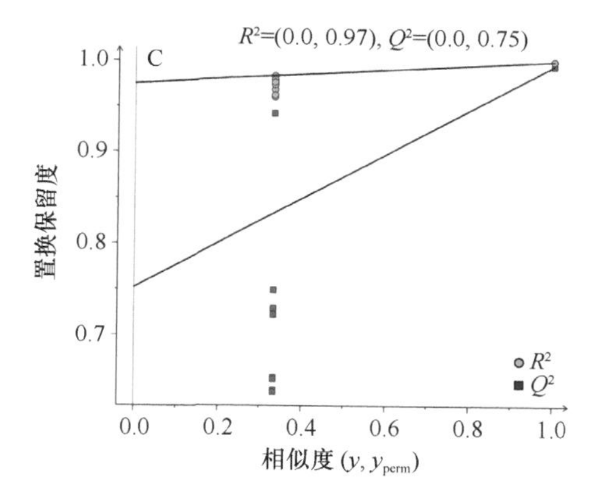

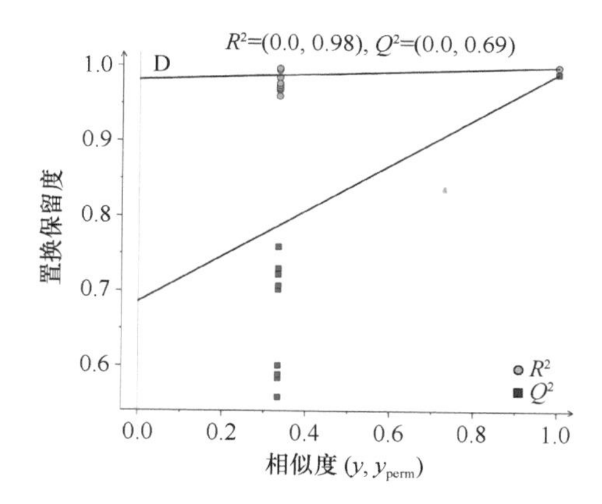

图 5-13　菌株 DZY6715（A、B）和 YYC155（C、D）样品的正交偏最小二乘判别分析（OPLS-DA）置换检验

R^2 表示模型对自变量 X 和因变量 Y 的解释率；Q^2 是通过对模型进行交叉验证计算得出的，用以评价模型的预测能力

5.3.4.3　差异代谢物筛选

以 OPLS-DA VIP＞1 和 p＜0.05 为差异代谢物的筛选标准，VIP 是指 OPLS-DA 模型第一主成分的变量投影重要度，表示代谢物对分组的贡献，通常 VIP＞1 的代谢物被认为在模型解释中具有显著贡献。p 是通过 t 检验计算得到，表示差异显著性水平，p 值越小，表示差异越显著。

菌株 DZY6715 样本中正负离子模式合并后共鉴定 1151 种代谢物，筛选到差异代谢物共 239 个，其中，100 个上调，139 个下调。菌株 YYC155 样本中共鉴定到 378 个代谢物，差异代谢物共 163 个，其中，40 个上调，123 个下调（图 5-14）。

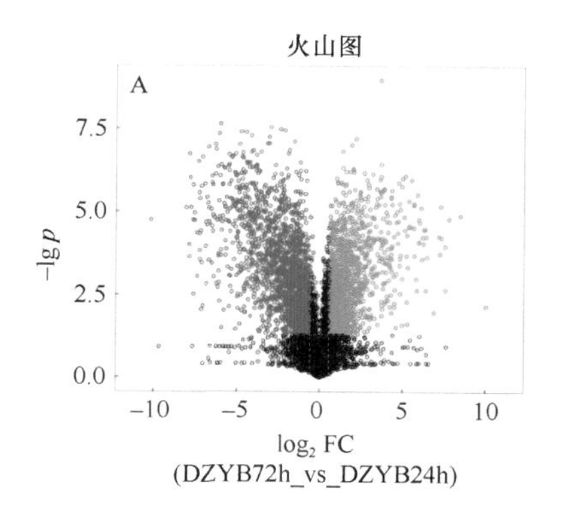

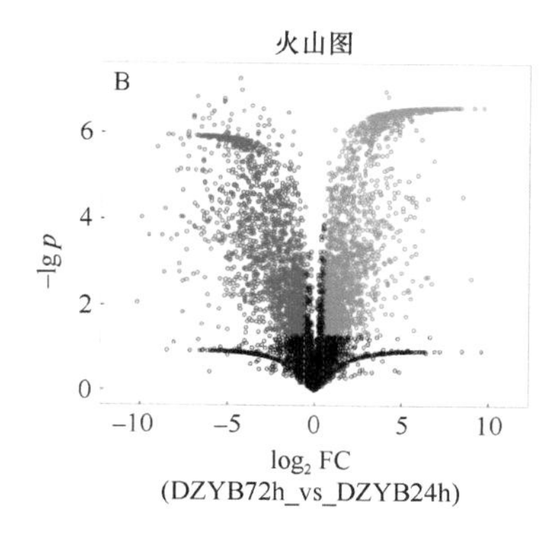

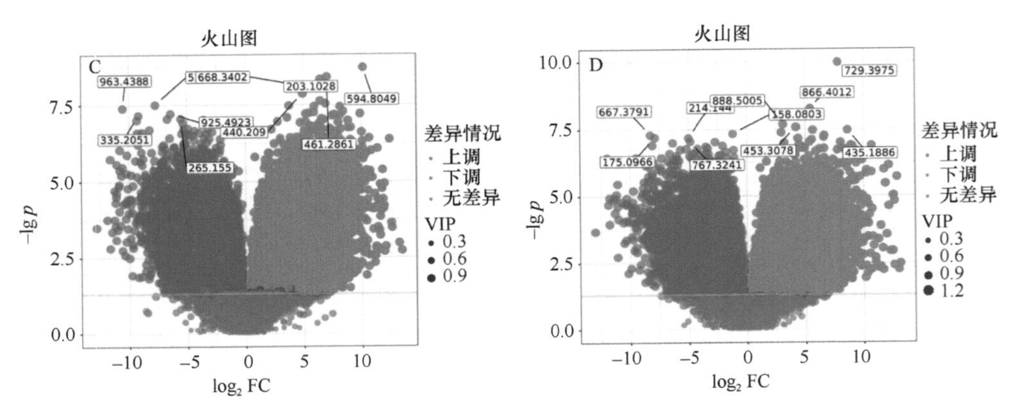

图 5-14 菌株 DZY6715（A、B）和 YYC155（C、D）的差异代谢物火山图

5.3.4.4 菌株 DZY6715 发酵液 KEGG 通路分析

以 DZYB 72h_vs_DZYB24h 进行分析，显著性差异代谢物注释到了 32 条代谢通路中，被注释到前 20 位（Top20）的代谢通路主要是蛋白质消化和吸收（Protein digestion and absorption），氨基酰 tRNA 生物合成（Aminoacyl-tRNA biosynthesis），氨基酸的生物合成（Biosynthesis of amino acids），矿物吸收（Mineral absorption），ABC 转运蛋白（ABC transporters），赖氨酸降解（Lysine degradation），2-氧代羧酸代谢（2-Oxocarboxylic acid metabolism），各种次生代谢物的生物合成的第三部分（Biosynthesis of various secondary metabolites - part 3），氰基氨基酸代谢（Cyanoamino acid metabolism），缬氨酸、亮氨酸和异亮氨酸生物合成（Valine，leucine and isoleucine biosynthesis），精氨酸生物合成（Arginine biosynthesis），精氨酸和脯氨酸代谢（Arginine and proline metabolism），托烷、哌啶和吡啶生物碱的生物合成（Tropane，piperidine and pyridine alkaloid biosynthesis），泛酸和辅酶 A 生物合成（Pantothenate and CoA biosynthesis），苯丙氨酸代谢（Phenylalanine metabolism），mTOR 信号通路（mTOR signaling pathway），苯乙烯降解（Styrene degradation），谷胱甘肽代谢（Glutathione metabolism），丙氨酸、天冬氨酸和谷氨酸代谢（Alanine，aspartate and glutamate metabolism）和硫代葡萄糖苷生物合成（Glucosinolate biosynthesis）（图 5-15）。

对富集到 KEGG 通路上的化合物进行统计，结果表明，富集到 32 条代谢通路中的差异代谢物一共有 239 个，其中，上调代谢物 100 个，下调代谢物 139 个，具体的差异代谢物见表 5-7。

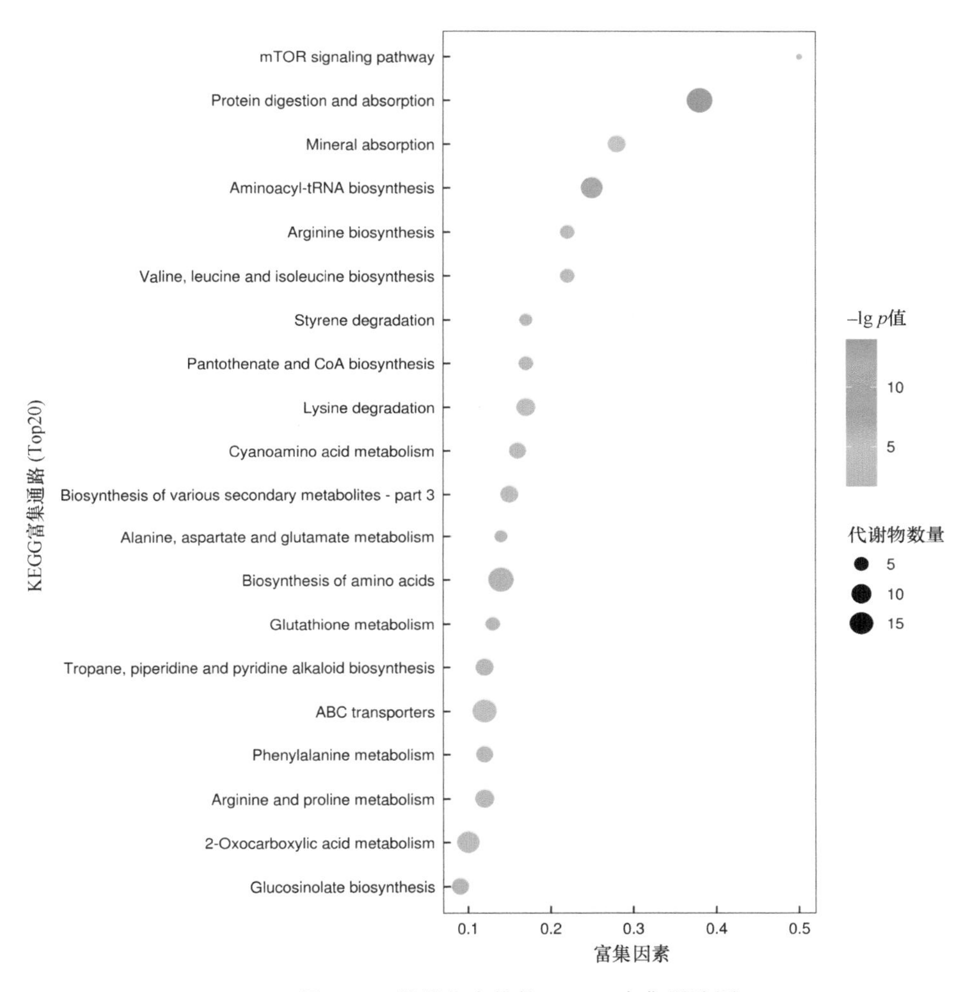

图 5-15　差异化合物的 KEGG 富集通路图

表 5-7　DZYB72h_vs_DZYB24h 显著差异代谢物通路分析

编号	通路名称	上调代谢物	下调代谢物
ko04974	蛋白质消化和吸收（Protein digestion and absorption）	丁酸（Butanoic acid）；异戊酸（Isovaleric acid）；苯酚（Phenol）；苯丙氨酸（Phenylalanine）	甘氨酸（Glycine）；丙酸（Propionic acid）；β-丙氨酸（Beta-alanine）；异亮氨酸（Isoleucine）；亮氨酸（Leucine）；谷氨酸（Glutamic acid）；DL-色氨酸（DL-tryptophan）；DL-缬氨酸（DL-valine）；DL-酪氨酸（DL-tyrosine）；精氨酸（Arginine）；DL-苏氨酸（DL-threonine）；DL-脯氨酸（DL-proline）；L-天冬氨酸（L-aspartic acid）；赖氨酸（Lysine）；DL-谷氨酸（DL-Glutamic acid）

续表

编号	通路名称	上调代谢物	下调代谢物
ko00970	氨基酰 tRNA 生物合成（Aminoacyl-tRNA biosynthesis）	赖氨酸（Lysine）；苯丙氨酸（Phenylalanine）；DL-酪氨酸（DL-tyrosine）；DL-色氨酸（DL-tryptophan）	甘氨酸（Glycine）；异亮氨酸（Isoleucine）；亮氨酸（Leucine）；谷氨酸（Glutamic acid）；DL-缬氨酸（DL-valine）；精氨酸（Arginine）；DL-苏氨酸（DL-threonine）；DL-脯氨酸（DL-proline）；L-天冬氨酸（L-aspartic acid）；DL-谷氨酸（DL-Glutamic acid）
ko01230	氨基酸的生物合成（Biosynthesis of amino acids）	DL-色氨酸（DL-tryptophan）；DL-酪氨酸（DL-tyrosine）；苯丙氨酸（Phenylalanine）；赖氨酸（Lysine）；2-氨基己二酸（2-aminoadipic acid）；高柠檬酸盐（Homocitrate）；*N*-乙酰-l-谷氨酸（*N*-acetyl-l-glutamate）；*N*-α-乙酰基-l-鸟氨酸（*N*-alpha-acetyl-l-ornithine）	甘氨酸（Glycine）；酮亮氨酸（Ketoleucine）；异亮氨酸（Isoleucine）；亮氨酸（Leucine）；谷氨酸（Glutamic acid）；DL-缬氨酸（DL-valine）；*N*-α-乙酰基-l-鸟氨酸（*N*-alpha-acetyl-l-ornithine）；精氨酸（Arginine）；DL-苏氨酸（DL-threonine）；DL-脯氨酸（DL-proline）；L-天冬氨酸（L-aspartic acid）；DL-谷氨酸（DL-Glutamic acid）
ko04978	矿物吸收（Mineral absorption）	甘氨酸（Glycine）；苯丙氨酸（Phenylalanine）；DL-色氨酸（DL-tryptophan）	异亮氨酸（Isoleucine）；亮氨酸（Leucine）；DL-色氨酸（DL-tryptophan）；DL-缬氨酸（DL-valine）；DL-苏氨酸（DL-threonine）；DL-脯氨酸（DL-proline）
ko02010	ABC 转运蛋白（ABC transporters）	赖氨酸（Lysine）；诺氟沙星（Norfloxacin）；*N*-乙酰-d-氨基葡萄糖（*N*-acetyl-d-glucosamine）；腺苷（Adenosine）	甘氨酸（Glycine）；异亮氨酸（Isoleucine）；亮氨酸（Leucine）；1,2-苯二甲酸（1,2-benzenedicarboxylic acid）；谷氨酸（Glutamic acid）；DL-缬氨酸（DL-valine）；苯丙氨酸（Phenylalanine）；精氨酸（Arginine）；DL-苏氨酸（DL-threonine）；DL-脯氨酸（DL-proline）；L-天冬氨酸（L-aspartic acid）；DL-谷氨酸（DL-Glutamic acid）；硫胺素（Thiamine）
ko00310	赖氨酸降解（Lysine degradation）	赖氨酸（Lysine）；L-2-羟基戊二酸（L-2-hydroxyglutaric acid）；*Ne*-乙酰赖氨酸（*Ne*-acetyllysine）；L-哌可酸（L-pipecolic acid）；4-哌啶甲酰胺（4-piperidinecarboxamide）；2-氨基己二酸（2-aminoadipic acid）；*N,N,N*-三甲基赖氨酸（*N,N,N*-trimethyl lysine）	甘氨酸（Glycine）；琥珀酸（Succinate）
ko01210	2-氧代羧酸代谢（2-Oxocarboxylic acid metabolism）	高柠檬酸盐（Homocitrate）；*N*-乙酰-l-谷氨酸（*N*-acetyl-l-glutamate）；2-氨基己二酸（2-aminoadipic acid）；赖氨酸（Lysine）；*N*-α-乙酰-l-鸟氨酸（*N*-alpha-acetyl-l-ornithine）	酮亮氨酸（Ketoleucine）；异亮氨酸（Isoleucine）；亮氨酸（Leucine）；谷氨酸（Glutamic acid）；DL-色氨酸（DL-tryptophan）；DL-缬氨酸（DL-valine）；苯丙氨酸（Phenylalanine）；DL-酪氨酸（DL-tyrosine）；L-天冬氨酸（L-aspartic acid）；DL-谷氨酸（DL-Glutamic acid）
ko00997	各种次生代谢物的生物合成的第三部分（Biosynthesis of various secondary metabolites - part 3）	赖氨酸（Lysine）	甘氨酸（Glycine）；谷氨酸（Glutamic acid）；L-羟基精氨酸（L-hydroxyarginine）；D-鸟氨酸（D-ornithine）；精氨酸（Arginine）；DL-苏氨酸（DL-threonine）；L-天冬氨酸（L-aspartic acid）；DL-谷氨酸（DL-Glutamic acid）

续表

编号	通路名称	上调代谢物	下调代谢物
ko00460	氰基氨基酸代谢（Cyanoamino acid metabolism）	DL-酪氨酸（DL-tyrosine）；苯丙氨酸（Phenylalanine）；扁桃腈（Mandelonitrile）	甘氨酸（Glycine）；异亮氨酸（Isoleucine）；DL-缬氨酸（DL-valine）；L-天冬氨酸（L-aspartic acid）
ko00290	缬氨酸、亮氨酸和异亮氨酸生物合成（Valine，leucine and isoleucine biosynthesis）	—	酮亮氨酸（Ketoleucine）；异亮氨酸（Isoleucine）；亮氨酸（Leucine）；DL-缬氨酸（DL-valine）；DL-苏氨酸（DL-threonine）
ko00220	精氨酸生物合成（Arginine biosynthesis）	*N*-乙酰-l-谷氨酸（*N*-acetyl-l-glutamate）；*N*-α-乙酰-l-鸟氨酸（*N*-alpha-acetyl-l-ornithine）	谷氨酸（Glutamic acid）；精氨酸（Arginine）；L-aspartic acid（L-天冬氨酸）；DL 谷氨酸（DL-Glutamic acid）
ko00330	精氨酸和脯氨酸代谢（Arginine and proline metabolism）	肌酐（Creatinine）；*N*-乙酰腐胺（*N*-acetylputrescine）；4-乙酰氨基丁酸酯（4-acetamidobutanoate）；G-胍基丁酸酯（G-guanidinobutyrate）	肌氨酸（Sarcosine）；谷氨酸（Glutamic acid）；L-羟基精氨酸（L-hydroxyarginine）；精氨酸（Arginine）；DL-脯氨酸（DL-proline）；DL-谷氨酸（DL-Glutamic acid）
ko00960	托烷、哌啶和吡啶生物碱的生物合成（Tropane，piperidine and pyridine alkaloid biosynthesis）	苯乳酸（Phenyllactic acid）；苯丙氨酸（Phenylalanine）；烟酸盐（Nicotinate）；L-哌啶酸（L-pipecolic acid）；赖氨酸（Lysine）	异亮氨酸（Isoleucine）；可卡因（Cocaine）；假石榴碱（Pseudopelletierine）
ko00770	泛酸和辅酶 A 生物合成（Pantothenate and CoA biosynthesis）	尿嘧啶（Uracil）；β-丙氨酸（Beta-alanine）；泛酸（Pantothenic acid）	泛酸（Pantothenic acid）；DL-缬氨酸（DL-valine）；L-天冬氨酸（L-aspartic acid）
ko00360	苯丙氨酸代谢（Phenylalanine metabolism）	DL-酪氨酸（DL-tyrosine）；苯丙氨酸（Phenylalanine）；苯乙醛（Phenylacetaldehyde）；*N*-乙酰基-l-苯丙氨酸（*N*-acetyl-l-phenylalanine）	苯乙酰-l-谷氨酰胺（Phenylacetyl-l-glutamine）；琥珀酸盐（Succinate）；3-羟基苯乙酸（3-hydroxyphenylacetic acid）
ko04150	mTOR 信号通路（mTOR signaling pathway）	—	亮氨酸（Leucine）；精氨酸（Arginine）
ko00643	苯乙烯降解（Styrene degradation）	2,5-二羟苯乙酸（Homogentisic acid）；苯乙醛（Phenylacetaldehyde）	L-(+)-乳酸（L-(+)-lactic acid）；3 -羟基苯乙酸（3-hydroxyphenylacetic acid）
ko00480	谷胱甘肽代谢（Glutathione metabolism）	维生素 C（Vitamin C）；5-L-谷氨酰-L-丙氨酸（5-L-Glutamyl-L-alanine）	甘氨酸（Glycine）；谷氨酸（Glutamic acid）；L-焦谷氨酸（L-pyroglutamic acid）；DL-谷氨酸（DL-Glutamic acid）
ko00250	丙氨酸、天冬氨酸和谷氨酸代谢（Alanine，aspartate and glutamate metabolism）	—	琥珀酸（Succinate）；D-天冬氨酸（D-aspartic acid）；谷氨酸（Glutamic acid）；L-天冬氨酸（L-aspartic acid）；DL-谷氨酸（DL-Glutamic acid）
ko00966	硫代葡萄糖苷生物合成（Glucosinolate biosynthesis）	苯丙氨酸（Phenylalanine）；DL-色氨酸（DL-tryptophan）；DL-酪氨酸（DL-tyrosine）	酮亮氨酸（Ketoleucine）；异亮氨酸（Isoleucine）；亮氨酸（Leucine）；DL-缬氨酸（DL-valine）

续表

编号	通路名称	上调代谢物	下调代谢物
ko00350	酪氨酸代谢（Tyrosine metabolism）	苯酚（Phenol）；对香豆酸（*p*-coumaric acid）；2,5-二羟苯乙酸（Homogentisic acid）；DL-酪氨酸（DL-tyrosine）	琥珀酸盐（Succinate）；3-羟基苯乙酸（3-hydroxyphenylacetic acid）；对苯二酚（Hydroquinone）
ko04361	轴突再生（Axon regeneration）	5-羟基-l-色氨酸（5-hydroxy-l-tryptophan）；DL-色氨酸（DL-tryptophan）	—
ko00730	硫胺素代谢（Thiamine metabolism）	DL-酪氨酸（DL-tyrosine）	甘氨酸（Glycine）；硫胺素（Thiamine）；5-（2-羟乙基）-4-甲基噻唑（5-(2-hydroxyethyl)-4-methylthiazole）
ko00270	半胱氨酸和甲硫氨酸代谢（Cysteine and methionine metabolism）	*N*-甲酰基-l-甲硫氨酸（*N*-formyl-l-methionine）；*S*-甲基-5′-硫腺苷（*S*-methyl-5′-thioadenosine）；甲硫氨酸亚砜（Methionine sulfoxide）	Ophthalmate；L-aspartic acid（L-天冬氨酸）；1-Aminocyclopropanecarboxylic acid（1-氨基环丙烷甲酸）
ko00340	组氨酸代谢（Histidine metabolism）	4-咪唑乙酸（4-imidazoleacetic acid）；3-甲基-l-组氨酸（3-methyl-l-histidine）；4-咪唑丙烯酸（4-imidazoleacrylic acid）	谷氨酸（Glutamic acid）；L-天冬氨酸（L-aspartic acid）；DL-谷氨酸（DL-Glutamic acid）
ko00410	β-丙氨酸代谢（beta-Alanine metabolism）	尿嘧啶（Uracil）；β-丙氨酸（Beta-alanine）；泛酸（Pantothenic acid）	泛酸（Pantothenic acid）；L-天冬氨酸（L-aspartic acid）
ko00240	嘧啶代谢（Pyrimidine metabolism）	尿嘧啶（Uracil）；胞嘧啶（Cytosine）；胸腺嘧啶（Thymine）；假尿苷（Pseudouridine）；β-丙氨酸（Beta-alanine）	尿苷 5′-磷酸（Uridine 5′-monophosphate）
ko00260	甘氨酸、丝氨酸和苏氨酸代谢（Glycine，serine and threonine metabolism）	DL-色氨酸（DL-tryptophan）	甘氨酸（Glycine）；肌氨酸（Sarcosine）；DL-苏氨酸（DL-threonine）；L-天冬氨酸（L-aspartic acid）
ko00300	赖氨酸生物合成（Lysine biosynthesis）	L-天冬氨酸（L-aspartic acid）	高柠檬酸盐（Homocitrate）；赖氨酸（Lysine）；2-氨基己二酸（2-aminoadipic acid）
ko04080	神经活性配体受体相互作用（Neuroactive ligand-receptor interaction）	腺苷（Adenosine）；β-丙氨酸（Beta-alanine）；	甘氨酸（Glycine）；谷氨酸（Glutamic acid）；L-天冬氨酸（L-aspartic acid）；DL-谷氨酸；（DL-Glutamic acid）
ko04727	GABA 能突触（GABAergic synapse）	—	琥珀酸盐（Succinate）；谷氨酸（Glutamic acid）；DL-谷氨酸（DL-Glutamic acid）
ko04022	cGMP-PKG 信号通路（cGMP-PKG signaling pathway）	鸟嘌呤核苷酸（Guanosine 5′-monophosphate，GMP）；腺苷（Adenosine）	—

通过通路分析，发现菌株 DZY6715 发酵液差异代谢物显著富集数量较多的通路为蛋白质消化和吸收、氨基酰 tRNA 生物合成、氨基酸的生物合成、ABC 转运蛋白、2-氧代羧酸代谢，这些通路中富集的差异代谢物主要是氨基酸类、有机酸（丙酸、丁酸、异戊酸）、苯酚、高柠檬酸盐等。本研究主要对以上这些差异代谢物及其他通路中与抑菌、抗性相关的部分代谢物进行分析。

处理 24 h 的发酵液中，甘氨酸和赖氨酸含量显著下调，其表达量分别比处理 72 h 的发酵液低 32.43%和 34.64%，而苯丙氨酸、谷氨酸、异亮氨酸、亮氨酸、精氨酸显著上调，表达量较高，分别是处理 72 h 的 2.54、2.02、22.02、2.49 和 22.02 倍，表明 24 h 发酵液中这几个氨基酸发挥着重要作用，而随着发酵液培养时间的延长，甘氨酸和赖氨酸在后期大量积累，推测这可能是菌株在不同时间段内，累积的代谢物存在差异，也可能是前期阶段主要是氨基酸参与细胞的生长、能量代谢（图 5-16A）。

处理 24 h 的发酵液中，丁酸、异戊酸、对香豆酸和苯乳酸显著下调，其表达量分别比处理 72 h 的发酵液低 91.43%、66.67%、45.65%和 31.97%，而琥珀酸却是显著上调，表达量为处理 72 h 的 16.41 倍，可能后期阶段主要是有机酸在抑菌、抗病性方面发挥着不可替代的作用（图 5-16B）。

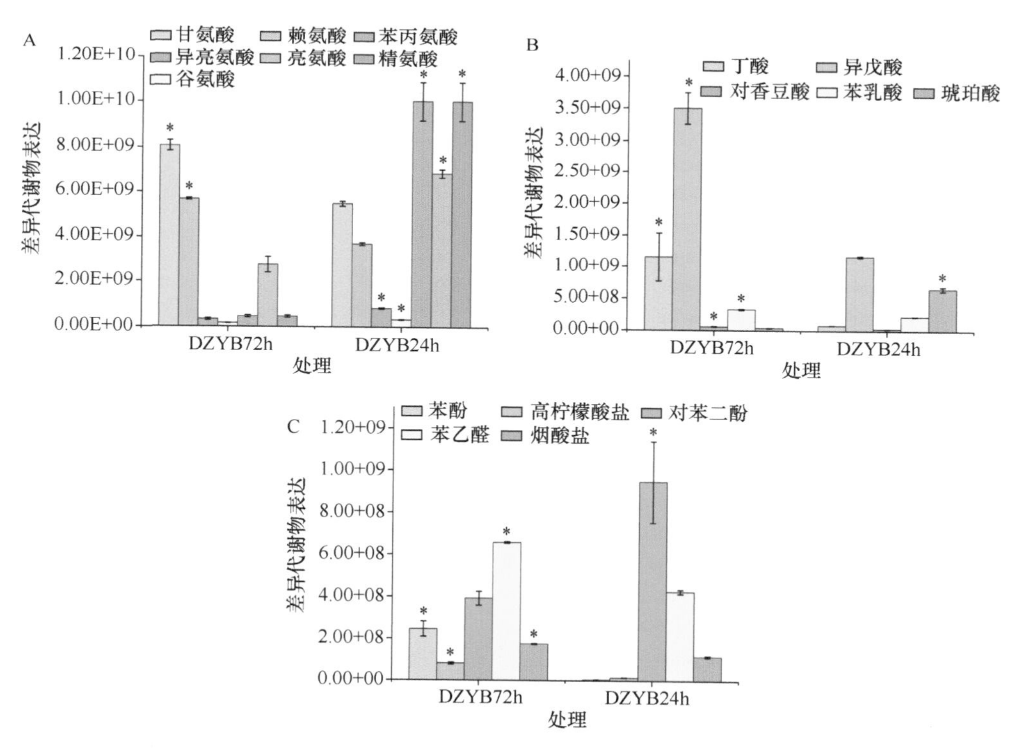

图 5-16　菌株 DZY6715 关键差异代谢物统计

处理 24 h 的发酵液中，苯酚、高柠檬酸盐和烟酸盐显著下调，其表达量分别比处理 72 h 的低 97.97%、82.17%和 35.06%，但对苯二酚显著上调，表达量是 72 h 发酵液的 1.66 倍，说明 DZYB 随着发酵时间的延长，酚类、盐类等代谢物大量累积，在菌株生长后期发挥作用（图 5-16C）。

综上所述，菌株 DZY6715 在生长初期主要是靠氨基酸类代谢物发挥拮抗、抑菌等功能，而后期多依赖有机酸、酚类、盐类等物质发挥作用来减缓有机体氧化损伤的压力。

5.3.4.5 菌株 YYC155 发酵液 KEGG 通路分析

通过 KEGG 注释，菌株 YYC155 的差异代谢物富集到 55 条通路中，其中，富集到 Top20 的通路如图 5-17 所示。其中，差异代谢物富集在 8 条主要的通路中，分别为戊糖磷酸途径（Pentose phosphate pathway），β-丙氨酸代谢（beta-Alanine metabolism），色氨酸代谢（Tryptophan metabolism），苯丙氨酸、酪氨酸和色氨酸生物合成（Phenylalanine，tyrosine and tryptophan biosynthesis），苯丙氨酸代谢（Phenylalanine metabolism），D-精氨酸和 D-鸟氨酸代谢（D-Arginine and D-ornithine metabolism），泛酸和辅酶 A 生物合成（Pantothenate and CoA biosynthesis），甘氨酸、丝氨酸和苏氨酸代谢（Glycine，serine and threonine metabolism）（图 5-17）。

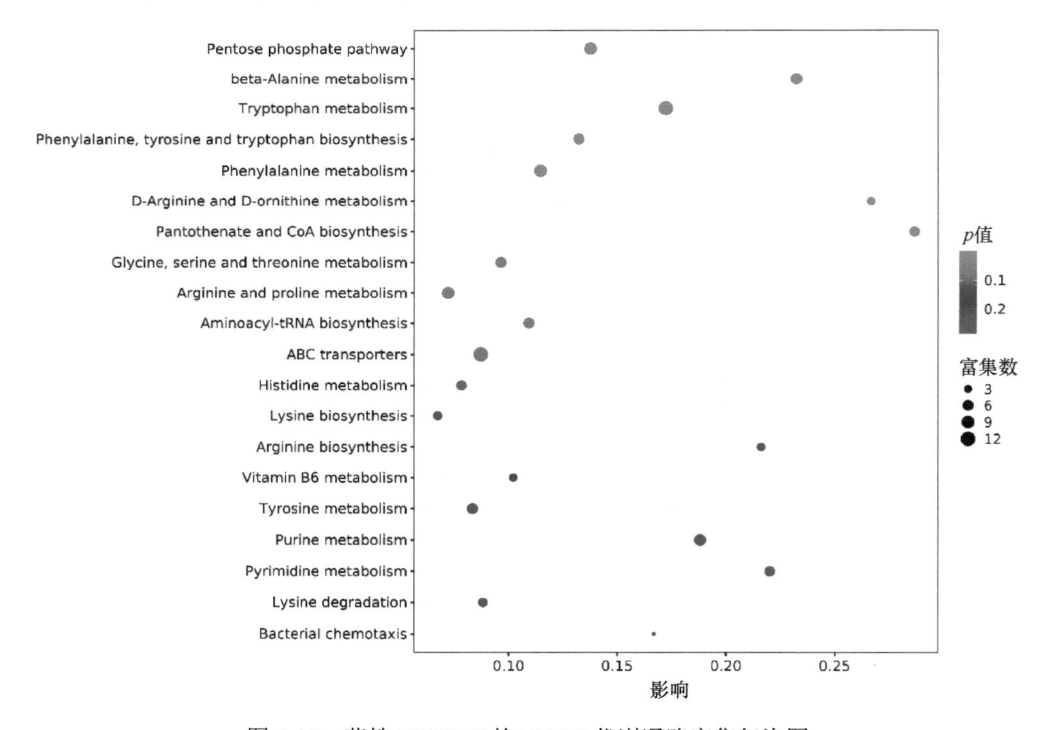

图 5-17 菌株 YYC155 的 KEGG 代谢通路富集气泡图

对富集到 KEGG 通路上的化合物进行统计，结果表明，富集到 8 条代谢通路中的差异代谢物一共有 55 个，其中，上调代谢物 11 个，下调代谢物 43 个，具体的差异代谢物见表 5-8。

表 5-8　YYCB24h-vs-YYCB72h 显著差异代谢物通路分析

编号	通路名称	上调代谢物	下调代谢物
bsu00030	戊糖磷酸途径（Pentose phosphate pathway）	1-磷酸核糖（Ribose 1-phosphate）	D-葡萄糖（D-Glucose）；2-脱氢-3-脱氧-D-葡萄糖酸盐（2-Dehydro-3-deoxy-D-gluconate）；葡萄糖酸（Gluconic acid）；D-赤藓糖-4-磷酸（D-Erythrose 4-phosphate）；6-磷酸葡萄糖酸（6-Phosphogluconic acid）；核糖 1,5-二磷酸（Ribose 1,5-bisphosphate）；脱氧核糖（Deoxyribose）
bsu00410	β-丙氨酸代谢（beta-Alanine metabolism）	D-4′-磷酸泛酸（D-4′-Phosphopantothenate）	L-天冬氨酸（L-Aspartic acid）；尿嘧啶（Uraci）；L-组氨酸（L-Histidine）；丙二酸（Malonate）；泛酸（Pantothenic acid）；β-丙氨酰-L-赖氨酸（beta-Alanyl-L-lysine）
bsu00380	色氨酸代谢（Tryptophan metabolism）	—	L-色氨酸（L-Tryptophan）；氧代己二酸（Oxoadipic acid）；L-犬尿氨酸（L-Kynurenine）；吲哚（Indole）；吲哚乙醛（Indoleacetaldehyde）；5-羟基-L-色氨酸（5-Hydroxy-L-tryptophan）；羟色胺（Serotonin）；吲哚-3-乙酸（Indole-3-acetate）；色氨酸（Tryptophanol）；*N*-乙酰血清素（*N*-Acetylserotonin）；犬尿氨酸（Kynurenic acid）；5-羟基吲哚乙酸（5-Hydroxyindoleacetic acid）
bsu00400	苯丙氨酸、酪氨酸和色氨酸生物合成（Phenylalanine, tyrosine and tryptophan biosynthesis）	—	L-色氨酸（L-Tryptophan）；D-赤藓糖 4-磷酸（D-Erythrose4-phosphate）；吲哚（Indole）；3-羟基苯甲酸（3-Hydroxybenzoicacid）；3-脱氢莽草酸（3-Dehydroshikimate）；L-高苯丙氨酸（L-Homophenylalanine）
bsu00360	苯丙氨酸代谢（Phenylalanine metabolism）	2-苯乙酰胺（2-Phenylacetamide）；3-（2-羟基苯基）丙酸（3-（2-Hydroxyphenyl）propanoicacid）	对羟基苯乙酸（p-Hydroxyphenylaceticacid）；马尿酸（Hippuricacid）；*N*-乙酰基-L-苯丙氨酸（*N*-Acetyl-L-phenylalanine）；苯乙胺（Phenylethylamine）；苯乳酸（Phenyllactate）；2-苯乙醇（2-Phenylethanol）
bsu00472	D-精氨酸和 D-鸟氨酸代谢（D-Arginine and D-ornithine metabolism）	L-精氨酸（L-Arginine）；2-氧代精氨酸（2-Oxoarginine）	1-吡咯啉-2-羧酸（1-Pyrroline-2-carboxylic acid）
bsu00770	泛酸和 CoA 生物合成（Pantothenate and CoA biosynthesis）	L-天冬氨酸（L-Asparticacid）；D-4′-磷酸泛酸（D-4′-Phosphopantothenate）	尿嘧啶（Uracil）；泛酸（Pantothenic acid）；2-脱氧泛酸单磷酸酯（2-Dehydropantoate）
bsu00260	甘氨酸、丝氨酸和苏氨酸代谢（Glycine, serine and threonine metabolism）	肌氨酸（Sarcosine）；L-色氨酸（L-Tryptophan）；L-天冬氨酸（L-Asparticacid）	L-苏氨酸（L-Threonine）；4-乙酰氨基-2-氨基丁酸（4-Acetamido-2-aminobutanoicacid）；*N*（α）-乙酰基-L-2,4-二氨基丁酸（*N*（alpha）-Acetyl-L-2,4-diaminobutyrate）

通过通路分析，差异代谢物显著富集的通路是色氨酸代谢，该通路上差异代谢物的数量占总显著差异代谢物数量的 21.8%，被富集的化合物均为下调表达，包括 L-色氨酸、氧代己二酸、L-犬尿氨酸、吲哚、吲哚乙醛、5-羟基-L-色氨酸、羟色胺、吲哚-3-乙酸、色氨酸、*N*-乙酰血清素和 5-羟基吲哚乙酸，可见氨基酸类占比较高，表明菌株 YYC155 细胞生长前期主要是氨基酸类物质参与细胞的生长繁殖。其次被富集较多的是戊糖磷酸途径，1-磷酸核糖为上调表达代谢物，下调代谢物 7 个，包括 D-葡萄糖、2-脱氢-3-脱氧-D-葡萄糖酸盐、葡萄糖酸、D-赤藓糖-4-磷酸、6-磷酸葡萄糖酸、核糖-1,5-二磷酸和脱氧核糖，该途径化合物主要是糖类和有机酸类，表明菌株 YYC155 细胞生长初期主要通过糖类物质参与能量代谢，维持细胞生长过程中所需的能量。

此外，显著性富集的通路中的上调代谢物数量显著低于下调代谢物，如 1-磷酸核糖、D-4′-磷酸泛酸、2-苯乙酰胺、3-（2-羟基苯基）丙酸、L-精氨酸、2-氧代精氨酸、肌氨酸、L-色氨酸和 L-天冬氨酸，主要为氨基酸类和有机酸类，可能是由于细胞生长后期在有限的生长空间和营养不足的胁迫下，需要依赖氨基酸获得维持生命所需的营养和能量及依赖有机酸的作用抵抗逆境。

综上所述，菌株 YYC155 在细胞生长繁殖的对数期依赖氨基酸类、糖类等物质提供细胞所需要消耗的大量营养及能量以维持细胞正常的生命活动，而细胞生长后期也需要部分氨基酸及有机酸的参与来应对由营养和空间不足等带来的胁迫。

5.3.5 菌株 DZY6715 和 YYC155 诱导油茶的抗病防御酶

5.3.5.1 对苯丙烷代谢途径的影响

对经内生菌菌株处理组和空白对照组的总酚含量进行测定，结果发现，各处理组间总酚含量变化趋势大致相同，经菌株 DZY6715 和 YYC155 喷施处理的总酚含量在整个时间段内均高于对照组。且在处理的 25 d 时，两内生菌菌株处理的总酚含量差异显著，其余处理时间段内无明显差异。菌株 DZY6715 处理 15 d 和 25 d 后呈现出两个峰值，分别为 0.85 g 和 0.91 g，显著高于对照组；菌株 YYC155 喷施处理 15 d 后，总酚含量最高，达 0.81 g，随后开始逐渐降低（图 5-18A）。

两株内生菌处理组和空白对照的黄酮含量变化趋势大致相同，经菌株 DZY6715 和 YYC155 处理的黄酮含量均高于对照处理，且黄酮含量显著增加。在 1～5 d 时，DZY6715 处理和对照组的黄酮含量增幅最快，增率分别为 0.15 g/d 和 0.10 g/d，处理 10 d 后黄酮含量稍有下降，15 d 后又呈现出上升的趋势，并于 25 d 达到最大值 4.30 g，显著高于对照处理的 3.76 g，此后黄酮含量开始下降。在 1～5 d 时，YYC155 处理的黄酮含量快速增加，10 d 后黄酮含量稍有下降随后又开始上升，在 20 d 时达到最大值 4.35 g，显著高于对照组，之后含量开始下降并趋于稳定（图 5-18B）。

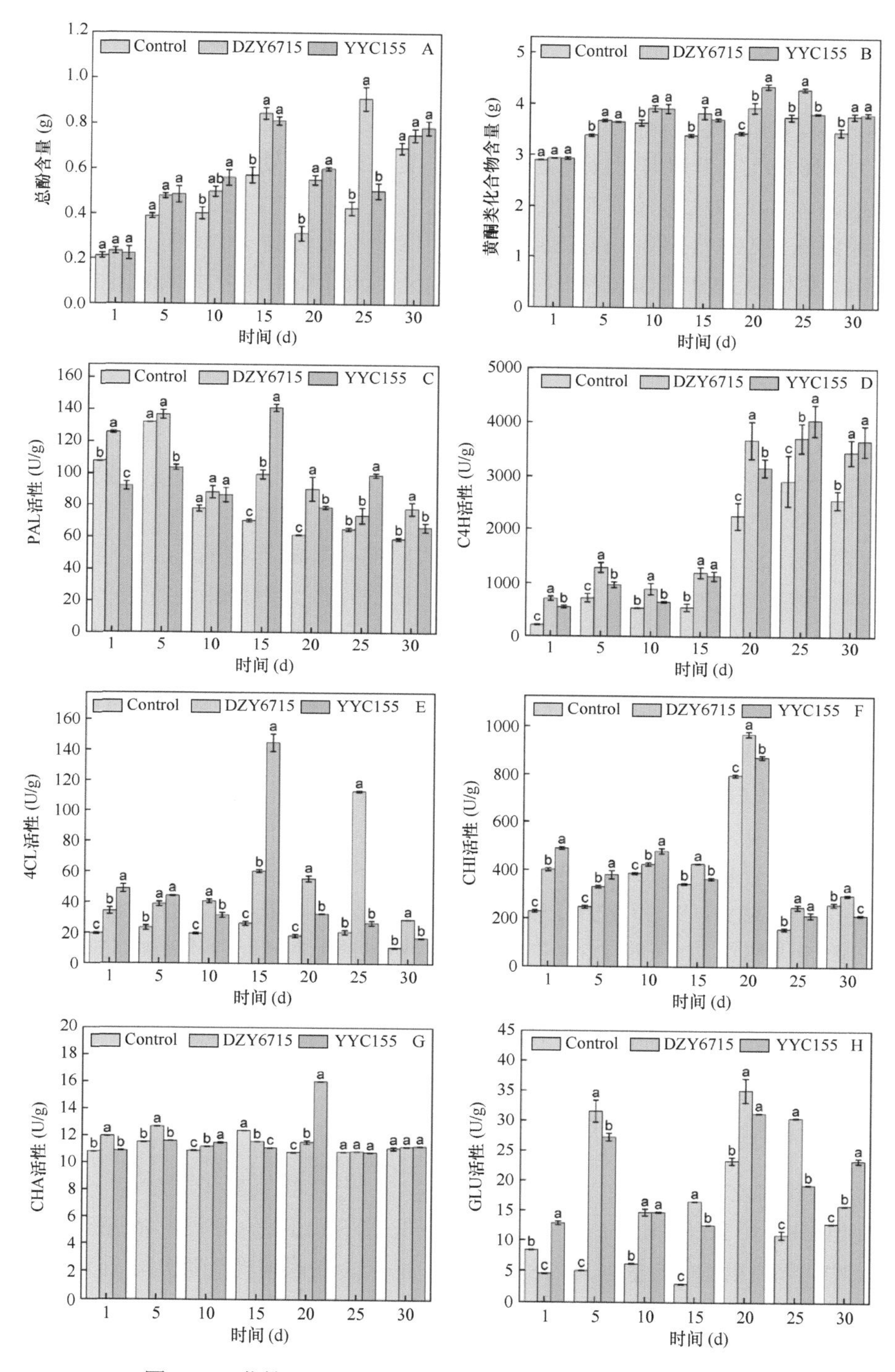

图 5-18　菌株 DZY6715 和 YYC155 苯丙烷代谢途径酶活性

经菌株 DZY6715 和 YYC155 处理与空白对照组的苯丙氨酸解氨酶（PAL）活性变化趋势大致相同，基本呈“波动式”变化。除第 1 天和第 5 天外，菌株处理组的 PAL 活性均高于对照组。在第 5 天，经 DZY6715 处理的 PAL 酶活性达到最高，为 136.80 U/g，但与对照无显著差异。而 YYC155 处理的 PAL 活性在 15 d 出现峰值，为 141.10 U/g（图 5-18C）。

经菌株 DZY6715 和 YYC155 处理的肉桂酸-4-羟化酶（C4H）活性均高于空白对照组，并且除 25 d 和 30 d 外，经 DZY6715 处理的 C4H 酶活性均高于经 YYC155 处理组。从 15 d 起，经 DZY6715 和 YYC155 处理的 C4H 酶活性持续增加，直到 25 d 达到峰值，分别为 3719.86 U/g 和 4045.54 U/g，然后开始逐渐下降（图 5-18D）。

经菌株 DZY6715 和 YYC155 处理的 4-香豆酸辅酶 A 连接酶（4CL）活性高于对照组，10 d、20 d、25 d、30 d 时，经 DZY6715 处理的 4CL 酶活性显著高于经 YYC155 处理。在 25 d 时，经 DZY6715 处理的 4CL 活性达到峰值，为 112.79 U/g，而 YYC155 在 15 d 达到最高酶活性 144.67 U/g（图 5-18E）。

经菌株 DZY6715 和 YYC155 处理与对照的查耳酮异构酶（CHI）活性变化趋势基本一致，除 30 d 外，处理组的 PAL 活性均高于对照组。在 20 d，经菌株 DZY6715、YYC155 处理和对照组均达到最高酶活性，分别为 968.73 U/g、872.27 U/g 和 796.67 U/g（图 5-18F）。

经菌株 DZY6715 和 YYC155 处理组在除 15 d 外，几丁质酶（CHA）活性均高于对照。在整个过程中，经 DZY6715 处理的 CHA 活性为 10.83～12.68 U/g，处理第 5 天时 CHA 活性最高。经 YYC155 处理的 CHA 活性在 10.74～16.02 U/g 范围内，在 20 d 时 CHA 活性最高，显著高于对照，而对照处理的 CHA 活性为 10.75～12.37 U/g，除 15 d 外，均低于 DZY6715 和 YYC155 处理组（图 5-18G）。

经菌株 DZY6715 和 YYC1551 处理组的谷氨酸（GLU）活性均显著高于对照组，在第 5 天和第 20 天时 DZY6715 处理组 GLU 活性出现两次高峰，分别为 31.57 U/mg 和 35.08 U/mg。在整个处理过程中，经 YYC155 处理和对照组的 GLU 活性变化趋势基本一致，但经 YYC155 处理的 GLU 活性均显著高于对照组，且在第 20 天达到最高峰，为 31.26 U/mg（图 5-18H）。

5.3.5.2 对油茶活性氧代谢途径的影响

经菌株 DZY6715 和 YYC155 处理第 1 天时的氧离子（O^{2-}）含量分别为 34.21 nmol/g 和 20.05 nmol/g，显著比对照低 20.30 nmol/g 和 34.46 nmol/g。在第 25 天时，对照组 O^{2-}含量为 48.28 nmol/g，高于内生菌菌株处理组。处理 10～20 d 和第 30 d，经 DZY6715 处理的 O^{2-}含量均显著高于对照，而经 YYC155 处理的只有在第 10 天、第 20 天和第 30 天时 O^{2-}含量显著高于对照（图 5-19A）。

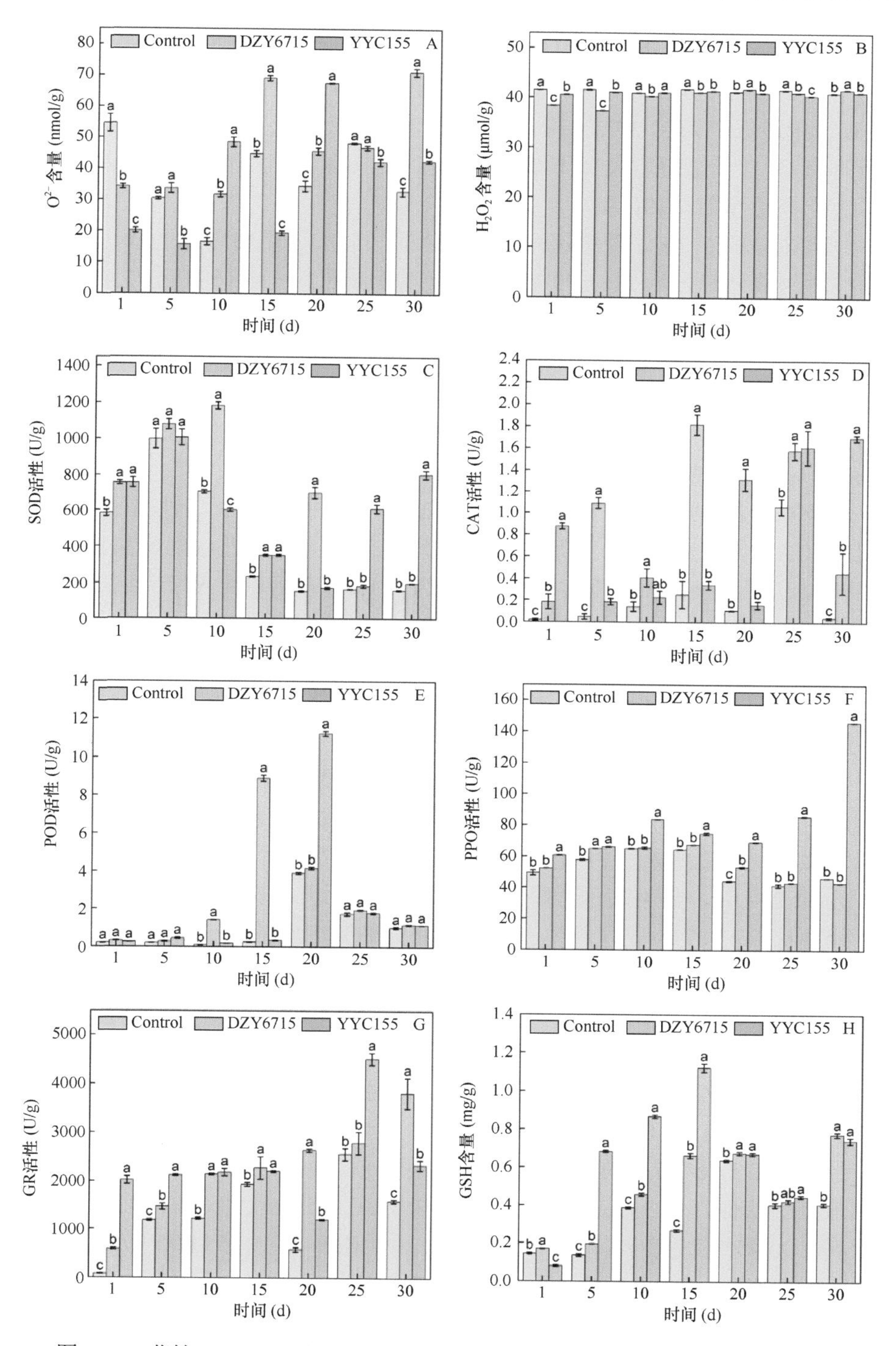

图 5-19　菌株 DZY6715 和 YYC155 活性氧代谢途径相关的酶活性及物质含量

经菌株 DZY6715 和 YYC155 处理后，除了第 20 天和第 30 天外，对照组的 H_2O_2 含量均高于处理组。在初始阶段，经 DZY6715 处理的 H_2O_2 含量较低，且第 5 天时含量最低，为 37.37 μmol/g，随后含量缓慢上升。从第 1 天起，经 YYC155 处理的 H_2O_2 含量缓慢增大，第 15 天时达到最高含量，为 41.43 μmol/g，随后下降并趋于平稳（图 5-19B）。

经菌株 DZY6715 处理后超氧化物歧化酶（SOD）活性迅速上升，在第 10 天酶活性达到最高峰，为 1181.50 U/g，显著高于对照组 714.16 U/g，之后迅速下降又快速上升，到第 20 天又迎来第二个峰值，为 699.06 U/g，显著高于对照组，此后 SOD 活性下降并趋于稳定。经菌株 YYC155 处理后 SOD 活性也呈现出快速升高的趋势，在第 5 天达到最高酶活性，为 1005.42 U/g，但与对照无显著性差异，随后 SOD 活性一直下降，直到第 25 天又开始上升，到第 30 天时酶活性为 804.85 U/g，显著高于对照组（图 5-19C）。

经菌株 DZY6715 和 YYC155 处理后过氧化氢酶（CAT）活性高于对照组，对照组的 CAT 活性从第 1 天开始缓慢上升，直到第 25 天达到最高酶活性，为 1.06 U/g，随后开始急剧下降。经菌株 DZY6715 处理后的 CAT 活性在第 15 天达到峰值，为 1.82 U/g，而经 YYC155 处理的 CAT 活性则是在第 1 天出现第一次峰值，为 0.88 U/g，之后开始呈下降趋势，直到第 20 天开始升高，并于第 30 天出现第二次高峰，1.70 U/g，显著高于对照，是整个处理过程中的最高酶活性（图 5-19D）。

经菌株 DZY6715 和 YYC155 处理和空白对照组的过氧化物酶（POD）活性变化趋势相似，在第 15 天时，经 DZY6715 处理酶活性最高，为 8.910 U/g，显著高于对照组，随后酶活性持续下降。经 YYC155 处理后的第 20 天达到最高酶活性，为 11.25 U/g，显著高于对照的 3.89 U/g，随后开始持续下降（图 5-19E）。

经菌株 DZY6715 处理后的多酚氧化酶（PPO）活性在 1～25 d 内均高于对照，且在 15 d 时达到最高酶活，为 67.58 U/g，比对照组高 3.12 U/g，之后一直持续下降，第 30 天时 PPO 活性为 42.94 U/g，比对照低 3.36 U/g，是整个时间段内的最低酶活性。在整个过程中，经 YYC155 处理的 PPO 活性为 60.88～145.88 U/g，其酶活性均高于 DZY6715 处理组，并且始终高于对照组，在第 30 天时达到最高酶活性，为 145.88 U/g（图 5-19F）。

经菌株 DZY6715 处理的谷胱甘肽还原酶（GR）活性持续上升，并在第 30 天达到最高酶活性，为 3816.31 U/g，经菌株 YYC155 处理的 GR 活性在第 25 天达到最高，为 4514.29 U/g，而对照组的 GR 活性在 84.59～2559.09 U/g 范围内，始终低于经 DZY6715 和 YYC155 处理（图 5-19G）。

经菌株 DZY6715 处理的还原型谷胱甘肽（GSH）含量持续上升，直到第 25 天下降为 0.42 mg/g，随后又继续上升，在第 30 天达到最大值 0.77 mg/g，整个过程的 GSH 含量均高于对照组。除第 1 天外，经 YYC155 处理的 GSH 含量均显著高于对照处理，并且 1～15 d 内 GSH 含量持续上升，在第 15 天时达到最大含量 1.12 mg/g，随后开始下降，至第 25 天又开始继续升高（图 5-19H）。

5.3.6　菌株 DZY6715 和 YYC155 诱导油茶抗病的转录组分析

5.3.6.1　转录组测序及数据质控

对构建的 cDNA 文库采用 Illumina HiSeq 测序仪测序，原始测序数据过滤后共获得 370 201 626 条 clean reads，占原始数据的 99.76%，Q_{30} 为 92.70%～93.26%，GC 含量 44.07%～45.23%，测序数据如表 5-9 所示。以上数据表明，本次测序的碱基质量高，可以进行进一步分析。

表 5-9　RNA 样本的测序和组装结果

样品	原始数据	质控数据	Q_{30}（%）	GC（%）
CK-1	42 204 198	42 098 092（99.75%）	5 839 282 657（92.70%）	2 848 989 224（45.23%）
CK-2	38 472 544	38 376 394（99.75%）	5 344 819 392（93.18%）	2 591 004 594（45.17%）
CK-3	45 248 126	45 139 164（99.76%）	6 286 055 987（93.15%）	3 047 085 488（45.15%）
DZY6715-1	37 153 764	37 061 360（99.75%）	5 152 741 952（92.99%）	2 456 371 957（44.33%）
DZY6715-2	40 282 742	40 194 444（99.78%）	5 590 643 124（93.00%）	2 649 125 981（44.07%）
DZY6715-3	41 265 840	41 171 958（99.77%）	5 728 950 871（93.03%）	2 726 525 439（44.27%）
YYC155-1	40 663 500	40 567 804（99.76%）	5 656 301 659（93.26%）	2 717 519 121（44.81%）
YYC155-2	42 521 826	42 415 720（99.75%）	5 888 317 091（92.83%）	2 848 661 894（44.91%）
YYC155-3	43 272 174	43 176 690（99.78%）	6 008 835 710（93.04%）	2 860 157 944（44.29%）

将转录组测序获得的质控序列与基因组进行比对，能定位到基因组上的序列占比为 76.58%～77.66%，在参考序列上有多重比对位置的序列占比为 3.86%～4.47%，在参考序列上有单一比对位置的序列占比为 72.50%～73.42%（表 5-10），表明测序数据覆盖率高，质量好。

表 5-10　基因比对率统计

样品	数据总量	单一比对占比（%）	多重比对占比（%）	比对总量（%）
CK-1	42 098 092	30 597 363（72.68%）	1 823 544（4.33%）	32 420 907（77.01%）
CK-2	38 376 394	28 034 657（73.05%）	1 662 574（4.33%）	29 697 231（77.38%）
CK-3	45 139 164	33 036 987（73.19%）	2 017 841（4.47%）	35 054 828（77.66%）
DZY6715-1	37 061 360	26 869 153（72.50%）	1 530 378（4.13%）	28 399 531（76.63%）
DZY6715-2	40 194 444	29 474 189（73.33%）	1 552 409（3.86%）	31 026 598（77.19%）
DZY6715-3	41 171 958	30 228 432（73.42%）	1 611 821（3.91%）	31 840 253（77.33%）

续表

样品	数据总量	单一比对占比（%）	多重比对占比（%）	比对总量（%）
YYC155-1	40 567 804	29 493 572（72.70%）	1 701 718（4.19%）	31 195 290（76.90%）
YYC155-2	42 415 720	30 768 779（72.54%）	1 770 700（4.17%）	32 539 479（76.72%）
YYC155-3	43 176 690	31 346 459（72.60%）	1 719 432（3.98%）	33 065 891（76.58%）

注：表中比对总量指能定位到基因组上的序列占比

将质控后的序列进行组装，组装后 Unigene N50 越长，数量越少，被认为组装质量越好。组装结果表明，N50 的数量为 17 949 个，比基因数量少 79 480 个，并且 N50 长度约是基因平均长度的 1.55 倍，说明基因组装质量高，可用于后续的分析。

5.3.6.2 样品主成分分析（PCA）

为了考察样本的重复性及分布情况，利用基因的表达量进行主成分分析（principal component analysis，PCA），结果表明，对照处理（CK-1、CK-2 和 CK-3）组内聚类较好，DZY6715-1、DZY6715-2 和 DZY6715-3 离散，YYC155-3、YYC155-1 和 YYC155-2 离散（图 5-20A），但组间聚类区别明显，说明不同处理之间基因表达存在显著差异。本研究中去掉了离群的 DZY6715-1 和 YYC155-3 样品后用于后续分析（图 5-20B）。在 PCA 中，PC1（71.6%）和 PC2（17.1%）揭示了样本基因表达变化的贡献程度。

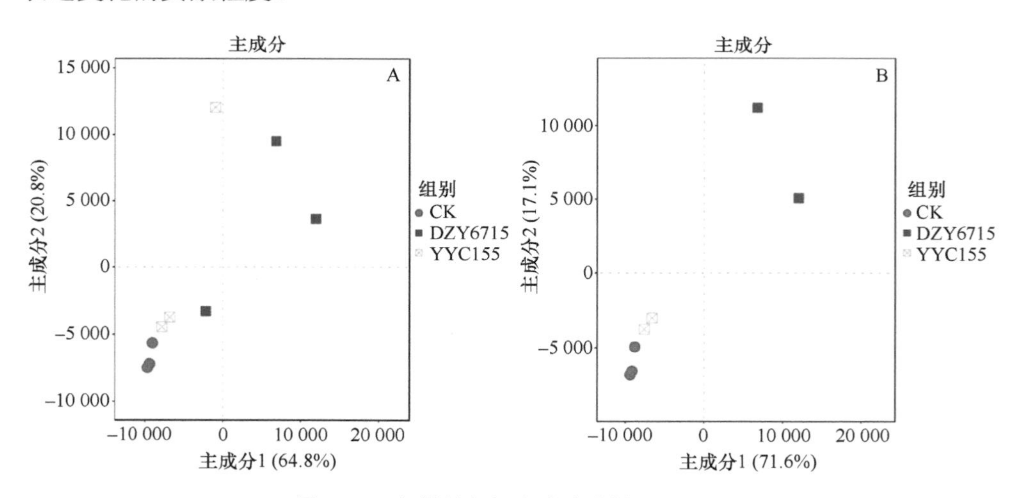

图 5-20 各样品之间主成分分析（PCA）

5.3.6.3 差异表达基因筛选

利用 DESeq2 软件对各个样本基因的原始读数（raw counts）数目进行标准化

处理，计算差异倍数，并对 reads 数目进行差异显著性检验，以$|\log_2 FC| > 1$，$FDR < 0.05$ 作为差异表达基因的筛选标准。DEGs 和火山分布图显示，与 CK 组相比，DZY6715 处理差异表达基因有 4722 条，其中上调基因 1927 条，下调基因 2795 条（图 5-21A），经 YYC155 处理后的差异表达基因有 1655 条，其中上调基因 498 条，下调基因 1157 条（图 5-21B）。

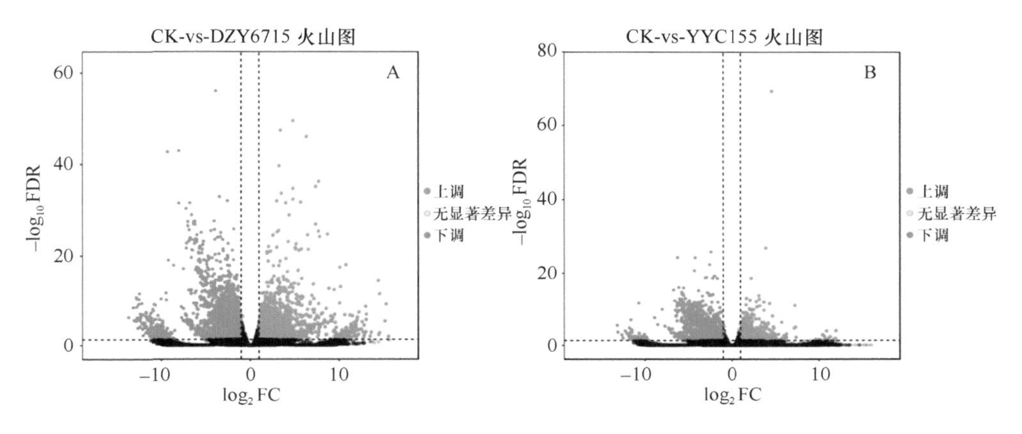

图 5-21　差异表达基因火山图

5.3.6.4　差异表达基因的 GO 富集分析

为了揭示差异表达基因的生物学功能，本研究对 DEGs 进行二级 GO 功能富集分析。在 CK vs DZY6715 样本中，DEGs 在生物学过程、细胞组分和分子功能中均有涉及，其中生物学过程包含 22 个亚类，DEGs 富集最多的是代谢过程（上调 548 个，下调 874 个），细胞过程（上调 537 个，下调 858 个），单生物过程（上调 445 个，下调 614 个）；细胞组分包含 17 个亚类，DEGs 富集最多的是膜（上调 160 个，下调 250 个）、细胞（上调 149 个，下调 271 个）、细胞区域（上调 149 个，下调 271 个）；分子功能包含 12 个亚类，DEGs 以催化活性（上调 560，下调 848 个）和结合（上调 462 个，下调 858 个）富集最多。综上，发现 DEGs 主要注释到了生物学过程和分子功能上，推测油茶接种菌株 DZY6715 后，不仅影响植物的代谢过程，而且还影响细胞内酶的合成等来调控植物的生长（图 5-22A）。

在 CK vs YYC155 样本中，DEGs 在生物学过程中包含 21 个亚类，DEGs 富集最多的是代谢过程（上调 187 个，下调 367 个），细胞过程（上调 172 个，下调 370 个），单生物过程（上调 133 个，下调 240 个）；细胞组分包含 16 个亚类，DEGs 富集最多的是膜（上调 60 个，下调 95 个）、细胞（上调 45 个，下调 110 个）、细胞区域（上调 45 个，下调 110 个）；分子功能包含 11 个亚类，DEGs 以催化活性（上调 204，下调 330 个）和结合（上调 171 个，下调 339 个）富集最多。综上可以看出，DEGs 主要参与了生物学过程和分子功能，油茶接种菌株 YYC155 后，可能是通过影响有机体内的细胞代谢、细胞内酶的合成等来调控植物的生长（图 5-22B）。

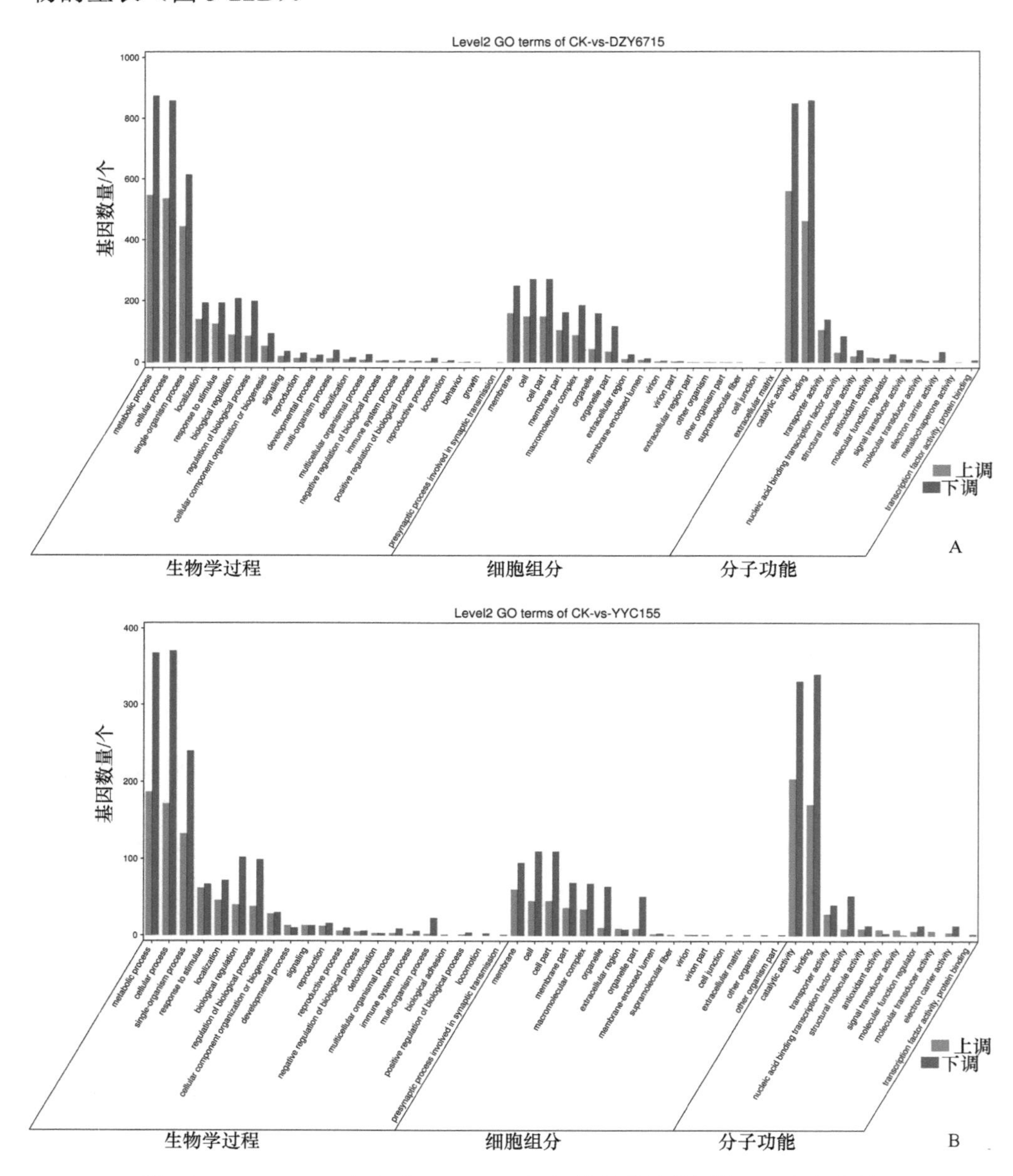

图 5-22　DZY6715（A）和 YYC155（B）差异表达基因的 GO 富集分析

5.3.6.5　差异表达基因的 KEGG 富集通路分析

KEGG 作为主要的基因通路公共数据库，对筛选出的 DEGs 注释到 KEGG 数据库，能找到相关 DEGs 的通路并能够确定 DEGs 参与的最主要的生化代谢通路和信号转导途径。在 CK vs DZY6715 样本中，DEGs 富集到 118 个通路上，前 20 条通路被显示在图 5-23A 中，呈显著富集，显著性值（$p<0.05$）的有 10 个通路，分别为：植物激素信号转导（Plant hormone signal transduction），MAPK 信号通路-植物（MAPK signaling pathway-plant），代谢途径（Metabolic pathways），苯丙烷生物合成（Phenylpropanoid biosynthesis），次生代谢物的生物合成（Biosynthesis of secondary metabolites），β-丙氨酸代谢（beta-Alanine metabolism），酪氨酸代谢（Tyrosine metabolism），精氨酸和脯氨酸代谢（Arginine and proline metabolism），半胱氨酸和甲硫氨酸代谢（Cysteine and methionine metabolism）和异喹啉生物碱生物合成（Isoquinoline alkaloid biosynthesis）。此外，KEGG 通路显示，富集到代谢途径、次生代谢物的生物合成、植物激素信号转导、植物 MAPK 信号通路等的 DEGs 数量较多（图 5-23A），以上这些通路可能参与了细胞的信息传递、信号转导、抵抗逆境胁迫过程的响应等。

在 CK vs YYC155 样本中，DEGs 被富集到 102 个通路上，前 20 条通路被显示在图 5-23B 中，其中呈显著富集（$p<0.05$）的有 4 个通路，包括：MAPK

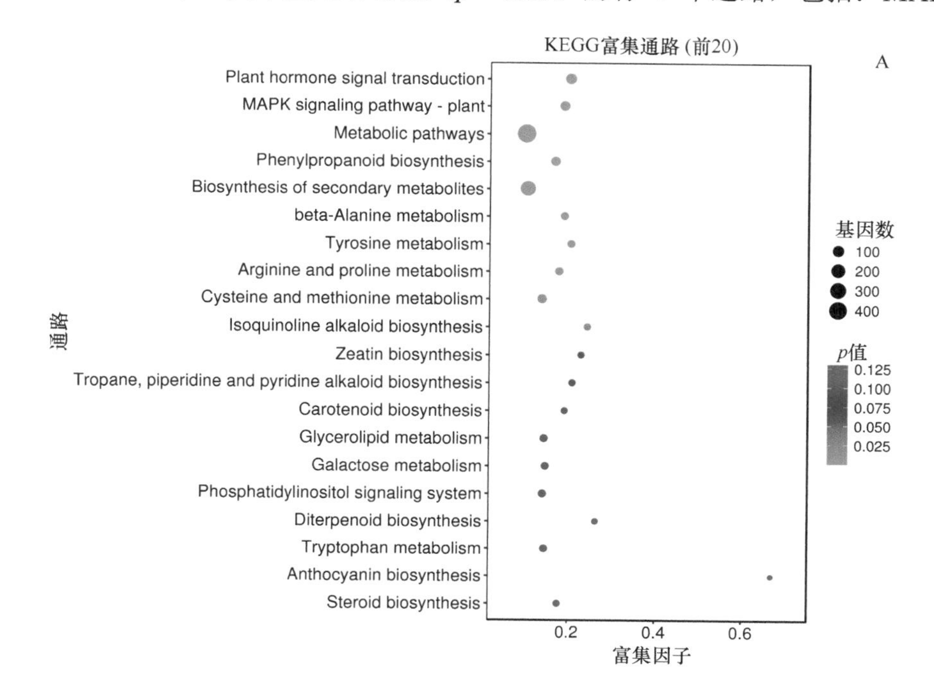

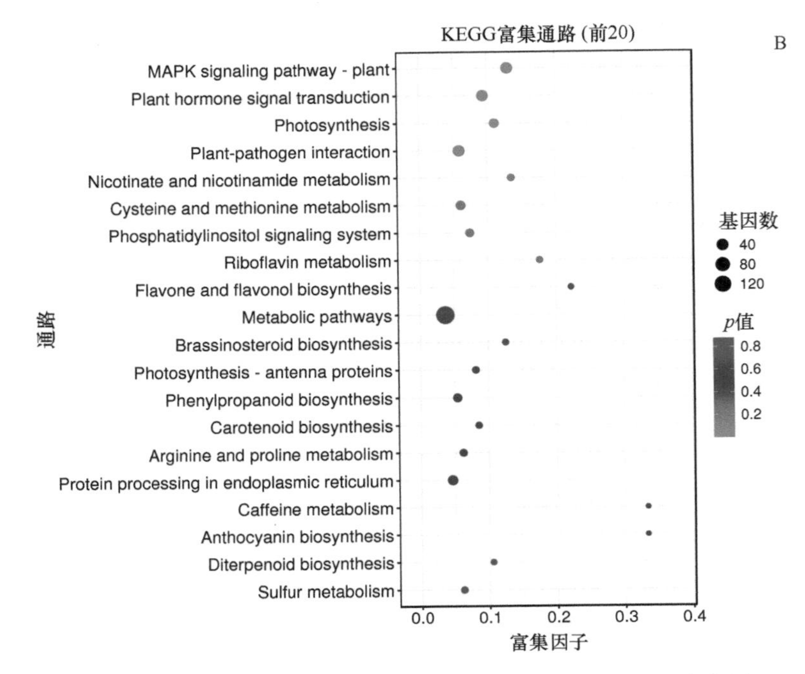

图 5-23　DZY6715（A）和 YYC155（B）差异表达基因 KEGG 富集图

信号通路-植物（MAPK signaling pathway-plant），植物激素信号转导（Plant hormone signal transduction），光合作用（Photosynthesis），植物-病原互作（Plant-pathogen interaction）（图 5-23B）。

5.3.6.6　DZY6715 样本中 DEGs 功能鉴定

由于 DEGs 涉及的代谢通路较多，本次主要对与病害防卫反应相关的基因进行分析。编码生长素输入载体（AUX1）的 1 个基因（XP_028081070.1），编码赤霉素受体（GID1）的 3 个基因（XP_028066620.1、AGU38488.1、XP_028058771.1），编码乙烯受体（ETR）的 3 个基因（XP_028127349.1、XP_028112113.1、XP_028085553.1），编码茉莉酸氨基酸合成酶（JAR1）的 2 个基因（XP_028056764.1、XP_028096856.1）上调表达，这些基因的表达与植物激素信号转导途径有关，其可能影响着油茶细胞的生长繁殖，并且在油茶受到压力的情况下，传导着调控油茶生理功能的信号，参与油茶响应压力胁迫的反应。编码光敏色素相互作用因子 3（FIP3）的 1 个基因（XP_028063608.1），编码蛋白磷酸酶 2C（PP2C）的 2 个基因（XP_028051773.1 和 THG09181.1）上调表达，它们是与植物中 MAPK 信号通路有关的基因，前者是对植物光合作用有重要影响的基因，在植物的生长发育及抗病过程中发挥了积极作用；后者可以通过蛋白去磷酸化调节蛋白功能，参与植物体内的激素水平调控、代谢过程、响应胁迫反应过程等。所以，推测当油茶光合作用减弱，植物生长缓慢时，光敏色素作用因子上调表达，参与油茶抵抗逆境的过程，保证植物的健康生长，提高抵抗病害的能力。编码酰基辅酶 A 氧化酶（ACOX）的 2 个基因（THF95657.1、TXG59173.1）上调表达，是次生代谢物生物合成通路相关的基因。编码乙烯不敏感蛋白 2（EIN2）的 1 个基因（XP_028098296.1）上调表达，在植物激素信号转导的 MAPK 植物信号通路中都有涉及。

5.3.6.7　YYC155 样本中 DEGs 功能鉴定

在 KEGG 数据库中 DEGs 呈显著富集的 4 个通路依次为 MAPK 植物信号通路、植物激素信号转导、光合作用和植物-病原互作，这里主要对这几条通路中与病害防卫反应相关的基因进行分析。

MAPK 植物信号通路：编码丝氨酸/苏氨酸蛋白激酶（OXI1）的基因（XP_028089105.1）下调表达；编码激活丝裂原活化蛋白激酶 3（MPK3）的基因（XP_028098412.1、THG01324.1）下调表达；编码过氧化氢酶（CAT1）的基因（XP_018836410.1）上调表达，这可能是由于病原侵染时，细胞体内 H_2O_2 等活性氧大量产生以氧化杀死病原菌，而当接收到 H_2O_2 等活性氧大量产生的信号时，基因 *OXI1*、*MPK3* 下调表达，以控制活性氧的生成量，以防导致细胞氧中毒，损伤油茶的正常生长。编码 LRR 受体丝氨酸/苏氨酸蛋白激酶（FLS2）的基因（XP_028118770.1、XP_028075467.1）上调表达；编码蛋白磷酸酶 2C（PP2C）的基因（THG09181.1）上调表达；编码乙烯受体（ETR）的基因（XP_028112113.1、XP_028127349.1）上调表达。以上是与 MAPK 植物信号通路相关的基因，可能在油茶受到压力胁迫时，相关基因相应上调或下调表达，共同参与油茶抵抗逆境的反应。

植物激素信号转导通路：编码生长素输入载体（AUX1）的基因（XP_028081070.1）上调表达，编码生长素反应蛋白（AUX/LAA）家族的基因（XP_028101150.1）上调表达，编码赤霉素受体（GID1）的基因（AGU38488.1、XP_028066620.1）上调表达，编码蛋白磷酸酶 2C（PP2C）的基因（THG09181.1）上调表达，编码乙烯受体（ETR）的基因（XP_028112113.1、XP_028127349.1）上调表达，与 α-亚麻酸代谢有关的编码茉莉酸氨基酸合成酶（JAR1）的基因（XP_028056764.1 和 XP_028096856.1）上调表达，这些基因的表达调控着植物细胞的生长繁殖，参与了植物应对不良条件的胁迫响应，推测在油茶受到胁迫时，其会及时传递危险信号，并参与抗菌物质单萜生物、吲哚生物碱生物的合成途径，以抵御病原菌的侵染，维持油茶的正常生长。

光合作用通路：有关的上下调差异表达基因集中于光系统Ⅱ、光系统Ⅰ和光系统电子传输等过程中。编码光系统Ⅱ亚基蛋白 Q（PsbQ）的基因（XP_018858042.1）上调表达，编码质体蓝素（petE）的基因（XP_018851766.1）上调表达。这可能是接种菌株 YYC155 后改变了与光合作用相关基因的表达，或是光合作用阶段电子传递链活性受影响改变了油茶的光合作用，参与油茶逆境胁迫的反应。

植物与病原互作通路：该通路中也涉及 LRR 受体丝氨酸/苏氨酸蛋白激酶（FLS2），而使细胞产生早期的防卫反应；编码增强疾病易感蛋白 1（EDS1）的基因（XP_028051634.1）上调表达，编码热休克蛋白（HSP90）的基因（XP_018837765.1、XP_018847294.1）上调表达。

5.4 小结与讨论

5.4.1 小结

经平板对峙实验筛选出内生菌菌株 DZY6715 和 YYC155 对炭疽菌具有较好的体外抑菌效果，抑菌率分别为 57.59%和 56.00%，经形态学、生理生化及 16S rRNA 基因鉴定均为 *B. tequilensis*。

两株内生菌都可以产生细胞壁水解酶直接作用于炭疽菌，还具有很强的生物膜形成能力，且检测到 DZY6715 存在脂肽基因 *bacA*、*ppsD*、*srfAA* 和 *ituB*，而菌株 YYC155 只检测到 *bacA*、*ppsD*、*srfAA*。回接油茶健康叶片发现其本身不致病，并显著抑制炭疽菌发生，另外，DZY6715 和 YYC155 发酵液中存在的大量显著性差异代谢物主要是氨基酸类、有机酸、糖类等，这些物质可能参与了细胞的生长繁殖、能量代谢、响应胁迫反应等过程。

菌株 DZY6715 和 YYC155 接种到油茶苗上后，测定诱导油茶抗病防御酶的活性及转录组测序分析差异表达基因，发现菌株 DZY6715 和 YYC155 通过激活与苯丙烷代谢和活性氧代谢途径相关的酶活性来增强油茶的抗病防御系统，并促进黄酮类和酚类化合物的积累，这有助于提升油茶对炭疽病的抵抗。此外，转录组测序结果中与抗病相关的 *AUX1*、*GID1*、*PP2C*、*JAR1*、*EDS1* 等大量基因上调表达，可能是在油茶应对压力时，这些基因上调表达，响应油茶胁迫反应的过程，提高油茶抗炭疽病的能力。

5.4.2 讨论

本研究通过体外抑菌实验、诱导油茶防御酶和诱导油茶抗性相关基因的表达，以增强油茶对炭疽菌的抗性，研究表明菌株 DZY6715 和 YYC155 能较好地控制油茶炭疽菌的发生。*B. tequilensis* 的生防应用价值已被多方研究所证实，Guerrero-Barajas 等（2020）报道了 *B. tequilensis* 能够减轻由胶孢炭疽菌引起的牛油果炭疽病的发生，且其对炭疽菌的抑制率为 60%；Bhattacharya 等（2019）研究表明，*B. tequilensis* 对番茄枯萎病镰刀菌有高效的拮抗活性，Li 等（2018）在水稻稻瘟病研究中发现，内生细菌 *B. tequilensis* 能够显著抑制稻瘟病病原菌的生长。

芽孢杆菌菌株可以产生多种抗菌化合物，同时抗菌剂的产生对抑制病原菌的生长和影响其生理代谢具有重要意义（Guardado-Valdivia et al.，2018），脂肽类物质就是其中一类抗菌物质，是由非核糖体途径合成的具有抗细菌和抗真菌作用属性的生物活性分子，包含 surfactin、iturin 和 fengycin 3 类，脂肽类物质主要是靠自身的两亲性和与目标物的互作，致使靶细胞膜结构发生改变，从而改变致病菌细胞膜的渗透性，进而控制致病菌的生长（Liu et al.，2020）。surfactin 是很强的表面活性剂，有研究发现，其与抗菌活性密切相关，能较好地抑制黄单胞杆菌，当缺乏合成与 surfactin 相关的防御基因时，抑制效果显著下降，脂肽类 bacylisin 在黄瓜枯萎病和辣椒疫霉病的生物防治中表现出良好的活性，脂肽类 plipastatin 通过使镰刀菌菌丝发生空泡化、菌丝缠绕凝结阻碍菌丝正常分枝，导致菌丝畸形，从而对病原菌表现出良好的拮抗活性（Mora et al.，2011；Gong et al.，2015）。本次研究也检测到菌株 DZY6715 存在脂肽基因 *bacA*、*ppsD*、*srfAA* 和 *ituB*，分别对应 bacylisin、plipastatin、surfactin 和 iturin 4 种物质，而菌株 YYC155 只检测到 *bacA*、*ppsD* 和 *srfAA* 三种脂肽基因。有研究表明，脂肽类物质，如 surfactin 与其他环状脂肽不仅具有抗菌作用，还能作为激发植物宿主抗病性的激发子（Ongena et al.，2007）。*B. tequilensis* 能够通过产生抗菌酶来抑制多种真菌和细菌的生长，这有助于进一步探索生防菌的生防机制。几丁质、葡聚糖等抗真菌酶具有降解真菌细胞壁和破坏其结构的能力，可用于抵御病原菌攻击的防御反应，从而有效地限制多种病原菌的生长（Romanazzi et al.，2017），本研究也发现菌株 DZY6715 和 YYC155 都能产生几丁质酶和葡聚糖酶，并且酶活性都较高。

除产生降解真菌细胞壁的酶外，菌株 DZY6715 和 YYC155 形成生物膜的特性也在植物的生物防控中发挥着重要的作用。生物膜是一组有组织的细菌，它们被自主产生的细胞外聚合物包围，附着在活体或无生命体的表面。细菌可以黏附在植物组织、菌丝和病原孢子上，形成生物膜，降低病原菌从宿主获得营养的能力来抑制病害，并减少病原菌生长、繁殖的空间。本研究发现，菌株 DZY6715 和 YYC155 在体外具有很强的生物膜形成能力，形成生物膜的能力越强，越有利于它们在植物中的定植，保护植物免受病原侵染（Vero et al.，2013）。此外，生物激发子通过破坏细胞膜的通透性和结构，或使关键的细胞成分（如核酸或蛋白质）泄漏，从而直接或间接地作用于真菌细胞膜，相对电导率、丙二醛含量、核酸和可溶性蛋白漏出量可用于评估细胞膜损伤的程度（Dai et al.，2021；Elsherbiny et al.，2021），本研究表明，经菌株 DZY6715 和 YYC155 处理后显著增加了炭疽菌的相对电导率和 MDA 积累，改变了细胞膜的通透性，并破坏了其结构，从而导致可溶性蛋白质和核酸从细胞膜中释放出来。本研究发现在整个培养期内，菌株 DZY6715 和 YYC155 处理过的和对照处理的炭疽菌菌丝体之间存在很大差异，这表明炭疽菌的细胞膜被菌株 DZY6715 和 YYC155 破坏了。既往研究发现，*Bacillus pumilus* HR10 能破坏病原菌的细胞膜完整性，影响了生理细胞成分的产生（Li et al.，2020），在细胞膜被抗菌物质破坏的情况下，细胞膜通透性会发生改变，随后释放细胞内的大分子蛋白（Wang et al.，2019）。

氨基酸是许多细胞生物合成和代谢过程中的主要代谢产物，不仅多作为前体物质参与细胞构建，还通过形成催化酶调节细胞代谢。氨基酸及其衍生物具有较好的抗菌效果，氨基酸的积累有利于细胞对氧化胁迫、不利因素的抵抗。甘氨酸是抗菌活性较强的自由氨基酸，能抑制枯草芽孢杆菌、乳杆菌、微球菌等的生长繁殖，并且可以参与谷胱甘肽抗氧化过程（Grant et al.，1996），赖氨酸的生物合成为蛋白质的合成和细菌肽聚糖细胞壁的构建提供了必要的成分，这对于细胞的生长繁殖来说无疑是必不可少的（Nocek et al.，2010），色氨酸在细胞体内具有多种代谢功能，通常整合到酶和蛋白质的多肽链中。色氨酸可以完全分解后参与代谢过程，*Bacillus megaterium* 和 *Rhodococcus erythropolis* 可以将色氨酸作为生长过程中所需的碳源和氮源（Colabroy & Begley，2005）。芳香族氨基酸（苯丙氨酸、酪氨酸、色氨酸）和支链氨基酸（异亮氨酸、亮氨酸）等可以形成疏水区域（Lv et al.，2017），苯丙氨酸和色氨酸可以增强水稻根系的耐受性，有效减少逆境下活性氧的大量产生（Chen et al.，2014），前人研究结果表明，一氧化氮对植物炭疽菌分生孢子的萌发和附着胞的形成具有调控作用，而精氨酸作为一氧化氮的前体在此过程中起着关键作用（张琳等，2021）。Takagi 等（1997）发现脯氨酸、谷氨酸、精氨酸、赖氨酸等有助于提高细胞对低温的耐受性，精氨酸在胁迫下可以通过维持细胞的完整性、稳固细胞壁和细胞质膜来防止细胞受到损伤，参与调控活性氧的动态平衡，维持细胞在胁迫下的正常生长（Cheng et al.，2016）。氨基酸的匮乏不仅使细胞应对胁迫环境的能力下降，还使蛋白质合成缺少原料，即便与蛋白质合成相关的氨基酰 tRNA 生物合成途径被激活，也不足以完全解除蛋白质的合成阻碍，使得细胞生长受到抑制，而酵母细胞通过减少氨基酸代谢途径降低了能量的需求，维持碳、氮代谢平衡，使其在逆境中得以存活（孟露等，2020）。

多方研究已经证实了有机酸可以抑制病原菌的生长，增强有机体的抗性，其主要是通过能量竞争、改变细胞膜通透性、改变渗透压、抑制大分子合成和诱导抗菌肽产生等发挥抑菌作用的。有机酸通过刺激宿主植物产生抗菌肽物质作用于磷脂双分子层，增大病原菌细胞膜的通透性，导致细胞内容物外泄，杀死病原菌，但是相比之下，有机酸在细胞内解离出质子和酸根离子而发挥抑菌作用的效果更为显著，并且抑菌效果与质子和酸根离子呈正相关（张浩然等，2011）。既往研究表明，有机酸是通过影响细胞内的酸碱性而抑制病原菌菌丝的生长（田家顺，2009），乌梅有机酸提取液对枯草芽孢杆菌、金黄色葡萄球菌、大肠杆菌和四联球菌都具有较好的抑制作用（张丹丹和姜修婷 2018），乳酸菌发酵产生的丁酸对霉菌起抑菌作用（Corsetti et al.，1998），Wang 等（2012）通过半制备分离获得了对有害菌具有显著抑菌作用的物质苯乳酸。

苯丙烷代谢是合成植物次生代谢产物的主要途径，与植物抗病性密切相关，与该途径相关的酶包括 PAL、C4H、4CL、CHI 等（Xu et al.，2019）。PAL 与抗病物质的产生有关，包括酚类、木质素和植保素（Romanazzi et al.，2017），C4H 可以将肉桂酸转化为香豆酸，香豆酸是合成酚酸（如阿魏酸和咖啡酸）的前体，可直接杀死病原物和抑制其生长（Wang et al.，2018），4CL 介导苯丙烷代谢途径的一个分支，其代谢产物如木质素、黄酮和总酚是关键的抗真菌成分（Winkel-Shirley，2001），CHI 是与苯丙烷代谢途径相关的关键下游酶，负责催化黄酮类化合物的产生和增强植物抗性（Zheng et al.，2011）。

氧是植物体生存过程中必不可少的，但高浓度的氧会导致有机体氧中毒，这是由于大量的氧气被转化为活性氧（ROS），ROS 是在氧化代谢过程中自然形成的，ROS 过度产生会增加脂质过氧化，破坏细胞膜的完整性和致酶失活来降低细胞活力（Circu & Aw，2010），会使细胞凋亡加快、氧化能力增强，导致各种生理紊乱，如抗病性降低、免疫抑制、生长和生产力降低（Pandey et al.，2003）。此时，如果没有被抗氧化屏障或抗氧化系统充分修复，就会引发细胞损伤的氧化应激，这使得生物体对病理状况高度敏感。谷胱甘肽还原酶（GR）、超氧化物歧化酶（SOD）、过氧化氢酶（CAT）、过氧化物酶（POD）、多酚氧化酶（PPO）等是防止氧化应激的成熟调控机制。SOD 是细胞防御系统中的第一道防线，在抗氧化系统中具有重要地位，它通过歧化反应将 O^{2-} 催化为 O_2 和 H_2O_2，维持机体内活性氧的动态平衡，从而减轻活性氧对有机体造成的危害（邵正英等，2017）。CAT 常与 SOD 相互联系，它将 SOD 歧化反应生成的 H_2O_2 分解为水和氧气，被称为有机体细胞内 H_2O_2 的专一清除剂（朱金方等，2015）。POD 主要是参与植物体内木质素的合成，增厚细胞壁，还可以分解 H_2O_2，增强抗氧化能力，进而提高寄主植物对病原菌的抵抗能力（陈爽，2021）。作为末端氧化还原酶，PPO 多负责将酚类物质氧化为醌类物质，同时产生其他有毒物质，如奎宁，以限制和杀死入侵的病原菌（Wang et al.，2019）。谷胱甘肽还原酶（GR）是广泛存在于生物体内的一种黄素蛋白氧化还原酶，其还原产物为还原型谷胱甘肽（GSH），是细胞内最主要的抗氧化巯基物质，在抗氧化中具有重要作用。当植物受到胁迫时，普遍存在植物细胞内的还原型烟酰胺腺嘌呤二核苷酸磷酸（NADPH）被激活，在短时间内大量产生 ROS，损伤有机体，此时，GR 便催化 NADPH 生成 GSH，提高植物的抗氧化能力。

植物激素是在植物生理功能中起到信号转导和调节作用的化学物质，在植物生长发育过程和响应胁迫过程中有不可替代的作用。生长素在植物体内因无法自由穿过细胞而需要借助载体进行运输，而生长素输入载体（AUX1）在该过程中扮演着重要角色。研究表明，AUX1 通过协助生长素的运输参与调控侧根、根毛的发育，改善植物生长状况，增强植物抗病能力，进而抵御病原菌的侵染。AUX1 在毛竹笋不同生长阶段均呈不同程度的上调表达，生长发育期 AUX1 超高表达，使细胞分裂、伸长，促进笋的快速生长（周丽，2021；杨乐等，2022）。赤霉素信号转导过程中的重要受体 GID1，不仅调控植物的生长发育过程，还参与应对抗病抗逆的响应过程，DELL 蛋白是赤霉素信号通路上的负调控因子，会抑制植物生长发育，当赤霉素（GA）与其受体 GID1 结合生成 GA-GID1 时，会削弱 DELL 蛋白对植物的抑制作用，从而达到促进植物生长的目的（张运城，2015）。蛋白磷酸酶可以通过本身的磷酸酶活性致使靶标蛋白去磷酸化，参与植物的生长发育、信号转导、胁迫响应等过程，前人研究表明，转基因烟草植物中 *OsBIPP2C1* 基因的高表达可以增强对烟草花叶病毒和其他病害的抗性（Akimoto - Tomiyama et al.，2018）。蛋白磷酸酶 2C（PP2C）通过调控植物体内的代谢过程，影响体内激素水平等各个方面参与响应胁迫过程。Chen 等（2018）发现拟南芥 *AtPP2C1* 不仅能够调节拟南芥的生长发育，还能激活与 MPK4 或 MPK6 激酶的协作，以缓解病原菌的胁迫。植物应对胁迫时，茉莉酸介导的信号途径被启动，激活茉莉酸应答基因的表达，在茉莉酸氨基酸合成酶（JAR1）基因的催化下，茉莉酸与异亮氨酸（Ile）结合生成 JA-Ile，将 JA-Ile 当作底物调控特定的代谢途径（乔菊香等，2020）。徐岩等（2017）证明 *JAR1* 基因在长春花中的过表达有利于促进生物碱类化合物的合成积累，*JAR1* 基因参与了次生代谢物的合成积累。在适生条件下植物各器官都会合成乙烯，当植物遭受胁迫时，除了调控乙烯合成来缓解压力外，更重要的是还可通过使乙烯受体基因（*ETR*）及下游元件如 *CTR1*、*EIN2*、*EIN3* 等上调表达参与抗病抗逆过程（于健，2020）。鳄梨果树在低温压力下会显著提高 *PaETR* 和 *PaERS1* 基因的表达水平来减轻压力对植物的危害（Hershkovitz et al.，2009）。Peng 等（2014）发现棉花在盐胁迫期间，不仅与乙烯生物合成相关的基因上调表达，而且乙烯受体基因 *ETR1*、*ETR2* 等均上调表达，共同参与调控压力和提高植物的防御反应。本次研究发现，在油茶接种 DZY6715 和 YYC155 的第 15 天，与植物激素调控相关的基因大量上调表达，如生长素输入载体（*AUX1*）、赤霉素受体（*GID1*）、蛋白磷酸酶 2C（*PP2C*）、茉莉酸氨基酸合成酶（*JAR1*）基因均上调，认为可能是在油茶应对胁迫压力的情况下，这些基因上调表达，参与油茶细胞正常生长繁殖的调控过程，促进油茶稳健生长，增强油茶本身的生长势，响应油茶胁迫反应过程，提高抵御病害的能力，减缓胁迫带来的危害。

光是植物进行光合作用的基本能量来源，是植物生长发育过程中的重要环境因子。光敏色素作用因子（PIF）位于细胞核中，可以和光敏色素（Phy）直接发生作用，在光转导信号过程中多起负调控作用，但部分成员在植物的生长发育及抗病过程中有着重要的积极作用。有研究表明，光敏色素作用因子 3（PIF3）不仅是促进下胚轴伸长的主要调节因子，还利于光照条件下叶绿素和花色素苷的生物合成，而光敏色素作用因子 4（PIF4）可促进下胚轴伸长和早期开花以响应高温胁迫的反应（常博雯，2018）。本研究在接种 DZY6715 的第 15 天，发现光敏色素作用因子 3（PIF3）上调表达，这可能是在油茶生长过程中对光合作用压力做出的反应，以缓解油茶生长缓慢的现象，促进油茶健康生长，提升其抵抗病害的能力。光系统Ⅱ（PSⅡ）在植物将光能转化为化学能的过程中处于核心地位，光系统Ⅱ亚基蛋白 Q（PsbQ）是光系统Ⅱ复合体的重要外周蛋白之一，对维持 PSⅡ氧释放增强有着重要作用，*PsbQ* 基因的高水平表达可能参与了 PSⅡ的修复与重装，以保证放氧复合体的放氧能力。当逆境胁迫使叶绿体结构受损后，植物光合作用会减弱，不利于植物生长，此时，*PsbQ* 相关基因上调表达，提高光合作用，增强植物的抗性（孙新华等，2015）。类似的研究结果也被学者所证实，PsbQ 蛋白的缺失会导致光系统Ⅱ功能发生显著变化，PsbQ 蛋白对于正常光照条件下稳定放氧 PSⅡ复合物有重要作用，更重要的是，对于弱光条件下生长的植物来说，PsbQ 蛋白是光合自养生长所必需的（Yi et al.，2006）。本研究在接种 YYC155 的第 15 天，发现光系统Ⅱ亚基蛋白 Q（PsbQ）的编码基因上调表达，推测当光合作用不利于植物生长时，*PsbQ* 基因参与光系统Ⅱ的修复，维持叶绿体的放氧能力，保证植物的正常生长势，提高油茶的抗病性。

植物与病原互作过程中，会激活 MAPK 信号通路，通过 MAPKKK-MAPKK-MAPK 逐级磷酸化，激活抗病相关基因表达，参与病原侵染过程的信号传递。环境胁迫诱导产生的 *hsp* 基因除了能够增强有机体对该种压力的忍耐性，还能提高对其他胁迫的忍耐力，说明该基因具有一定程度的交叉耐受性（Eissa et al.，2017）。于姗姗等（2022）研究证明，*hsp70* 和 *hsp90* 基因在刺参抵抗温度和盐胁迫的过程中发挥重要的作用，提高了刺参幼参应对高温季节暴雨环境的能力。*EDS1* 在植物体内能够抵挡多种病原菌的侵染（韩林林，2020），并且在水杨酸、活性氧等抗病途径中有传递抗病信号的作用，如调控着茄科作物对青枯病的抗性（李可等，2018）。本研究中 LRR 受体丝氨酸/苏氨酸蛋白激酶（FLS2）、热休克蛋白 90（HSP90）和增强病害易感性蛋白 1（EDS1）在接种 YYC155 后均上调表达，推测当油茶受到胁迫时，与超敏反应相关的基因大量表达，参与油茶的防卫反应。丝氨酸/苏氨酸蛋白激酶 1（OXI1）的表达是由氧化应激引起的，是两个单独的 H_2O_2 途径介导的，该激酶在植物与病原互作过程中是植物根毛发育和基础防御所必需的（Petersen et al.，2009）。在 DZY6715 和 YYC155 接种的 15 d 时 *OXI1* 基因均呈下调表达，可能是油茶接收到病原菌侵染的信号，细胞内大量生成活性氧以氧化杀死病原菌，此时，*OXI1* 基因下调表达，控制细胞内活性氧的产生量，同时，也有过氧化氢酶上调表达，共同参与维持油茶细胞内活性氧的生成与清除之间的动态平衡。此外，酰基辅酶 A 氧化酶（*ACOX*）可能是通过调节下游酶活性来减缓植物病害的危害，提高植物的抗病性（邱发发等，2022）。

第 6 章　油茶叶片内生菌与炭疽病的交互作用研究

油茶炭疽病作为油茶栽培过程中最常见的真菌性病害，危害严重，防治困难。化学防治是常用的方法，但长期使用化学防治会产生抗药性，降低防治能力，且化学药剂容易造成农药残留，污染环境，诱发病原菌再猖獗。植物微生物是植物防御系统的“延伸”，当植物受到病原物侵染时会特异性地富集一些有益的微生物。

本章研究基于高通量测序技术了解油茶病、健叶片内生微生物的种类、多样性差异，并对内生微生物功能进行预测，以期揭示油茶叶片内生微生物群落对炭疽病的应答规律，指导油茶炭疽病的生防菌株的进一步挖掘；进而以油茶病、健叶片作为研究材料，通过传统分离培养的方法，分离油茶病、健叶片内生微生物，经形态学、生理生化、分子鉴定等方法明确菌株分类地位，筛选对油茶炭疽病具有生防潜力的菌株，通过盆栽试验对功能菌株的生防效果进行验证。为将油茶叶片内生菌开发为生物菌剂提供理论依据，为油茶炭疽病的生物防治奠定试验基础。

6.1　试验材料与仪器

6.1.1　供试试剂

纳氏试剂由 A、B 两液混合配制而成。A 液：碘化钾 10 g，碘化汞 20 g，蒸馏水 100 mL，混合均匀并充分溶解。B 液：氢氧化钾 20 g 溶于 100 mL 蒸馏水中，待溶液冷却至室温后，将 A、B 两液混合，并存于棕色瓶中。

甲基红指示剂：称取甲基红 0.04 g，用 60 mL 95%乙醇充分溶解，用蒸馏水定容至 100 mL。

吲哚试剂：称取对二甲基氨基甲醛 2 g，用 190 mL 95%乙醇充分溶解，缓慢加入 40 mL 浓盐酸。

本章其余所用的试剂与前面章节相同。

6.1.2　供试材料

用于高通量测序的样品为云南本地白花油茶，于 2021 年 9 月采自云南省德宏州油茶栽培基地。实验选择在同一地块分别采集炭疽病发病叶片和健康植株的健康叶片2组样本，其中染病组命名为C组，健康组命名为H组，每组6个重复样本，共12个样本。

用于叶片内生菌分离的白花油茶样品于2021年11月～2022年12月在德宏州油茶种植基地采集，选取油茶健康叶片和感病叶片将其装入自封袋，标记编号（健康叶片样品为H，染病叶片样品为S），放入放置冰袋的泡沫箱保鲜，带回实验室进行下一步样品处理。

采集后装入密封袋中，带回实验室进行表面消毒。表面消毒流程为75%乙醇1 min，无菌水冲洗1次，用5%（有效氯）次氯酸钠溶液表面消毒5 min，无菌水冲洗3次。收集最后一次冲洗的无菌水并涂布于LB培养基，作为验证表面消毒效果的对照实验。

6.1.3 供试菌株

油茶炭疽菌 *Colletotrichum gloeosporioides* 由前面章节分离获得，*Bacillus tequilensis*、*B. velezensis*、*B. altitudinis*、*Methylobacterium oryzae* 等为本试验前期分离保存内生菌菌株。

6.1.4 供试培养基

Jensen无氮培养基：蔗糖20 g，磷酸氢二钾1.31 g，氯化钠0.5 g，碳酸钙2 g，硫酸亚铁0.18 g，硫酸镁1 g，钼酸钠0.005 g，琼脂20 g，用蒸馏水定容至1 L，pH=7.0。

A_4无氮培养基：蔗糖20 g，硫酸镁0.5 g，碳酸钙0.1 g，氯化铁0.005 g，磷酸氢二钠5 g，琼脂20 g，用蒸馏水定容至1 L，pH=7.0。

Ashby培养基：甘露醇10 g，磷酸二氢钾0.2 g，硫酸镁0.2 g，氯化钠0.2 g，硫酸钙0.1 g，碳酸钙5 g，琼脂20 g，用蒸馏水定容至1 L，pH=7.0。

YMA低氮培养基：甘露醇10 g，酵母提取物1 g，硫酸镁0.2 g，氯化钠0.2 g，磷酸氢二钾0.5 g，氯化钙0.05 g，琼脂20 g，用蒸馏水定容至1 L，pH=7.0。

TWYE培养基：酵母浸膏0.25 g，磷酸二氢钾0.5 g，琼脂20 g，用蒸馏水定容至1 L，pH=7.0。

高氏一号培养基：可溶性淀粉20 g，氯化钠0.5 g，硫酸亚铁0.01 g，硝酸钾1 g，磷酸氢二钾0.5 g，硫酸镁0.5 g，琼脂20 g，用蒸馏水定容至1 L，pH=7.3。

寡营养培养基：可溶性淀粉0.1 g，氯化钠0.5 g，硫酸亚铁0.01 g，酵母提取物0.1 g，磷酸氢二钾2 g，硫酸镁0.05 g，碳酸钙0.02 g，琼脂20 g，用蒸馏水定容至 1 L，pH=7.2。

1968 培养基：酵母浸膏 0.5 g，麦芽浸粉（MEB）1.5 g，可溶性淀粉 1 g，葡萄糖 1 g，碳酸钙 0.2 g，氯化钠 0.5 g，用蒸馏水定容至 1 L，pH=7.3。

蛋白胨氨化培养液：蛋白胨 5 g，磷酸氢二钾 0.5 g，磷酸二氢钾 0.5 g，硫酸镁 0.5 g，用蒸馏水定容至 1 L，pH=7.0～7.2。

葡萄糖蛋白胨培养液：蛋白胨 5 g，葡萄糖 5 g，氯化钠 5 g，用蒸馏水定容至 1 L，pH=7.0～7.2。

蛋白胨培养液：蛋白胨 10 g，用蒸馏水定容至 1 L，pH=7.0～7.2。

MAS-CAS 培养基：将 1.0 L MAS 培养基、50 mL 磷酸缓冲液和 50 mL CAS 染色液灭菌后在无菌操作台中混匀倒平板。MAS：葡萄糖 4.0 g，蛋白胨 5.0 g，氯化钾 0.5 g，硫酸镁 0.5 g，pH=7.0。磷酸缓冲液（100 mL）：磷酸二氢钠 0.59 g，磷酸氢二钠 2.427 g，氯化钠 0.125 g。CAS 染液（100 g/mL）：铬天青 0.0653 g，氯化铁 0.0027 g，十六烷基三甲基溴化铵 0.1456 g。

PKO 溶磷培养基：葡萄糖 12.0 g，硫酸铵 0.6 g，氯化钠 0.3 g，氯化钾 0.3 g，硫酸镁 0.082 g，硫酸锰 0.044 g，硫酸亚铁 0.002 g，磷酸钙 3.0 g，酵母粉 0.5 g，用蒸馏水定容至 1 L，pH=7.0。

钾长石培养基：葡萄糖 10.0 g，钾长石 2.5 g，磷酸氢二钠 0.2 g，硫酸镁 0.2 g，氯化钠 0.2 g，碳酸钙 5.0 g，硫酸钙 0.1 g，琼脂 20.0 g，用蒸馏水定容至 1 L，pH=7.0。

PDA 培养基和 LB 培养基配方如第 2 章所述。

6.2　试验方法

6.2.1　植物总 DNA 提取

将表面消毒的叶片剪为约 1 cm×0.5 cm 的小块组织。采用 E.Z.N.A® Mag-Bind DNA Kit 提取试剂盒（OMEGA），提取叶片基因组总 DNA，用琼脂糖凝胶电泳检测 DNA 完整性，并用 Qubit3.0 荧光定量仪定量检测 DNA 样本浓度。

6.2.2　序列扩增及测序

以提取的油茶叶片总 DNA 作为模板，通过 341F（5′-CCTACGGGNGGCWGCAG-3′）/805R（5′-GACTACHVGGGTATCTAATCC-3′）引物对扩增细菌 16S rRNA 的 V3-V4 区域。PCR 扩增采用 200 μL 体系，PCR 第一轮反应条件为 94℃，3 min →（94℃，30 s → 45℃，20 s → 65℃，30 s）×5 个循环 →（94℃，20 s → 55℃，20 s → 72℃，30 s）×20 个循环 → 72℃，5 min →10℃，+∞；PCR 第二

轮反应条件为95℃，3 min → （94℃，20 s → 55℃，20 s → 72℃，30 s）×5 个循环 → 72℃，5 min →10℃，+∞。PCR 反应产物通过 2%琼脂凝胶电泳检测，为了得到均匀的长簇效果和高质量的测序数据，使用 Qubit3.0 荧光定量仪进行浓度测定。PCR 扩增及测序工作由生工生物工程（上海）股份有限公司完成。

6.2.3 高通量测序数据分析

原始数据通过 Cutadapt 1.18 去除引物接头序列，使用 PEAR 0.9.8 和 PRINSEQ 0.20.4 进行过滤优化和序列拼接得到有效序列。有效序列用 Usearch 11.0.667 基于97%的相似水平对序列进行 OTU 聚类并进行生物信息统计分析[叶绿体、线粒体序列通过生工生物工程（上海）股份有限公司的 Python 脚本进行剔除]。利用 RDP classifier 2.12 对比 RDP 数据进行物种注释和分类

基于 OTU 丰度信息，利用 Mothur 1.43.0 做稀释曲线（rarefaction curve）分析，计算多样性指数[基于丰度的覆盖率估计（abundance-based coverage estimator，ACE）指数、Chao1 指数（Chao1）、香农-维纳（Shannon-Wiener）多样性指数、辛普森（Simpson）多样性指数]。并通过 IBM SPSS Statistic 25.0 对数据进行差异显著性分析。利用 R 3.6.0 制作曲线图、PCA 图、物种相对丰度图。使用 phyloseq 1.30.0 根据系统发生进化树得到样品间距离矩阵进行主成分分析（基于 Bray-Curtis 距离算法）。使用 STAMP 2.1.3 进行差异分析，采用 Welch’s t-test 检验。使用 BugBase 0.1.0 分析微生物组样品表型，对微生物群落进行表型分类。

6.2.4 油茶叶片内生菌的分离

将油茶病、健叶片用流水冲洗 2 min 后进行表面灭菌，具体步骤为：①75%的乙醇浸泡 60 s；②次氯酸钠（5%有效氯）溶液处理 3 min 进行表面灭菌；③无菌水中连续漂洗 3 次，每次 30 s，放入有滤纸的培养皿中吸干水分；④用无菌剪刀剪成 0.5 cm^2 的小块。检验表面消毒效果：吸取漂洗过程中的无菌水 100 μL 涂布于 PDA 和 LB 平板，28℃培养 2～3 d，如果培养基表面有菌落长出，则表明此次表面消毒不彻底，本次实验结果不可取。若无菌落生长则表示表面消毒彻底。

称取表面消毒后的油茶病、健叶片各 1 g，置于无菌研钵中，加入无菌蒸馏水 3 mL 和少量石英砂充分研磨。研磨完全后，向研钵中加入 7 mL 无菌水，充分混匀后进行沉淀。沉淀 10 min 后，吸取 0.1 mL 上清液涂布 Ashby 培养基、YMA 低氮培养基、A_4 无氮培养基、Jensen 无氮培养基，同时吸取上清液涂布到预先加入重铬酸钾（50 μg/mL）、萘啶酮酸（20 μg/mL）和制霉菌素（50 μg/mL）的 TWYE 培养基、高氏一号培养基、1968 培养基和寡营养培养基中。另外，称取表面消毒

后的油茶病、健叶片各 1 g，放入高通量组织研磨仪中，采用功率为 25 Hz 的程序进行机器研磨，以同样的方式涂布至上述培养基平板上。上述各种培养基平板设 3 个重复涂布，涂布后培养皿用封口膜密封倒置，于 28℃恒温培养箱培养，每天观察菌落情况，培养 3～5 d 后对菌落进行计数与统计。

对培养基上长出的菌落进行计数，将形态和颜色不同的单菌落接种至相应的无氮培养基中划线培养，重复 3～4 次后获得单菌落。纯化培养后的内生菌划线在对应培养基试管斜面上，28℃恒温培养 3 d，待斜面上菌落长满时，放置于 4℃冰箱保存，每一菌株保存 3 管备用。此外，单菌落接种于液体培养基中，放入 28℃摇床中 180 r/min 振荡培养 2 d，吸取 600 μL 菌悬液与等体积 50%甘油混合后冻存于–80℃超低温冰箱内，每一菌株保存 5 管备用。

6.2.5 叶片内生菌的鉴定

对纯化后的内生菌单菌落进行形态观察，记录菌落的大小、形态、表面、质地和颜色等形态学特征。

通过革兰氏染色观察菌体形态。挑取少量单菌落放置于盖玻片中央的蒸馏水中，用接种环快速来回涂布，自然风干后形成菌涂片，将载玻片在酒精灯火焰上方快速过火 2～3 次进行固定，用草酸铵结晶紫溶液染色 1 min，用蒸馏水缓慢冲洗结晶紫染色液，然后使用碘液媒染 1 min，用蒸馏水冲洗并用吸水纸吸干多余水分，再用 95%乙醇进行脱色约 30 s，直至颜色澄清为止，用蒸馏水冲洗并轻轻吸干多余水分，最后使用番红复染 1～2 min，用蒸馏水冲洗至流水澄清，吸干水分后通过光学显微镜镜检。

通过扩增内生菌 16S rRNA 基因片段进行分子鉴定。内生菌总 DNA 提取和 16S rRNA 基因的 PCR 扩增方法与前面章节相同。PCR 产物委托生工生物工程（上海）股份有限公司进行测序，序列双向测通后进行拼接，16S rRNA 基因序列通过 EzBioCloud 数据库进行对比，确定内生菌的种类。

6.2.6 叶片内生菌生理生化测试

对所分离到的油茶叶片内生菌进行生理生化反应的测试，试验方法参照 Williams 等（1983）所述，测试内容如下。

（1）产过氧化氢酶试验

用接种针在无氮培养基上挑取部分菌体，然后悬浮在滴有 5%的过氧化氢的载玻片上，观察是否有气泡产生，若有气泡产生，则为阳性反应，反之，则为阴性。

（2）产氨试验

将在无氮培养基中纯化培养的单菌落接种于蛋白胨氨化培养液试管中，于 28.5℃恒温振荡培养 48 h，向试管中加入 3～5 滴纳氏试剂，若溶液变成黄色或内部产生棕红色沉淀，则表明试管中的内生菌可产生氨，反之，则无氨产生。

（3）甲基红反应试验

将在无氮培养基中纯化培养的单菌落接种于葡萄糖蛋白胨培养液试管中，于 28.5℃恒温振荡培养 24 h，沿试管壁加入 3～4 滴甲基红指示剂，观察溶液是否变色，若培养液由橘黄色变为红色则为阳性反应，反之，则为阴性。

（4）乙酰甲基甲醇试验（VP 试验）

将在无氮培养基中纯化培养的单菌落接种于葡萄糖蛋白胨培养液试管中，于 28.5℃恒温振荡培养 24 h。先在试管中加入 20 滴 40%的氢氧化钾溶液，再加入等量 α-萘酚，用力振荡后放入 28.5℃恒温水浴锅中水浴 30 min，若溶液变为红色则为阳性反应，反之，则为阴性反应。同时，取一定量的液体培养基再次加入等量的 40%的氢氧化钾溶液，再加入 1 mg 肌酸，剧烈振荡后静置，静置 10 min 内若有红色出现即为阳性反应，反之，则为阴性反应。

（5）吲哚产生试验

将在无氮培养基中纯化培养的单菌落接种于蛋白胨培养液试管中，于 28.5℃恒温振荡培养 48 h，向试管中加入乙醚 2 mL，充分振荡试管至液体培养基表面乙醚层消失为止，使吲哚完全溶于乙醚中，室温静置至乙醚层重新出现在液体培养基的表面，然后再沿试管壁加入吲哚试剂 10 滴，若明显看到乙醚层出现玫红色，则表示液体培养基中的内生菌产生了吲哚，反之，则为阴性反应。

（6）淀粉水解试验

将在无氮培养基中纯化培养的单菌落先接种于蛋白胨培养液试管中，再接种于淀粉培养液中，于 28℃恒温振荡培养 48 h，滴入碘液，若菌液周围无蓝色产生，则表明内生菌可产生淀粉酶，反之，则无淀粉酶产生。

6.2.7 内生菌 *nifH* 基因扩增

利用桥式 PCR 对油茶叶片内生菌的 *nifH* 基因进行扩增检测，PCR 采用 20 μL 体系，包括 PCR mix 10 μL，正/反引物各 1 μL，模板 DNA 1 μL，ddH_2O 7 μL。PCR 第一轮反应的引物为 FGPH19（5′-TACGGCAARGGTGGNATHG-3′）/POLR（5′-ATSGCCATCATYTCRCCGGA-3′），退火温度为 55℃，延伸时间为 2 min；PCR 第二轮反应的引物为 AQER（5′-GACGATGTAGATYTCCTG-3′）/POLF（5′-TGCGAYCCSAARGCBGACTC-3′），退火温度为 50℃，延伸时间为 2 min。利用 2%琼

脂糖凝胶电泳检测 PCR 产物是否与预期片段大小吻合，依次验证其是否具有固氮基因。

6.2.8　内生菌溶磷能力测定

用接种环挑取内生菌单菌落接种于 PKO 溶磷固体培养基平板上，于 28℃恒温箱中培养 8 d，观察菌落有无透明晕圈。

6.2.9　内生菌产铁能力测定

用接种环挑取内生菌单菌落接种于 MAS-CAS 培养基，于 28℃恒温培养箱中培养，培养过程中观察菌落是否会变为橙黄色，以及橙黄色菌落周围是否会出现透明晕圈。

6.2.10　内生菌解钾能力测定

用接种环挑取内生菌单菌落接种于钾长石培养基平板，于 28℃恒温培养箱中培养，观察菌落周围是否会形成透明晕圈。

6.2.11　内生拮抗菌株筛选

将供试内生菌在 LB 培养基平板重新活化培养，挑取单菌落接种于 50 mL 液体 LB 培养基中，在 28℃恒温摇床中 180 r/min 振荡培养 24 h，制成种子液。再以 2%的接种量将种子液接种到 LB 液体培养基中扩大培养，制成浓度为 1×10^6 CFU/mL 的菌悬液，4℃保存备用。

将 *C. gloeosporioides* 在 PDA 培养基平板重新活化培养，于 28℃恒温培养箱中培养 7 d 至其产孢。若恒温条件下炭疽病不产生分生孢子，可用接种环将炭疽菌气生菌丝刮去，再放回恒温培养箱中待其产孢。

采用平板对峙法对内生菌进行抗菌试验，将炭疽菌菌丝块接种于 PDA 培养基中央，活化培养后的菌液接种在距离 PDA 培养基中心位置 30 mm 左右的两侧，以仅接种炭疽病作为空白对照，设 3 个生物学重复，于 28℃恒温培养至对照组炭疽菌菌丝长满整个培养皿，测量处理组和空白组炭疽病的菌落直径，参照以下公式计算内生菌的抑菌率。

抑菌率（%）=[（对照组病原菌的菌落直径–处理组病原菌的菌落直径）/对照组病原菌的菌落直径]×100

6.2.12 拮抗内生菌生防效果验证

对活体油茶叶片接种油茶炭疽菌和叶片内生菌，探究内生菌在油茶体内的生防效果。具体设计实验如下。对照处理分为三组：①将无菌水以喷雾的形式接种于健康油茶新叶上；②将炭疽菌菌丝块接种于健康油茶新叶上，用封口膜固定并保湿；③将炭疽菌菌丝块和无菌水同时接种于健康油茶新叶上。处理组将供试内生菌接种于不同株系油茶健康叶片上，分别于接种的第 1 天和第 7 天后接种炭疽菌菌丝块，接种后每天观察记录叶片发病情况，记录发病率与病斑大小。

6.3 结果与分析

6.3.1 高通量测序数据与质控

对 12 个样本内生菌进行测序，共获得高质量质控序列 1 255 996 条，平均长度 407.25 bp，序列在 97%的相似度水平下进行聚类共获得 649 个 OTU。通过稀释曲线可以看出，随着测序深度的增加，各部位样本的稀释曲线斜率趋于平缓（图 6-1），表明本次测序数据量足够，已能较好反映样品微生物群落的真实情况。

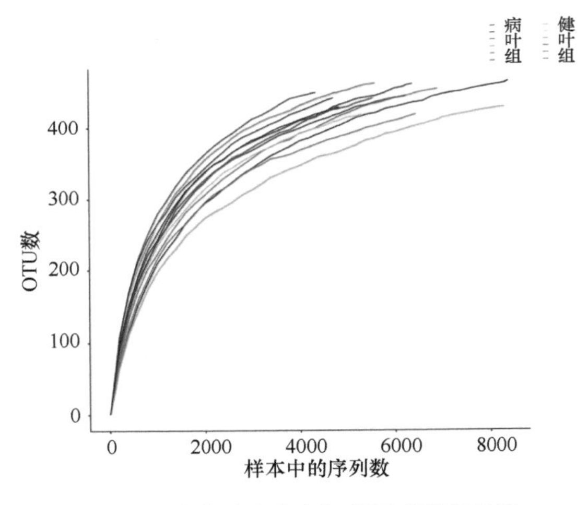

图 6-1 油茶叶片内生细菌测序稀释曲线

6.3.2 油茶病、健叶片内生细菌多样性分析

6.3.2.1 内生细菌 α 多样性分析

对油茶病、健植株叶片内生菌进行多样性分析，结果表明，油茶叶片所有样

本的覆盖度均在 98%左右，即测序数据可以真实反映病、健叶片样本内生细菌菌群多样性。其中，感病组内生细菌 Chao1 和 ACE 指数显著高于健康组（$p<0.05$），辛普森多样性指数和香农-维纳多样性指数在病、健叶片间无显著差异（$p>0.05$）。表明炭疽菌侵染油茶后，显著提高了油茶叶片内生细菌的丰度，但对多样性无显著影响（表 6-1）。

表 6-1　油茶叶片内生细菌多样性指数

样本	Chao1 指数	ACE 指数	香农-维纳多样性指数	辛普森多样性指数	覆盖度
病叶	516.23±8.26[a]	522.73±10.26[a]	4.20±0.66[a]	0.13±0.10[a]	0.98±0.00
健叶	490.39±10.44[b]	495.29±9.02[b]	3.87±0.69[a]	0.18±0.11[a]	0.98±0.00

注：同列不同字母表示差异显著（$p<0.05$）

6.3.2.2　内生细菌 β 多样性分析

为了揭示样本的组间差异，基于 Bray-Curtis 距离进行了 PCA。结果表明，主成分 1 和主成分 2 的样本差异贡献率分别为 39.72%和 14.16%（图 6-2）。样本的组内相似程度大于组间，说明受炭疽菌侵染使油茶叶片内生细菌群落构成趋于相近。

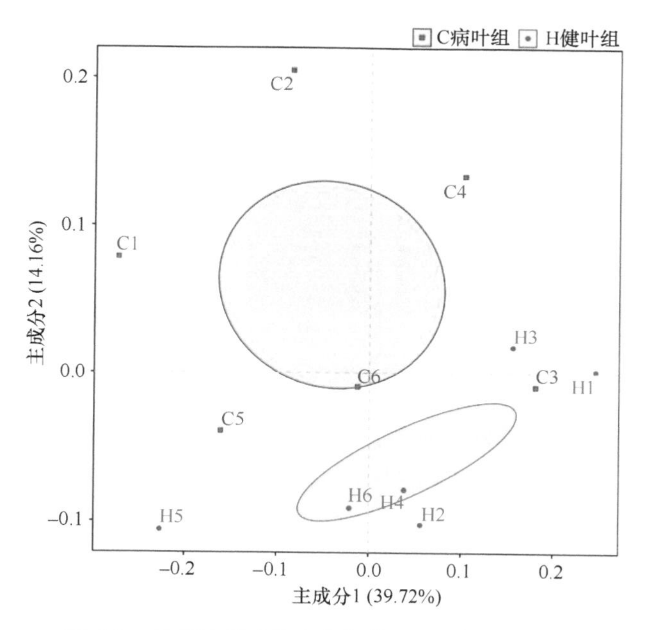

图 6-2　云南油茶叶片内生细菌 OTU 水平上 PCA

6.3.3　油茶病、健叶片内生细菌群落组成

以 97%相似水平对样本序列进行 OTU 聚类分析，云南油茶病、健叶片内生

细菌群落可分类到 18 个门 40 个纲 63 个目 100 个科 130 个属。

门水平上，油茶病、健叶片内生细菌均检测出 18 个门，无特有门。其中，相对丰度大于 1%的共 7 个门（图 6-3），分别为变形菌门（Proteobacteria）（27.71%，22.64%）、拟杆菌门（Bacteroidetes）（12.05%，11.25%）、疣微菌门（Verrucomicrobia）（4.59%，4.29%）、酸杆菌门（Acidobacteria）（3.32%，3.24%）、放线菌门（Actinobacteria）（2.25%，2.19%）、浮霉菌门（Planctomycetes）（2.03%，1.79%）、绿弯菌门（Chloroflexi）（1.34%，1.15%）。病、健叶片内生细菌均为变形菌门丰度最高，其次是拟杆菌门。

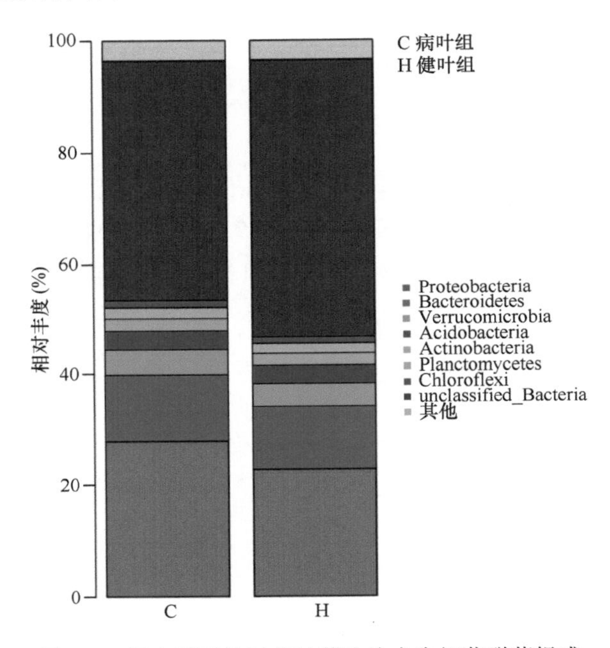

图 6-3　门水平下的云南油茶叶片内生细菌群落组成

属水平下的群落组成分析表明，受炭疽病侵染后，油茶病、健叶片内生细菌前 20 个优势属相同，但相对丰度具有一定差异（表 6-2）。病组中相对丰度>1%的属为 *Methylobacterium*、*Panacagrimonas*、*Pontibacter* 和 *Gp7*。健组中相对丰度>1%的属为 *Pontibacter*、*Panacagrimonas* 和 *Gp7*。病组最优势属为 *Methylobacterium*，健组最优势属为 *Pontibacter*。另外，病组特有属为 *Belnapia*（0.03%）、*Achromobacter*（0.02%）、*Pantoea*（0.02%）、*Flavobacterium*（0.01%）和 *Spirosoma*（0.01%）。健组特有属为 *Legionella*（0.01%）、*Rhizorhabdus*（0.01%）和 *Romboutsia*（0.01%）。云南油茶病、健叶片内生菌还存在大量未鉴定及不可归类的属，相对丰度分别达到 76.99%、79.99%，表明云南油茶病、健叶片中可能存在大量的新属种。

表 6-2　油茶叶片内生细菌属水平相对丰度（前 20 属）

属	相对丰度（%）	
	患病叶片	健康叶片
Methylobacterium	1.91	0.39
Panacagrimonas	1.38	1.18
Pontibacter	1.31	1.41
Gp7	1.06	1.16
Subdivision3_genera_incertae_sedis	0.99	0.89
Rhizomicrobium	0.81	0.74
Sphingomonas	0.80	0.60
Gemmatimonas	0.73	0.74
Acinetobacter	0.70	0.52
Saccharibacteria_genera_incertae_sedis	0.66	0.70
Thiobacillus	0.60	0.59
Flavihumibacter	0.52	0.46
Renibacterium	0.52	0.40
Aspromonas	0.48	0.43
Thermoflavifilum	0.44	0.40
Acetobacter	0.41	0.34
Macellibacteroides	0.37	0.33
Janthinobacterium	0.36	0.33
Altererythrobacter	0.34	0.33
Beijerinckia	0.33	0.33

6.3.4　样本组间差异显著微生物分析

为了进一步寻找组间差异显著性物种，对油茶病、健叶片内生细菌进行了 STAMP 分析。在目分类水平上，病组中有 3 个目的丰度显著高于健组。分别为 Rhizobiales（C 4.17%，H 1.51%）、Rhodospirillales（C 1.90%，H 1.38%）和 Clostridiales（C 0.16%，H 0.11%）目。在属分类水平上，病组中共 6 个属的丰度显著高于健组，依次为 Alphaproteobacteria 门 Rhizobiales 目下 1 未鉴定属（C 1.29%，H 0.71%），Alphaproteobacteria 门 Rhodospirillales 目 Acetobacteraceae 科下 1 未鉴定属（C 1.34%，H 0.87%），Firmicutes 门 Eubacteriales 目 Clostridiaceae 科下 1 未鉴定属（C 0.10%，H 0.04%），Actinobacteria 门 Acidimicrobiales 目下 *Aciditerrimonas* 属（C 0.02%，H 0.01%）和 1 未鉴定属（C 0.05%，H 0.02%）、Proteobacteria 门 Burkholderiales 目下 *Achromobacter* 属（C 0.02%，H 0%）（$p<0.05$）。病组

Actinobacteria 门下 *Geodermatophilus*（C 0.01%，H 0.02%）、Proteobacteria 门下 *Sulfurimonas*（C 0.05%，H 0.09%）、*Pusillimonas*（C 0.01%，H 0.03%）共 3 个属的丰度显著低于健康组（p<0.05）（图 6-4）。

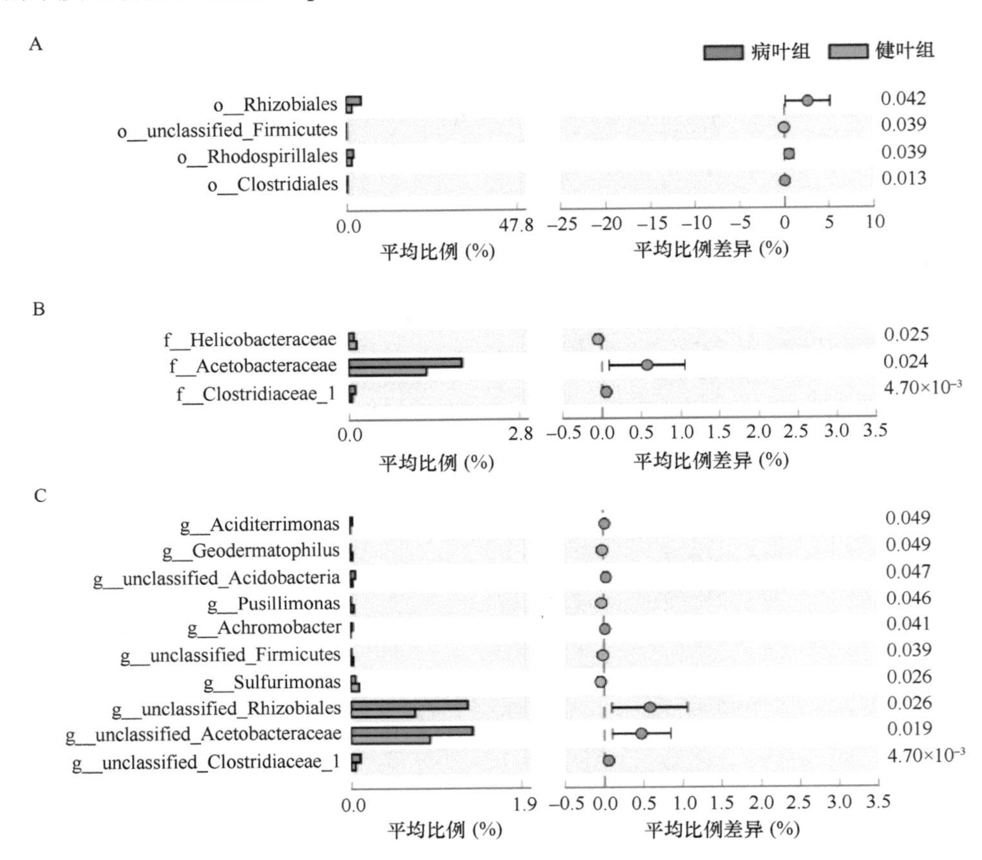

图 6-4　基于 STAMP 分析的组间差异目（A）、科（B）、属（C）

6.3.5　油茶内生细菌功能潜力预测

6.3.5.1　基于 Bugbase 的功能预测

基于 16S rRNA 的高通量测序结果，采用 Bugbase 数据库对云南油茶叶片内生细菌表型进行预测分析，病、健两组共检测到 9 种微生物表型。受炭疽菌侵染后，云南油茶叶片内生细菌菌群的生物膜形成、氧化胁迫耐受能力增强；革兰氏阳性菌、好氧菌、厌氧菌和兼性厌氧菌相对丰度均增加，但革兰氏阴性菌相对丰度降低。进一步分析表明，生物膜形成、氧化胁迫耐受能力的增强主要是变形菌门下内生细菌相对丰度的增加。革兰氏阳性菌主要是放线菌门相对丰度增加，同时绿弯菌门的相对丰度也增加。好氧微生物中，病叶组变形菌门、拟杆菌门、酸杆菌门、疣微菌门相对丰度增加。厌氧微生物中，病叶组酸杆菌门、拟杆菌门、绿菌门（Chlorobi）、浮霉菌门相对丰度增加。革兰氏阴性菌病叶组主要是变形菌门的相对丰度下降（图 6-5）。

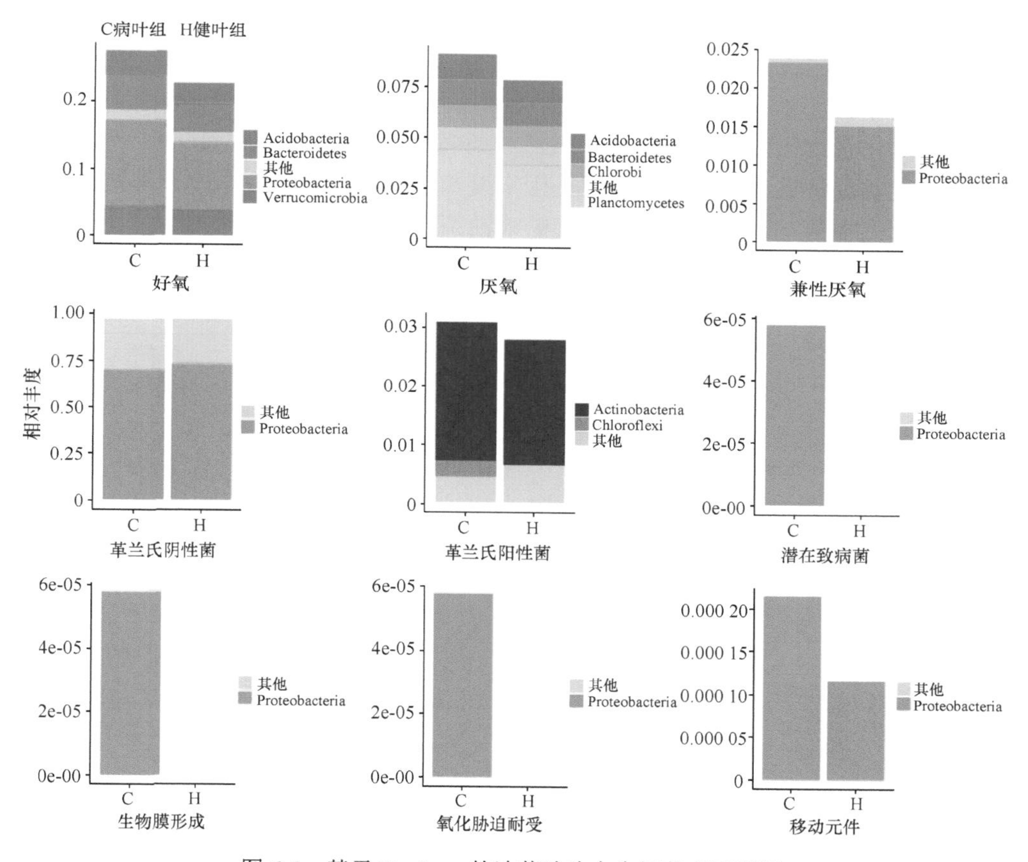

图 6-5　基于 Bugbase 的油茶叶片内生细菌表型预测

6.3.5.2　PICRUSt 基因功能预测

通过 KEGG 数据库比对，不同样品在 KEGG 数据库预测的加权最近排序的分类单元指数（NSTI）为 0.331～0.358，表明样品微生物功能预测匹配度较高，但各样品的效能存在一定差异。结果表明，云南油茶病、健叶片内生细菌在一级功能层共包括 6 类生物代谢通路，即代谢（病 49.68%、健 48.91%）、环境信息处理（病 11.16%、健 10.94%）、细胞过程（病 7.15%、健 6.93%）、遗传信息处理（病 24.87%、健 26.09%）、人类疾病（病 1.76%、健 1.89%）和生物系统（病 0.85%、健 0.87%）。其中，代谢通路为云南油茶病、健叶片的主要功能组成，感病叶片和健康叶片分别占比为 49.68%、48.91%。

针对云南油茶病、健叶片内生细菌基因二级功能层进行预测分析，结果发现，油茶病、健叶片内生细菌基因二级功能层主要由氨基酸代谢、碳水化合物代谢、细胞过程和信号、能量代谢、脂质代谢、膜运输、辅助因子和维生素的代谢等 42 个子功能组成。其中，感病叶片的氨基酸代谢、碳水化合物代谢、膜运输、辅助因子和维生素的代谢、脂质代谢等 26 个二级功能层预测基因丰度高于健康叶片。病、健叶片中相对丰度高于 3%的预测功能基因有复制和修复、氨基酸代谢、膜运输、碳水化合物代谢等（表 6-3）。虽然油茶病、健叶片内生细菌基因二级功能层预测功能基因种类无显著差异，但基因丰度却因感病和健康而异，云南油茶病、健叶片内生细菌发挥各自的基因功能影响油茶叶片内部代谢途径。

表 6-3　病、健叶片中相对丰度高于 3%的预测功能基因（二级功能层）

二级功能层	相对丰度（%）	
	感病叶片	健康叶片
复制和修复	10.02	10.60
氨基酸代谢	9.70	9.51
膜运输	9.18	9.06
碳水化合物代谢	8.95	8.71
翻译	6.85	7.35
能量代谢	6.75	6.89
辅助因子和维生素的代谢	4.26	4.23
脂质代谢	3.49	3.40
折叠、分类和降解	3.19	3.33

6.3.6　油茶叶片内生细菌的分离及鉴定

6.3.6.1　油茶叶片内生细菌的分离

通过 A_4（A）、YMA（B）、Jensen（C）、Ashby（D）、TWYE（E）、1968（F）、高氏一号（G）和寡营养（H）共 8 种培养基分别获得了 541 株微生物，其中包括 535 株内生细菌和 6 株内生真菌。535 株内生细菌的分离情况为：A 培养基分离结果中病叶 35 株、健叶 12 株；B 培养基分离结果中病叶 136 株、健叶 34 株；C 培养基分离结果中病叶 85 株、健叶 37 株；D 培养基分离结果中病叶 47 株、健叶 5 株；E 培养基分离结果中病叶 30 株、健叶 19 株；F 培养基分离结果中病叶 24 株、健叶 11 株；G 培养基分离结果中病叶 18 株、健叶 9 株；H 培养基分离结果中病叶 20 株、健叶 13 株。

在分离内生固氮菌的 A、B、C 和 D 培养基中，B 培养基分离获得的菌株数最多，A 培养基分离获得的菌株数最少。在分离内生放线菌的 E、F、G 和 H 培养基中，E 培养基分离获得的菌株数最多，G 培养基分离获得的菌株数最少。在病叶中共分离获得 395 株内生菌，在健叶中共分离获得 140 株内生菌，病叶中可分离培养的内生菌菌株数高于健叶。在不同研磨方式分离内生菌中，手动研磨获得的内生菌菌株 287 株，从机器研磨获得的内生菌菌株 254 株，手动研磨可分离内生菌的种类高于机器研磨。

6.3.6.2　油茶叶片内生细菌的形态学鉴定

本试验从油茶病、健叶片分离出的 535 株内生细菌的菌落形态大多数为圆形或者椭圆形。颜色分析结果表明，大多数菌株为无色和白色，少部分菌株呈现红色、黄色、淡黄色。菌株大小分析结果表明，大多数菌株大，个别菌株较小。从菌株表面湿润程度分析，大多数菌株表面湿润，小部分菌株表面干燥。突起程度分析结果表明，大多数菌突起，小部分菌扁平。边缘整齐程度分析结果表明，大多数菌株边缘整齐，较少的菌株边缘不整齐。

整体分析结果表明，通过 YMA 低氮培养基中分离获得的内生细菌株数最多，多数菌为革兰氏阴性菌，细胞形态多为杆状或球状，而 1968、TWYE、高氏一号和寡营养培养基因加入抗生素且营养成分低，所以分离内生细菌菌株数普遍低于无氮或低氮培养基，部分菌株形态描述见表 6-4。

表 6-4　油茶叶片部分内生细菌菌株形态学观察

编号	培养基	菌落特性	细菌形状	革兰氏染色
ESS-01	TWYE	白色、圆形、边缘整齐、突起、干、大	杆状	G+
ESS-02	TWYE	红色、圆形、边缘整齐、突起、干、大	杆状	G+
ASJ-10	Ashby	红色、圆形、边缘整齐、突起、湿、大	杆状	G–
DSJ-10	A_4	无色、圆形、边缘整齐、突起、湿、小	杆状	G–
GSS-01	高氏一号	白色、圆形、边缘整齐、突起、湿、大	杆状	G–
AHS-10	Ashby	红色、圆形、边缘整齐、突起、湿、小	杆状	G–
CSJ-10	Jensen	无色、圆形、边缘整齐、突起、湿、大	杆状	G–
CSS-10	Jensen	无色、圆形、边缘整齐、突起、湿、大	杆状	G–
BSS-10	YMA	无色、圆形、边缘整齐、突起、湿、大	杆状	G–
BSJ-10	YMA	红色、圆形、边缘整齐、突起、湿、大	杆状	G–
DSS-15	A_4	白色、圆形、边缘整齐、突起、湿、大	杆状	G–
CSS-11	Jensen	红色、圆形、边缘整齐、突起、湿、小	杆状	G–
BSS-11	YMA	黄色、圆形、边缘整齐、突起、湿、大	杆状	G–

续表

编号	培养基	菌落特性	细菌形状	革兰氏染色
BSJ-11	YMA	红色、圆形、边缘整齐、突起、湿、大	杆状	G–
BSJ-12	YMA	无色、圆形、边缘整齐、突起、湿、大	杆状	G–
ASJ-12	Ashby	无色、圆形、边缘整齐、突起、湿、大	杆状	G–
CSS-13	Jensen	白色、圆形、边缘整齐、突起、湿、大	杆状	G–
ASS-13	Ashby	黄色、圆形、边缘整齐、突起、湿、大	杆状	G–

注：G+代表革兰氏阳性菌株，G–代表革兰氏阴性菌株

6.3.6.3 油茶叶片内生细菌的生理生化鉴定

对 16 株不同内生细菌菌株进行过氧化氢酶反应、甲基红试验、VP 试验、产氨试验、吲哚产生试验和淀粉水解试验进行生理生化测定，结果表明，可以产过氧化氢酶的菌株有 3 株，可以发生甲基红反应的有 13 株，VP 试验有 11 株可以发生阳性反应，产氨试验和吲哚产生试验结果都为阳性，淀粉水解试验有 3 株菌可以分解淀粉，为阳性反应（表 6-5）。

表 6-5 油茶内生细菌生理生化特征

菌株编号	过氧化氢酶	甲基红	VP 试验	产氨试验	吲哚产生试验	淀粉水解试验
ASS-04	无	+	−	+	+	−
AHS-10	无	+	+	+	+	−
BSS-05	无	+	−	+	+	−
BSS-11	无	+	−	+	+	−
BSJ-05	无	+	−	+	+	−
ASJ-10	无	+	+	+	+	−
ASJ-02	无	+	+	+	+	−
CSJ-10	有	+	+	+	+	−
DSS-03	无	+	−	+	+	−
DSJ-06	无	−	+	+	+	−
ASJ-12	有	−	+	+	+	−
AHS-04	有	−	+	+	+	−
ASS-07	无	+	+	+	+	−
CSS-11	无	+	+	+	+	+
CSS-13	无	+	+	+	+	+
CHS-02	无	+	+	+	+	+

注：“+”代表阳性反应，“–”代表阴性反应

6.3.6.4　油茶叶片内生细菌的分子鉴定

对油茶病、健叶片分离得到的 535 株内生细菌进行分子鉴定。扩增内生细菌 16S rRNA 基因片段（图 6-6）。

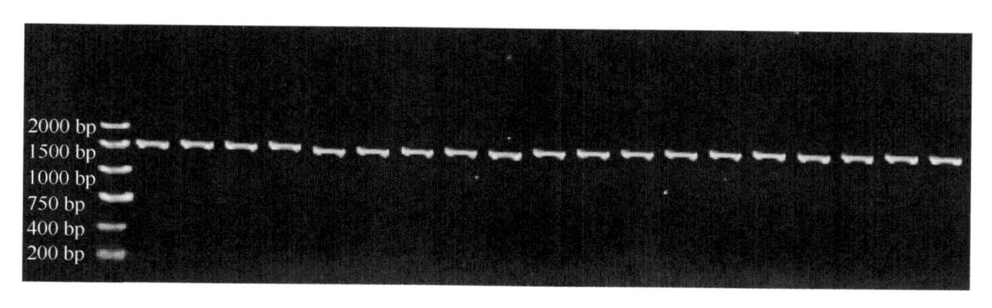

图 6-6　16S rRNA 扩增产物电泳检测图

双向拼接的序列在 EzBioCloud 数据库进行比对。结果表明，535 株菌共鉴定为 3 个门，依次为变形菌门（Proteobacteria）、厚壁菌门（Firmicutes）、放线菌门（Actinobacteria）。5 个纲，依次为 α 变形菌纲（Alphaproteobacteria）、β 变形菌纲（Betaproteobacteria）、芽孢杆菌纲（Bacilli）、γ 变形菌纲（Gammaproteobacteria）、放线菌纲（Actinobacteria）。7 个目，依次为根瘤菌目（Rhizobiales）、伯克氏菌目（Burkholderiales）、芽孢杆菌目（Bacillales）、鞘脂单胞菌目（Sphingomonadales）、溶杆菌目（lysobacterales）、假单胞菌目（Pseudomonadales）、微杆菌目（Microbacteriales）。7 个科，依次为甲基杆菌科（Methylobacteriaceae）、伯克霍尔德氏菌科（Burkholderiaceae）、芽孢杆菌科（Bacillaceae）、鞘脂单胞菌科（Sphingomonadaceae）、溶杆菌科（Lysobacteraceae）、假单胞菌科（Pseudomonadaceae）、微杆菌科（Microbacteriaceae）。9 个属，依次为甲基杆菌属（*Methylobacterium*）、*Robbsia*、芽孢杆菌属（*Bacillus*）、鞘脂单胞菌属（*Sphingomonas*）、伯克氏菌属（*Burkholderia*）、黄单胞菌属（*Xanthomonas*）、假单胞菌属（*Pseudomonas*）、短小杆菌属（*Curtobacterium*）、*Priestia*，其中优势属为芽孢杆菌属（*Bacillus*）。共鉴定出 16 个种（表 6-6）。

表 6-6　油茶病、健叶片内生细菌鉴定结果

序号	鉴定结果	DB 登录号	相似度（%）
1	*M. oryzae*	CBMB20	98.13
2	*R. andropogonis*	ICMP 2807	97.91
3	*B. altitudinis*	41KF2b	94.98
4	*S. yunnanensis*	YIM 003	97.15
5	*Bu. ubonensis*	CIP 107078	96.19
6	*M. komagatae*	002-079	97.76

续表

序号	鉴定结果	DB 登录号	相似度（%）
7	*B. velezensis*	CR-502	99.07
8	*S. chungangi*	MAH-6	97.56
9	*X. sontii*	PPL1	98.82
10	*S. carotinifaciens*	L9-754	97.91～98.42
11	*Ps. mucoides*	P154a	97.89
12	*Ps. cichorii*	ATCC 10857	98.33
13	*C. albidum*	DSM 20512	99.43
14	*C. oceanosedimentum*	ATCC 31317	99.3
15	*B. tequilensis*	KCTC 13622	99.93
16	*Pr. megaterium*	NBRC 15308	100

6.3.6.5 油茶叶片内生固氮菌 *nifH* 基因扩增的分子鉴定

为进一步明确分离获得的菌株是否为固氮菌，对菌株的固氮酶 *nifH* 基因进行 PCR 扩增验证，结果表明有 490 株在 330 bp 处有条带（图 6-7）。

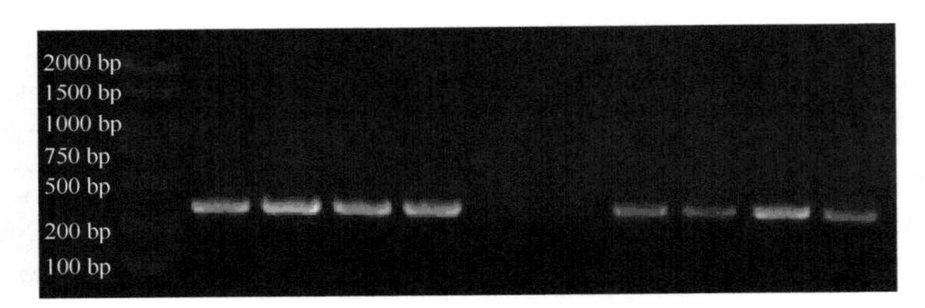

图 6-7　内生菌 *nifH* 基因扩增

6.3.7 不同因素对油茶内生细菌分离的影响

6.3.7.1 培养基种类的影响

本研究通过不同种类培养基对油茶病、健叶片内生细菌进行选择性的筛选分离，对不同培养基内生细菌分离结果进行分析，结果表明，A 培养基中分离出 8 个种，依次为 *M. oryzae*、*Bu. ubonensis*、*M. komagatae*、*B. velezensis*、*X. sontii*、*S. carotinifaciens*、*Ps. mucoides* 和 *R. andropogonis*；从 B 培养基分离出 10 个种，依次为 *M. oryzae*、*R. andropogonis*、*B. altitudinis*、*S. yunnanensis*、*Bu. ubonensis*、*S. chungangi*、*X. sontii*、*C. albidum*、*C. oceanosedimentum* 和 *B. tequilensis*；从 C 培养基分离出 5 个种，依次为 *R. andropogonis*、*B. altitudinis*、*B. velezensis*、*B.*

tequilensis 和 *Pr. megaterium*；从 D 培养基分离出 3 个种，依次为 *M. oryzae*、*R. andropogonis* 和 *Ps. cichorii*；从 E 培养基分离出 4 个种，依次为 *M. oryzae*、*C. albidum*、*C. oceanosedimentum* 和 *B. tequilensis*；从 F、G、H 培养基都分离出 1 个种，均为 *B. tequilensis*。

由以上试验结果可知，不同培养基中可以分离到不同种类的内生细菌。少数菌株适应能力强，菌株数量多，能在多个培养基上生长。例如，*B. tequilensis* 可以在 6 种培养基中被分离，芽孢杆菌属（*Bacillus*）在多个培养基中被分离获得，由此推断，芽孢杆菌属的菌株更能适应不同培养基环境，部分菌株只能在单一的培养基中分离获得。例如，A 培养基中分离到的特有种依次为 *M. komagatae*、*S. carotinifaciens* 和 *Ps. mucoides*；B 培养基中分离到的特有种依次为 *S. yunnanensis*、*Bu. ubonensis* 和 *S. chungangi*；D 培养基中分离到的特有种为 *Ps. cichorii*。从不同培养基分离鉴定种个数分析，不同培养基分离到内生细菌的能力有差异，B 培养基（10）＞A 培养基（8）＞C 培养基（5）＞E 培养基（4）＞D 培养基（3）＞F=G=H（1）。

6.3.7.2　油茶叶片病、健状态的影响

对油茶感病叶片和健康叶片内生细菌进行分离鉴定，结果表明，感病叶片分离得到的内生细菌鉴定为 3 个门，为变形菌门（Proteobacteria）、厚壁菌门（Firmicutes）和放线菌门（Actinobacteria）。5 个纲，为 α 变形菌纲（Alphaproteobacteria）、β 变形菌纲（Betaproteobacteria）、芽孢杆菌纲（Bacilli）、γ 变形菌纲（Gammaproteobacteria）和放线菌纲（Actinobacteria）。7 个目，为根瘤菌目（Rhizobiales）、伯克氏菌目（Burkholderiales）、芽孢杆菌目（Bacillales）、鞘脂单胞菌目（Sphingomonadales）、溶杆菌目（lysobacterales）、假单胞菌目（Pseudomonadales）和微杆菌目（Microbacteriales）。7 个科，为甲基杆菌科（Methylobacteriaceae）、伯克霍尔德氏菌科（Burkholderiaceae）、芽孢杆菌科（Bacillaceae）、鞘脂单胞菌科（Sphingomonadaceae）、溶杆菌科（Lysobacteraceae）、假单胞菌科（Pseudomonadaceae）和微杆菌科（Microbacteriaceae）。9 个属，为甲基杆菌属（*Methylobacterium*）、*Robbsia*、芽孢杆菌属（*Bacillus*）、鞘脂单胞菌属（*Sphingomonas*）、伯克氏菌属（*Burkholderia*）、黄单胞菌属（*Xanthomonas*）、假单胞菌属（*Pseudomonas*）、短小杆菌属（*Curtobacterium*）和 *Priestia*。16 个种。

健康叶片分离得到的内生细菌鉴定为 2 个门，为变形菌门（Proteobacteria）和厚壁菌门（Firmicutes）。4 个纲，为 α 变形菌纲（Alphaproteobacteria）、β 变形菌纲（Betaproteobacteria）、芽孢杆菌纲（Bacilli）和 γ 变形菌纲（Gammaproteobacteria）。5 个目，为根瘤菌目（Rhizobiales）、伯克氏菌目（Burkholderiales）、芽孢杆菌目（Bacillales）、鞘脂单胞菌目（Sphingomonadales）和假单胞菌目（Pseudomonadales）。

5 个科，依次为甲基杆菌科（Methylobacteriaceae）、伯克霍尔德氏菌科（Burkholderiaceae）、芽孢杆菌科（Bacillaceae）、鞘脂单胞菌科（Sphingomonadaceae）和假单胞菌科（Pseudomonadaceae）。6 个属，依次为甲基杆菌属（*Methylobacterium*）、*Robbsia*、芽孢杆菌属（*Bacillus*）、鞘脂单胞菌属（*Sphingomonas*）、伯克氏菌属（*Burkholderia*）和假单胞菌属（*Pseudomonas*）。12 个种。

从油茶染病叶片分离的菌株种类及数量均大于健康叶片所分离的菌株。染病叶片分离鉴定为 16 个种，其中包含特有 4 个种。健康叶片分离鉴定为 12 个种，无特有种。染病叶片的优势属为芽孢杆菌属（*Bacillus*）（50.63%）、甲基杆菌属（*Methylobacterium*）（29.87%）；健康叶片的优势属为鞘脂单胞菌属（*Sphingomonas*）（48.63%），次优势属为芽孢杆菌属（*Bacillus*）（25.91%）。结合叶片内生细菌高通量测序结果分析，染病叶片最优势属为甲基杆菌属（*Methylobacterium*），与分离培养中甲基杆菌属（*Methylobacterium*）优势属吻合。在健康叶片高通量测序中前 10 属之一为鞘脂单胞菌属（*Sphingomonas*），同时，也从健康叶片分离获得此优势属菌株。

6.3.8 油茶叶片内生细菌促生潜力测定

对油茶病、健叶片分离获得的内生细菌菌株进行产铁、溶无机磷和解钾促生功能进行筛选。结果表明，从病、健叶片分离出的内生细菌菌株能溶解无机磷的有 8 个种，分别为 *M. oryzae*、*R. andropogonis*、*Bu. ubonensis*、*M. komagatae*、*B. velezensis*、*S. yunnanensis*、*X. sontii* 和 *Ps. mucoides*。仅有 *X. sontii* 具有产铁能力。仅有 *B. velezensis* 具有解钾能力。其中 *B. velezensis* 分别具有溶无机磷和解钾两种促生特性（表 6-7，图 6-8）。上述研究结果表明，*B. velezensis* 为病、健叶片中的多功能内生细菌菌株，将进一步对其进行盆栽试验，验证其是否对油茶炭疽病具有抑制作用。

表 6-7 油茶病、健叶片内生细菌促生潜力

拉丁名	溶无机磷	产铁（*D*/*d*）	解钾（*D*/*d*）
M. oryzae	+	–	–
R. andropogonis	+	–	–
B. altitudinis	–	–	–
S. yunnanensis	+	–	–
Bu. ubonensis	+	–	–
M. komagatae	+	–	–
B. velezensis	+	–	1.19±0.01
S. chungangi	–	–	–

续表

拉丁名	溶无机磷	产铁（*D*/*d*）	解钾（*D*/*d*）
X. sontii	+	1.16±0.02	–
S. carotinifaciens	–	–	–
Ps. mucoides	+	–	–
Ps. cichorii	–	–	–
B. tequilensis	–	–	–
Pr. megaterium	–	–	–

注：“–”表示阴性，“+”表示阳性。“*D*”表示菌体中心到透明圈的半径，“*d*”表示透明圈的半径

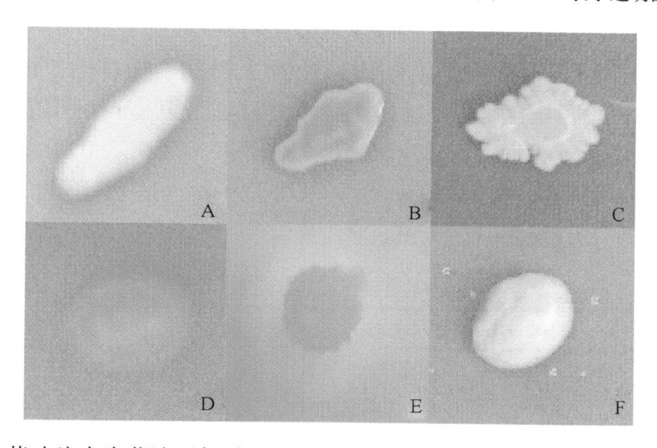

图 6-8　油茶叶片内生菌溶无机磷（A～C）、解钾（D）和产铁（E 和 F）能力检测

6.3.9　拮抗内生细菌菌株的筛选

6.3.9.1　拮抗内生细菌体外筛选

以 *C. gloeosporioides* 为指示菌，通过平板对峙法筛选到 3 株具有拮抗作用的内生细菌，均对胶孢炭疽菌有抑菌效果。内生菌菌株 *B. velezensis* 对病原菌的菌落生长抑制率达到了 65%，*B. tequilensis* 对病原菌的菌落生长抑制率达到了 51%，*B. altitudinis* 对病原菌的菌落生长抑制率达到了 47%（表 6-8），综上，*B. velezensis* 在体外对油茶胶孢炭疽菌具有较强的抑制作用。

表 6-8　内生细菌菌株对油茶炭疽菌的抑制率

内生细菌	抑制率
B. velezensis	0.65±0.0396a
B. tequilensis	0.51±0.015b
B. altitudinis	0.47±0.025b

6.3.9.2 潜力拮抗内生细菌防效测定

基于传统分离法和高通量测序结果，选用 *B. velezensis*、*M. oryzae* 和 *M. komagatae* 作为候选菌株，回接至盆栽油茶，以验证其生防效果（表 6-9）。结果表明，仅接种无菌水的油茶新叶不产生病状，单独接种油茶炭疽菌的健康油茶新叶表现症状，病斑大小为（0.589±0.010）cm，接种无菌水后再接种油茶炭疽菌的新叶表现症状，病斑大小为（0.588±0.016）cm。接种 *B. velezensis* 和油茶炭疽菌后，叶片基本不表现症状，病斑大小为（0.076±0.058）cm，接种 *M. oryzae* 和油茶炭疽菌后，叶片表现症状，病斑大小为（0.4±0.01）cm，接种 *M. komagatae* 和油茶炭疽菌后，叶片表现症状，病斑大小为（0.39±0.01）cm。将 *M. oryzae* 和 *M. komagatae* 分别接种于不同株的油茶健康叶片上，并于接种的 1 d 后和 7 d 后再接种油茶炭疽菌，接种内生菌的 1 d 后接种炭疽菌，油茶叶片表现症状，于接种后的第 7 天病斑大小分别为（0.383±0.015）cm 和（0.392±0.007）cm。接种内生菌的 7 d 后接种炭疽菌，接种后第 7 天叶片几乎不表现症状，病斑大小分别为（0.07±0.026）cm 和（0.12±0.017）cm。

表 6-9 油茶叶片病斑大小统计

组	处理	病斑直径（cm）
对照组 1	无菌水	0
对照组 2	油茶炭疽菌	$0.589±0.010^{a}$
对照组 3	无菌水+油茶炭疽菌	$0.588±0.016^{a}$
处理组 1	*B. velezensis*+油茶炭疽菌	$0.076±0.058^{d}$
处理组 2	*M. oryzae*+油茶炭疽菌	$0.4±0.01^{b}$
处理组 3	*M. komagatae*+油茶炭疽菌	$0.39±0.01^{b}$
处理组 4	*M. oryzae*（1 d）+油茶炭疽菌	$0.383±0.015^{b}$
处理组 5	*M. komagatae*（1 d）+油茶炭疽菌	$0.392±0.007^{b}$
处理组 6	*M. oryzae*（7 d）+油茶炭疽菌	$0.07±0.026^{d}$
处理组 7	*M. komagatae*（7 d）+油茶炭疽菌	$0.12±0.017^{c}$

6.4 小结与讨论

6.4.1 小结

基于高通量测序技术，明确了油茶受炭疽菌侵染后 Chao1 指数和 ACE 指数显著提高，而 Simpson 和 Shannon-Wiener 多样性指数则无显著变化。门水平上，病、健叶片上相对丰度大于 1%的种类相同，但所有门的丰度都表现为病叶高于健叶；属水平上，病叶片中 *Methylobacterium*（1.91%）相对丰度最高，健康叶片中 *Pontibacter*（1.41%）相对丰度最高；感病叶片中有 5 个特有属，健康叶片中有 3 个特有属。Bugbase 菌群功能预测表明，云南油茶感病叶片内生菌菌群生物膜形成能力和氧化胁迫耐受增强，革兰氏阳性菌的相对丰度增加，而革兰氏阴性菌相对丰度降低。

利用不同培养基对油茶病、健叶片内生菌进行分离，结果表明不同培养基中分离鉴定获得的内生菌种类及丰富度大不相同，在 A_4、YMA 和 Jensen 培养基中分离内生菌较多，而通过 1968、TWYE、高氏一号和寡营养培养基分离内生菌较少。本研究共获得 16 种内生菌菌株，能解无机磷的有 8 个种，分别为 *M. oryzae*、*R. andropogonis*、*Bu. ubonensis*、*M. komagatae*、*B. velezensis*、*S. yunnanensis*、*X. sontii* 和 *Ps. mucoides*，可产铁的内生菌为 *X. sontii*，可解钾的内生菌为 *B. velezensis*，其中 *B. velezensis* 分别具有溶无机磷和解钾两种促生特性。通过平板对峙试验筛选出 3 种内生菌对油茶胶孢炭疽菌有较好的拮抗作用，其中抑菌效果最好的内生菌为 *B. velezensis*，其对病原菌的菌落生长抑制率达到了 65%。在活体油茶上的防效试验表明，接种内生拮抗菌能减轻油茶炭疽病的发病程度。

6.4.2　讨论

内生细菌与植物体建立和谐关系，有助于提高植物生长和抗逆能力等。本研究结果表明，云南油茶叶片受炭疽菌侵染后，内生细菌菌群多样性相对稳定，但菌群的丰度、out 数目均高于健康叶片。肖蓉等（2017）比较分析了患炭疽病与健康草莓根际土壤微生物群落，发现患病土壤细菌的 OTU 数目及多样性指数均降低，樊俊等（2021）研究发现烟草患青枯病根际土壤细菌群落结构多样性高于健康烟草根际土壤。可见不同的病原侵染不同的寄主植物对植物微生物群落的多样性和丰富度的影响不具有一致性，其中的具体规律和原因还有赖于对更多实验数据的归纳与总结。

云南油茶炭疽病的病、健叶片内生细菌群落组成存在差异，在门水平上，病、健叶片最优势内生菌门均为变形菌门，其次为拟杆菌门、疣微菌门、酸杆菌门、放线菌门。其中变形菌门是目前多数植物内生菌的优势菌门（李巧玲等，2022；赵帅等，2016），其他几个门虽是病、健叶片共有，但均为染病叶片中的相对丰度较高。向立刚等（2019）研究发现感青枯病的烟株根际土壤中疣微菌门和酸杆菌门的相对丰度也增加，且疣微菌门和酸杆菌门的相对丰度与发病率呈正相关，另有研究表明酸杆菌门与疣微菌门成员之间有协同作用（Nielsen et al.，2014）。放线菌门是能产生抗生素及拮抗物质等多种代谢产物的革兰氏阳性菌，其功能已在不同类型土壤、海洋和沉积物等环境中分离获得的菌株上得以验证。因此，油茶叶片感染炭疽病后，这几个细菌门相对丰度增加可能对油茶叶片抵抗炭疽病的入侵具有重要的作用。在目水平上，受炭疽菌侵染的油茶叶片中根瘤菌目、红螺菌目的相对丰度显著高于健康组，根瘤菌目下许多科属有固氮作用，如克雷伯氏菌属（*Klebsiella*）和根瘤菌属（*Rhizobium*）等（郭振华和陈立红，2019），这些联合固氮菌对植物不仅具有一定的促生作用，而且可以直接或间接地提高宿主植物的抗病性。在属水平上，甲基杆菌属（*Methylobacterium*）是感病叶片上的最优势属，且相对丰度高于健康叶片。刘晓菲等（2020）研究发现，黄龙病侵袭柑橘，随罹病程度的加深，甲基杆菌属的相对丰度也增加。甲基杆菌属是兼有甲基营养和甲烷营养特性的革兰氏阴性杆菌，具有固氮能力，可促进植物生长，还可通过分泌植物激素（细胞分裂素、生长素）与植物相互作用。此外，感病叶片中 *Aciditerrimonas* 丰度显著高于健康叶片中，其多具有拮抗、产生抗生素及抑制土传病害等功能（姚云静等，2021）。综上所述，云南油茶受炭疽菌侵染后，激发了油茶叶片中内生细菌的防御机制，提高了一些具有潜在抗病性的内生菌的丰度。此外，本研究中油茶叶未归类到属的内生细菌相对丰度高达 79%，可见油茶内生细菌还有很大的开发新属种的潜力。由于部分内生菌具有宿主专一性，尚有很多植物存在大量的未知内生菌，植物内生菌未知属种的丰度一方面取决于该宿主内生菌研究的深度和广度，另一方面也受制于现有的已知物种数据库（Xia et al.，2020）。

Bugbase 主要进行细菌的表型预测，通过表型情况来解析微生物群落生态功能，本研究通过 Bugbase 功能预测得知，在感病叶片中生物膜形成和氧化胁迫耐受功能相对丰度增加。Mousa 等（2016）研究发现，小麦种子内生菌也会因镰刀菌的侵入形成生物膜介导的微菌落，以此形成物理屏障，阻止病原菌的入侵，感病叶片中革兰氏阳性菌丰度增加，目前许多代表性的生防细菌是革兰氏阳性菌，并有证据表明植物内生革兰氏阳性菌在植物抗病和营养互作等有利于植物健康生长的生物活性方面具有重要的作用（Ramos et al.，2019）。然而，Bugbase 表型分析是基于 OTU 数据的预测分析，本研究中存在大量未分类的属种，所以会出现表型预测比较片面或有些样品的部分表型没有预测到等情况。因此，利用宏基因组测序将或许能给出相对准确且更全面的内生细菌的潜在功能。根据 PICRUSt 基因功能预测，油茶叶片中的细菌主要涉及代谢和遗传信息处理等 6 条一级代谢通路和 42 种子功能。油茶病、健叶片样本中所含的功能基因种类大致相同，说明油茶病、健叶片相关内生细菌群落的功能基因具有一定相似性。对油茶病、健叶片样本细菌功能基因相对丰度进行分析，发现代谢通路在叶片中相对丰度均最大。在代谢通路中，碳水化合物代谢、氨基酸代谢和脂质代谢等功能相对丰度较大，其中碳水化合物代谢调控着生物体内碳水化合物的代谢形成、分解和互相转化，有益于植物的氮、磷循环，氨基酸代谢与碳代谢和氮代谢相关，间接说明叶片内生细菌代谢功能活跃有利于植物生长发育。

本研究通过利用不同培养基对油茶病、健叶片内生菌进行分离研究，可以为开发新微生物资源及其功能提供线索。为了从油茶病、健叶片中分离更多具有潜在功能的内生菌，采用无氮培养基对内生固氮菌进行分离筛选，采用加抗生素的放线菌培养基筛选以获得内生放线菌。本研究表明，不同培养基分离出的内生菌种群丰度具有一定差异。本研究仅分离可培养内生放线菌 2 种，由此推测，油茶病、健叶片含有的内生放线菌较为稀少，可分离培养的内生放线菌更少，又因为内生菌与植物相互协作，不仅植物本身对植物微生物群落有影响，土壤环境、气候、品种和季节等也都会影响分离结果。本研究采用的消毒方式为先用乙醇浸泡 60 s，再用次氯酸钠消毒 3 min，消毒时间的不同也可能影响叶片内生菌能否被成功分离。不同研磨方式，使用机器研磨需要注意研磨的频率和时间，频率越大时间越长，植物组织研磨程度越细，但研磨器内部因摩擦会产生大量热能，反而导致叶片内生菌的死亡。本试验采取 25 Hz 的频率研磨 30～60 s，避免了因摩擦生热导致内生菌死亡，也能使植物组织被充分研磨。试验结果表明，采用手动研磨方式可分离种类多于机器研磨，虽然机器研磨更容易将植物组织研碎，但也容易造成内生菌死亡。在不同季节同一植物组织内生菌多样性和丰度也有所不同，从春季分离 85 株、夏季分离 231 株、秋季分离 157 株和冬季分离 68 株，由此可见夏季分离获得数量最多。

从植物组织内部分离得到并且对病原菌具有拮抗作用的内生菌已有很多报道，芽孢杆菌属（*Bacillus*）对外界的不良环境因子具有很强的抵抗能力和特殊生防功能，能够产生次级代谢产物，对病原菌生长进行干扰，抑制病原菌在植物组织内进一步扩散，从而间接促进植物健康发育（刘国红等，2008；高学文等，2003）。陈兰等（2023）从青海白刺根际分离获得 4 株芽孢杆菌，其对部分植物病原菌具有拮抗作用，杨东亚等（2023）从黄瓜根际分离获得 3 株菌株，其对茄病镰刀菌具有显著的抑制作用，辛磊等（2023）从核桃根部分离并筛选出对核桃根腐病病原菌具有拮抗作用的菌株进行分析，通过形态学特性结合分子生物学鉴定其为枯草芽孢杆菌。既往研究表明，芽孢杆菌普遍存在于各种植物组织内外，具有良好的环境适应性，并且可以促进植物生长及抵抗病原菌侵染等，可为防治植物病害提供备选菌株。

第 7 章　油茶炭疽病发生与丛枝菌根真菌关系研究

由于长期集约化种植、品种单一和不良环境条件的影响，油茶炭疽病发生严重，致油茶落叶和落果，农民经济损失惨重。丛枝菌根真菌（AMF）菌丝可侵染绝大多数陆生植物的根系，通过产生丛枝和泡囊连接植物根系与 AMF，形成基于双向养分交换的共生关系，AMF 能够促进植物生长，改善植物品质，增强植物对病虫害和非生物胁迫的抵抗等（黄咏明等，2021）。

油茶感染炭疽病后，其根区土壤 AMF 群落如何发生变化尚不清楚。本研究以德宏州不同样地健康植株和发病植株根系及根区土壤为研究材料，依据孢子形态和分子特征鉴定油茶根区土壤 AMF 的种类，并分析油茶根区土壤 AMF 群落组成、多样性及结构对炭疽病发病的影响，为后续应用 AMF 防控油茶炭疽病奠定基础。

7.1　试验材料与仪器及研究区域概况

7.1.1　供试材料

分别选取健康和发病植株（叶部有明显轮纹状病斑或果实有明显病斑）各 10 株，去除林下腐殖质，即土壤表面的枯落物，采取 5～30 cm 土层的根际土壤 1 kg 左右装入自封袋中（各土样均为东、西、南和北方向的土样混合样本），带回实验室自然风干后保存。

分别采集对应植株带须根的根系，选取距离植物主干 50 cm 的根系，东、西、南和北方向各采集 5～20 cm 范围内的根系，将根系放置于 FAA 溶液中固定，带回实验室 4℃保存。

7.1.2　供试试剂与仪器

本章中供试试剂与试验仪器与前面章节相同。

7.1.3　研究区域概况

德宏州地处云南省西部边陲，位于北回归线以北，97°31′E～98°43′E，23°50′N～25°20′N，属南亚热带季风气候，年平均气温为 18.4～20℃，干旱指数 0.4～1.2，雨量充沛，年温差小，日温差大，霜期短。

本研究选取德宏州的中营村、翁冷村和平山村 3 个油茶栽植样地，土壤类型均为红壤（表 7-1）。

表 7-1　采样地基本情况

样地	海拔（m）	年降水量（mm）	平均气温（℃）	土壤理化性质					
				pH	有机质（g/kg）	速效钾（mg/kg）	速效磷（mg/kg）	氨态氮（mg/kg）	硝态氮（mg/kg）
中营村	1024	1171.5	19.4	5.0	78.4	177	14.00	37.97	6.32
翁冷村	1245	1222.2	18.7	4.9	72.7	177	13.70	22.96	2.45
平山村	1352	1227.4	17.5	4.9	65.9	164	24.20	25.48	2.29

7.2　试 验 方 法

7.2.1　油茶炭疽病发生情况调查

2019 年和 2020 年 7～9 月，选择 10 年生的白花油茶，每个样点同一地块随机选取健康植株和发病植株各 10 株，每株油茶按照东南西北四个方向各抽查 30 片叶片调查油茶炭疽病的发病率和严重程度。

病情分级标准如下：0 级-植物叶片健康无病斑；Ⅰ级-病斑面积占总面积的 0%～25%；Ⅱ级-病斑面积占总面积的 26%～50%；Ⅲ级-病斑面积占总面积的 51%～75%；Ⅳ级-75%以上面积坏死。

发病率和病情指数的计算方式同前面章节。

7.2.2　AMF 的分离鉴定

形态学鉴定：称取 20 g 土壤样品，放置烧杯内用水浸泡过夜，采用湿筛沉淀法分离 AMF 孢子，将分离得到的孢子置于立体显微镜下观察并计数，将孢子置于光学显微镜下观察孢子形态，进行形态学鉴定。

分子鉴定：采用单孢子 DNA 提取法获得 AMF 单孢子总 DNA。以总 DNA 为模板，通过巢式 PCR 扩增其 rDNA 序列，PCR 引物参考 Maarten 等（2014）报道的引物（表 7-2）。PCR 反应体系及反应条件见表 7-3，第一轮 PCR 反应产物稀释

5 倍后作为第二轮扩增模板进行巢式 PCR，PCR 产物经 1%琼脂糖凝胶电泳检测后送擎科生物科技股份有限公司测序，测序结果通过 NCBI 和 MaarjAM 数据库的 BLAST 检索系统进行同源序列搜索。

表 7-2　供试引物序列

引物名称	引物序列（5′-3′）	扩增片段大小（bp）
GeoL1	ACCTTGTTACGACTTTTACTTCC	1800
GeoA2	CCAGTAGTCATATGCTTGTCTC	
AML1	ATCAACTTTCGATGGTAGGATAGA	800
AML2	GAACCCAAACACTTTGGTTTCC	

表 7-3　PCR 反应体系及反应条件

	试剂	用量（μL）	温度（℃）	时间	
第一轮	2×*Taq* PCR Mix	16.2	94	4 min	
	ddH_2O	24.8	94	30 s	30 个循环
	GeoL1	2.5	54	1 min	
	GeoA2	2.5	72	2 min	
	DNA	4	72	10 min	
			4	∞	
第二轮	2×*Taq* PCR Mix	20.2	94	4 min	
	dd H_2O	22.8	94	30 s	30 个循环
	AML1	2.5	50	30 s	
	AML2	2.5	72	50 s	
	DNA	2	72	10 min	
			4	∞	

7.2.3　AMF 菌根定植率检测

将 FAA 溶液中的根段取出，用蒸馏水清洗 4～5 次，用苯胺蓝染色法对根系进行水浴解离、酸化、染色和脱色。待染色完成后，选取油茶根系的二级侧根，将每个根段裁切为 1 cm 左右的小段，放置在显微镜下进行镜检，待观察到根段组织中的 AMF 结构时，拍照并计算其定植率，统计样本量大于 30 个根段（唐燕等，2018）。

菌根定植率=∑（0×根段数＋10%×根段数＋20%×根段数＋…＋100%×根段数）/观察总根段数

7.2.4　AMF 多样性分析

本研究利用物种丰富度（SR）来描述油茶根际土样中 AMF 孢子数量，并按 Margalef 丰富度指数[$D=(S-1)/\ln N$]来计算（盛敏等，2011）。Shannon-Wiener 多样性指数（H）按公式 $H=\sum P_i \ln P_i$ 来计算，式中 $P_i=N_i/N$，N_i 为种 i 的数量，N 为土样中 AMF 孢子的总数（袁勇，2016）。

7.2.5　数据统计处理

本研究中的数据利用 Excel 2003 和 SPSS 22.0 进行统计分析。用 SPSS 22.0 软件进行两组 t 检验，以 $p<0.05$ 表示差异程度，用双变量相关分析来研究发病率、病情指数和 AMF 之间的关系。利用 MEGA6 对目的序列与相关菌株序列进行分析，并构建邻接法（neighbor-joining）发育树。

7.3　结果与分析

7.3.1　油茶炭疽病发生与 AMF 的定植情况

采自 3 个样地的油茶根系分别形成了不同程度的菌根共生体，通过苯胺蓝染色在油茶根系内可见泡囊、菌丝和丛枝的结构（图 7-1）。

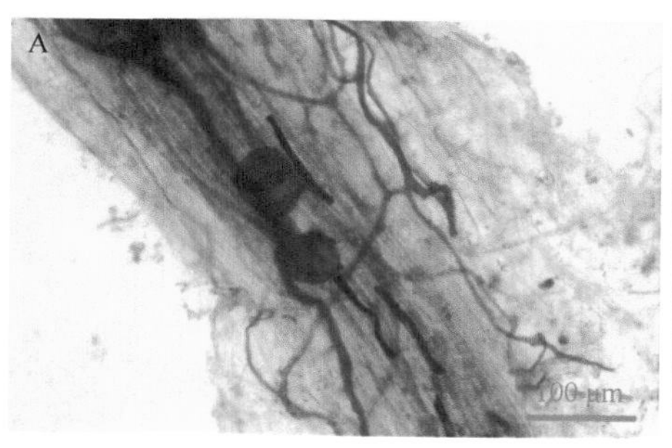

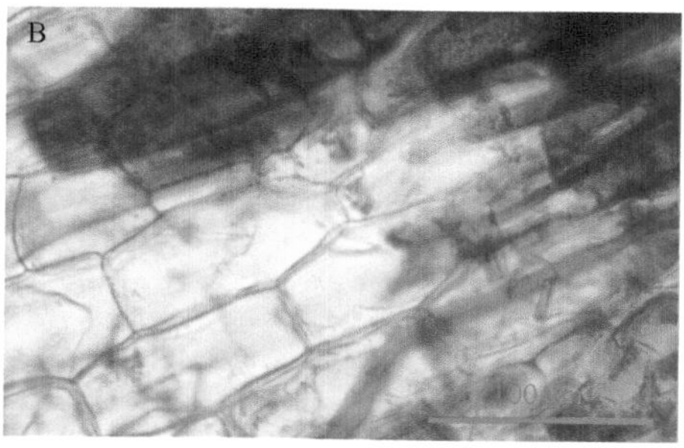

图 7-1　油茶根际表皮细胞的 AM 形态

对各个样地的 AMF 定植率、孢子密度、发病率及病情指数进行调查与统计，结果显示中营村的健康植株和感病植株土壤样本的孢子密度分别为 37.98 个/g 和 18.09 个/g，总定植率分别为 10.80%和 7.28%，该样地的孢子密度和总定植率最低。翁冷村的健康植株和感病植株土壤样本的孢子密度分别为 82.28 个/g 和 32.55 个/g，总定植率分别为 23.29%和 9.22%。平山村的健康植株和感病植株的孢子密度分别为 80.01 个/g 和 47.89 个/g，总定植率分别为 25.08%和 13.06%（表 7-4）。三个样地健康植株和感病植株的土壤样品 AMF 孢子密度及总定植率均有显著差异，统计结果显示，AMF 孢子密度和菌根定植率最低的样地，炭疽病发病率和病情指数最高，分别是 58.06%和 43.53，而孢子密度和定植率最高的样地，发病率和病情指数最低，分别是 39.40%和 25.37。

表 7-4　油茶炭疽病病害及根际 AMF 调查结果

样地	发病率（%）	病情指数		孢子密度（个/g）	总定植率（%）
中营村	58.06	43.53	健康树	37.98±6.25[a]	10.80±1.10[a]
			病树	18.09±0.84[b]	7.28±0.71[b]
翁冷村	43.67	33.79	健康树	82.28±7.60[a]	23.29±4.81[a]
			病树	32.55±3.99[b]	9.22±1.12[b]
平山村	39.40	25.37	健康树	80.01±13.40[a]	25.08±1.09[a]
			病树	47.89±5.97[b]	13.06±0.83[b]

注：数据为平均数±标准差，不同小写字母表示检验差异显著（$p<0.05$）

7.3.2　AMF 孢子分子鉴定

通过巢式 PCR 扩增出 AMF 特异性 rDNA 序列，PCR 产物的 DNA 片段大小为 750 bp 左右，符合预期片段大小（图 7-2）。

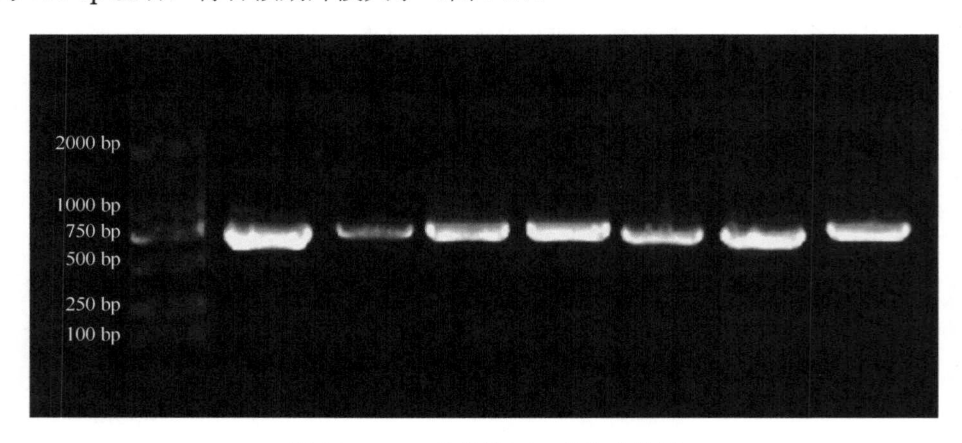

图 7-2　AMF 单孢子 PCR 扩增电泳图

基于目标区段构建了油茶根际土壤 AMF 的系统发育树，结果表明，AM-1、AM-2、AM-3、AM-4、AM-5、AM-6、AM-8、AM-14、AM-15、AM-16 和 AM-18 属于类球囊霉属（*Paraglomus*），AM-9、AM-10、AM-11、AM-12 和 AM-17 属于球囊霉科（Glomeraceae），AM-7 属于球囊霉属（*Glomus*），AM-13 属于无梗囊霉属（*Acaulospora*）（图 7-3）。

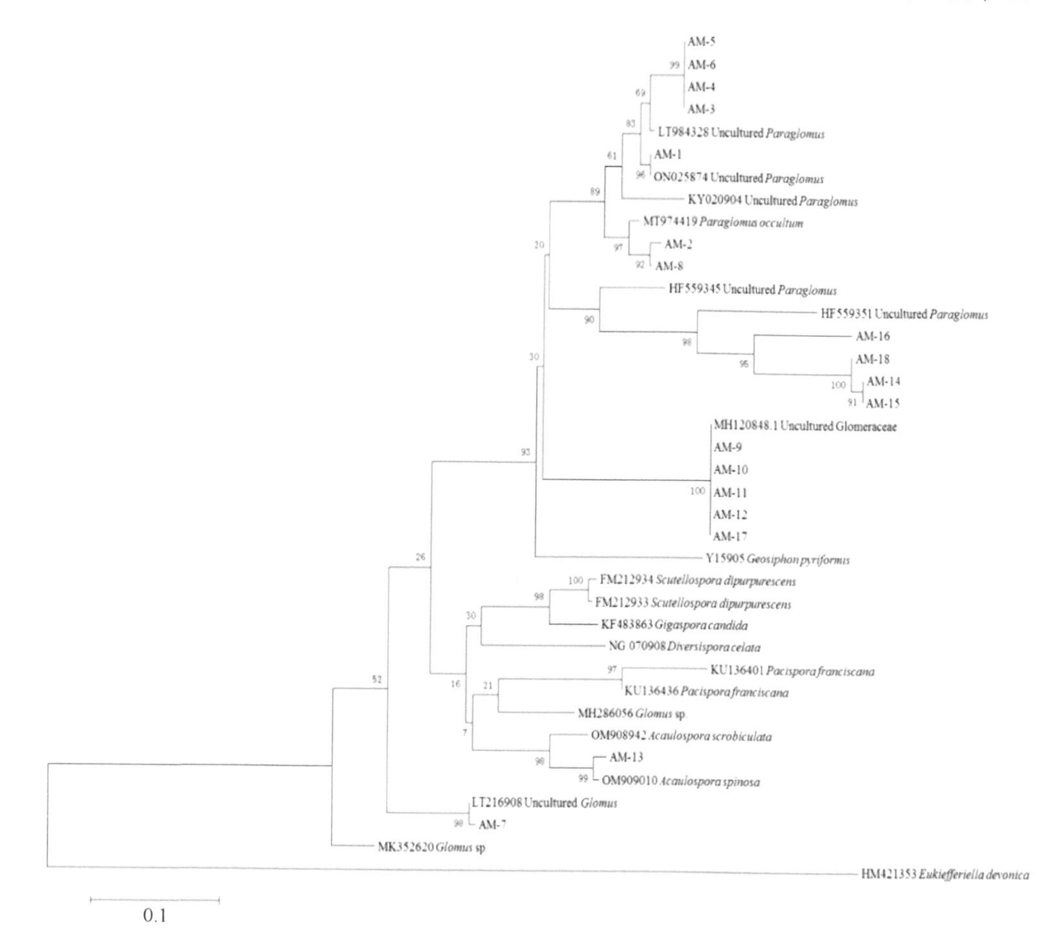

图 7-3　油茶根际土壤 AMF 孢子邻接法系统发育树

7.3.3　AMF 孢子形态学鉴定

通过分子鉴定结果，结合形态学特征将 AMF 孢子鉴定到种，AM-1、AM-3、AM-4、AM-5 和 AM-6 鉴定为 *Paraglomus* spp.，AM-2 和 AM-8 为隐类球囊霉 *P. occultum*，AM-14、AM-15、AM-16 和 AM-18 为 *P.* sp. 3，AM-9 和 AM-10 为黄金球囊霉（*Glomus aureum*），AM-11 为黑球囊霉（*G. melanosporum*），AM-12 和 AM-17 为缩球囊霉（*G. constrictum*），AM-7 为幼套球囊霉（*G. etunicatum*），AM-13 为刺无梗囊霉（*Acaulospora spinosa*）（图 7-4）。

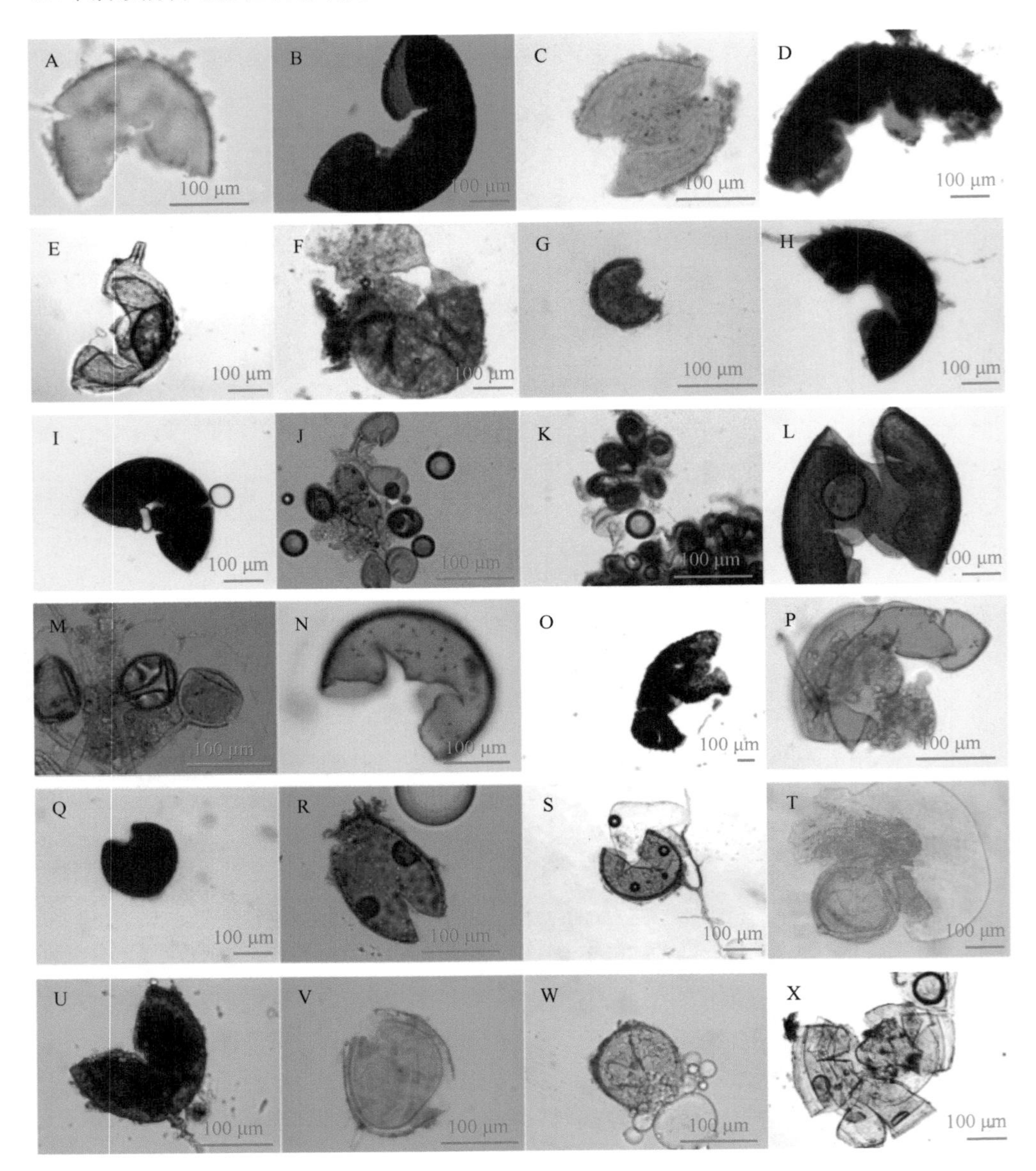

图 7-4 油茶根际 AMF 孢子形态

A：细凹无梗囊霉；B：瑞氏无梗囊霉；C：刺无梗囊霉；D：浅窝无梗囊霉；E：芬兰双型囊霉；F：近明球囊霉；G：扭形多样孢囊霉；H：易误巨孢囊霉；I：缩球囊霉；J：黄金球囊霉；K：棒孢球囊霉；L：弗墨球囊霉；M：多梗球囊霉；N：凹坑球囊霉；O：网状球囊霉；P：幼套球囊霉；Q：黑球囊霉；R：大果球囊霉；S：变形球囊霉；T：隐类球囊霉；U：*P.* sp. 1；V：明根孢囊霉；W：木薯根孢囊霉；X：美丽盾巨孢囊霉

从三个样地中通过形态鉴定分离出孢子 9 属 24 种，包括无梗囊霉属（*Acaulospora*）的 4 种，双型囊霉属（*Ambispora*）的 1 种，近明球囊霉属

（*Claroideoglomus*）的 1 种，多样孢囊霉属（*Diversispora*）的 1 种，巨孢囊霉属（*Gigaspora*）的 1 种，球囊霉属（*Glomus*）的 11 种，根孢囊霉属（*Rhizophagus*）的 2 种，类球囊霉属（*Paraglomus*）的 2 种和盾巨孢囊霉属（*Scutellospora*）的 1 种（表 7-5）。

在三个样地中，中营村健康油茶土样中共分离鉴定出孢子 5 属 20 种，炭疽病发病植株土样中共分离鉴定出孢子 4 属 18 种。翁冷村健康油茶土样中共分离鉴定出孢子 7 属 21 种，炭疽病发病植株土样中共分离鉴定出孢子 7 属 19 种。平山村健康油茶土样中共分离鉴定出孢子 8 属 24 种，炭疽病发病植株土样中共分离鉴定出孢子 7 属 20 种。综上结果，健康油茶根际土壤中 AMF 的数量和种类总体高于患病油茶。

表 7-5　油茶根际土壤中 AMF 群落系统分类表

目	科	属	种
球囊霉目 Glomerales	球囊霉科 Glomeraceae	球囊霉属 *Glomus*	缩球囊霉 *G. constrictum*; 黄金球囊霉 *G. aureum*; 棒孢球囊霉 *G. clavisporum*; 弗墨球囊霉 *G. formosanum*; 多梗球囊霉 *G. multicaule*; 凹坑球囊霉 *G. multiforum*; 网状球囊霉 *G. reticulatum*; 幼套球囊霉 *G. etunicatum*; 黑球囊霉 *G. melanosporum*; 大果球囊霉 *G. macrocarpum*; 变形球囊霉 *G. versiforme*
		根孢囊霉属 *Rhizophagus*	明根孢囊霉 *R. clarus*; 木薯根孢囊霉 *R. manihotis*
	近明球囊霉科 Claroideoglomeraceae	近明球囊霉属 *Claroideoglomus*	近明球囊霉 *C. claroideum*
类球囊霉目 Paraglomerales	类球囊霉科 Paraglomeraceae	类球囊霉属 *Paraglomus*	隐类球囊霉 *P. occultum*
			P. sp. 1
多样孢囊霉目 Diversisporales	巨孢囊霉科 Gigasporaceae	巨孢囊霉属 *Gigaspora*	易误巨孢囊霉 *G. decipiens*
		盾巨孢囊霉属 *Scutellospora*	美丽盾巨孢囊霉 *S. dipapillosa*
	无梗囊霉科 Acaulosporaceae	无梗囊霉属 *Acaulospora*	细凹无梗囊霉 *A. scrobiculata*; 瑞氏无梗囊霉 *A. rehmii*; 刺无梗囊霉 *A. spinosa*; 浅窝无梗囊霉 *A. lacunosa*
	多样孢囊霉科 Diversisporaceae	多样孢囊霉属 *Diversispora*	扭形多样孢囊霉 *D. tortuosa*
原囊霉目 Archaeosporales	双型囊霉科 Ambisporaceae	双型囊霉属 *Ambispora*	芬兰双型囊霉 *A. fennica*

7.3.4 AMF 丰富度和多样性

采自中营村的健康植株土样与染病植株土样的 AMF 物种丰富度最低，分别为 0.84 和 0.68，翁冷村健康植株土样与染病植株土样物种丰富度分别为 1.39 和 1.21，平山村健康植株土样与染病植株土样物种丰富度分别为 1.39 和 1.21，三个样地健康和染病油茶 AMF 的物种丰富度均无显著差异。

采自中营村的健康植株土样与染病植株土样的香农-维纳多样性指数分别为 0.97 和 0.96，翁冷村健康植株土样与染病植株土样的香农-维纳多样性指数分别为 1.32 和 1.25，平山村健康植株土样与染病植株土样的香农-维纳多样性指数分别为 1.40 和 1.21（表 7-6）。

以上结果表明，油茶受炭疽菌侵染，在植株出现症状后，根际土壤中 AMF 孢子的香农-维纳多样性指数均呈下降趋势，但差异不显著。同时也发现，AMF 孢子丰富度越高，多样性指数也越高，反之则越低。

表 7-6 油茶根际土壤丛枝菌根真菌物种丰富度和多样性指数

样地		物种丰富度	香农-维纳多样性指数
中营村	健康树	0.84±0.13	0.97±0.13
	病树	0.68±0.12	0.96±0.13
翁冷村	健康树	1.39±0.14	1.32±0.08
	病树	1.21±0.25	1.25±0.15
平山村	健康树	1.39±0.19	1.40±0.09
	病树	1.21±0.29	1.21±0.24

注：数据为平均数±标准差。无字母表示检验差异不显著（$p>0.05$）

7.3.5 油茶炭疽病与 AMF 定植相关性分析

通过相关性分析，结果表明，AMF 菌根定植率与油茶炭疽病的发病率和病情指数均呈现极显著的负相关关系（$p<0.01$）。同时，AMF 的孢子密度和物种丰富度与油茶炭疽病的发病率与病情指数也呈现极显著的负相关关系（$p<0.01$）；AMF 的多样性指数与油茶炭疽病的发病率及病情指数呈现显著的负相关关系（$p<0.05$），即 AMF 菌根定植率、孢子密度、物种丰富度和多样性指数越高，炭疽病病情指数越小，发病率越低（表 7-7）。

表 7-7　发病率、病情指数与 AMF 各指标之间的相关性

项目		菌根定植率	孢子密度	物种丰富度	多样性指数
病情指数	相关系数	−0.824**	−0.885**	−0.564**	−0.475*
	p 值	＜0.001	＜0.001	0.004	0.019
发病率	相关系数	−0.810**	−0.894**	−0.594**	−0.497*
	p 值	＜0.001	＜0.001	0.002	0.014

*：$p<0.05$，**：$p<0.01$

7.4　小结与讨论

7.4.1　小结

本研究通过对德宏州三块不同严重程度炭疽病的油茶根系及土壤样品进行采集，采用湿筛沉淀法对 AMF 孢子进行分离，结合形态学和分子学对 AMF 孢子进行鉴定，共分离得到 9 属 24 种 AMF 孢子。研究发现，油茶根系中 AMF 的菌根定植率与油茶炭疽病发病率和病情指数呈现极显著负相关关系（$p<0.01$），表明 AMF 的定植能在一定程度上减少油茶炭疽病的发生，能对植物病害的发展起到一定的抑制作用。另外，油茶感病后根区土壤内 AMF 的丰富度与多样性降低，且丰富度和多样性与发病率和病情指数有显著负相关性，即 AMF 孢子种类越丰富，则油茶炭疽病发病程度越低。

7.4.2　讨论

丛枝菌根真菌（AMF）作为土壤中最普遍、最重要的真菌类群，能够与多数植物形成共生关系，在不同的生境中都能发现与植物共生的 AMF。AMF 没有严格的宿主专一性，这导致了 AMF 在不同根际土壤下的组成与多样性有较大的差异（朱亮等，2020）。油茶是能与 AMF 共生的植物之一，林宇岚等（2020）已报道在油茶根际土壤和根内存在着丰富的 AMF 类群，其中球囊霉属（*Glomus*）所占比例最多，是土壤中的优势属，这与本研究结果一致。

本研究证实了 AMF 的孢子密度与油茶炭疽病的发病率以及病情指数呈现显著负相关性，这表明 AMF 在一定程度上提高了油茶抗炭疽病的能力。Ding 等（2020）的研究表明，AMF 的定植可以延缓野豌豆炭疽病的发生，降低植物的发病率和病情指数。吕燕等（2021）的研究则表明宁夏枸杞健康植株受根腐病病原菌入侵后，孢子密度、总定植率不发生变化，这种结果的差异可能是受环境因素的影响，例如，土壤的性质不同、对植物管理的方式不同、养分的有效性等都会

影响植物与 AMF 的关系（Campo et al.，2020）。相关试验研究也表明，增加 AMF 的孢子种类多样性，能降低植物的发病率，提高植物的抗病性（高岩等，2020）。AMF 的存在对油茶炭疽病有一定的抑制作用，一方面，由于患病油茶根际土壤的微生物群落结构发生改变，变化的微生物群落与 AMF 存在竞争关系，导致了油茶根部 AMF 的定植率降低，并且使感病油茶根际土壤中 AMF 的多样性降低，使得油茶抗炭疽病的能力下降，加重了油茶炭疽病害的发生；另一方面，AMF 的定植诱导了油茶的防御机制，从而间接地减轻了油茶炭疽菌对寄主的危害。

综上所述，通过提高 AMF 的孢子密度、定植率及多样性，均能够增强油茶的抗病能力。故油茶接种 AMF 可以有效地防治油茶炭疽病，具有较好的应用前景。AMF 提高植物抗病性是一个复杂的作用过程，对于植物、病原菌、土壤及 AMF 之间的相互作用机制有待进一步研究，才能充分发挥 AMF 的生防作用。

第 8 章　油茶根腐病根际土壤与根系内生菌群落结构和多样性分析

植物内生菌是植物微生态系统的重要组成，有增强植株抗病虫害能力等生态功能，根际土壤中的微生物能够转化土壤养分，参与有机质的分解，来维持土壤的健康。微生物群落的组成会受到环境因子和气候的影响，植物根系会向土壤中释放化合物招募不同的微生物，从而吸引更多有益的微生物物种，同时微生物能向植物提供更复杂的反馈。

作为土壤微生物中的重要组成，真菌比细菌更加敏感，它对植物摄取营养物质、促进生长发育、提高宿主植物抗病性以及维持根际微生态系统平衡等起重要调节作用，土壤真菌多样性及群落结构是评价所在生态系统是否健康稳定的重要指标之一（Powell & Rillig，2018）。土壤细菌是土壤养分循环重要的驱动者，具有重要的生态功能，当土壤中有益菌群数量减少，有害菌群数量增多时，植物患病的概率便会增加（Gabriel et al.，2017）。因此，研究根系和根际土壤微生物群落及其潜在功能有助于了解该区域植株及土壤的健康情况并提出针对性意见。

油茶根腐病是危害德宏州油茶林较为严重的一种病害，油茶受到病原菌的侵染后，根部初期症状表现为褐色或黑褐色，后期症状表现为表皮腐烂脱落，严重时症状延伸到根茎交界处。地上部分植株表现为叶片黄化脱落，植株矮小，严重时整株枯死，严重地影响了油茶果的产量，损害了经济发展。因此，急需对油茶林生长环境进行探究，明确土壤微生物对油茶生长和病害的影响。

本研究以德宏州油茶林为对象，利用 Illumina MiSeq 高通量测序技术对不同发病程度油茶的根系和根际土壤微生物群落结构及多样性进行检测，并分析微生物菌群功能多样性以及根际土壤微生物与环境理化因子的相关性，以期为开发有益的油茶根际微生物资源、调控土壤环境因子和预防油茶病害提供科学依据。

8.1　试验材料与仪器及研究区域概况

8.1.1　供试材料

以种植于云南省德宏州 10 年生的白花油茶（德林油 B1）为研究对象。根据油茶地上部分表现症状的情况进行取样，共分为 5 个病害等级，每个等级下选择长势相近的 6 株油茶，共选取 30 棵油茶树。每棵树之间距离大于 20 m。采样时，去除表面枯叶及杂质，在距离主干 30～50 cm 的 4 个方向，将油茶的根系轻轻挖出，抖落并收集须根表面附着的土壤样品，为供试根际土壤样品（S）；抖落土壤后的二级侧根，为供试根系样品（R）。

根据油茶根系根腐病的发生程度设 5 个处理，每个处理分别对应一个病害等级。0 级：根部健康无症状；Ⅰ级：主根基部轻微褐变，侧根正常；Ⅱ级：主根部分褐变，侧根轻微褐变；Ⅲ级：主根及侧根褐变，侧根脱落；Ⅳ级：根部变黑腐烂，侧根脱落，整株枯死。取 6 份同一病害等级下的不同油茶植株的根系及根际土壤，充分混合为一个样本，最终 0、Ⅰ、Ⅱ、Ⅲ、Ⅳ级下根际土壤分别命名为 HS0、DS1、DS2、DS3 和 DS4，根系分别命名为 HR0、DR1、DR2、DR3 和 DR4。

样本用干冰保存运回实验室，根系样品表面消毒流程为 75%乙醇表面消毒 1 min，无菌水冲洗 1 次，用 5%（有效氯）次氯酸钠溶液表面消毒 5 min，无菌水冲洗 3 次，吸取 100 μL 最后一遍清洗的无菌水涂布于 PDA 培养基观察是否有菌落生长，依此判断表面消毒是否彻底。土壤以 200 目筛网过筛，分为 2 份，1 份用于高通量测序，另 1 份用于土壤理化参数测定。

8.1.2 供试试剂与仪器

本章中供试试剂与试验仪器与前面章节相同。

8.1.3 研究区域概况

采样地位于德宏州梁河县九保乡丙盖村（98°19′40″E，24°48′59″N），海拔 1451 m，属南亚热带季风气候，年均气温 18.3℃，年均降雨量 1396.2 mm。本试验选择的油茶林占地 500 亩，是白花油茶示范基地，具有较好的代表性。

8.2 试验方法

8.2.1 土壤理化性质测定

自然风干的土壤样品用于理化性质测定，采用电位法测定土壤 pH，采用重铬酸钾容量法测定土壤有机质（organic matter，OM），采用高锰酸钾-还原性铁法测定全氮（total nitrogen，TN），采用氢氧化钠熔融法测定全钾（total potassium，TK），采用氢氧化钠熔融-钼锑抗比色法测定全磷（total phosphorus，TP），采用紫外分光光度法测定硝态氮（nitrate nitrogen，NO_3^--N），采用蒸馏后滴定法测定铵态氮（ammonium nitrogen，NH_4^+-N），采用乙酸铵-火焰光度计法测定速效钾（available potassium，AK），采用钼锑抗比色法测定速效磷（available phosphorus，AP），每个样品设 3 个生物学重复。

8.2.2　油茶根系及根际土壤总 DNA 提取及高通量测序

采用 E.Z.N.A® Mag-Bind DNA Kit 提取试剂盒（OMEGA）对采集的油茶根系和根际土壤样品进行总 DNA 提取。提取后的 DNA 用琼脂糖凝胶电泳检测 DNA 完整性，并用 Qubit 荧光定量仪定量检测 DNA 样本浓度。

分别以土壤和根系总 DNA 作为模板，用引物对 ITS1/ITS2 扩增真菌内在转录间隔区（internal transcribed spacer，ITS）约为 250 bp 区段，用引物对 341F/805R 扩增细菌 16S rRNA 基因的 V3-V4 区片段，用引物对 AMV4.5NF/AMDGR 对 AM 真菌 rDNA 进行扩增（表 8-1）。

表 8-1　PCR 扩增引物序列

引物名称	序列（5′-3′）
ITS1	5′-CTTGGTCATTTAGAGGAAGTAA-3′
ITS2	5′-GCTGCGTTCTTCATCGATGC-3′
341F	5′-CCTACGGGNGGCWGCAG-3′
805R	5′-GACTACHVGGGTATCTAATCC-3′
AMV4.5NF	5′-AAGCTCGTAGTTGAATTCG-3′
AMDGR	5′-CCCAACTATCCCTATTAATCAT-3′

PCR 反应采用 30 μL 体系，包括 15 μL 2×Hieff® Robust PCR Master Mix，1 μL Bar-PCR Primer F，1 μL Primer R，10～20 ng DNA 模板和 9～12 μL H_2O。ITS 和 16S rRNA 扩增的反应条件为：94℃预变性 3 min；94℃变性 30 s，45℃退火 20 s，65℃延伸 30 s，5 个循环；94℃变性 20 s，55℃退火 20 s，72℃延伸 30 s，20 个循环；72℃延伸 5 min。AM 真菌 rDNA 片段采用桥式 PCR 扩增，反应条件为：94℃预变性 3 min；94℃变性 30 s，45℃退火 20 s，65℃延伸 30 s，5 个循环；94℃变性 20 s，55℃退火 20 s，72℃延伸 30 s，20 个循环；72℃延伸 5 min；第二轮扩增引入 Illumina 桥式 PCR 兼容引物，反应条件：95℃预变性 3 min；94℃变性 20 s，55℃退火 20 s，72℃延伸 30 s，5 个循环；72℃延伸 5 min。

PCR 产物用于构建微生物多样性测序文库，文库大小使用 2%琼脂糖凝胶电泳检测，并通过 Qubit3.0 荧光定量仪测定。合格的文库样品利用 Illumina 高通量测序仪测序平台进行测序。

8.2.3 高通量测序数据分析

利用 Cutadapt（version1.18）、PEAR（version 0.9.8）和 PRINSEQ（version 0.20.4）等软件对 Illumina Miseq 测序获得的序列进行质控和过滤，得到各样本的高质量序列。

利用 Usearch 软件（version 11.0.667），按照 97%相似性对非重复序列进行 OTU 聚类，在聚类过程中去除嵌合体，得到 OTU 的代表序列。采用 RDP classifier 贝叶斯算法（version 2.12）对 97%相似度水平的 OTU 代表序列进行分类学分析，并在门、纲、目、科、属和种水平统计各个样品的菌落组成，绘制不同分类水平真菌类群的相对丰度图。利用 Mothur（version1.43.0）软件计算各样本的 Chao1 指数、ACE 指数、Shannon-Wiener 多样性指数、Simpson 多样性指数，分析样本真菌的 α 多样性。利用 R 的 gplots package 绘制不同分类的相对丰度热图。采用冗余分析（redundancy analysis，RDA）进行环境因子与微生物群落分布的关联分析。

应用 Excel 2010 软件对各分类单元数据进行统计，使用 Word 2010 进行表格的制作，使用 SPSS 进行差异显著性分析，运用 Duncan 法（$p<0.05$）进行单因素方差数据分析。

8.2.4 AMF 菌根定植率及土壤孢子密度测定

油茶不同根腐病等级的根系样品中 AMF 菌根定植率检测及根际土壤中 AMF 孢子密度的检测方法与前面章节相同。

8.3 结果与分析

8.3.1 不同病害等级根腐病油茶土壤理化性质测定

测定不同病害等级下的油茶根际土壤理化性质，结果表明，油茶土壤为酸性土壤，pH 为 4.5～4.9，0、Ⅰ、Ⅱ级与Ⅲ、Ⅳ级的 pH、TK 存在显著差异，0 级与Ⅱ、Ⅲ、Ⅳ级的 OM 具有显著差异，0、Ⅰ、Ⅱ、Ⅲ级与Ⅳ级的 AK 存在显著差异，0 级与Ⅱ、Ⅲ、Ⅳ以及Ⅰ级与Ⅳ级的 TN 具有显著差异，0 级与Ⅰ、Ⅲ、Ⅳ级以及Ⅰ级与Ⅲ级以及Ⅱ级与Ⅲ、Ⅳ级的 TP 具有显著差异，0、Ⅰ级与Ⅱ、Ⅲ及Ⅳ级的 NO_3^--N 存在显著差异，Ⅰ、Ⅱ级与 0、Ⅲ、Ⅳ级的 NH_4^+-N 有显著差异（表 8-2）。

OM 含量、TN 含量与病害等级呈正相关关系，相比起 0 级的健康油茶，Ⅰ、Ⅱ、Ⅲ、Ⅳ级油茶根际土壤有机质含量分别上升了 20.3%、29.8%、37.0%、40.0%，全氮含量分别上升了 12.6%、20.0%、31.1%、34.1%；TK 含量呈负相关关系，相比起 0 级的健康油茶，Ⅰ、Ⅱ、Ⅲ、Ⅳ级油茶根际土壤全钾含量分别下降了 3.8%、7.7%、17.7%、23.8%（表 8-2）。

表 8-2　不同病害等级根腐病油茶土壤理化性质测定

土壤理化性质测定	病害等级				
	0	Ⅰ	Ⅱ	Ⅲ	Ⅳ
pH	4.50±0.30[b]	4.60±0.10[b]	4.50±0.12[b]	4.90±0.06[a]	4.90±0.03[a]
有机质（OM）（g/kg）	30.50±2.10[b]	36.70±3.50[ab]	39.60±2.80[a]	41.80±5.50[a]	42.70±5.90[a]
速效磷（AP）（mg/kg）	13.70±0.50[b]	13.30±0.60[b]	12.60±0.30[b]	24.20±1.40[a]	14.00±1.20[b]
速效钾（AK）（mg/kg）	187±12[b]	164±14[b]	177±14[b]	177±10[b]	240±8[a]
全氮（TN）（g/kg）	1.35±0.07[c]	1.52±0.17[bc]	1.62±0.24[ab]	1.77±0.03[ab]	1.81±0.08[a]
全磷（TP）（g/kg）	0.60±0.07[d]	0.73±0.03[bc]	0.67±0.07[cd]	0.88±0.03[a]	0.80±0.04[ab]
全钾（TK）（g/kg）	26.00±0.80[a]	25.00±1.00[a]	24.00±1.10[a]	21.40±1.20[b]	19.80±2.20[b]
硝态氮（NO_3^--N）（mg/kg）	2.45±0.18[c]	2.29±0.32[c]	3.88±0.05[b]	3.91±0.30[b]	4.32±0.13[a]
氨态氮（NH_4^+-N）（mg/kg）	19.48±5.38[c]	59.92±1.23[a]	37.97±2.05[b]	25.48±5.80[c]	22.96±5.38[c]

注：同行不同小写字母表示差异显著（$p<0.05$）

8.3.2　不同病害等级油茶根系及根际土壤内真菌的 α 多样性分析

α 多样性分析结果表明，油茶根系中，0 级油茶真菌的 Shannon-Wiener 多样性指数最高，Simpson 多样性指数最低，表明健康油茶根系中真菌的多样性最高，患病后真菌多样性下降；而丰富度指数 Chao1 则是随着病害等级的增加，呈现出先增加后减少的趋势，Ⅱ级油茶根系中真菌的丰富度最高。

油茶根际土壤中，油茶真菌的 Shannon-Wiener 多样性指数随病害等级的升高而降低，Simpson 多样性指数随病害等级的升高而升高，说明油茶根际土壤中真菌的多样性随病害的加重而降低。同时，0 级油茶根际土壤中真菌的 Chao1 指数和 ACE 指数最低，感病后的油茶根际土壤中真菌的 Chao1 指数和 ACE 指数均有不同程度的升高，说明感病后油茶根际土壤中真菌的物种丰富度上升（表 8-3）。

表 8-3 油茶根系及根际土壤中真菌 α 多样性指数

取样部位	样品名称	ACE 指数	Chao1 指数	Simpson 多样性指数	Shannon-Wiener 多样性指数
油茶根系	HS0	742.11	614.60	0.09	3.07
	DS1	655.40	678.14	0.40	2.10
	DS2	801.64	790.30	0.14	2.85
	DS3	897.48	752.73	0.10	2.90
	DS4	829.22	723.70	0.15	2.66
油茶根际土壤	HR0	844.51	871.34	0.02	4.84
	DR1	904.10	907.25	0.03	4.45
	DR2	882.18	884.18	0.04	4.29
	DR3	976.36	972.81	0.05	4.12
	DR4	943.66	946.70	0.05	4.06

8.3.3 不同病害等级油茶土壤及根系样品真菌的群落组成

8.3.3.1 不同病害等级油茶土壤及根系样品真菌的 OTU 分类

对 5 个根系样本真菌进行测序，去除冗余后的序列聚类共获得 1019 个 OTU，5 个病害等级共有 OTU 为 198 个，占比 19.43%。结果表明，随着病害等级的增加，油茶根系中的真菌总 OTU 数呈现出先增加后减少的趋势。对于特有的 OTU，0 级油茶（HR0）特有 OTU 为 60 个（5.89%），Ⅰ级油茶（DR1）特有 OTU 为 84 个（8.24%），Ⅱ级油茶（DR2）特有 OTU 为 101 个（9.91%），Ⅲ级油茶（DR3）特有 OTU 为 67 个（6.58%），Ⅳ级油茶（DR4）特有 OTU 为 63 个（6.18%），表明特有 OTU 随病害等级增加也呈现出先增后减的趋势，其中Ⅱ级油茶特有的 OTU 个数最多（图 8-1A）。

对 5 个根际土壤样品进行测序，非冗余序列聚类共获得 1585 个 OTU，5 个病害等级共有 OTU 为 246 个，占比 15.52%；健康油茶（HS0）根际土壤中的总 OTU 数最少，患病后总 OTU 数量增加，DS3 样本中的总 OTU 数最多，占比 52.18%。此外，0 级油茶（HS0）特有 OTU 为 110 个（6.94%），Ⅰ级油茶（DS1）特有 OTU 为 115 个（7.26%），Ⅱ级油茶（DS2）特有 OTU 为 108 个（6.81%），Ⅲ级油茶（DS3）特有 OTU 为 121 个（7.63%），Ⅳ级油茶（DS4）特有 OTU 为 120 个（7.57%）。由此可以看出，无论是总 OTU 数还是特有 OTU 数，都与油茶的病害等级变化无关（图 8-1B）。

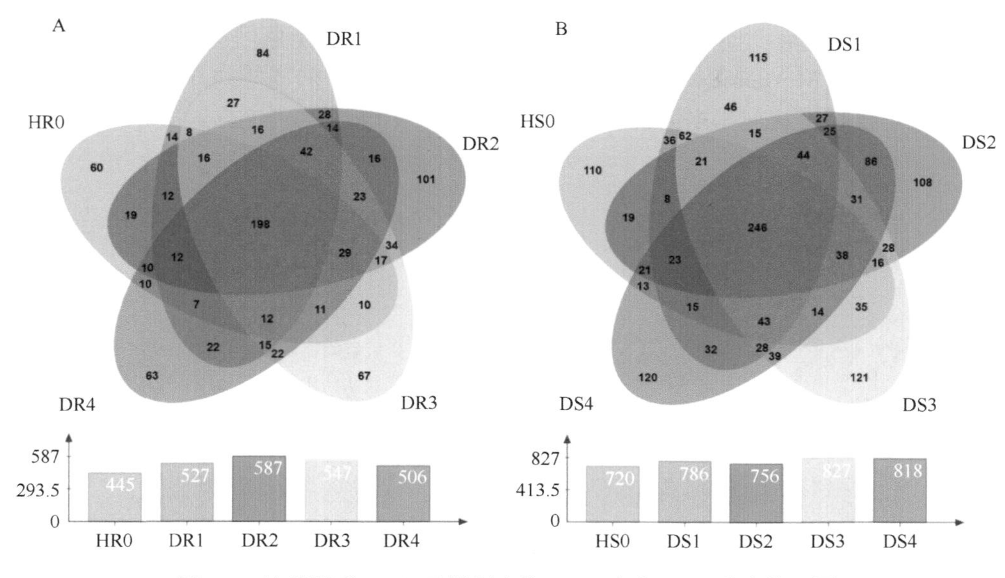

图 8-1　油茶根系（A）及根际土壤（B）真菌 OTU 分布维恩图

8.3.3.2　不同病害等级油茶根系及根际土壤的真菌物种组成

在门分类水平上对每组样品的相对丰度分布进行分析并绘制优势物种相对丰度柱形图（相对丰度＞1%），如图 8-2A 所示，不同根系样本中各门的丰度不同，子囊菌门（Ascomycota）（69.10%～93.26%）、担子菌门（Basidiomycota）（3.13%～23.28%）和球囊菌门（Glomeromycota）（2.24%～6.25%）在病害等级为 0、Ⅰ和Ⅱ级的油茶根系样本中为优势菌门（丰度前 3）。子囊菌门（90.01%～95.25%）、未鉴定的真菌（unclassified_Fungi）（3.14%～8.27%）和担子菌门（1.24%～1.35%）在病害等级为Ⅲ和Ⅳ级的油茶根系样本中为优势菌门。

其中，子囊菌门丰度表现为 HR0＜DR3＜DR2＜DR1＜DR4，可知健康油茶根系中子囊菌门的丰度最低，油茶患根腐病后该类群丰度上升，Ⅳ级时丰度升至最高。担子菌门丰度表现为 HR0＞DR2＞DR1＞DR3＞DR4，健康油茶根系中担子菌门的丰度最高，患病后该类群丰度下降，Ⅳ级时丰度降至最低。此外，球囊菌门和被孢霉门（Mortierellomycota）的丰度都表现为 HR0＞DR1＞DR2＞DR3＞DR4，呈现出逐级递减的趋势，健康根样中丰度最高，Ⅳ级根样中丰度最低。

健康根际土壤样本与患病油茶样本中各门的丰度不同，优势物种丰度柱形图如图 8-2B 所示，子囊菌门（Ascomycota）（61.06%）、担子菌门（Basidiomycota）（23.60%）和球囊菌门（Glomeromycota）（4.59%）在健康油茶根际土壤样本中为优势菌门（丰度前 3）。子囊菌门（61.06%～74.84%）、担子菌门（5.08%～23.60%）和被孢霉门（Mortierellomycota）（2.48%～20.72%）在病害等级Ⅰ、Ⅱ、Ⅲ和Ⅳ级的油茶根际土壤样本中为优势菌门。

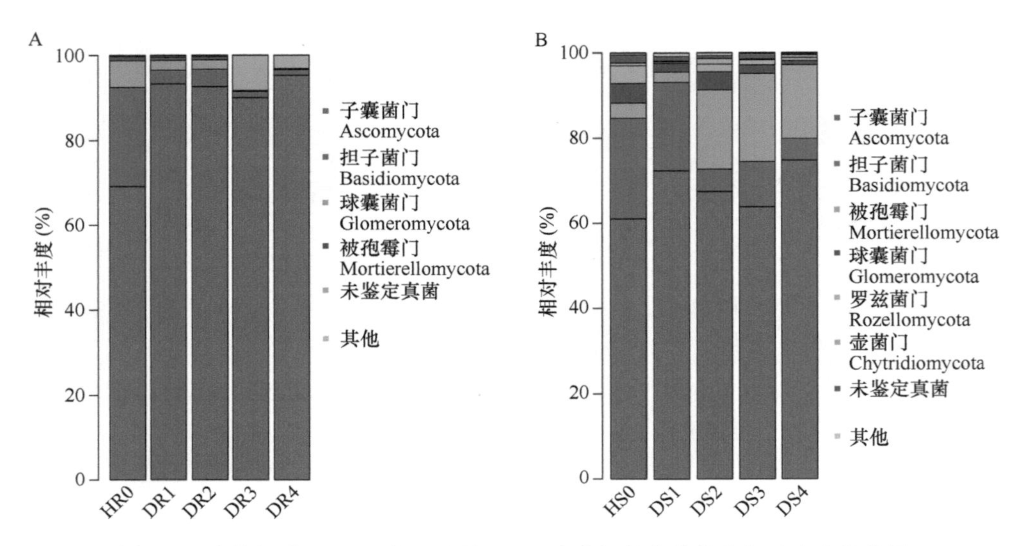

图 8-2　油茶根系（A）及根际土壤（B）真菌门的优势物种相对丰度柱状图

其中，子囊菌门丰度表现为 HS0＜DS3＜DS2＜DS1＜DS4，可知健康油茶根际土壤中子囊菌门的丰度最低，油茶患根腐病后该类群丰度不同程度上升，Ⅳ级时丰度升至最高；担子菌门丰度表现为 HS0＞DS1＞DS3＞DS2＞DS4，担子菌门的丰度在健康油茶根际土壤中最高，患病后该类群丰度不同程度下降，Ⅳ级丰度降至最低；被孢霉门丰度表现为 DS3＞DS2＞DS4＞HS0＞DS1，该类群在根际土壤中随着病害的发生无明显变化规律；球囊菌门丰度表现为 HS0＞DS2＞DS1＞DS3＞DS4，健康油茶根际土壤中该类群的丰度最高，患病后丰度不同程度下降，Ⅳ级油茶丰度降至最低。

从属级水平分析，油茶根系内，0 级油茶真菌的优势属（相对丰度＞5%）为粉褶菌属（*Entoloma*）（17.53%）、unclassified_Hyaloscyphaceae（13.93%）、梭链孢属（*Fusidium*）（10.01%）、规整霉属（*Codinaea*）（9.54%）和 *Alatospora*（8.65%）。Ⅰ级油茶根系内真菌的优势属为树状孢属（*Dendrosporium*）（62.47%）和 unclassified_Hyaloscyphaceae（7.48%）。Ⅱ级油茶根系内真菌的优势属为树状孢属（29.59%）、*Thozetella*（18.78%）、晶杯菌属（9.80%）和 *Cephalotheca*（5.77%）。Ⅲ级油茶根系内真菌的优势属为树状孢属（20.65%）、暗双孢属（*Cordana*）（16.67%）、无柄盘菌属（*Pezicula*）（10.79%）、unclassified_Fungi（8.27%）、黑盘

孢属（*Melanconium*）（6.91%）和树粉孢属（*Oidiodendron*）（6.34%）。Ⅳ级油茶根系内真菌的优势属为暗双孢属（25.08%）、*Matsushimamyces*（24.42%）、树状孢属（11.61%）、黑盘孢属（5.63%）、unclassified_Dothideomycetes（5.57%）和 unclassified_Hyaloscyphaceae（5.03%）。各样本间的物种丰度差异较大，粉褶菌属、*Alatospora*、梭链孢属、规整霉属和 unclassified_Hyaloscyphaceae 在健康油茶根系内占比最大；在油茶患根腐病后，树状孢属、暗双孢属、*Matsushimamyces*、无柄盘菌属、黑盘孢属、unclassified_Fungi 和 unclassified_Dothideomycetes 的丰度明显增加（图 8-3A）。

油茶根际土壤内，0 级油茶真菌的优势属为 *Fellozyma*（5.91%）。Ⅰ级油茶根际土壤内真菌的优势属为树状孢属（*Dendrosporium*）（11.07%）、*Verrucoconiothyrium*（7.54%）、原隐球菌属（*Saitozyma*）（6.17%）和 unclassified_Sordariomycetes（5.72%）。Ⅱ级油茶根际土壤内真菌的优势属为被孢霉属（*Mortierella*）（18.42%）、毛壳菌属（*Chaetomium*）（11.52%）和赤霉属（*Gibberella*）（9.35%）。Ⅲ级油茶根际土壤内真菌的优势属为被孢霉属（20.68%）、原隐球菌属（7.86%）、*Knufia*（6.73%）、锥毛壳属（*Coniochaeta*）（6.05%）和 *Scleroconidioma*（5.77%）。Ⅳ级油茶根际土壤内真菌的优势属为被孢霉属（16.67%）、*Mycofalcella*（15.98%）和枝鼻菌属

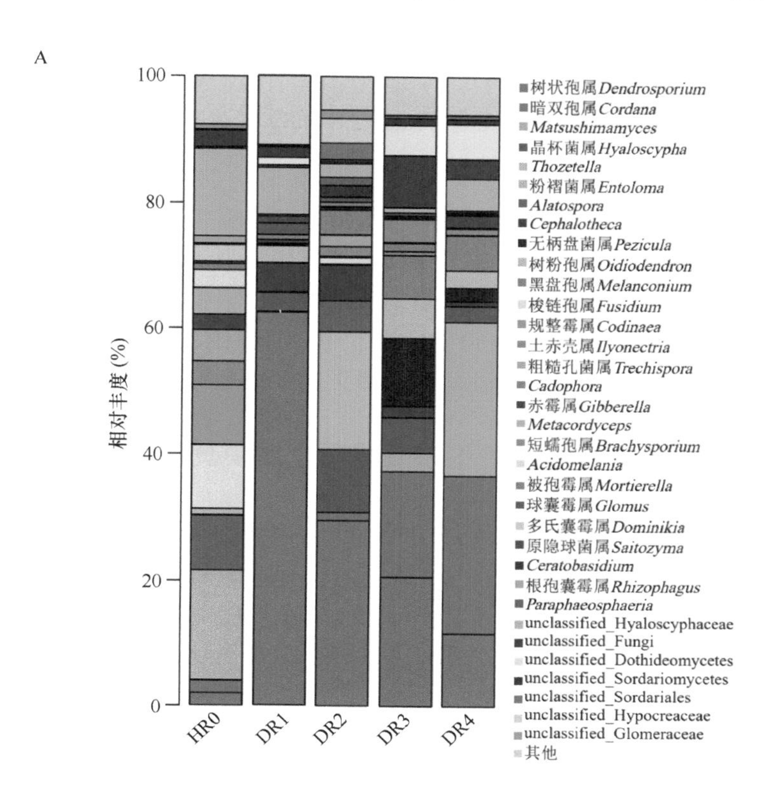

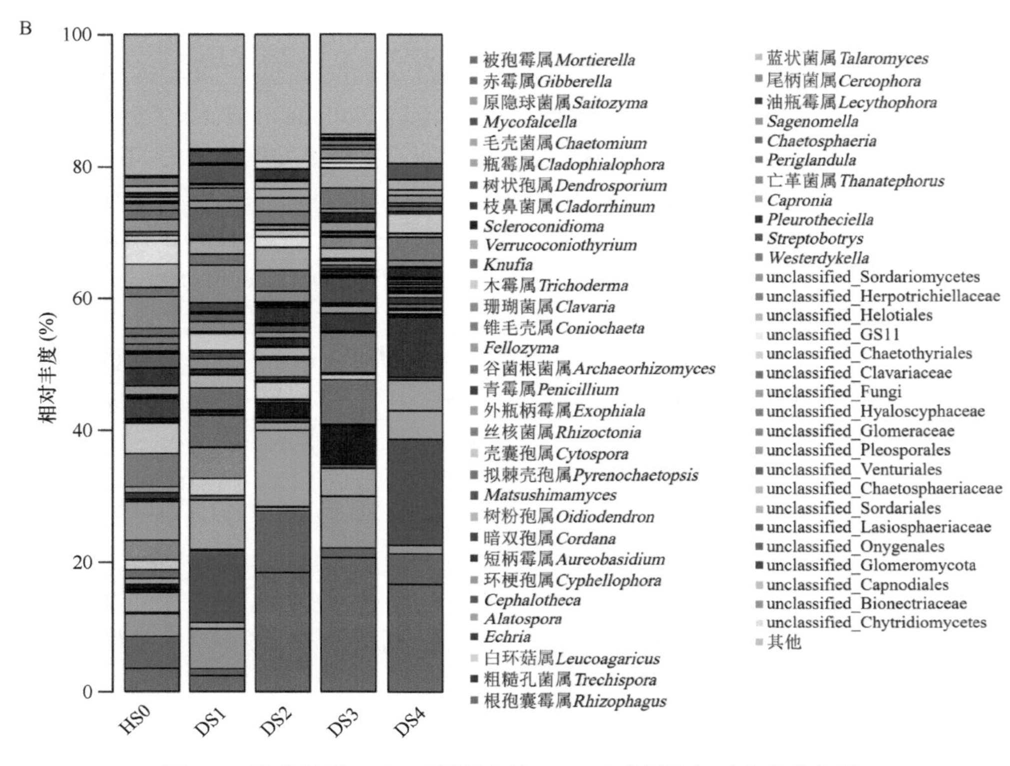

图 8-3　油茶根系（A）及根际土壤（B）真菌属的相对丰度柱状图

（*Cladorrhinum*）(9.16%)。各样本间的物种丰度差异较大，患病情况较为严重的三个等级下（Ⅱ、Ⅲ和Ⅳ）被孢霉属的丰度明显高于患病情况较轻（0 和Ⅰ）的油茶。除此以外，发病情况最严重的油茶根际土壤中 *Mycofalcella* 和枝鼻菌属的丰度最高，且明显高于其他病害等级下的；而在健康油茶根际土壤中 *Fellozyma* 的丰度最高，且明显多于其他病害等级下的（图 8-3B）。

8.3.4　不同病害等级油茶根系及根际土壤中真菌 β 多样性分析

在属分类单元水平上，采用 unweighted-unifrac 算法对样本进行分析。PCoA 分析结果显示，PCoA1 轴解释了关系值的 31.43%，PCoA2 轴解释了关系值的 20.32%，两者累计贡献率为 51.75%。根系样品和根际土壤样品在 PCoA1 上分开，此外，健康油茶根系内的真菌组成与患病油茶的有明显差异（图 8-4）。

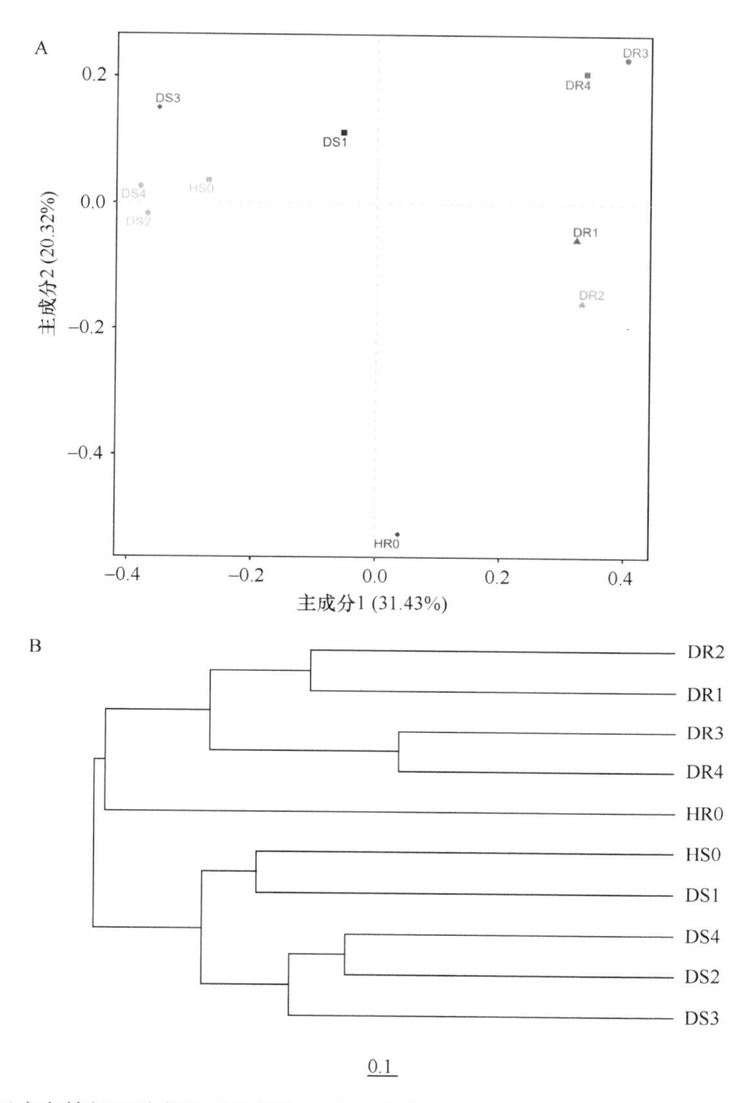

图 8-4　不同病害等级下油茶根系及根际土壤真菌在属水平上的 PCoA 分析（A）和聚类树（B）

聚类树显示，油茶根系中，健康油茶根系内真菌群落组成处于独立的分支，与患病油茶的根内及根际土壤真菌组成存在较大差异。在患病油茶中，病害等级为Ⅰ级和Ⅱ级的真菌群落组成相似，Ⅲ级和Ⅳ级组成相似。根际土壤中，健康油茶和Ⅰ级油茶的真菌群落组成相似，Ⅱ、Ⅲ和Ⅳ级油茶的真菌群落组成相似。由此说明健康油茶患病后，无论是根系还是根际土壤内的真菌群落都存在一个过渡过程，真菌结构随病害程度的加重逐渐地发生变化（图 8-4）。

8.3.5 环境因子对油茶根系及根际土壤真菌群落组成的影响

通过方差膨胀因子分析，去掉多重共线性较强的因子，将剩余因子用于冗余分析（RDA）。将油茶根际土壤真菌群落丰度前 10（属水平）以及 4 种环境因子进行 RDA，结果显示，第 1、第 2 轴的解释率分别为 46.86%和 23.24%，累计总解释率达 70.10%，表明该结果较好地反映了真菌群落的影响，从大到小依次为：速效钾＞有机质＞pH＞速效磷（图 8-5）。

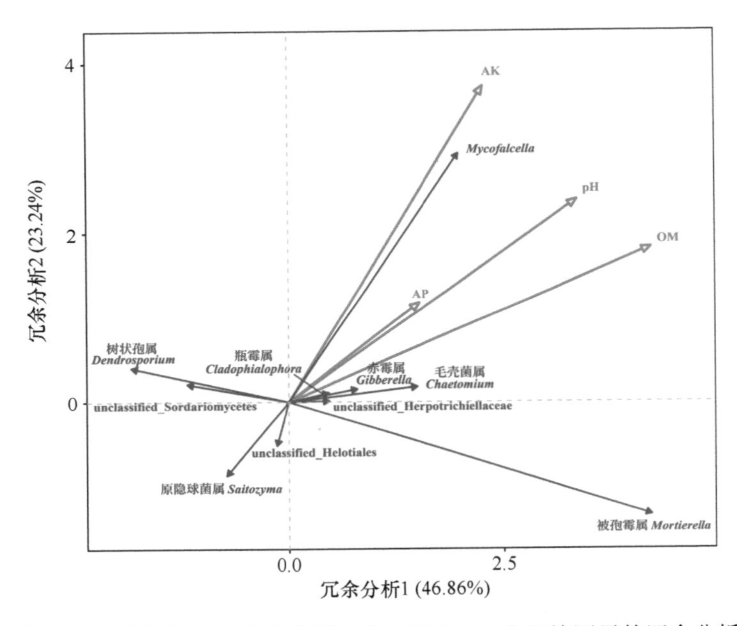

图 8-5 油茶根际土壤真菌群落组成（属水平）和环境因子的冗余分析

选取丰度＞1%的属水平下根际土壤真菌，相关性类型为 Spearman，$p \leqslant 0.05$，对油茶根际土壤真菌群落组成与土壤理化性质相关性做热图分析（图 8-5），发现原隐球菌属（*Saitozyma*）与速效磷（AP）呈显著负相关（$p<0.05$），与酸碱度（pH）呈显著负相关（$p<0.05$）；*Mycofalcella* 与酸碱度（pH）和全氮（TN）呈显著正相关（$p<0.05$），与全钾（TK）呈显著负相关（$p<0.05$），毛壳菌属（*Chaetomium*）与酸碱度（pH）和全磷（TP）呈显著正相关；暗双孢属（*Cordana*）与速效钾（AK）呈极显著负相关（$p<0.01$）；*Echria* 与速效钾（AK）呈极显著负相关（$p<0.01$）；粗糙孔菌属（*Trechispora*）与酸碱度（pH）和全磷（TP）呈显著正相关（图 8-6）。

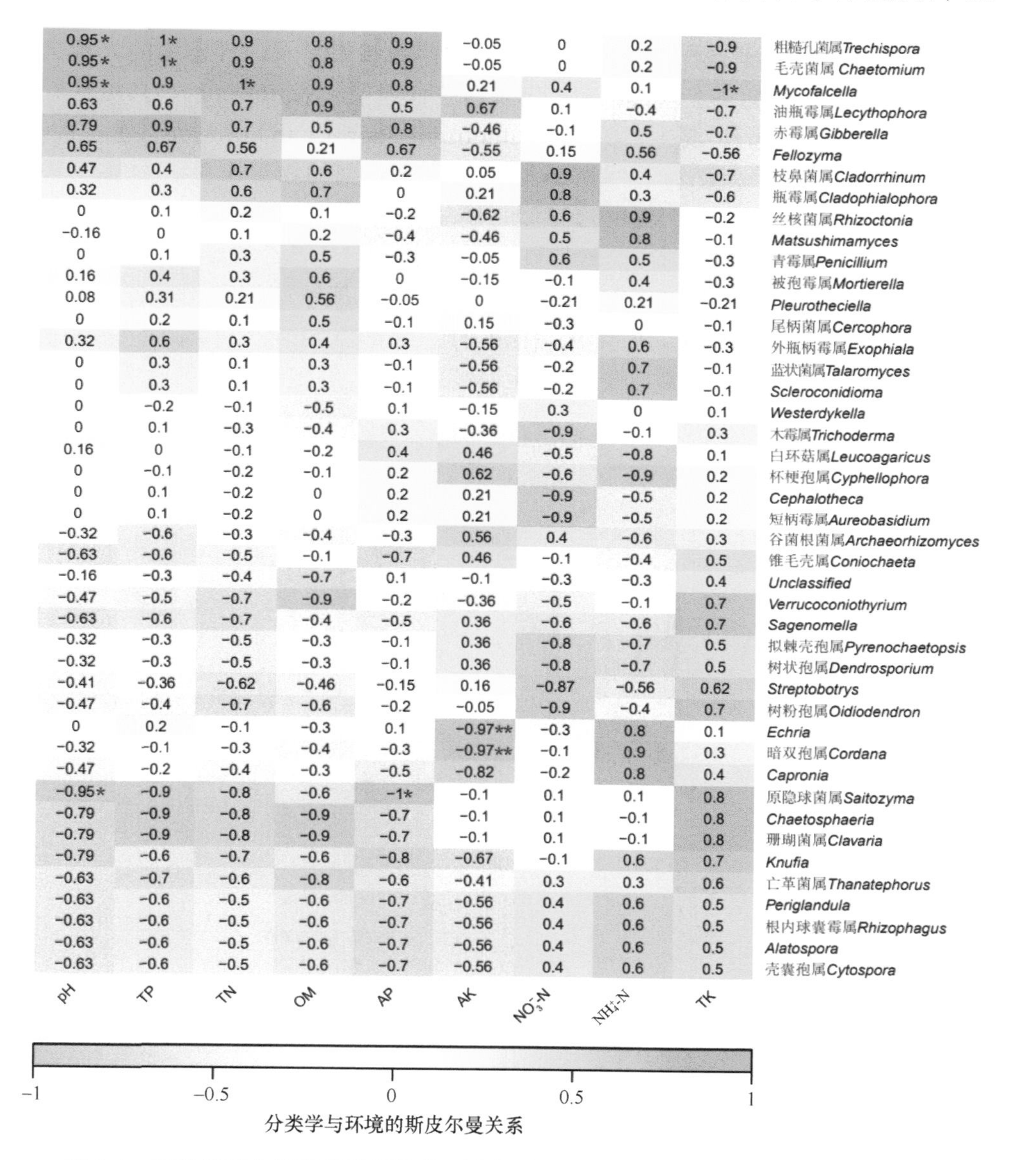

图 8-6　油茶根际土壤真菌群落组成（属水平）和理化参数的 Spearman 相关性分析

8.3.6　根系和根际土壤真菌群落的功能多样性特征

真菌的生态功能类群通常是基于共生、腐生和病理 3 种营养型来划分（张健等，2022）。运用 FUNGuild 数据库，对 5 组根系样品和 5 组根际土壤样品真菌群落进行功能预测分析。置信水平选用高度可能（highly probable）和可能（probable），得到真菌营养型在不同样本中的丰度信息，预测结果显示，样本中的真菌类群主要预测得到病理营养型（Pathotroph）、腐生营养型（Saprotroph）、共生营养型（Symbiotroph）和病理-腐生营养型（Pathotroph-Saprotroph）等营养类型。其中，根系内腐生营养型、病理-腐生营养型和共生营养型的相对丰度较高，而根际土壤内病理-腐生营养型、腐生营养型、腐生-共生营养型和共生营养型的相对丰度较高（图 8-7A，B）。

选择油茶 5 个根系样本和 5 个根际土壤样本中丰度＞1%的物种预测得到的生态共位群，结果显示，油茶根系中，HR0 的优势菌群（丰度＞10%）包括丛枝菌根功能群（39.95%）和木腐功能群（31.45%），DR1 的优势菌群包括未定腐生功

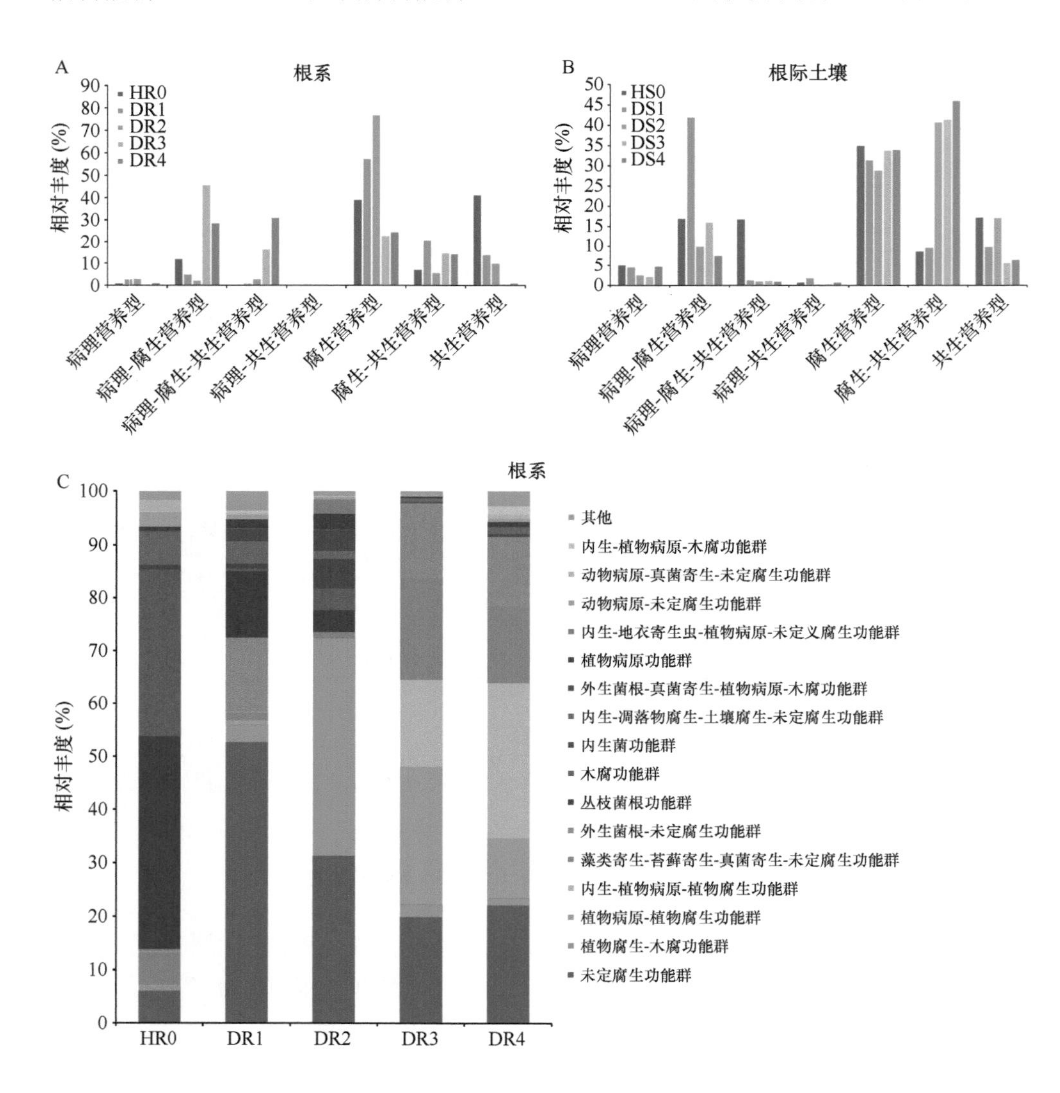

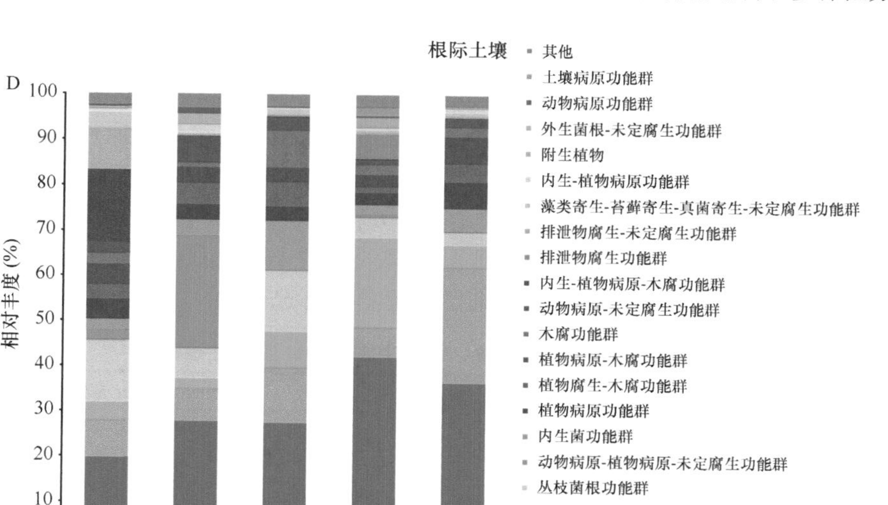

图 8-7　油茶根系及根际土壤真菌功能预测分析结果

A、B 不同营养型相对丰度；C、D 生态共位群相对丰度柱状图

能群（52.74%）、外生菌根-未定腐生功能群（14.12%）和丛枝菌根功能群（12.60%），DR2 的优势菌群包括植物腐生-木腐功能群（41.05%）和未定腐生功能群（31.38%），DR3 和 DR4 的优势菌群都为未定腐生功能群（19.98%和 22.23%）、植物病原-植物腐生功能群（25.74%和 11.21%）、内生-植物病原-植物腐生功能群（16.47%和 29.30%）、藻类寄生-苔藓寄生-真菌寄生-未定腐生功能群（19.33%和 14.66%）和外生菌根-未定腐生功能群（13.92%和 12.98%）。

根际土壤中，HS0 的优势菌群（丰度＞10%）包括未定腐生功能群（19.95%）、内生-植物病原-木腐功能群（16.19%）和丛枝菌根功能群（13.83%），DS1 的优势菌群包括未定腐生功能群（25.60%）和动物病原-植物病原-未定腐生功能群（23.20%），DS2 的优势菌群包括未定腐生功能群（18.99%），DS3 的优势菌群包括未定腐生功能群（26.74%%）和动物病原-真菌寄生-未定腐生功能群（12.66%），DS4 的优势菌群包括未定腐生功能群（28.59%）和内生-凋落物腐生-土壤腐生-未定腐生功能群（20.05%）（图 8-7C，D）。由上述结果可知，随着病害等级的增加，植物病原菌和腐生菌增加，而丛枝菌根真菌的定植可能在调节油茶病健关系中发挥着重要的作用。

8.3.7　不同病害等级油茶根系及根际土壤内细菌的 α 多样性分析

对所有油茶根系和根际土壤样品中细菌 α 多样性指数进行分析，结果表明，油茶根际土壤中，相较于健康的油茶，细菌的多样性指数（Shannon-Wiener 多样性指数）在其他 4 个病害等级下均不同程度增加，这表明当油茶受到根腐病危害时，根际土壤内细菌的多样性会提高。在油茶根系中，受到根腐病病原侵染后，各样本内细菌群落的多样性变化不明显。根际土壤及根系中，相比健康油茶，细菌的丰富度指数（Chao1）及均匀度指数（ACE）在其他 4 个病害等级下不同程度增加（表 8-4）。总体上看，根际土壤样品细菌的种群丰富度和多样性指数均大于根系样品，这可能是因为植物根系对细菌的招募具有选择性。

表 8-4　不同病害等级油茶土壤、根系中细菌的 α 多样性指数

取样部位	样品名称	ACE 指数	Chao1 指数	Simpson 多样性指数	Shannon-Wiener 多样性指数
油茶根际土壤	HS0	1033.87	1050.22	0.02	5.02
	DS1	1259.74	1308.70	0.02	5.35
	DS2	1068.55	1094.54	0.01	5.50
	DS3	1189.16	1202.86	0.01	5.78
	DS4	1145.18	1150.48	0.02	5.36
油茶根系	HR0	674.70	650.21	0.12	3.54
	DR1	729.25	719.50	0.20	2.94
	DR2	1003.20	1015.65	0.09	3.97
	DR3	814.83	809.96	0.06	3.82
	DR4	863.74	856.65	0.06	4.21

8.3.8　不同病害等级油茶土壤及根系样品细菌的群落组成

8.3.8.1　不同病害等级油茶土壤及根系样品细菌的 OTU 分类

通过维恩图（Venn diagram）展示了油茶根际土壤、根系、根际土壤及根系中细菌群落 OTU 的组成差异及共有物种的情况。结果显示，在油茶根腐病 5 个病害等级下，土壤环境中共有的细菌数量为 465 个，HS0 土壤中细菌有 903 个，其中特有的 OTU 有 44 个，DS1 土壤中细菌 OTU 有 1122 个，其中特有的 OTU 有 56 个，DS2 土壤中细菌 OTU 有 975 个，其中特有的 OTU 有 40 个，DS3 土壤中细菌 OTU 有 1103 个，其中特有的 OTU 有 96 个，DS4 土壤中细菌 OTU 有 1052 个，其中特有的 OTU 有 45 个。由此可见，相较于健康油茶，不同程度感病的油茶土壤中，细菌 OTU 数均有不同程度的增加，Ⅰ、Ⅱ、Ⅲ、Ⅳ级下细菌 OTU 分别增加了 24.3%、8.0%、22.1%、16.5%（图 8-8A）。

5 个不同病害等级下油茶根系中共有的细菌数量为 240 个，HR0 根系中细菌 OTU 有 569 个，其中特有的 OTU 有 30 个，DR1 根系中细菌 OTU 有 589 个，其中特有的 OTU 有 80 个，DR2 根系中细菌数量为 852 个，其中特有的 OTU 有 151

个，DR3 根系中细菌数量为 617 个，其中特有的 OTU 有 51 个，DR4 根系中细菌数量为 704 个，其中特有的 OTU 有 75 个。由此可见，相较于健康油茶根系，其他不同程度感病的油茶根系中，细菌 OTU 数均不同程度地增加，Ⅰ、Ⅱ、Ⅲ、Ⅳ级下细菌 OTU 分别增加了 3.5%、49.7%、8.4%、23.7%（图 8-8B）。

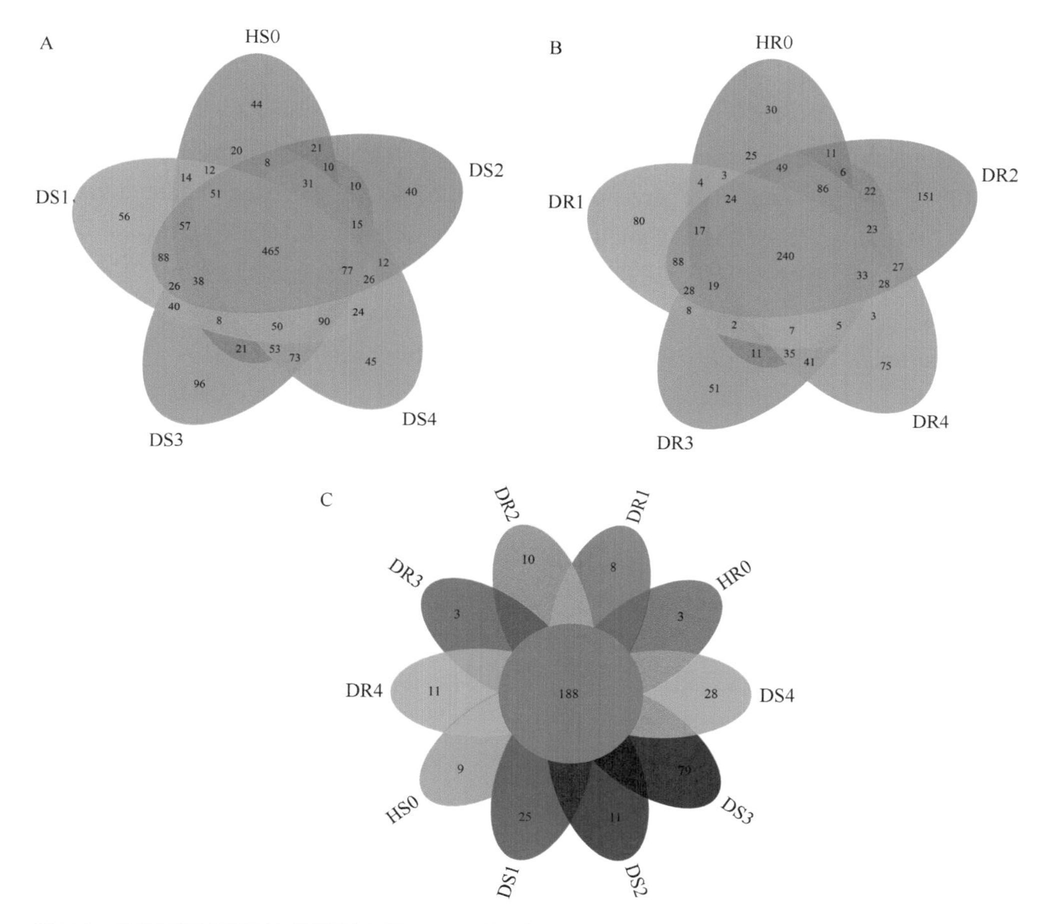

图 8-8　不同病害等级油茶根际土壤（A）、根系（B）、根际土壤和根系（C）特有及共有细菌 OTU 维恩图比较分析

另外，油茶土壤及根系中，根际土壤中细菌的 OTU 数量均多于根系中细菌的 OTU。细菌共有的 OTU 为 188 个，说明各个样品组间 OTU 数量呈现差异，不同的发病程度改变了土壤及根系中特有的 OTU 的数量，进而影响了土壤及根系中细菌群落丰度和均匀度（图 8-8C）。

8.3.8.2 不同病害等级油茶根系及根际土壤的细菌物种组成

相对丰度大于 1%的细菌门有 12 个，在门水平上的根际土壤和根系各样品细菌组成丰富度差异较大。根际土壤样品的细菌门相对丰度从高到低依次为变形菌门（Proteobacteria）（18.25%～45.95%），其次是酸杆菌门（Acidobacteria）（19.85%～46.07%）、放线菌门（Actinobacteria）（5.22%～9.37%）、绿弯菌门（Chloroflexi）（2.58%～6.21%）、浮霉菌门（Planctomycetes）（2.05%～4.40%）、拟杆菌门（Bacteroidetes）（0.46%～6.19%）、疣微菌门（Verrucomicrobia）（0.95%～3.26%）、蓝细菌门（Cyanobacteria）（0.02%～3.74%）、芽单胞菌门（Gemmatimonadetes）（0.48%～2.89%）、candidate_division_WPS-1（0.65%～2.16%）、candidate_division_WPS-2（0.11%～2.39%）和 Candidatus_Saccharibacteria（0.16%～1.21%）。

根系样品相对丰度最高的细菌门为变形菌门（Proteobacteria）（26.15%～70.93%），其次是蓝细菌门（Cyanobacteria）（0.43%～41.33%）、绿弯菌门（Chloroflexi）（3.52%～29.29%）、放线菌门（Actinobacteria）（6.51%～11.08%）、酸杆菌门（Acidobacteria）（2.08%～7.80%）、拟杆菌门（Bacteroidetes）（0.26%～5.42%）和疣微菌门（Verrucomicrobia）（0.55%～1.01%）。

相同部位的不同病害等级的油茶样品相比较，细菌菌群结构组成相似，但各菌门相对丰度差异明显。如在根系样品中，相对于健康油茶来说，变形菌门（Proteobacteria）在不同病害等级下的油茶根系中丰度上升，且随病害等级的上升逐级增加。放线菌门（Actinobacteria）在不同病害等级下的油茶根系中丰度不同程度地下降。在土壤样品中，相对于健康油茶来说，疣微菌门（Verrucomicrobia）在不同病害等级下的油茶根际土壤中丰度下降，拟杆菌门（Bacteroidetes）在不同病害等级下的油茶根系中丰度不同程度上升（图 8-9）。

在属水平上，油茶根际土壤和根系各样品内细菌组成的丰富度差异大，根际土壤样品中细菌的优势属为 *Gp1*（5.52%～16.79%）、*Gp2*（2.14%～22.53%）、*Gp3*（1.66%～4.20%）和慢生根瘤菌属（*Bradyrhizobium*）（1.24%～3.63%）。根系样品中细菌的优势属为链形植物属（*Streptophyta*）（0.43%～41.06%）、纤线杆菌属（*Ktedonobacter*）（2.77%～28.61%）、慢生根瘤菌属（*Bradyrhizobium*）（2.94%～9.92%）和苯基杆菌属（*Phenylobacterium*）（0.19%～21.49%）。

从相同部位不同病害等级的油茶样品来看，细菌菌群的组成相似，但各菌门在各个样本中相对丰度差异明显。如根系内相较于健康油茶根系内的细菌群落，苯基杆菌属（*Phenylobacterium*）的丰度随着根腐病病害程度的加重逐级升高，新鞘脂菌属（*Novosphingobium*）的丰度也随着根腐病病害程度的加重逐级升高，土壤内相较于健康油茶根际土壤内的细菌群落，慢生根瘤菌属（*Bradyrhizobium*）的丰度均不同程度地增加，芽单胞菌属（*Gemmatimonas*）的丰度均不同程度地增加（图 8-10）。

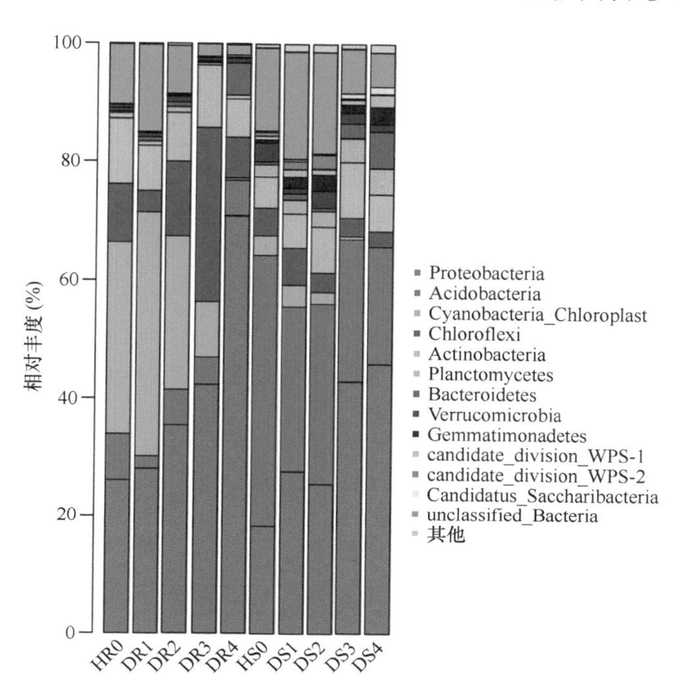

图 8-9　不同油茶样品的门水平细菌组成

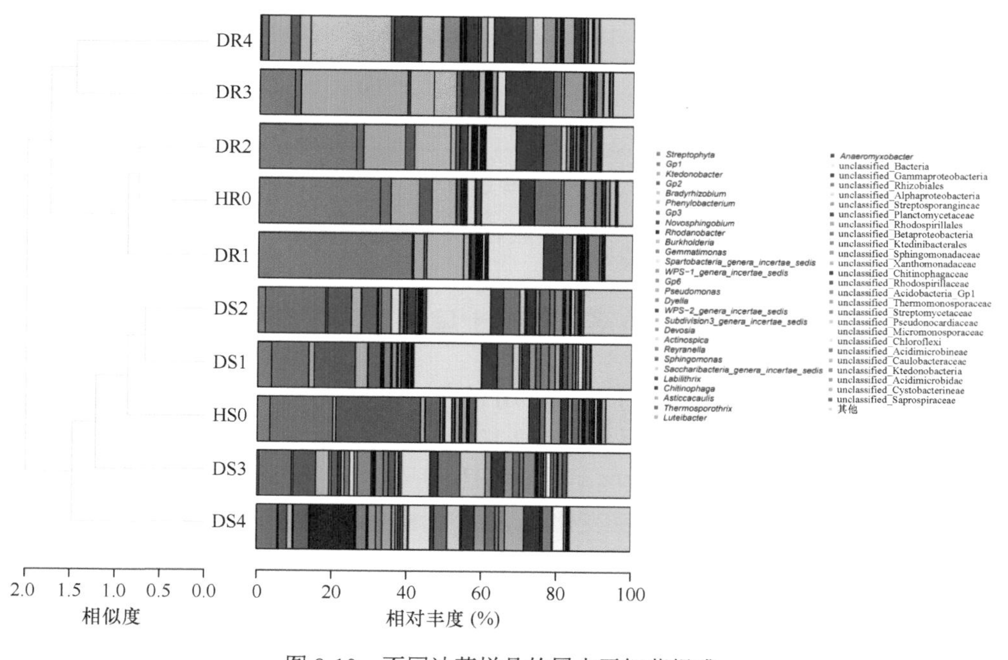

图 8-10　不同油茶样品的属水平细菌组成

8.3.9 不同病害等级油茶根系及根际土壤中细菌 β 多样性分析

为了分析各样本细菌群落之间组成的相似性和差异性，进行了主成分分析（PCA），本研究对 10 个样本细菌群落进行分析，结果表明，PC1 解释了细菌群落结构的变异率为 37.4%，PC2 为 17.9%，所有样地共同解释细菌的变异率为 55.3%。第一主成分将 HS0、DS1、DS2、DS3、DS4（在第一主成分上的贡献值为正）与其余样本区分开，即根际土壤内细菌与根系内细菌区分开。第二主成分将 HR0、DR1、DR2、HS0、DS1 和 DS2（在第二主成分上的贡献率为正）与其余样本区分开来，即将油茶患根腐病较轻的样本与患病较为严重（DR3、DR4、DS3 和 DS4）的样本区分开（图 8-11）。

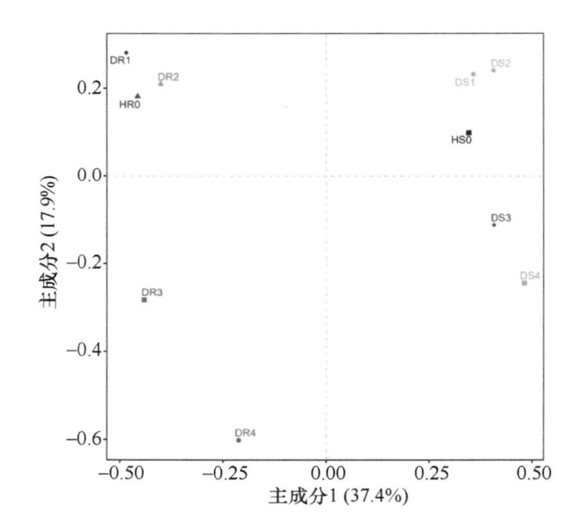

图 8-11　油茶根际土壤及根系细菌 PCA

8.3.10 环境因子对油茶根系及根际土壤细菌群落组成的影响

将土壤理化因子与细菌门丰度前 10 的群落进行 RDA，结果表明，在门水平上，不同病害等级下油茶根系和根际土壤中细菌 RDA 的第 I 排序轴（RDA1）解释了细菌群落变化的 87.95%，第 II 排序轴（RDA2）解释了细菌群落变化的 9.86%，前两个排序轴累计解释变化量达到 97.81%，说明能够很好地反映土壤细菌群落结构与土壤理化性质之间的关系，且主要由第 I 轴决定（图 8-12）。

在细菌的门水平上斯皮尔曼（Spearman）相关系数表明，氨态氮与拟杆菌门、变形菌门、Candidatus_Saccharibacteria、浮霉菌门呈极强正相关性，与酸杆菌门呈极强负相关性；速效钾与 candidate_division_WPS-2、酸杆菌门呈极强正相关性，与拟杆菌门、变形菌门、Candidatus_Saccharibacteria、candidate_division_WPS-1、浮霉菌门呈极强负相关性（图 8-13）。

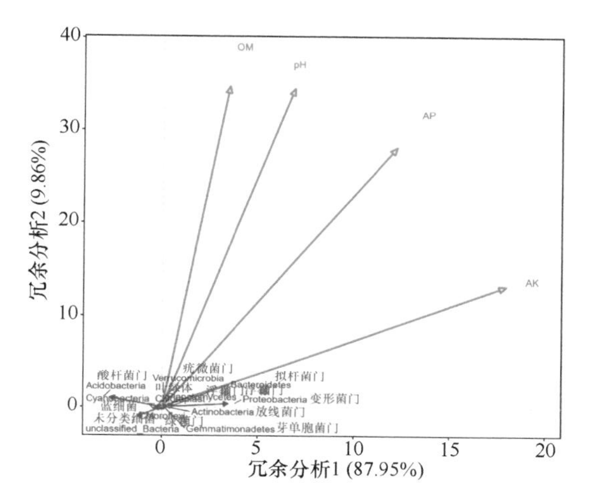

图 8-12　细菌群落与土壤化学性质的冗余分析

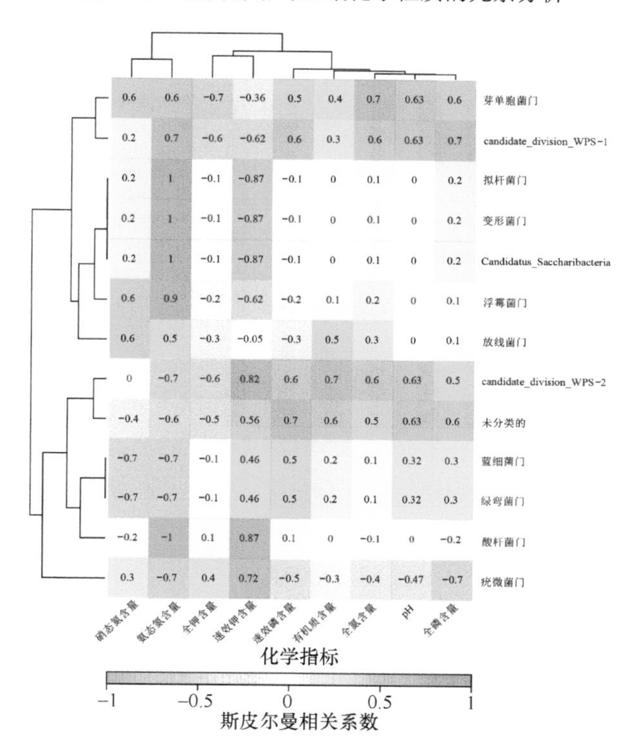

图 8-13　土壤理化性质与细菌群落的斯皮尔曼分析

8.3.11 根系和根际土壤细菌群落的功能多样性特征

8.3.11.1 PICRUSt 功能预测

通过将丰富度与数据库进行对比，使用 PICRUSt 软件对 10 个样本根际土壤和根系内菌群进行功能预测，推测出生物群落的功能信息。基于 KEGG 通路丰度分析和高通量测序技术进行比对，发现不同病害等级下油茶的根际土壤和根系样本内细菌在 7 大功能层共获得 6 种一级生物代谢功能基因，即新陈代谢（metabolism）、遗传信息处理（genetic information processing）、环境信息处理（environmental information processing）、细胞过程（cellular processes）、人类疾病（human diseases）、有机系统（organismal systems）。其中新陈代谢、遗传信息处理和环境信息处理是被注释到基因数量最多的功能（图 8-14）。

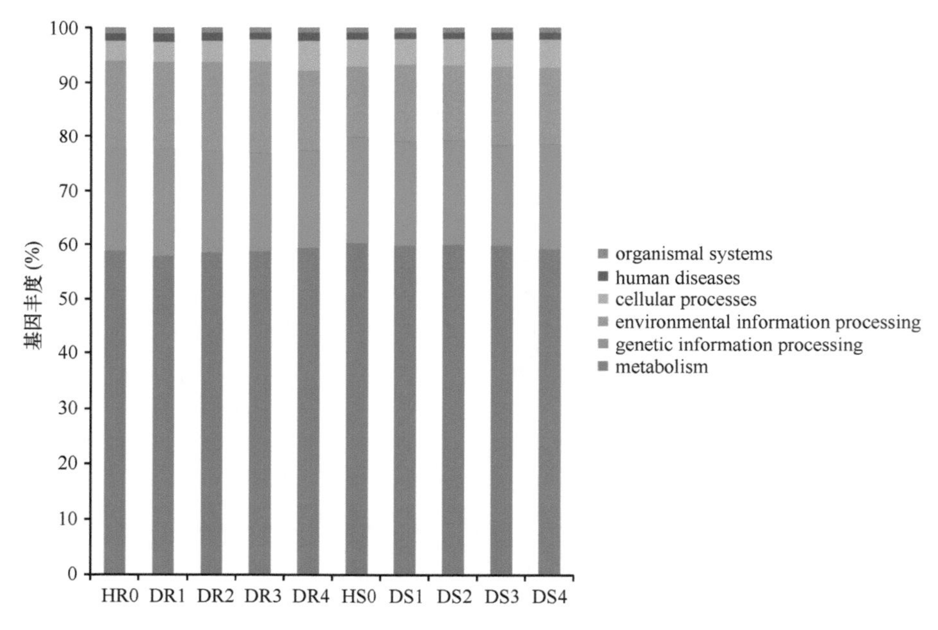

图 8-14 预测功能基因在不同样本间的差异（一级功能层）

8.3.11.2 KEGG 功能预测

通过 KEGG 数据库对不同样品丰度前 20 的预测功能基因进行二级功能分析。结果表明，酶家族（enzyme families）、信号转导（signal transduction）、聚糖生物合成和代谢（glycan biosynthesis and metabolism）、折叠、分类和降解（folding, sorting and degradation）和新陈代谢（metabolism）等子功能预测基因占比在 10

个样本中都约为 90%，其中膜转运（membrane transport）（8.67%～12.16%）、碳水化合物代谢（Carbohydrate Metabolism）（9.11%～11.11%）、氨基酸代谢（amino acid metabolism）（9.31%～10.76%）、复制和修复（replication and repair）（6.51%～7.53%）、能量代谢（energy metabolism）（5.49%～7.95%）和翻译（translation）（3.91%～4.75%）为主要子功能。

与根际土壤相比，根系内细菌的膜转运（membrane transport）和新陈代谢（metabolism）功能相对丰度显著增加，而聚糖生物合成和代谢（glycan biosynthesis and metabolism）功能相对丰度极显著降低。此外，在油茶根系内，与 0 级的健康油茶相比，不同病害等级下感病油茶根系内细菌的碳水化合物代谢、氨基酸代谢、脂质代谢、外源生物降解与代谢、细胞运动、转录、聚糖生物合成和代谢、信号转导等功能相对丰度均不同程度地增加，复制和修复、能量代谢、翻译、辅酶维生素代谢、核苷酸代谢及折叠、分类和降解等功能相对丰度均不同程度地降低。油茶根际土壤内，与 0 级的健康油茶相比，不同病害等级下感病油茶土壤内细菌的膜转运、辅酶维生素代谢、外源生物降解与代谢等功能相对丰度均不同程度地增加，碳水化合物代谢、能量代谢、转录、聚糖生物合成和代谢、信号转导、酶家族等功能相对丰度均不同程度地降低（图 8-15）。

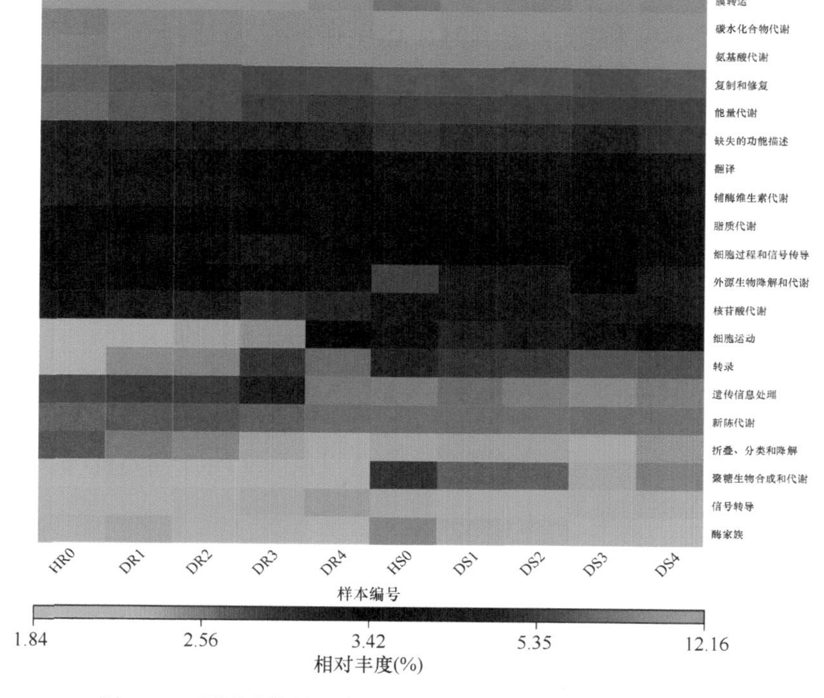

图 8-15　预测功能基因在不同样本间的差异（二级功能层）

8.3.12 油茶根系的 AMF 定植率及根际土壤孢子密度

在德宏州梁河县 5 个根腐病病害等级的油茶根系和根际土壤中均检测到了 AMF 的存在，不同发病等级油茶 AMF 的定植率和孢子密度存在差异（图 8-16）。统计结果表明，病害等级为 0 级的油茶 AMF 定植率最高，病害等级为Ⅳ级的油茶 AMF 定植率最低。另外，在每 20 g 油茶根际风干土壤中，AMF 孢子密度均在 30 个以上，病害等级为 0 级的油茶 AMF 的孢子密度最高，病害等级为Ⅳ级的油茶 AMF 的孢子密度最低，这与油茶根系 AMF 定植状况结果相一致。

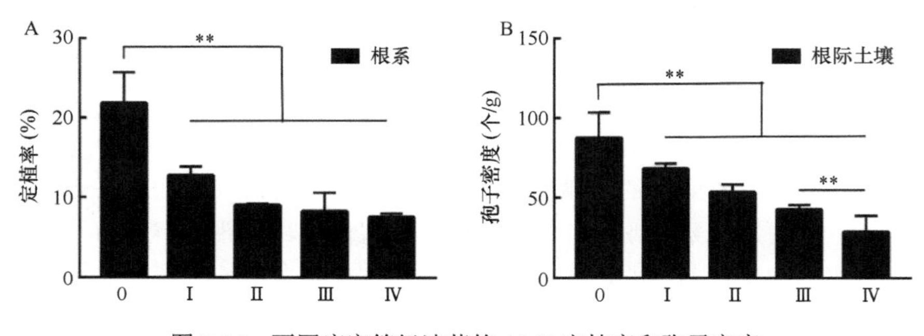

图 8-16 不同病害等级油茶的 AMF 定植率和孢子密度

8.3.13 油茶根系及根际土壤 AMF 高通量测序及质控

8.3.13.1 测序数据统计及质控

对病害等级不同的油茶根系以及根际土壤进行高通量测序，在油茶根际土壤中共获得有效序列 241 631 个，HS0、DS1、DS2、DS3 和 DS4 的有效序列分别有 49 595、52 158、49 093、41 334 和 49 451 个，平均长度为 218～224 bp。在病、健植株的根系中共获得有效序列 212 150 个，HR0、DR1、DR2、DR3 和 DR4 的有效序列分别为 45 621、43 551、40 267、39 534 和 43 177 个，平均长度为 216～218 bp。

所有有效序列被划分成了 203 个 OTU，其中根际土壤中 OTU 的数量为 186 个，HS0、DS1、DS2、DS3 和 DS4 的 OTU 数分别为 99、75、69、69 和 62 个；根系的 OTU 数量为 112 个，HR0、DR1、DR2、DR3 和 DR4 的 OTU 数分别为 47、61、30、21 和 31 个（表 8-5）。

表 8-5 油茶根际土壤及根系内 AMF 高通量测序数据

样本	原始序列数	有效序列数	平均序列长度（bp）	OTU 数
HS0	51 319	49 595	220.47	99
DS1	52 370	52 158	222.14	75
DS2	49 588	49 093	218.61	69

续表

样本	原始序列数	有效序列数	平均序列长度（bp）	OTU 数
DS3	41 604	41 334	223.43	69
DS4	50 724	49 451	221.54	62
HR0	45 893	45 621	216.51	47
DR1	43 716	43 551	217.10	61
DR2	40 315	40 267	217.06	30
DR3	40 313	39 534	216.07	21
DR4	43 272	43 177	217.73	31

8.3.13.2　稀释曲线比较分析

稀释曲线可用于比较不同测序样品中物种的丰富度，也可用于解释样品中测序数据的数量是否足够以及是否需要添加测试数据。通过稀释曲线可以看出，采样点检测样品的稀释曲线趋于稳定，表明样品测序数据量足够大，能够客观反映油茶根系和根际土壤中 AMF 群落的真实情况，并且可以进行数据分析。

在不同病害等级的油茶根系内 AMF 的 Shannon-Wiener 多样性指数 HR0>DR1>DR2>DR3>DR4，说明不同病害程度的油茶根系中 AMF 的多样性由高到低依次为 HR0、DR1、DR2、DR3 和 DR4，即油茶越健康，根系内 AMF 的多样性越丰富（Pearson 相关系数为 0.896），且呈显著相关性（$p<0.05$）（图 8-17A）。

在不同病害等级的油茶根际土壤中 AMF 的 Shannon-Wiener 多样性指数 HS0>DS1>DS2>DS3>DS4，说明不同病害程度的油茶根际土壤中 AMF 的多样性由高到低依次为 HS0、DS1、DS2、DS3 和 DS4，即油茶的发病程度与土壤中 AMF 的多样性无关（Pearson 相关系数为 0.059），这与根系中 AMF 的多样性指数状况不一致（图 8-17B）。

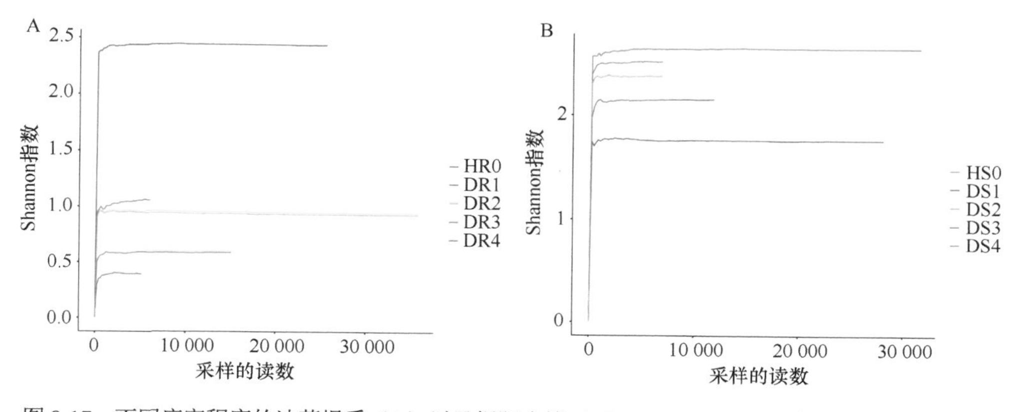

图 8-17　不同病害程度的油茶根系（A）以及根际土壤（B）Shannon-Wiener 多样性指数稀释曲线

8.3.14 不同病害等级油茶根系以及根际土壤 AMF α 多样性比较分析

通过α多样性分析，结果表明，在油茶根系中不同病害等级的油茶根系内 AMF 的 OTU、均匀度指数 ACE 和丰富度指数 Chao1 均是 DR1 最大，其次是 HR0，说明健康和病害等级为Ⅰ级的油茶根系中 AMF 的丰度较高。病害等级为Ⅳ（DR4）的 Shannon-Wiener 多样性指数最低，同时 Simpson 多样性指数最高，说明在根系中连续抽到相同 AMF 物种的概率较高，其 AMF 多样性较低。而健康油茶（HR0）的 Shannon-Wiener 多样性指数最高，同时 Simpson 多样性指数又是最低，说明在健康根系中连续抽到相同 AMF 物种的概率较低，其 AMF 多样性较高，HR0 的 Shannon 多样性指数是 DR4 的 6.26 倍。

在油茶根际土壤中，不同病害等级油茶的根际土壤 AMF 的 OTU、ACE 指数、丰富度指数 Chao1 以及 Shannon-Wiener 多样性指数均是健康油茶（HS0）的最高，说明 HS0 中 AMF 的丰富度以及多样性最高。可能病害发生后，会不同程度地降低油茶根系及根际土壤中 AMF 的丰富度和多样性（表 8-6）。

表 8-6 不同病害等级油茶根系及根际土壤 AMF α 多样性指数

样品	OTU	ACE	Chao1 指数	Simpson 多样性指数	Shannon-Wiener 多样性指数
HR0	47	54.58	52.6	0.12	2.44
DR1	61	63.56	61.71	0.67	1.05
DR2	30	33.26	32.00	0.54	0.93
DR3	29	33.86	29.60	0.78	0.59
DR4	31	36.05	38.00	0.88	0.39
HS0	99	101.11	100.67	0.17	2.64
DS1	75	75.63	75.14	0.31	1.76
DS2	69	75.99	74.62	0.16	2.37
DS3	69	75.33	78.0	0.20	2.15
DS4	62	70.00	73.25	0.18	2.51

8.3.15 不同病害等级油茶根系以及根际土壤 AMF 的群落结构

8.3.15.1 AMF 的 OTU 分类

通过维恩图分析不同病害等级下油茶根系和根际土壤中 AMF 群落间 OTU 物种组成的共有及差异情况，结果表明，在油茶根系中 5 个病害等级不同的油茶共有 112 个 OTU，共享的 OTU 数是 4 个，HR0、DR1、DR2、DR3 和 DR4 分别有 47 个、61 个、30 个、29 个和 31 个 OTU，HR0、DR1、DR2、DR3 和 DR4 特有的 OTU 分别为 21 个、18 个、11 个、2 个和 7 个，HR0 特有的 OTU 数最多，占到所有 OTU 的 18.75%（图 8-18A）。

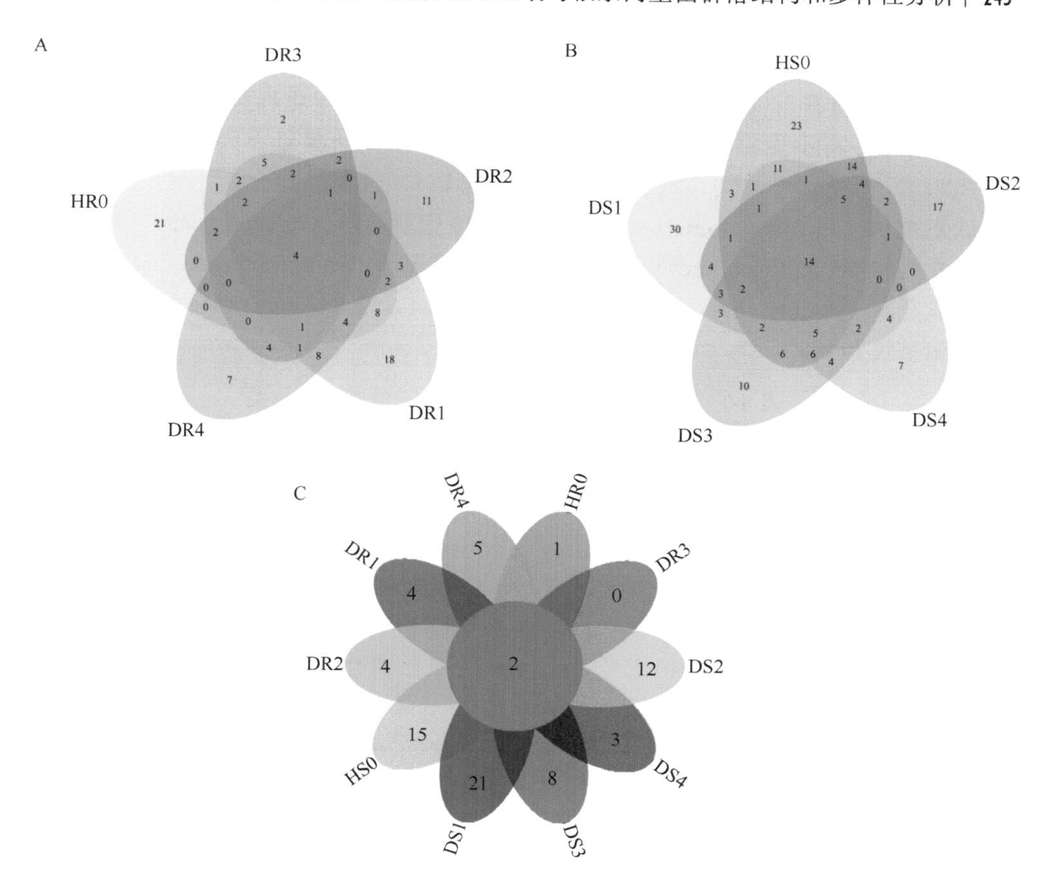

图 8-18　不同病害等级油茶根系（A）、根际土壤（B）、根系和根际土壤（C）特有及共有 AMF-OTU 维恩图比较分析

在油茶根际土壤中 5 个病害等级不同的油茶共有 186 个 OTU，共享的 OTU 数是 14 个，HS0、DS1、DS2、DS3 和 DS4 分别有 99 个、75 个、69 个、69 个和 62 个 OTU，HS0、DS1、DS2、DS3 和 DS4 特有的 OTU 数分别为 23 个、30 个、17 个、10 个和 7 个，DS1 特有的 OTU 数最多，占到所有 OTU 的 16.13%（图 8-18B）。

在 5 个不同病害等级的根际土壤中共同包含的 OTU 数比根系中的多 10 个，5 个不同病害等级的根系和根际土壤中共享 2 个 OTU，HR0、DR1、DR2、DR4、HS0、DS1、DS2、DS3 和 DS4 特有 OTU 分别为 1 个、4 个、4 个、5 个、15 个、21 个、12 个、8 个和 3 个（图 8-18C）。

8.3.15.2　AMF 的群落组成

通过高通量测序，在油茶的根系以及根际土壤中共获得 203 个 AMF-OTU，排除不可归类，总共将其划分为 1 门 1 纲 4 目 7 科（表 8-7）。包括 1 个门和 1 个纲即球囊菌门（Glomeromycota）和球囊菌纲（Glomeromycetes）。在目水平共鉴定 4 个目：球囊霉目（Glomerales）（占总数的 83.62%）、类球囊霉目（Paraglomerales）（10.45%）、多样孢囊霉目（Diversisporales）（3.68%）和原囊霉目（Archaeosporales）（1.30%）。在科水平，共鉴定出 7 个科：球囊霉科（Glomeraceae）（83.38%）、近明球囊霉科（Claroideoglomeraceae）（0.25%）、巨孢囊霉科（Gigasporaceae）（3.00%）、无梗囊霉科（Acaulosporaceae）（0.68%）、类球囊霉科（Paraglomeraceae）（0.11%）、双型囊霉科（Ambisporaceae）（0.92%）和原囊霉科（Archaeosporaceae）（0.38%）。其余未被注释到的归为“其他”。

表 8-7　油茶根系以及根际土壤 AMF 群落系统分类

目	比例	科	比例
球囊霉目（Glomerales）	83.62%	球囊霉科（Glomeraceae）	83.38%
		近明球囊霉科（Claroideoglomeraceae）	0.25%
类球囊霉目（Paraglomerales）	10.45%	类球囊霉科（Paraglomeraceae）	0.11%
多样孢囊霉目（Diversisporales）	3.68%	无梗囊霉科（Acaulosporaceae）	0.68%
		巨孢囊霉科（Gigasporaceae）	3.00%
原囊霉目（Archaeosporales）	1.30%	原囊霉科（Archaeosporaceae）	0.38%
		双型囊霉科（Ambisporaceae）	0.92%
其他	0.95%	其他	11.28%

注：“比例”列中的百分数为各目、科在所有样品中所占比例

8.3.15.3　AMF 在属级水平比较分析

将未归类的 AMF 归入“其他”，不同病害等级下油茶根系及根际土壤 AMF 群落由根孢囊霉属（*Rhizophagus*）、球囊霉属（*Glomus*）、双型囊霉属（*Ambispora*）、巨孢囊霉属（*Gigaspora*）和类球囊霉属（*Paraglomus*）5 个属组成。

在油茶根系中，病害等级不同的 5 个样本 HR0、DR1、DR2、DR3 和 DR4 中，分别检测到 4、4、1、1 和 3 个属，病害等级为 0、Ⅰ的油茶根系中 AMF 优势属（丰度＞1%）均为根孢囊霉属（1.35%～11.44%）。与健康油茶相比，Ⅰ、Ⅱ、Ⅲ和Ⅳ级球囊霉属丰度分别降低了 95.9%、98.6%、100%和 97.1%，根孢囊霉属丰度分别降低了 88.2%、100%、100%和 100%（图 8-19A）。

在油茶根际土壤中，病害等级不同的 5 个样本 HS0、DS1、DS2、DS3 和 DS4 中，分别检测到 5、5、4、5 和 4 个属，HS0 的优势属为球囊霉属（1.40%），DS1 的优势属为球囊霉属（12.40%）和巨孢囊霉属（3.65%），DS3 的优势属为球囊霉属（16.05%）和双型囊霉属（3.78%），DS4 的优势属为根孢囊霉属（44.13%）、球囊霉属（3.38%）、双型囊霉属（2.59%）和类球囊霉属（1.14%），发病程度最

严重的油茶根际土壤（DS4）内根孢囊霉属（*Rhizophagus*）明显多于其他病害等级，此外类球囊霉属（*Paraglomus*）只出现在根际土壤中（图 8-19B）。

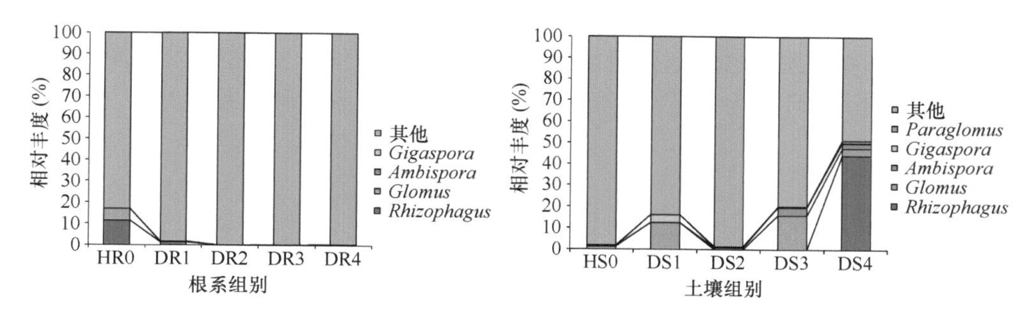

图 8-19　不同病害等级油茶根系（A）以及根际土壤（B）AMF 在属水平上聚类树柱状图

8.3.16　不同病害等级油茶根系以及根际土壤 AMF 群落 PCA

油茶根系和根际土壤主成分分析结果表明，PC1 和 PC2 的累计贡献率可达 96.89%。PCA 结果显示，不同病害等级的根系和根际土壤中 AMF 组成存在着一定的差异，油茶植株根系及根际土壤中患病样品（DR1、DR2、DR3、DR4、DS1、DS2、DS3 和 DS4）间距离较近，AMF 组成较为相似。而油茶根系及根际土壤中健康样本（HR0、HS0）间距离较远，与患病样本 AMF 的组成也存在较大差异，说明病害等级为 0 级时 AMF 的结构与病害等级为Ⅰ、Ⅱ、Ⅲ和Ⅳ的差异较大，患病能改变油茶根际 AMF 结构，使 AMF 的结构趋于相似（图 8-20）。

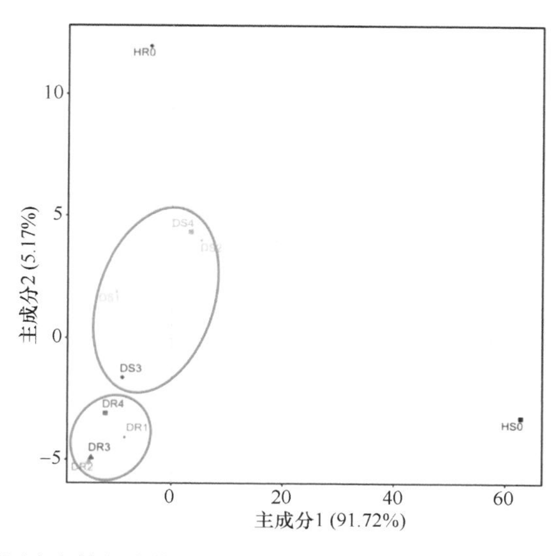

图 8-20　不同病害等级油茶根系和根际土壤中 AMF 组成的主成分分析（PCA）

8.3.17 AMF 群落组成与土壤因子 RDA

RDA 表明，土壤理化因子对 AMF 群落变异的解释量达到 96.89%。第一排序轴解释群落变化的 60.34%，而第二排序轴解释群落变化的 36.55%，对 AMF 群落影响从大到小的环境因子是：有机质＞pH＞速效钾＞有效磷（图 8-21）。

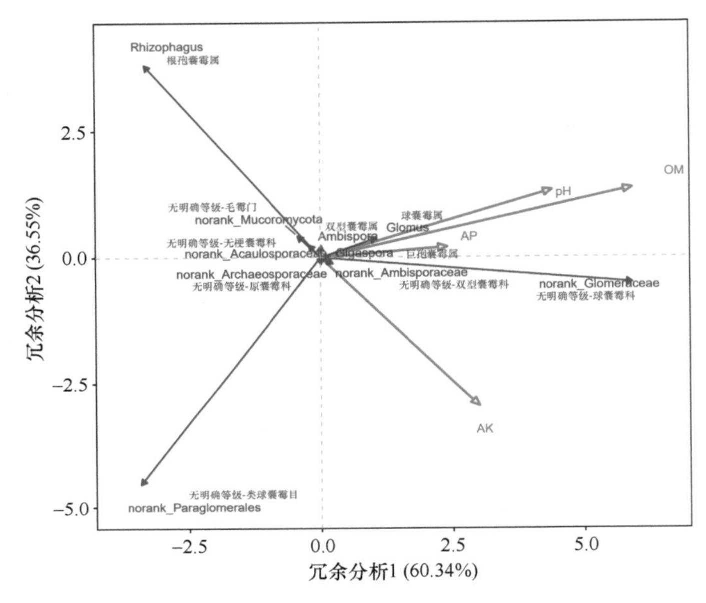

图 8-21　油茶不同病害等级根际土壤 AMF 属水平群落组成及土壤理化因子的 RDA

AMF 和环境因子相关性分析表明，有机质含量与 ACE 指数呈显著负相关，与 AMF 定植率和孢子密度呈极显著负相关；全氮含量与 AMF 定植率呈显著负相关，与孢子密度呈极显著负相关；孢子密度与全钾含量呈极显著正相关，与硝态氮含量呈显著负相关，其余土壤理化性质与 ACE 指数、AMF 定植率和孢子密度无显著相关性。所有土壤理化性质与 Shannon-Wiener 多样性指数和 Chao 指数均无显著相关性（表 8-8）。

表 8-8　AMF 物种多样性和环境因子相关性分析

	ACE 指数	Shannon-Wiener 多样性指数	Chao 指数	AMF 定植率	孢子密度
pH	−0.592	−0.061	−0.455	−0.637	−0.810
有机质（g/kg）	−0.926*	−0.191	−0.872	−0.984**	−0.973**
速效磷（mg/kg）	−0.177	−0.185	−0.082	−0.318	−0.340
速效钾（mg/kg）	−0.233	0.597	−0.129	−0.262	−0.583
全氮（g/kg）	−0.854	−0.080	−0.771	−0.931*	−0.988**

续表

	ACE 指数	Shannon-Wiener 多样性指数	Chao 指数	AMF 定植率	孢子密度
全磷（g/kg）	−0.726	−0.369	−0.626	−0.762	−0.789
全钾（g/kg）	0.717	−0.114	0.602	0.793	0.960**
硝态氮（mg/kg）	−0.630	0.330	−0.561	−0.800	−0.904*
氨态氮（mg/kg）	−0.355	−0.866	−0.467	−0.141	0.176

注：*、**分别表示在 $p<0.05$ 和 $p<0.01$ 水平显著相关

8.4　小结与讨论

8.4.1　小结

染根腐病油茶根系及根际土壤内的真菌群落多样性（Shannon-Wiener 多样性指数）降低，随着病害等级的增加，根系中真菌总 OTU、特有 OTU 和丰富度（Chao1）呈先增加后减少的趋势；根际土壤中染病油茶真菌群落的均匀度和丰富度上升。门水平上，子囊菌门（Ascomycota）和担子菌门（Basidiomycota）为根系及根际土壤中共同的优势菌门，球囊菌门（Glomeromycota）和被孢囊门（Mortierellomycota）在根系中丰度表现为逐级递减的趋势，即 HR0＞DR1＞DR2＞DR3＞DR4。属水平上，患病后，油茶根系内树状孢属（*Dendrosporium*）、暗双孢属（*Cordana*）、*Matsushimamyces*、无柄盘菌属（*Pezicula*）和黑盘孢属（*Melanconium*）的丰度明显上升。油茶林下土壤真菌群落结构的主要影响因子为速效钾、有机质、pH、速效磷，真菌群落与环境因子联合分析结果表明，部分有益菌和磷呈正相关关系，部分病原菌和钾呈负相关关系。患病会使油茶根际真菌的多样性减少，根系内部分有益真菌丰度减少，植物病原菌和腐生菌增加，FUNGuild 功能分析表明，丛枝菌根真菌的定植在调节油茶病健关系中发挥着重要的作用。

油茶根腐病发生后根际土壤及根系中细菌群落多样性发生变化，细菌的群落丰富度和均匀度在根际土壤和根系中均上升，且根际土壤内细菌群落的多样性大于根系内的。感病后细菌群落结构发生变化，其中链形植物属、慢生根瘤菌属、新鞘氨醇杆菌属、假单胞菌属等有益菌属可能是防治油茶根腐病的重要菌属。土壤理化因子 OM 含量、TN 含量与病害等级呈正相关关系，TK 含量与病害等级呈负相关关系。样本比较分析表明，发病情况较轻（0、Ⅰ、Ⅱ）与发病情况较重（Ⅲ、Ⅳ）的油茶细菌差异较大。细菌以代谢功能为核心，患病导致油茶根系内碳水化合物代谢和氨基酸代谢功能丰度提高，根际土壤内碳水化合物代谢、能量代谢功能丰度下降。根际土壤和根系内细菌的群落丰富度、均匀度上升，以及结构改变导致微生物群落功能失调可能是造成油茶根腐病的原因之一。

从不同病害等级的油茶根系和根际土壤来看，根系中 AMF 多样性和丰富度指数低于根际土壤。随着病害程度的加重，AMF 的定植率与孢子密度下降，即油茶病害的严重程度与定植率以及孢子密度呈负相关关系。根系内，随着油茶病害程度的加重，AMF 的群落结构发生改变，丰富度以及多样性下降；根际土壤内，随着油茶病害程度的加重，AMF 的群落结构发生改变，丰富度下降，但多样性变化不明显。土壤理化性质影响 AMF 定植与孢子密度，但不影响 AMF 的多样性。

8.4.2 讨论

真菌是土壤生态系统的重要组成部分，是凋落物降解、养分周转循环等多种生态系统过程或功能的核心介导及驱动者。本研究结果表明，在油茶根系内真菌总 OTU 数、特有的 OTU 数以及丰富度指数（Chao1）随病害等级的上升呈先增加后减少的变化趋势，推测是由于油茶根部防御机制被破坏，原有内生菌的结构比例失衡，使得其他的病原及腐生微生物更容易侵入，导致根系中的微生物种类逐渐增多，当根腐病严重程度达到Ⅱ级时最多，根系腐烂严重程度继续加重后，腐生微生物成为优势类群，此消彼长，部分微生物类群消失，导致种类逐渐减少，因而呈现出先增加后减少的趋势。另外，健康油茶根系内真菌的多样性指数（Shannon-Wiener 多样性指数）最高，患病后不同病害等级油茶根系内真菌多样性发生了不同程度的下降，这与戴瑞卿等（2022）的研究结果一致。根际土壤中，多样性指数（Shannon-Wiener 多样性指数）随发病程度的加重呈逐级递减的趋势，这说明病害越严重，根际土壤内真菌的多样性就越低，这与李婷婷等（2022）的研究结果一致，病原菌的入侵能够降低土壤微生物的多样性，可能是因为患根腐病油茶根际土壤中病原菌丰度的增加，占据了更多的生态位，抑制了其他真菌的生存，导致真菌多样性降低；同时，土壤内患病油茶真菌群落的丰富度指数（Chao1）和均匀度指数（ACE 指数）较健康油茶不同程度上升，可能是因为患病后油茶防御能力降低，吸引了更多外界环境中的真菌侵入植株。

罗鑫等（2022）在贵州 7 个地区油茶土壤样品中共获得 634 个 OTU，隶属于 9 门 32 纲 73 目 141 科 213 属，优势门为担子菌门和子囊菌门，这与本研究的结果一致。本次研究发现德宏油茶根区内有丰富的真菌类群，包括了子囊菌门大量的腐生真菌，油茶患病后根系内和根际土壤中子囊菌门丰度增加。担子菌门在健康油茶根系及根际土壤中丰度最高，该类群可与植物共生形成菌根，有利于植物生长发育（Miguel et al.，2020）。本研究还发现，油茶根系内的球囊菌门和被孢霉门丰度与病害呈现负相关性，球囊菌门包含了许多丛枝菌根真菌，AM 真菌能够与植物根系形成互惠共生体，可提高植物的抗逆性（Nadimi et al.，2012）。被孢霉门是很多植物的内生菌，可帮助植物抵御病原的侵染，能够促进植物生长（宁琪等，2022)，它们的定植在一定程度上能够减轻油茶根腐病的发生。

在油茶根系内，油茶患根腐病后，树状孢属、暗双孢属、无柄盘菌属和黑孢盘菌属的丰度明显上升，成为不同病害等级下的优势菌群。有关研究发现，香蕉暗双孢菌（*Cordana musae*）会引起香蕉叶斑病的发生（林善海等，2011)，该类群在本研究中发病严重的油茶根系内丰度明显增高，但其是否对油茶产生致病性，还需进一步研究。黑盘孢属会引起胡桃科和桦木科等植物的枝枯病，甚至导致植株死亡（杜卓，2018)，本研究发现在根腐病严重的油茶根系中有大量该类群的存在，对于其是否为根腐病的病原菌还需进一步研究。在根际土壤中，患病油茶被孢霉属和枝鼻菌属丰度升高，被孢霉属是一种分解纤维素能力极强的属，能够很好地抵抗根腐病，而枝鼻菌属也是一类有益真菌，可改善关键的土壤理化因子（乔沙沙等，2017；乔策策，2019)。根际土壤中这类有益菌群的丰度在患病后升高，可能是因为油茶在受到病原菌侵染后，根系产生分泌物，招募有益菌群。同时研究发现，赤霉属（*Gibberella*）在根系及根际土壤样品中均有分布，赤霉属为镰刀菌属（*Fusarium*）的有性阶段，它是油茶根腐病的主要病原，该类群的丰度与病害等级无明显变化规律，这可能是因为赤霉属内的病原真菌，并非都是致病的病原菌，因此丰度的变化不一定与病害等级相关。

通过组间 β 多样性分析发现，根系样本和土壤样本中真菌群落存在差异，而根系真菌主要来源于土壤（Bai et al.，2022)，这说明了根系招募土壤真菌是具有选择性的，与根系分泌物或者生长发育过程相关，且健康油茶根系内真菌群落组成明显区别于其他几组患病的，说明患病会改变根系内真菌群落的结构，另外研究还发现，无论是根系内还是根际土壤内，相邻病害等级间的真菌群落都有相似性，这说明真菌群落的变化都存在一个逐渐过渡的过程。

油茶喜好酸性土壤，本次研究所测土壤酸碱度（pH）范围为 4.5～4.9，属于酸性土壤。植物病害发生与土壤理化特性具有密切的关系。本研究发现，有机质（OM）和全氮（TN）随着病害等级的上升而逐级升高，研究发现土壤理化因子中，有机质含量高会加剧烟株青枯病的发生（陈海念，2020)。全钾（TK）含量随着油茶病害等级的上升而逐级递减，土壤中的钾可以诱导植物根系分泌相关物质来抑制病原菌的生长，从而减轻植物的病害发生（方宇等，2022)。由此表明，针对德宏州梁河县的油茶基地，需要多施钾肥和磷肥，少施氮肥，可提高部分有益菌的丰度，降低病原菌的丰度，从而减轻油茶根腐病的发生。

FUNGuild 功能预测结果显示，油茶种植基地土壤真菌功能类群中腐生营养型真菌比例最大，其次为病理-腐生营养真菌，共生营养型真菌再次之，与患病油茶相比，健康油茶中共生营养型真菌占比最高。共生型营养真菌与病原菌之间存在拮抗关系，能够抑制病原的生长，从而保护寄主，减轻病原菌侵染带来的危害(Frew et al.，2018)。从功能分组上可以看出，健康油茶根系及根际土壤中丛枝菌根功能群的丰度比患病油茶的高，说明油茶根区有丰富的丛枝菌根真菌，丛枝菌根真菌通常与植物根系建立菌根共生体，减少植物病害的发生，进而促进植物生长。从Ⅱ级病害以后的油茶根系内植物病原功能群开始成为优势功能群，说明从这一阶段开始，有大量的病原菌对油茶根系进行了侵染，导致油茶病害发生加重。

油茶受到根腐病病原菌侵染后，根际土壤及根系内细菌群落结构与多样性会发生变化，相较于健康的油茶，根际土壤和根系内的细菌 OTU 数，在染病等级Ⅰ、Ⅱ、Ⅲ和Ⅳ下，均有不同程度的上升，这说明患病会导致油茶根际土壤和根内细菌 OTU 种类增加。α 多样性结果表明，感根腐病后的油茶植株（Ⅰ、Ⅱ、Ⅲ和Ⅳ级）根际土壤和根系内细菌有更高的群落丰富度和均匀度，根际土壤内的细菌有更高的多样性。一方面，这可能是因为根系分泌物中存在许多可以抑制土传病害发生的抗菌物质（李石力，2017），根腐病发生后，患病油茶根系的分泌物减少，由于分泌物的减少，调控功能减弱，部分微生物大量增殖，从而导致根际土壤和根系内细菌群落的多样性及丰富度升高；另一方面，由于根腐病病菌侵染了油茶根系，损坏了发病部位的组织，根系表面的防御体系被破坏，导致油茶内的营养物质直接与环境相接触，丰富的营养物质加快了其他细菌在根系内的定植。从总体上看，根际土壤样品细菌的种群丰富度和多样性指数均大于根系样品，这与吴玲玲等（2022）的研究报道一致。这可能是因为植物根系对细菌的招募具有选择性，因而土壤环境中的细菌多样性和丰富度总是大于根系内的。

细菌群落结构组成分析表明，变形菌门、酸杆菌门、放线菌门、绿弯菌门为不同病害等级下油茶根际土壤的优势菌门。相较于 0 级的健康油茶，其余 4 个病害等级下根际土壤变形菌门相对丰度增加，酸杆菌门相对丰度减少，放线菌门相对丰度增加，疣微菌门相对丰度减少，拟杆菌门相对丰度增加。其中，变形菌门是最为普遍的细菌种类，同时也包含大量的植物病原菌，疣微菌门在油茶的氮循环中起固氮和反硝化作用，它是一种寡营养型细菌，拟杆菌门相对丰度的升高会导致土壤环境抵抗力下降，增加植物病害发生，同时它还会引起土壤烃类污染（唐炜等，2021；戴瑞卿等，2022）。患根腐病后的油茶根际土壤中变形菌门、放线菌门和拟杆菌门丰度增加，疣微菌门丰度减少，表明患根腐病的油茶根际土壤的健康状况变差。染病油茶根系变形菌门相对丰度逐级递增，酸杆菌门相对丰度增加，放线菌门相对丰度减少，拟杆菌门相对丰度增加；放线菌具有提高矿物质和土壤养分的利用率，促进代谢产物的产生和植物生长调节等作用（Bhatti et al.，2017）。此外，蓝细菌门为根瘤菌的三大菌门之一，广泛分布于各地、种类丰富，能与绝大多数植物共生，提高寄主植物根系的固氮能力，而本研究发现，0、Ⅰ级油茶根系内的蓝细菌门丰度明显高于其他 3 个病害等级下的，即患根腐病后的油茶根内变形菌门、拟杆菌门丰度增加，放线菌门、蓝细菌门丰度减少，表明油茶根内有益菌数量会由于根腐病菌侵染而下降，同时有害菌群数量增加。土壤中存在许多有益细菌，例如，慢生根瘤菌属能与植物互利共生，通过生物固氮为植物提供养分，新鞘氨醇杆菌属能够降解多环芳烃等有机物，芽孢杆菌属具有防治植物病虫害、促进植物生长的作用，还能提高土壤有机质、氮、磷和钾等养分的含量，假单胞菌被广泛用于植物土传病害的生物防治，具有改善植物营养、降解有毒物质、改善植物微环境和诱导系统抗性等特性，鞘氨醇单胞菌属能够产生 *N*-酰基-高丝氨酸内酯（AHLs）细菌信号分子，调控植物抗病反应（赖宝春等，2019；吕娜娜等，2019；卢春艳等，2021；魏志敏等，2021）。本研究中，根际土壤中慢生根瘤菌属、芽单胞菌属、鞘氨醇单胞菌属，根系中假单胞菌属，相较于 0 级健康油茶，其他 4 个病害等级下丰度均有不同程度的升高，说明土壤中有益菌的数量与油茶生长密切相关。Trivedi 等（2020）通过研究发现植物对微生物不同的适应性会让其选择性招募有益细菌和去除病原菌，油茶在受到病原菌侵染后，可能通过招募有益菌来抑制病害发展。

土壤理化性质是衡量土壤肥力高低的重要指标，植物的微生物多样性和植物的生长与土壤的理化性质间有紧密的联系。土壤氨态氮与拟杆菌门、变形菌门呈极强正相关性，与酸杆菌门呈极强负相关性，说明增施氮肥会增加部分致病菌群的丰度，降低有益菌群的丰度，土壤速效钾与酸杆菌门呈极强正相关性，与拟杆菌门、变形菌门呈极强负相关性，说明增施钾肥可提高部分有益菌群的丰度，降低部分致病菌的丰度。土壤微生物群落是土壤生态功能的基础，可以调节和指示土壤功能基因的变化。本研究选取丰度在前 20 的预测功能基因进行分析，表现出功能上的丰富性，同时代谢功能占比最大，说明代谢在油茶生长过程中起着极其重要的作用。有研究发现，土壤细菌通过代谢活动来参与土壤物质循环与转化，进而促进植物生长和增加作物产量，例如，链霉菌和芽孢杆菌等能够通过代谢过程产生类抗生素物质、抑制蛋白等，抑制植物病原菌及促进植物生长（汪钱龙等，2015）。油茶生长过程中相关代谢途径主要包括碳水化合物代谢、氨基酸代谢、能量代谢，0 级健康油茶根际土壤的新陈代谢功能高于其他病害等级下的油茶，这可能与健康油茶能为根际细菌提供更多的能量有关。本研究中碳水化合物代谢、氨基酸代谢和能量代谢这些与代谢相关的二级功能占比较高，碳水化合物代谢与土壤中氮固定和磷溶解有关。氨基酸代谢主要通过脱氨作用、联合脱氨或脱羧作用分解成 α-酮酸、胺类及二氧化碳，与植物氮素的循环相关，染病油茶根系内细菌的碳水化合物代谢和氨基酸代谢在根系内增加，碳水化合物代谢在根际土壤内降低，可能是感病植物体内氮、磷循环的增加促进了植株碳水化合物的代谢（刘坤和等，2022）。本研究目前仅对 5 个病害等级下油茶根系及根际土壤细菌的群落组成多样性和差异性进行了探索，对微生物群落之间的潜在功能处于预测阶段，具体的功能有待验证，下一步将在实验室条件下纯培养获得优势菌群，验证其与油茶根腐病之间的联系，筛选正/负相关的菌群验证其功能，以期明确细菌群落在油茶根腐病的发生中起到的调控作用，为生防菌的筛选提供理论依据。

AMF 是陆地生态系统中重要的土壤微生物之一，它通常与植物根系建立菌根共生体，从而促进植物生长，提高植物对生物和非生物胁迫如病虫害的抗性。由于 AMF 缺乏明显的物种特征，在显微镜下很难区分和鉴定，这给 AMF 多样性研究带来了一定的局限性。同时，传统分离方法分离 AMF 孢子的效率低，不能在短时间内获得全面、大量的孢子信息。而 Illumina 高通量测序具有高通量和高精度的优点，可以克服这些方法的局限性，扩大对油茶 AMF 类群的了解。油茶是能与 AMF 建立共生关系的作物之一，对油茶根际土壤中 AMF 群落的研究已有开展，先前的研究表明在油茶根际土壤内存在着丰富的 AMF 资源，如邓小军等（2011）采用湿筛倾析-蔗糖离心法在湖南省油茶林样地共分离到 3 属 8 种 AMF。林宇岚等（2020）采用 Illumina Miseq 高通量测序技术在江西省的 5 个品种油茶中获得 4 目 10 科 12 属的 AMF。本研究利用 Illumina 高通量测序技术，在健康和患病的油茶根系中共检测到 203 个 AMF-OTU，属于 4 目 7 科。

AMF 分布受到根际土壤和环境的影响，本研究发现，无论是健康植株还是患病植株，根际土 AMF 多样性和丰富度指数普遍高于根系。本研究发现随着病害等级的上升，AMF 的定植率和孢子密度显著下降，即油茶发病的情况越严重，AMF 的定植率和孢子密度越低，裴妍等（2022）也同样证实了健康烟株 AMF 的定植率和孢子密度显著大于患黑胫病的烟株。本研究发现，在油茶根系中，相对健康的油茶植株（HR0 和 DR1）的 AMF 总 OTU 数和特有 OTU 数大于患病较为严重的植株（DR2、DR3 和 DR4），表明感染根腐病会降低油茶根系内 AMF 的 OTU 数。较为健康（HR0 和 DR1）的油茶，根系内 AMF 的 ACE 指数、Chao 指数更高；Shannon-Wiener 多样性指数与病害等级呈显著负相关，即感病会降低油茶根系 AMF 的多样性，宋放等（2019）的研究也证实了黄龙病的存在可以改变柑橘根中 AMF 的物种组成和相对丰度。油茶根际土壤中，随着病害程度的加重，AMF 类群的 OTU 数呈现出逐级递减的趋势，且健康的油茶土壤内 AMF 的 ACE 指数、Chao 指数最高，即感染根腐病后根际土壤中 AMF 的丰富度会降低，但 Shannon-Wiener 多样性指数与发病程度的关系不明显，即患病对油茶土壤内 AMF 的多样性影响较弱。吕燕等（2021）研究发现，枸杞根区土壤 AMF 多样性不受根腐病菌影响，AMF 多样性变化不明显，这与本研究结果一致。由此推测，根腐病病原菌和 AMF 在油茶根内存在明显的竞争作用，一方面，AMF 菌丝能通过迅速占据相应生态位点，来减少病原菌的侵占位点并降低其数量，一定程度上抑制病原菌对植物根系的侵染（侯劭炜等，2018）；另一方面，病原菌和 AMF 的生长都依赖寄主植物提供营养，两者间还存在直接的营养竞争关系（邢颖等，2015）。

AMF 孢子可以在没有寄主的情况下萌发和生长，但它们的菌丝生长非常有限，必须依赖宿主植物才能完成其生活史，AMF 的定植也提高了寄主植物的抗性。

本研究发现，根系中，油茶患根腐病后，球囊霉属（*Glomus*）和根孢囊霉属（*Rhizophagus*）的丰度降低，既往研究表明，接种根内球囊霉（*G. intraradices*）和摩西球囊霉（*G. mosseae*）的植物对病原菌抗性明显增强，但这两类 AMF 类群能否提高油茶对根腐病的抗性还需进一步研究。根系招募土壤真菌是具有选择性的（郭璞等，2022），本研究发现，在健康油茶根系内丰度最高的根孢囊霉属，在病害等级最严重的根际土壤中丰度最高，由此推测，油茶可能在受到病原菌侵染后会向环境中分泌相关物质，招募有益菌。另外，类球囊霉属（*Paraglomus*）只在根际土壤中出现，这可能是因为 AMF 对寄主植物的侵染有一定的偏好性。PCA 结果表明，患病会导致 AMF 的群落发生改变，根系及根际土壤中的 AMF 群落组成在受到病原菌侵染后，结构趋于相似，发病后的油茶 AMF 群落与健康油茶存在较大差异。

本研究表明，土壤有机质与 AMF 的 ACE 指数、AMF 定植率、孢子密度呈显著负相关，盛敏（2008）研究发现，AMF 种的丰度和多样性指数随有机质的增加而降低，但刘敏等（2016）研究发现，土壤有机质与孢子密度呈正相关，这可能是土壤有机质含量对 AMF 分布的影响存在一个阈值，当土壤有机质含量太高时，肥力过剩，会抑制菌根和 AMF 生长，导致 AMF 丰度下降（刘润进和陈应龙，2007）。研究还发现，土壤全氮含量与 AMF 定植率和孢子密度呈显著负相关性，低浓度的氮会促进 AMF 生长（Hodge & Fitter，2010）。此外，有研究表明钾元素与 AMF 定植呈正相关，也有研究发现根系全钾含量与 AMF 群落的多样性和丰富度呈显著正相关（王化秋等，2021），本研究发现全钾与孢子密度呈极强正相关，这可能因为 AMF 的外生菌丝可以延伸到钾的亏缺区，吸收利用空间上对植物根系无效的那部分钾元素，使得孢子密度增加。在土壤中，有效养分是植物可以直接吸收和利用的养分形式，与 AMF 密切相关。本研究发现硝态氮与孢子密度呈显著负相关。裴妍等（2022）研究发现，速效氮与根系 AMF 多样性指数间呈负相关，均证实了土壤速效养分与 AMF 的负相关性。尽管速效磷通常是调控 AMF 定植植物的主要因素，但是本研究中并没有发现速效磷与 AMF 的相关性，推测在一定范围内土壤磷含量的增加将会促进 AMF 的定植及生长发育（杨春雪等，2017），当其超过或低于一定范围时，则不利于 AMF 的生长发育，AMF 的定植率和多样性就会减小。

第 9 章　油茶炭疽病的综合防控措施

当下对于油茶炭疽病的防治主要是使用化学杀菌剂，但过多使用化学杀菌剂，不仅会影响茶油的品质，还会破坏生态环境、危害人类的身体健康。因此，寻求新型环保的生物农药，生产绿色健康的茶油，是目前急需解决的问题。植物是生物活性化合物的天然宝库，植物中的萜烯类、黄酮类、多酚类、生物碱等次生代谢物都具有杀虫或抗菌活性，植物源农药有效成分为天然活性物质，具有见效快、易降解、有害生物不易产生抗药性、对非靶标生物安全、对环境友好等优势，因此备受关注。

1975 年，我国制定并实施了“预防为主，综合防治”的植保工作方针。相比于过去使用单一化学药剂防控油茶炭疽病，结合多种防治措施对油茶炭疽病进行综合防控可降低化学药剂的使用比例，减少农作物上的农药残留，能发挥出一加一大于二的防控效果。

本研究收集了 49 种植物，并探究了植物中 68 种提取物对油茶炭疽菌的抑制作用，同时，对云南德宏州栽植油茶开展田间防治试验，探究化学药剂、微生物菌剂和营林防治措施对油茶炭疽病的田间综合防治效果，以及不同防治措施下油茶叶片生理生化指标的响应，为今后油茶炭疽病的综合防控提供新的思路和理论依据。

9.1　试验材料与仪器

9.1.1　供试材料

供试植物：供试植物材料共 49 种，分别采自云南、辽宁和广西，由西南林业大学林学院胡世俊副教授进行鉴定，详情见表 9-1。

供试菌株：油茶果生炭疽菌（*Colletotrichum fructicola*）为前面章节中分离获得。

表 9-1　供试植物名录

科	植物名称	拉丁学名	提取部位	采集地点
菊科 Asteraceae	牛尾蒿	*Artemisia dubia*	全草	云南昆明
菊科 Asteraceae	千里光	*Senecio scandens*	全草	云南昆明

续表

科	植物名称	拉丁学名	提取部位	采集地点
菊科 Asteraceae	鱼眼草	*Dichrocephala auriculata*	全草	云南昆明
菊科 Asteraceae	角蒿	*Incarvillea sinensis*	地上部分	辽宁朝阳
菊科 Asteraceae	黑蒿	*Artemisia palustris*	地上部分	辽宁朝阳
菊科 Asteraceae	茵陈蒿	*Artemisia capillaris*	地上部分	辽宁朝阳
菊科 Asteraceae	小花鬼针草	*Bidens parviflora*	地上部分	辽宁朝阳
菊科 Asteraceae	全叶马兰	*Kalimeris integrifolia*	地上部分	辽宁朝阳
菊科 Asteraceae	革命菜	*Crassocephalum crepidioides*	全草	广西宾阳
菊科 Asteraceae	藿香蓟	*Ageratum conyzoides*	全草	广西宾阳
菊科 Asteraceae	银胶菊	*Parthenium hysterophorus*	全草	广西宾阳
菊科 Asteraceae	香丝草	*Conyza bonariensis*	全草	广西宾阳
菊科 Asteraceae	金腰箭	*Synedrella nodiflora*	全草	广西宾阳
菊科 Asteraceae	艾蒿	*Artemisia argyi*	全草	辽宁朝阳
菊科 Asteraceae	臭灵丹	*Laggera pterodonta*	全草	云南昆明
菊科 Asteraceae	钻叶紫菀	*Aster subulatus*	全草	云南昆明
菊科 Asteraceae	野茼蒿	*Crassocephalum crepidioides*	全草	云南昆明
菊科 Asteraceae	微甘菊	*Mikania micrantha*	地上部分	云南德宏
菊科 Asteraceae	青蒿	*Artemisia carvifolia*	地上部分	辽宁朝阳
菊科 Asteraceae	天名精	*Carpesium abrotanoides*	地上部分	云南昆明
菊科 Asteraceae	飞机草	*Eupatorium odoratum*	地上部分	云南红河
菊科 Asteraceae	紫茎泽兰	*Ageratina adenophora*	地上部分	云南昆明
唇形科 Labiatae	细叶山紫苏	*Amethystea caerulea*	全草	辽宁朝阳
唇形科 Labiatae	风轮草	*Clinopodium chinense*	全草	云南昆明
唇形科 Labiatae	椴叶鼠尾草	*Salvia tiliifolia*	全草	云南昆明
唇形科 Labiatae	益母草	*Leonurus artemisia*	全草	云南昆明
马鞭草科 Verbenaceae	山薄荷	*Dracocephalum moldavica*	全草	辽宁朝阳
马鞭草科 Verbenaceae	马鞭草	*Verbena officinalis*	全草	云南昆明
锦葵科 Malvaceae	拔毒散	*Sida szechuensis*	地上部分	云南昆明
旋花科 Convolvulaceae	篱天剑	*Calystegia sepium*	全草	云南昆明
苋科 Amaranthaceae	土牛膝	*Achyranthes aspera*	全草	云南昆明
藜科 Chenopodiaceae	土荆芥	*Chenopodium ambrosioides*	全草	云南昆明
葫芦科 Cucurbitaceae	钮子瓜	*Zehneria maysorensis*	全草	云南昆明
红豆杉科 Taxaceae	红豆杉	*Taxus chinensis*	枝叶	云南昆明
蓼科 Polygonaceae	萹蓄	*Polygonum aviculare*	全草	云南昆明
大戟科 Euphorbiaceae	蓖麻	*Ricinus communis*	地上部分	云南昆明
楝科 Meliaceae	苦楝	*Melia azedarach*	果实	云南昆明
柳叶菜科 Onagraceae	红花月见草	*Oenothera rosea*	地上部分	云南昆明

续表

科	植物名称	拉丁学名	提取部位	采集地点
酢浆草科 Oxalidaceae	黄花酢浆草	*Oxalis pes-caprae*	全草	云南昆明
荨麻科 Urticaceae	荨麻	*Urtica fissa*	全草	云南昆明
苦木科 Simaroubaceae	臭椿	*Ailanthus altissima*	枝叶	辽宁朝阳
紫草科 Boraginaceae	倒提壶	*Cynoglossum amabile*	全草	云南昆明
蓝果树科 Nyssaceae	喜树	*Camptotheca acuminata*	枝叶	云南昆明
山茱萸科 Cornaceae	灯台树	*Bothrocaryum controversum*	枝叶	云南昆明
茄科 Solanaceae	珊瑚樱	*Solanum pseudocapsicum*	全草	云南昆明
龙胆科 Gentianaceae	紫红獐牙菜	*Swertia punicea*	全草	云南昆明
毛茛科 Ranunculaceae	女萎	*Clematis apiifolia*	地上部分	云南昆明
牻牛儿苗科 Geraniaceae	老鹳草	*Geranium wilfordii*	全草	云南昆明
夹竹桃科 Apocynaceae	络石	*Trachelospermum jasminoides*	枝叶	云南昆明

9.1.2 供试试剂

供试试剂包括氟环咪鲜胺、氟菌•戊唑醇、哈茨木霉、枯草芽孢杆菌和史丹利复合肥，详情见表 9-2。本章中其余供试试剂与前面章节相同。

表 9-2 供试试剂名录

供试试剂	有效成分含量	剂型	生产商	单次用量
氟环咪鲜胺	30%	微乳剂	中国农科院植保所廊坊农药中试厂	1000 倍稀释
氟菌•戊唑醇	35%	悬浮剂	拜耳（中国）有限公司	2000 倍稀释
枯草芽孢杆菌	100 亿芽孢/g	可湿性粉剂	天津市汉邦植物保护剂有限责任公司	500 倍稀释
哈茨木霉	10 亿活菌/g	水溶性粉剂	广西农保生物工程有限公司	300 倍稀释
史丹利复合肥	N-P_2O_5-K_2O：15-15-15	颗粒	史丹利农业集团股份有限公司	750 g/株，环状施肥

9.1.3 试验地概况

本研究进行田间防治的试验田位于云南省德宏州平山村油茶基地（98°46′08″E，24°84′94″N），海拔 1524 m，坡度 25°，红壤，主栽白花油茶，9 年生，少量种植红花油茶，种植面积 500 余亩，采取近自然的方式经营管理。

9.2 试验方法

9.2.1 植物提取物的制备

植物材料风干粉碎后称取 200 g 粗粉，甲醇超声提取 3 次，每次 30 min，合并 3 次提取液，用旋转蒸发仪浓缩回收溶剂，得到甲醇提取物，水溶解后依次用石油醚、乙酸乙酯萃取得相应溶剂的提取物浓缩至干，备用。精确称取一定量的提取物，用二甲基亚砜（DMSO）溶解后配成 100 mg/mL 母液，置于 4℃冰箱备用。

9.2.2 抑菌活性测定

将纯化培养后的油茶炭疽菌制成菌丝块备用。采用带毒平板法测定不同植物提取物对油茶炭疽菌的抑菌活性，方法如下：将 100 mg/mL 母液采用巴氏消毒法灭菌备用，PDA 培养基高压灭菌，冷却至 50℃后在无菌条件下将母液加入培养基中充分混匀，使提取物最终浓度为 1 mg/mL，空白对照为含等量 DMSO 的 PDA 培养基，阳性对照为多菌灵。培养基凝固后，每皿中央接入一个炭疽菌菌丝块，每个处理设 3 个生物学重复，接种完成后倒置放于 28℃恒温培养箱中培养，每天采用十字交叉法测量菌落直径，直至对照组长满平板，按照下列公式计算抑菌率，利用 Excel 和 SPSS 19.0 对数据进行方差分析。

$$\text{菌落纯生长量}=\text{菌落平均直径}-5 \tag{9-1}$$

$$\text{抑菌率}=\frac{\text{对照纯生长量}-\text{处理纯生长量}}{\text{对照纯生长量}}\times 100\% \tag{9-2}$$

9.2.3 有效中浓度（EC_{50}）的测定

将臭灵丹石油醚萃取物和益母草乙酸乙酯萃取物设置 0.25 mg/mL、0.5 mg/mL、0.75 mg/mL、1 mg/mL 和 2 mg/mL 五个浓度梯度，阳性对照多菌灵的浓度梯度为 12.5 μg/mL、25 μg/mL、50 μg/mL、100 μg/mL 和 200 μg/mL，按上述方法进行抑菌率测定。将计算出的各浓度抑菌率换算成概率，以浓度对数为 *X* 轴，抑菌率概率值为 *Y* 轴，用 Excel 作图得出毒力方程，求出 EC_{50}。

9.2.4 植物提取物对孢子萌发和菌丝形态的影响

向油茶炭疽菌纯培养物的培养基平板中加入 5 mL 无菌水，用无菌棉签将培养皿表面的菌丝和孢子刮下，用无菌脱脂棉进行过滤，并用无菌水冲洗滤渣 3 次，使滤液体积达到 10 mL，并使用血球计数板调节分生孢子浓度。

将接种于带毒平板的油茶炭疽菌菌丝刮下后，通过光学显微镜观察病菌菌丝的形态，并按上述方法统计炭疽菌分生孢子的数量。

9.2.5 田间防治试验和防效测定

9.2.5.1 田间防治试验

田间试验共设置 6 个处理，每个处理设 3 个重复，每个重复面积 15 m×15 m，处理间隔 20 m，重复间隔 10 m，于每个重复内随机选取 3 株树势相近的油茶收集试验数据，即单个处理样本重复数量为 9。

林地清理于喷药处理前的冬季统一进行，试验共进行两轮处理，每轮处理喷施药剂两次，间隔期 15 d，施肥于每轮第一次处理时进行，每轮第二次喷药后 30 d 收集防效数据，第二轮处理完成后收集叶片生理、生化指标数据。

田间防治试验六个处理分别如下：

（1）林地清理+施肥+30%氟环咪鲜胺微乳剂 1000 倍稀释液；

（2）林地清理+施肥+35%氟菌•戊唑醇悬浮剂 2000 倍稀释液；

（3）林地清理+施肥+100 亿芽孢/g 枯草芽孢杆菌 500 倍稀释液；

（4）林地清理+施肥+10 亿活菌/g 哈茨木霉 300 倍稀释液；

（5）林地清理+施肥+喷清水；

（6）喷清水（CK）。

9.2.5.2 田间防效及叶片生理生化指标测定

油茶炭疽病发病率和病情指数的测定与前面章节相同。

田间防治后叶片生理生化指标包括如下内容：利用乙醇提取法测定叶绿素含量；利用考马斯亮蓝法测定可溶性蛋白含量；蒽酮比色法测定可溶性糖含量；茚三酮比色法测定脯氨酸含量；硫代巴比妥酸法测定丙二醛含量。试验数据用 Excel 2019 整理，使用 SPSS 26 单因素方差分析（one-way ANOVA）中 Ducan 事后检验法分别检验各叶片生理指标（$p \leqslant 0.05$）。

9.3 结果与分析

9.3.1 植物提取物的抑菌活性测定

对植物的甲醇提取物的抑菌活性进行测定，在浓度为 1 mg/mL 时，26 种植物甲醇提取物对油茶炭疽菌均表现出不同程度的抑菌活性（表 9-3）。其中唇形科植物益母草的甲醇提取物对油茶炭疽菌的抑菌率最高，为 44.03%，其次为菊科的藿香蓟，为 40.30%，两种提取物抑菌活性无显著差异。此外茵陈蒿、角蒿、千里光和金腰箭也表现出较好的抑菌活性，抑菌率均在 30%以上，其余植物提取物的抑菌活性相对较低，抑菌率为 2.99%～29.10%。

表 9-3　26 种植物甲醇提取物对油茶炭疽菌的抑菌活性筛选结果

植物	抑菌率（%）	植物	抑菌率（%）
益母草 *L. artemisia*	44.03±0.01^{a}	藿香蓟 *A. conyzoides*	40.30±0.03^{ab}
茵陈蒿 *A. capillaris*	38.81±0.05^{abc}	角蒿 *I. sinensis*	38.06±0.02^{bc}
千里光 *S. scandens*	35.07±0.02^{cd}	金腰箭 *S. nodiflora*	32.09±0.05^{de}
全叶马兰 *K. integrifolia*	29.10±0.03^{def}	小花鬼针草 *B. parviflora*	27.61±0.02^{ef}
络石 *T. jasminoides*	25.37±0.02^{f}	青蒿 *A. carvifolia*	25.37±0.02^{f}
银胶菊 *P. hysterophorus*	23.88±0.04^{fg}	香丝草 *Co. bonariensis*	23.88±0.02^{fg}
细叶山紫苏 *A. caerulea*	23.88±0.03^{fg}	老鹳草 *G. wilfordii*	23.88±0.03^{fg}
山薄荷 *D. moldavica*	18.66±0.02^{gh}	拔毒散 *S. szechuensis*	17.16±0.02^{h}
女萎 *Cle. apiifolia*	16.42±0.02^{hi}	艾蒿 *A. argyi*	16.42±0.02^{hi}
天名精 *Car. abrotanoides*	14.93±0.04^{hij}	椴叶鼠尾草 *S. tiliifolia*	14.43±0.03^{hij}
灯台树 *B. controversum*	14.43±0.03^{hij}	鱼眼草 *D. auriculata*	11.19±0.04^{ij}
黑蒿 *A. palustris*	10.45±0.01^{ij}	紫茎泽兰 *A. adenophora*	9.70±0.02^{jk}
荨麻 *U. fissa*	4.48±0.02^{kl}	革命菜 *Cr. crepidioides*	2.99±0.03^{l}

注：表中数据为 3 次重复的平均值，平均数±标准差，字母不同者表示差异达显著水平（p<0.05），下同

测定了 15 种植物的乙酸乙酯萃取物在浓度为 1 mg/mL 时对油茶炭疽菌的抑菌率。其中，益母草乙酸乙酯萃取物对油茶炭疽菌的抑菌率为 50.75%，显著高于其他提取物，其次为柳叶菜科植物红花月见草的乙酸乙酯萃取物，抑菌率为 37.31%，其余植物的乙酸乙酯萃取物对油茶炭疽菌的抑菌活性相对较低，抑菌率为 5.22%～26.12%（表 9-4）。

表 9-4　15 种植物的乙酸乙酯萃取物对油茶炭疽菌的抑菌活性结果

植物	抑菌率（%）	植物	抑菌率（%）
益母草 *L. artemisia*	50.75±0.01^{a}	红花月见草 *O. rosea*	37.31±0.02^{b}
黄花酢浆草 *O. pes-caprae*	26.12±0.01^{c}	篱天剑 *Cal. sepium*	25.37±0.02^{cd}
微甘菊 *M. micrantha*	25.37±0.03^{c}	喜树 *Cam. acuminata*	24.63±0.02^{c}
飞机草 *E. odoratum*	20.90±0.01^{cd}	拔毒散 *S. szechuensis*	16.42±0.02^{de}
萹蓄 *P. aviculare*	11.19±0.02^{ef}	紫红獐牙菜 *S. punicea*	11.19±0.02^{ef}
臭椿 *A. altissima*	10.45±0.03^{ef}	红豆杉 *T. chinensis*	9.70±0.01^{ef}
风轮草 *Cli. chinense*	8.96±0.03^{f}	土牛膝 *A. aspera*	5.97±0.05^{f}
马鞭草 *V. officinalis*	5.22±0.01^{f}		

测定了 17 种植物的石油醚萃取物在浓度为 1 mg/mL 时对油茶炭疽菌的抑菌率，结果如表 9-5 所示，其中臭灵丹石油醚萃取物对油茶炭疽菌抑菌率为 54.48%，显著高于其他植物，其次为红花月见草的石油醚萃取物，其余 13 种植物也表现出不同程度的抑菌活性。

表 9-5 17 种植物的石油醚萃取物对油茶炭疽菌的抑菌活性结果

植物	抑菌率（%）	植物	抑菌率（%）
臭灵丹 *L. alata*	54.48 ± 0.01^{a}	红花月见草 *O. rosea*	36.57 ± 0.03^{b}
钮子瓜 *Z. maysorensis*	35.07 ± 0.01^{bc}	微甘菊 *M. micrantha*	32.09 ± 0.05^{bc}
篱天剑 *Cal. sepium*	30.60 ± 0.03^{cd}	萹蓄 *P. aviculare*	30.60 ± 0.01^{cd}
千里光 *S. scandens*	26.12 ± 0.01^{de}	野茼蒿 *Cra. crepidioides*	23.13 ± 0.03^{ef}
蓖麻 *R. communis*	23.13 ± 0.03^{ef}	风轮草 *Cli. chinense*	22.39 ± 0.02^{ef}
蓖麻（果）*R. communis*	18.66 ± 0.01^{fg}	珊瑚樱 *S. pseudocapsicum*	17.54 ± 0.03^{gh}
牛尾蒿 *A. dubia*	14.18 ± 0.01^{ghi}	臭椿 *A. altissima*	13.43 ± 0.03^{hi}
臭椿种 *A. altissima*	11.94 ± 0.01^{hi}	苦楝 *M. azedarach*	11.19 ± 0.02^{hi}
马鞭草 *V. officinalis*	9.70 ± 0.01^{i}		

测定了 10 种植物的水萃取物在浓度为 1 mg/mL 时对油茶炭疽菌的抑菌率结果，如表 9-6 所示，其中钻叶紫菀水萃取物的抑菌率最高，为 35.07%，其次为珊瑚樱，抑菌率为 33.58%，二者之间无显著差异，此外风轮草、倒提壶和益母草也表现出一定的抑菌活性，抑菌率为 23.88%～29.85%，其余植物的抑菌活性较低，抑菌率为 8.96%～18.66%。

表 9-6 10 种植物的水萃取物对油茶炭疽菌的抑菌活性结果

植物	抑菌率（%）	植物	抑菌率（%）
钻叶紫菀 *A. subulatus*	35.07 ± 0.02^{a}	珊瑚樱 *S. pseudocapsicum*	33.58 ± 0.02^{ab}
益母草 *L. artemisia*	29.85 ± 0.03^{bc}	倒提壶 *Cy. amabile*	26.87 ± 0.02^{cd}
风轮草 *Cli. chinense*	23.88 ± 0.01^{de}	土牛膝 *A. aspera*	18.66 ± 0.01^{fh}
臭灵丹 *L. alata*	16.42 ± 0.01^{hi}	土荆芥 *Ch. ambrosioides*	11.94 ± 0.02^{ij}
拔毒散 *S. szechuensis*	11.19 ± 0.02^{j}	马鞭草 *V. officinalis*	8.96 ± 0.02^{j}

9.3.2 臭灵丹和益母草提取物对油茶炭疽菌的抑菌浓度梯度筛选

针对抑菌率较高的臭灵丹石油醚萃取物和益母草乙酸乙酯萃取物进一步进行了对油茶炭疽菌抑菌浓度梯度测定，结果表明，随着提取物浓度的增加，抑菌效果越来越明显（图 9-1）。分别在接种炭疽菌的第 3 天、第 5 天、第 7 天和第 9 天测定了 0.25～2 mg/mL 范围内两种提取物的抑菌结果（图 9-2）。

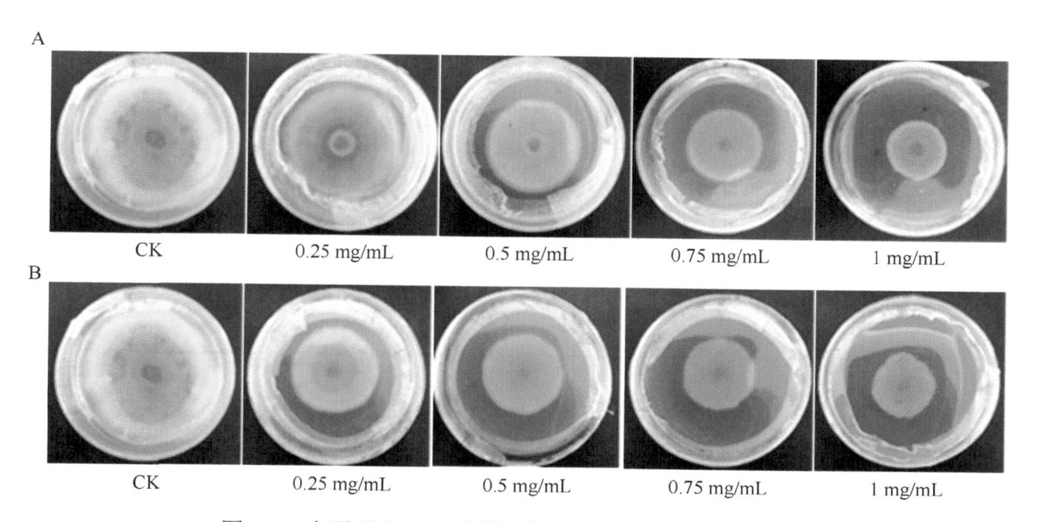

图 9-1　臭灵丹和益母草提取物对油茶炭疽菌的抑菌效果

A：臭灵丹石油醚萃取物；B：益母草乙酸乙酯萃取物；CK：对照处理组（A：仅添加等量石油醚；B：仅添加等量乙酸乙酯）

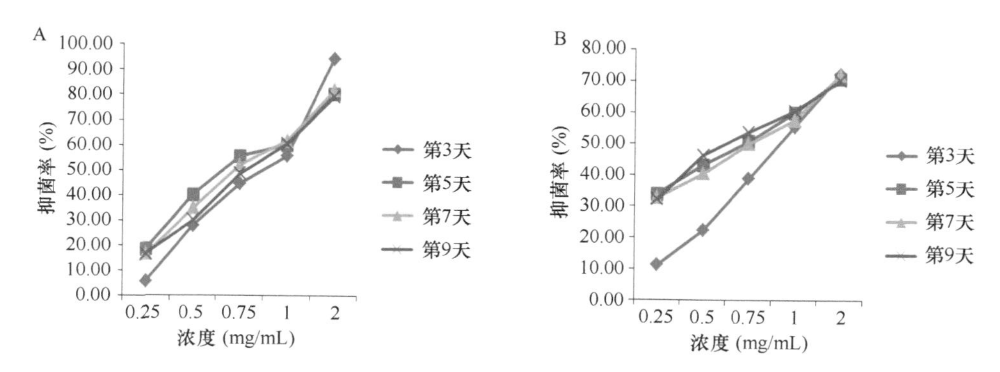

图 9-2　不同浓度臭灵丹和益母草提取物对油茶炭疽菌的抑菌效果

A：臭灵丹石油醚萃取物；B：益母草乙酸乙酯萃取物

以上述试验测定的抑菌率为依据拟合出各提取物的毒力方程，臭灵丹石油醚萃取物对油茶炭疽菌的有效中浓度（EC_{50}）为 0.7013～0.7947 mg/mL，其中第 5 天测定的毒力最强。益母草乙酸乙酯萃取物对油茶炭疽菌有效中浓度（EC_{50}）为 0.6246～1.0021 mg/mL，在第 9 天测定的毒力最强（表 9-7）。但两种提取物的活性均不及阳性对照药剂多菌灵，其 EC_{50} 为 12.1567 μg/mL。

表 9-7　臭灵丹和益母草提取物对油茶炭疽菌的抑菌毒力

植物	培养时间（d）	毒力回归方程	相关系数	EC_{50}（mg/mL）
臭灵丹石油醚萃取物	3	$y = 3.4049x + 5.3773$	0.9795	0.7748
	5	$y = 1.9070x + 5.2939$	0.9933	0.7013
	7	$y = 2.1062x + 5.2802$	0.9985	0.7361
	9	$y = 2.0464x + 5.2042$	0.9896	0.7947
益母草乙酸乙酯萃取物	3	$y = 2.1039x + 4.9981$	0.9797	1.0021
	5	$y = 1.1023x + 5.2059$	0.9849	0.6504
	7	$y = 1.1733x + 5.1884$	0.9770	0.6909
	9	$y = 1.1072x + 5.2263$	0.9942	0.6246

9.3.3　臭灵丹提取物对油茶炭疽菌菌丝形态和孢子数量的影响

通过显微观察发现，臭灵丹石油醚萃取物处理的油茶炭疽菌菌丝形态发生了明显变化，与对照相比，菌丝分支明显减少（图 9-3A，B）。同时发现，菌体的产孢量也相对减少，对照组和处理组分别为 6.55×10^6 个/mL 和 2.8×10^6 个/mL

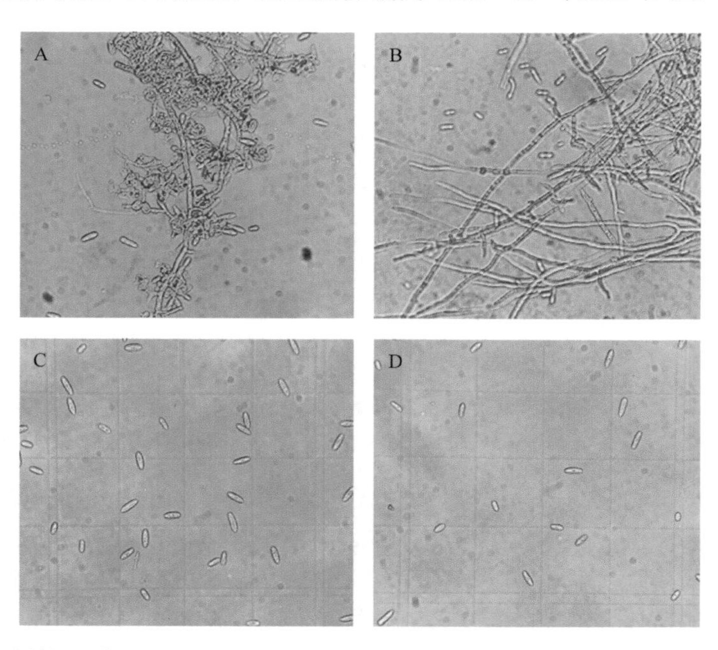

图 9-3　臭灵丹提取物处理对油茶炭疽菌菌丝形态和产孢的影响（目镜 10 倍×物镜 40 倍）

A：对照菌丝；B：处理菌丝；C：对照孢子；D：处理孢子

（图 9-3A，B）。可能是由于提取物中的抑菌活性成分影响了油茶炭疽菌菌丝的生长及孢子的产生，起到了抑菌作用。

9.3.4　油茶炭疽病田间防效测定

本研究的两轮田间防治处理均未发生药害现象，试验结果表明，田间试验各处理对油茶炭疽病均具有防治效果（表 9-8）。其中处理 1 防效最好，第二轮处理后 30 d，相对防效高达 87.78%，随后为处理 2、处理 3 和处理 4 的相对防效，分别为 84.11%、78.62%和 46.03%，处理 5 的相对防效较弱，为 31.77%。第二轮处理后 30 d，处理 1 和 2 病情指数稍有降低，处理 3、处理 4、处理 5 病情指数有所升高，各处理相对防效较第一次处理均有提高，提升幅度最大的为处理 5，相对防效提高 22.98 个百分点。

表 9-8　炭疽病田间防治效果

试验处理	第一轮处理后 30 d		第二轮处理后 30 d	
	病情指数	相对防效（%）	病情指数	相对防效（%）
1	5.63	71.47	4.17	87.78
2	7.02	64.43	5.42	84.11
3	6.11	69.00	7.29	78.62
4	11.04	44.01	18.40	46.03
5	17.99	8.79	23.26	31.77
CK	19.72		34.10	

9.3.5　油茶叶片生理指标变化分析

9.3.5.1　油茶叶片叶绿素含量分析

油茶正常叶片与感病叶片叶绿素含量存在显著差异，对照处理（CK）叶片叶绿素含量表现为病级 0＞Ⅰ和Ⅱ＞Ⅲ和Ⅳ；处理 1 和 4 叶片叶绿素含量表现为 0＞Ⅰ＞Ⅱ＞Ⅲ和Ⅳ；处理 2 叶片叶绿素含量表现为 0 和Ⅰ＞Ⅱ＞Ⅲ和Ⅳ；处理 3 叶片叶绿素含量表现为 0＞Ⅰ＞Ⅱ＞Ⅲ＞Ⅳ；处理 5 叶片叶绿素含量表现为 0 和Ⅰ＞Ⅱ＞Ⅲ＞Ⅳ，而在不同处理下的相同病级之间叶片叶绿素含量则无显著差异。油茶叶片叶绿素平均含量最高为 1.14 mg/g，最低为 0.69 mg/g，相同处理下，随着病情的加重，油茶叶片叶绿素含量逐渐下降（图 9-4）。

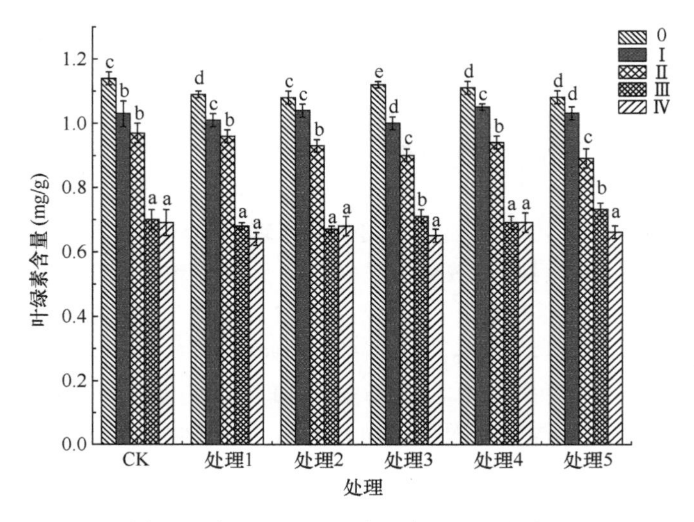

图 9-4 相同处理不同病级叶片叶绿素含量

柱形上方不同字母表示在同一处理下各病级间具有显著性差异（$p<0.05$），下同

9.3.5.2 油茶叶片可溶性蛋白含量分析

油茶正常叶片与感病叶片可溶性蛋白含量存在差异，对照处理（CK）叶片可溶性蛋白含量表现为III＞ I ＞0，III与II和IV差异不显著；处理 1 和处理 4 叶片可溶性蛋白含量表现为III＞ II ＞ I ＞0，IV与 I 和II差异不显著；处理 2 叶片可溶性蛋白含量表现为III＞ I 、II和IV＞0；处理 3 叶片可溶性蛋白含量表现为III和 II ＞ I 和IV＞0；处理 5 叶片可溶性蛋白含量表现为III＞ II 和IV＞ I 和 0， I 与 0 之间差异不显著，不同处理的相同病级之间叶片可溶性蛋白含量无显著差异。油茶叶片可溶性蛋白平均含量最高为 30.60 mg/g，最低为 16.82 mg/g，相同处理下，感病叶片可溶性蛋白含量均大于正常叶片，病级在 0～III时感病叶片可溶性蛋白含量逐渐增加，病级IV稍有下降（图 9-5）。

9.3.5.3 油茶叶片可溶性糖含量分析

油茶正常叶片与感病叶片可溶性糖含量存在差异，对照处理（CK）叶片可溶性糖含量表现为 I ＞ II ＞0 和III＞IV；处理 1、处理 3 和处理 5 叶片可溶性糖含量表现为 I ＞0、II和III＞IV；处理 2 叶片可溶性糖含量表现为 I ＞ II ＞0＞IV，III与 0 和 II 差异不显著；处理 4 叶片可溶性糖含量表现为 I 和 II ＞0 和III＞IV，不同处理下的相同病级叶片可溶性糖含量无显著差异。油茶叶片可溶性糖平均含量最高为 21.39 mg/g，最低为 10.00 mg/g，相同处理下，油茶叶片发病初期可溶性糖含量显著提高，随着病情的加重，叶片可溶性糖含量逐渐降低，呈现出先增后减的变化趋势（图 9-6）。

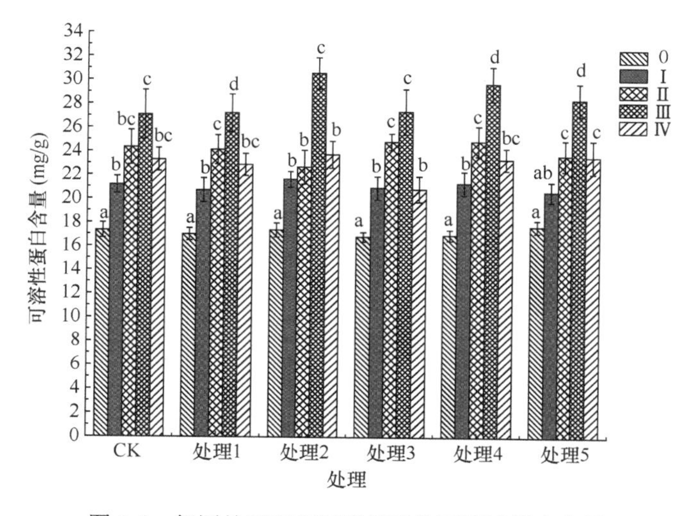

图 9-5　相同处理下不同病级叶片可溶性蛋白含量

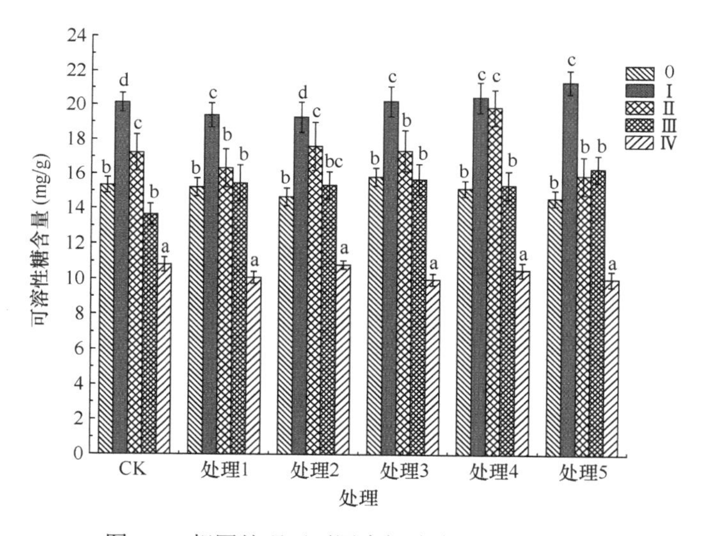

图 9-6　相同处理下不同病级叶片可溶性糖含量

9.3.5.4　油茶叶片脯氨酸含量的分析

油茶正常叶片与感病叶片脯氨酸含量存在差异，对照处理（CK）、处理 1、处理 3 和处理 5 叶片脯氨酸含量表现为Ⅳ＞Ⅲ＞Ⅰ和Ⅱ＞0；处理 2 和处理 4 叶片脯氨酸含量表现为Ⅳ＞Ⅲ＞Ⅰ＞0，Ⅱ与 0 和Ⅰ差异不显著，不同处理下的相同病级叶片脯氨酸含量无显著差异。油茶叶片脯氨酸平均含量最高为 27.37 mg/g，最低为 11.91 mg/g，相同处理下，油茶叶片脯氨酸含量随着病情的加重而呈现出逐渐增加的变化趋势（图 9-7）。

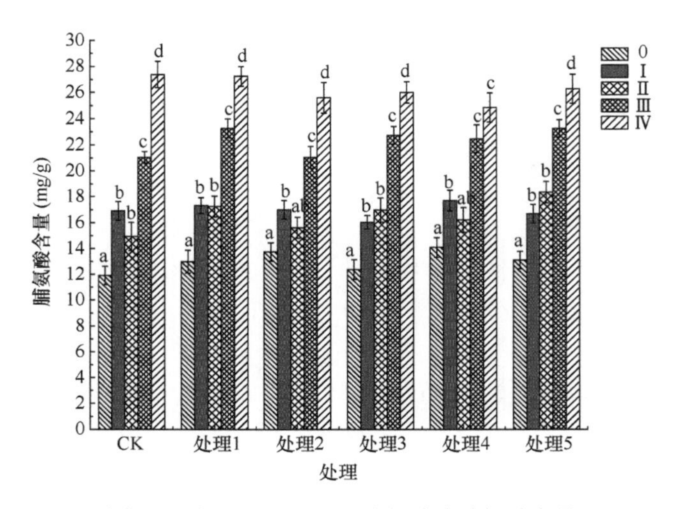

图 9-7　相同处理下不同病级叶片脯氨酸含量

9.3.5.5　油茶叶片丙二醛含量分析

油茶正常叶片与感病叶片丙二醛含量存在差异，对照处理（CK）、处理 1、处理 2、处理 3 和处理 4 叶片丙二醛含量表现为Ⅳ＞Ⅲ＞Ⅱ＞Ⅰ＞0；处理 5 叶片丙二醛含量表现为Ⅳ＞Ⅲ和Ⅱ＞Ⅰ＞0，相同病级的不同处理下，病级Ⅰ和Ⅱ的各处理间差异显著。油茶叶片丙二醛平均含量最高为 19.60 mg/g，最低为 9.30 mg/g，相同处理下，油茶叶片丙二醛含量随着病情的加重逐渐升高，而相同病级下，Ⅰ和Ⅱ的 CK 和处理 5 丙二醛含量升高较快，随着病情加重，各处理间丙二醛含量变化趋于一致（图 9-8）。

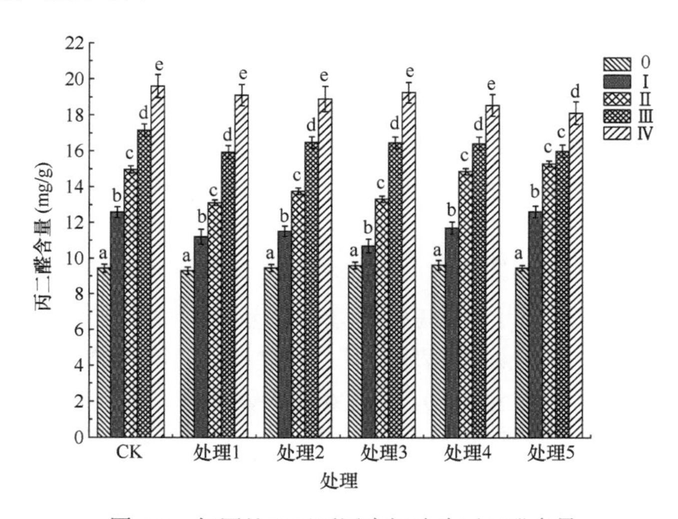

图 9-8　相同处理下不同病级叶片丙二醛含量

9.4　小结与讨论

9.4.1　小结

本研究探究了 49 种植物中的 68 种提取物对油茶炭疽菌的抑制作用，其中 26 种植物甲醇提取物表现出抑菌活性。在提取物浓度为 1 mg/mL 时，臭灵丹石油醚萃取物和益母草乙酸乙酯萃取物对油茶炭疽菌抑菌效果最好，抑菌率分别为 54.48%和 50.75%，经毒力测定其有效中浓度（EC_{50}）分别为 0.7013～0.7947 mg/mL 和 0.6246～1.0021 mg/mL。且两种植物提取物能改变炭疽菌菌丝的形态及减少分生孢子的数量。

本研究采用化学药剂、生物药剂结合营林防治措施进行油茶炭疽病田间综合防控，化学药剂 30%氟环咪鲜胺结合营林防治措施具有最高防效，高达 87.78%，生物药剂枯草芽孢杆菌结合营林防治措施防效高达 78.62%，仅采用营林防治措施防效亦达 31.77%，表明施用药剂和营林防治措施并用进行综合防治对油茶炭疽病具有良好的防治作用。

本研究表明油茶叶片叶绿素含量呈现随病情加重而逐渐减少的趋势，可溶性蛋白含量随着病情的加重逐渐增加，最高病级处稍有下降，可溶性糖含量呈现出先增后减的变化趋势，脯氨酸含量随着病情的加重而逐渐增加，在病程中未出现下降的情况，丙二醛含量随着病情的加重逐渐升高。

9.4.2　讨论

目前，油茶炭疽病的防治主要采用化学药剂，然而大量使用化学药剂会危害有益生物、破坏生态环境、威胁人体健康，导致了严重的“3R”[农药残留（residue）、有害生物再猖獗（resurgence）和有害生物抗药性（resistance）]问题等，于是研究者们开始转变研究方向，从之前的化学药剂防治转变为生物防治和生物农药的开发。既往研究表明，通过植物提取物防治油茶病害是一种绿色生态的策略，周建宏等（2011）对 40 多种植物进行抑菌活性测定，筛选出具有较高抑菌活性的丁香和黄芩，研制出了防治油茶软腐病和油茶炭疽病的纯植物源农药，李石磊（2013）将从博落回中提取出的有效成分与化学药剂复配，研制出了复配药剂，其对油茶炭疽病、油茶软腐病和油茶叶枯病具有抑制作用，杨婷等（2018）通过研究发现，香芹酚、丁香酚、异丁香酚对油茶炭疽菌具有良好的抑制作用，姚翰文等（2017）研究发现，丁香提取物对油茶炭疽菌具有良好的抑制效果，其 EC_{50} 值为 1.005 g/L。本试验中发现的臭灵丹石油醚萃取物的 EC_{50} 为 0.7013～0.7947 mg/mL，益母草乙酸乙酯萃取物的 EC_{50} 为 0.6246～1.0021 mg/mL，抑制效果相对优于博落回和丁香的提取物，具有更高的利用价值。由此可见，从植物中寻找高效低毒的绿色农药用于油茶炭疽病的生物防治具有广阔的前景。

本研究发现臭灵丹和益母草的提取物对油茶炭疽菌的生长和繁殖均具有较好的抑制活性。臭灵丹为菊科，六棱菊属（*Laggera*）植物，别名狮子草、臭叶子、六棱菊等，分布于云南、四川、湖北、广西、西藏等地，具有抑菌、抗肿瘤、抗病毒等生物活性，被广泛用于治疗感冒、咽喉炎、支气管炎、疟疾等，主要化学成分为桉烷型倍半萜和黄酮类化合物，目前已从臭灵丹中分离并鉴定出30余种桉烷型倍半萜类化合物（王玉涛等，2015）。杨光忠等（2007）研究发现臭灵丹酸、臭灵丹二醇对金黄色葡萄球菌、草分枝杆菌、枯草芽孢杆菌、铜绿假单胞菌和环状芽孢杆菌具有明显的抑制作用，但目前对于臭灵丹的化学成分研究与应用主要是在医学方面，其他方面的报道相对较少。益母草又名坤草，属唇形科，益母草属（*Leonurus*）植物，在全国各地均有分布，其药用部位为干燥或新鲜的地上部分，主要用于医学方面，具有活血调经、利尿消肿、清热解毒等功效，目前从益母草中已分离鉴定出120余种化合物，包括生物碱类、黄酮类、二萜类、香豆素类、三萜类、苯乙醇苷类和挥发油类等化合物（乔晶晶等，2018；林巧等，2020）。杨怀霞等（2004）采用滤纸片扩散法证实了益母草对多种细菌和真菌都具有良好的抑制作用，其中对金黄色葡萄球菌抑制效果较为明显，同时有研究表明，益母草中的黄酮类化合物具有良好的抗菌作用（孙海涛等，1996）。通过本试验结果可知，菊科和唇形科植物对油茶炭疽菌的抑菌活性相对高于其他科的植物，且同种植物不同溶剂提取物的抑菌活性存在一定的差异。对于油茶炭疽菌，益母草活性最好的是乙酸乙酯提取物，其次是甲醇提取物，水提取物的抑菌效果相对较差，臭灵丹石油醚提取物的抑菌活性远高于水提取物。前人研究表明，乙酸乙酯提取物中的黄酮类化合物含量最高，而水提取物中的主要化学成分是多糖（卢柳拂等，2018），推测益母草中含有相对较多的黄酮类化合物，对抑制油茶炭疽菌起到重要的作用。今后可进一步探究益母草的乙酸乙酯萃取物和臭灵丹的石油醚萃取物对油茶炭疽病的抑菌活性成分并研究其抑菌机制，进而为油茶炭疽菌生物防治及植物源杀菌剂的研制提供更为有力的理论支持。

本研究采用化学药剂、生物药剂结合营林防治措施进行油茶炭疽病田间综合防控，结果表明施用药剂和营林防治措施并用进行综合防治对油茶炭疽病具有良好的防治作用。在油茶炭疽病的防控中，单一使用化学农药进行防治，一方面加剧了病原菌抗药性的产生，另一方面，农药的大量残留严重影响了茶油的品质。通过引入生物防治和营林防治的措施，能有效地减轻化学防治产生的负面影响，生物药剂枯草芽孢杆菌通过分泌抗生素拮抗病原菌、与病原菌争夺营养和生态位，可有效防治病害，高效环保，活化土壤，提高根系活力，能增强植物抵抗力（王爱玉等，2021），而营林防治措施可在一定程度上改善油茶生长环境，增强树势。

因此，基于本研究成果得出，油茶炭疽病防治应优先使用枯草芽孢杆菌结合营林防治措施进行综合防治。

植物叶片的叶绿素、可溶性蛋白、可溶性糖、脯氨酸和丙二醛的含量特征均与植物病程密切相关。叶绿素是参与植物光合作用的重要色素，通过捕光固碳而形成碳水化合物，供给植物自身生长发育（Baker，2008）。随着炭疽病的加重，叶片病斑面积扩大而受光面积减少，叶绿素降解，叶绿素含量随病情加重而呈逐渐减少的趋势，影响光合产物积累和油茶的生长发育与产出，受炭疽菌侵染后，油茶叶绿素含量变化与葡萄白粉病、银杏叶枯病和核桃炭疽病病程中的变化趋势比较一致（逯岩等，2016；徐慧娟，2018；刘博艳等，2022），表明叶绿素降解和光合速率下降是植物感染病原菌后的普遍现象。逆境胁迫通常会促使植物体内大量合成蛋白质，以提高植物自身抗逆性，油茶受到炭疽病侵染后，叶片细胞合成大量蛋白质类免疫物质来抵御病菌的侵入，但随着病菌造成的危害加重，叶片自身代谢功能受到破坏，蛋白质合成受阻，故后期蛋白质含量降低（刘培培等，2020）。可溶性糖是植物体内的能源物质，通过呼吸代谢为植物的各种生命活动提供能量，可溶性糖可调节细胞质的渗透压，降低质膜受伤害的程度，从而增强抗逆性，植物受到病原菌侵染初期，体内糖代谢变化，大量积累糖类物质，随着病情加重，叶片中叶绿素受到破坏，光合作用合成的糖类物质减少，同时，炭疽菌作为外源性异养微生物，也会消耗植物体内的糖类物质以维持生命活动和繁衍种群，也可能是可溶性糖进入糖酵解途径参与合成了某些抗性物质来减轻毒素对细胞的伤害（逯岩等，2016；徐慧娟，2018）。植物体内脯氨酸具有参与渗透调节、降低细胞酸性、清除活性氧、维持细胞内酶结构、减少胞内蛋白的沉淀和保护光合元件等作用，其含量在一定程度上能反映植物的抗逆性，这是由于叶片受到炭疽菌胁迫，细胞中蛋白质大量分解，脯氨酸表现出上升的趋势（刘培培等，2020）。逆境胁迫下，通常植物体内自由基浓度上升，导致脂质过氧化作用增强，丙二醛积累，丙二醛能够破坏生物大分子结构，降低细胞的功能，其含量高低可反映植物细胞受害的程度。本研究表明，在相同的处理措施下，油茶叶片丙二醛含量随着病情的加重逐渐升高。在相同病级下，不同处理组的丙二醛含量存在差异，在炭疽病的发病初期，化学和生物药剂的施用可以降低炭疽病对油茶叶片细胞的伤害，但随着叶片病情加重，叶片细胞受害程度加剧，防治手段失效，各处理间丙二醛含量变化趋于一致（黄丹娟等，2018；周丽等 2020）。但本研究染病叶片中可溶性糖、可溶性蛋白、脯氨酸和丙二醛含量变化情况与先前在植物中的研究结果均存在一定的差异性（逯岩等，2016；徐慧娟，2018；刘博艳等，2022），推测是因为不同植物遭受不同病害胁迫时生理特征的变化不具有同一性，这种变化可能与植物本身的抗性强弱有关。

第 10 章　油茶物候期及树体养分动态研究

养分管理是油茶生产管理过程中的重要环节，传统的养分管理手段以定时定量施肥为主，往往忽略了油茶本身的生物学特性，复杂的年生长发育周期使得油茶林地内树体和土壤养分状况多变，花期、休眠期、果期历经时间和阶段基本涵盖油茶年生长发育的所有周期，且对油茶开花、结果和产出具有决定性作用，因此将这几个时期作为油茶关键物候期。油茶物候期研究是开展其他油茶研究工作的基础，通过对油茶物候期的监测研究，可以了解油茶年生长发育周期的物候情况，以及为判断外部环境发生非节律性改变对油茶所产生的影响提供依据，因油茶品种多样，并且分布范围广阔，油茶所处立地条件、气候条件等不存在一致性，因此在开展其他研究工作前，应当首先开展油茶物候期研究。

油茶关键物候期内树体和土壤的养分怎样变化，什么时期需要施肥？需要施什么肥？肥料的用量为多少？油茶的一系列需肥规律还有待研究。精准施肥能合理控制肥料的投入，提高油茶产量和品质，并且大大降低生产成本，掌握油茶的需肥规律是开展精准施肥的前提。油茶叶片化学计量可以反映油茶生长发育过程中的养分盈亏状况，研究油茶叶片化学计量有助于了解油茶的养分受土壤养分的限制情况，土壤化学计量可以更为直观地反映出油茶林地的养分盈亏情况，因此研究油茶叶片和土壤的化学计量，可以了解林地养分的丰缺，对于林地养分管理和施肥方案的制定具有指导意义。油茶树体的养分含量在一定程度上可以反映油茶的健康状况，同时也影响着油茶的抗逆性、茶果产量和茶油品质等。油茶的年生长发育过程包括多个物候阶段，每个物候阶段油茶树体的养分含量并非恒定不变，而是随着生长发育进程发生相应的变化，根、茎、叶、花芽和果各器官在关键物候期养分的分配策略及含量变化各有不同，对其变化特点和规律的研究可以帮助判断油茶树体年生长周期中各时期的养分状况，对于管理措施的制定具有指导性意义。作为树体养分的直接来源，土壤养分含量直接影响油茶的生长发育及产出能力，油茶树体对土壤养分的吸收及枯落物返还都直接影响土壤养分含量，土壤养分含量也会随年周期的进程而改变，探究油茶林下土壤养分随物候期的动态变化情况，可以了解油茶年生长周期各物候阶段林下土壤的养分变化特点，以指导施肥工作的开展，及时补充油茶所需养分，保证油茶的产出。

综上所述，通过对油茶树体、土壤化学计量和关键物候期养分的动态研究，可以了解油茶生长发育周期内的需肥特点，得到油茶的需肥规律，从而指导精准施肥的开展，及时地在油茶树体和土壤需肥的时期补充相应的养分元素，保证油茶林地的健康和持续产出。

10.1　试验材料与仪器

10.1.1　供试材料

以平山油茶基地2012年种植的具有2年苗龄处于盛果期的油茶树体和林下土壤作为实验材料，油茶品种为德林油 B1。基本概况：树姿半开张，嫩枝有绒毛，叶芽紫绿色，有绒毛；嫩叶绿色，老叶深绿色，呈长椭圆形，叶缘平，先端渐尖，基部楔形；萼片有绒毛，花瓣白色，雌蕊比雄蕊高，柱头中裂，3 裂，子房有绒毛；果表面光滑，圆球形，红绿色；种皮棕褐色。油茶行距和株距为 3 m × 3 m，2020 年 9 月平均树高约 2.4 m，平均冠幅约 3.5 m，近 5 年林地内油茶采取近自然的方式进行管理，林地内采用喷灌的方式保持水分，未开展施肥处理，人为干扰程度较低。

10.1.2　供试试剂

本研究供试试剂与前面章节相同。

10.1.3　试验地概况

本研究试验地点位于云南省德宏州梁河县平山村油茶种植基地，试验地概况与前面章节相同。

10.2　试 验 方 法

10.2.1　油茶物候期研究方法

本研究油茶物候期观测起止时间为 2020 年 9 月～2023 年 2 月。在距离林地边缘至少 3 个种植行的林地内选择树势、树高、冠幅和受光条件具有代表性，并且能正常开花挂果、无病虫害或轻微的健康油茶树 9 棵作为观测样树，所选样树之间至少间隔 1 个种植行，物候期观测样树保持原管理模式，不做其他处理。

花期观测：将油茶花期划分为开花前期、初花期、盛花期、末花期和全花凋谢五个阶段。自多数样树初花开放起每天连续观察，初花开放至 5%全树花朵开放计为开花前期，5%～25%全树花朵开放计为初花期，25%～75%全树花朵开放计为盛花期，75%以上全树花朵开放计为末花期，多数样树全部花朵凋谢计为全花凋谢并结束花期观测。观测并记录花期各阶段以下指标：①起止时间：花期各阶段精确到具体日期的开始和结束日期；②空气温度：使用自动温度记录仪记录花期各阶段油茶林中的最高气温、最低气温和平均气温，单位为℃；③单花寿命：以花瓣开始开放为起始，花朵凋萎为结束；④开花进程：自初花开放日起每 7 d 记录一次开花数量、落花数量。

休眠期观测：花期结束后持续观察油茶样树茎、叶、芽和果是否存在明显的形态变化，全花凋谢后计为休眠期开始，观测到油茶外部形态明显变化时计为休眠期结束。

果期观测：将油茶果期划分为幼果形成期、果实生长期、油脂转换期和果实成熟期四个阶段，花期结束后连续观测油茶样树，观测到油茶果发育则记录为幼果形成期开始，观测到油茶果果高、果径和体积明显增大则记录为果实生长期开始，观测到油茶果重量、体积、果高和果径不再变化则记录为油脂转换期开始，观测到油茶果皮颜色加深、发亮，茶果开始微裂，果皮松脆，茶籽呈亮黑褐色，种仁稍有微黄，则记录为果实成熟期开始。油茶样树进入幼果形成期后每隔 15 d 观测一次，每棵树选取大小一致的 20 个油茶果，采用游标卡尺测量记录果实基部到果实顶部的长度和果实中部横径，分别记录为果高和果径，测量结果求取平均值，单位为 cm，以每次果高和果径的变化为基准，从固定 3 棵油茶样树上摘取每次测量后果高和果径变化一致的共 9 个油茶果，使用电子天平测量重量，测量结果求取平均值，单位为 g，之后采用量筒排水法测量油茶果体积，测量结果求取平均值，单位为 cm^3，体积测量结束后将油茶果放入 110℃恒温烘箱中烘干至恒重，使用电子天平测量其干重，测量结果求取平均值，单位为 g，同时自果期开始，每 15 d 记录一次其余 6 棵油茶样树果实掉落情况和空气温度，连续记录至果期结束。

由于油茶的特殊性，即年生长周期中多个物候阶段同时出现，因此在观测花期、休眠期和果期的同时，记录其他物候阶段的起止时间，本研究不对其他物候阶段进行具体指标观测，仅记录发生时间。试验数据采用 Excel 2019 分析和作图表。

10.2.2 油茶基础养分特征研究方法

在开展油茶树体和土壤养分动态研究前，于林地中随机选择树势、树高、冠幅和受光条件具有代表性并且能正常开花挂果、无病虫害或轻微的健康油茶树，取健康成熟叶片和林下土壤进行油茶林地基础养分特征研究。分别在油茶基部东、南、西、北四个方位距离主干 20～30 cm 处，去除表层枯枝落叶，向下采集 0～

20 cm 处的土壤，混合作为土壤样品。叶片样品取东、西、南、北四个方位的上、中、下层和内、外层，每个方位均取成熟叶 5 片混合作为叶片样本。土壤样品于实验室中去除大块石砾等杂物过 200 目筛，自然风干后测定土壤有机碳、全氮、全磷、全钾、有效氮、有效磷、速效钾含量。叶片样品杀青后烘干至恒重并粉碎，测定碳、氮、磷、钾含量，元素测定方法同树体和土壤养分动态研究。实验数据采用 Excel 2019 和 SPSS 26 进行统计分析，土壤和叶片 C∶N、C∶P、C∶K、N∶P、N∶K 和 P∶K 采用质量比表示，土壤化学计量比中氮、磷、钾以全氮、全磷和全钾含量代入计算。采用 Pearson 相关分析判断油茶叶片与土壤各养分含量及其化学计量比之间的关系。

10.2.3　油茶树体和土壤养分动态研究方法

自 2020 年 9 月开展试验，至 2022 年 11 月结束。在油茶林地中选择林相良好且一致的区域划分为 2 个小区，单个小区面积大于 1000 m^2，油茶株数大于 100 株，其中 1 个小区不做处理，另一个小区自 2020 年开始采取施肥处理：12 月施有机肥 2 kg/株，3 月施复合肥 1.5 kg/株，6 月施复合肥 0.5 kg/株（本研究施肥量和肥料种类根据研究区历史施肥经验和当地林业和草原局指导确定），其中有机肥为采用动物粪便和油茶修枝剩余物堆肥发酵制作，复合肥为 $N-P_2O_5-K_2O=15∶15∶15$，总养分大于等于 45%。施肥方法：在树冠投影内缘处开宽 30～40 cm、深 20～30 cm 的环状施肥沟进行施肥，不施肥的对照组以同样的方式进行开沟松土。

样本采集：2021 年 9 月～2022 年 11 月开展采样，其中施用有机肥后间隔 15 d 取样，施用复合肥后间隔 30 d 取样，其他取样时间和次数按照物候期起始及长短决定，相邻两次取样至少间隔 10 d，每次取样于两个小区内分别随机选取 6 棵样树，取各器官样品和土壤样品，所选样树间隔至少一个种植行，且尽量避免短时间内多次从同一棵油茶树取样。从距离油茶样树主干 30～40 cm 处的东西南北四个方位分别向下挖取深度在 0～30 cm 处的油茶根混合，使用清水洗净，用吸水纸干燥表面，作为根样，同时将根周围的土带回作为土样；从油茶的东西南北四个方位的内外层分别取健康的一年生枝条，保留所有叶片，将新叶和成熟叶混合作为叶片样本，避开叶着点取节间，混合作为茎样本；以同样的方式取花芽样本和果样本。取样后立刻带回实验室进行样本处理。样本处理：根、茎、叶、花芽和果带回实验室使用烘箱烘干至恒重，使用粉碎机打碎备用，土壤带回实验室自然风干，过 200 目筛备用。

树体养分元素测定：采用重铬酸钾外加热-硫酸亚铁滴定法测定各器官 C 含量（鲍士旦，2000）；N、P 采用浓硫酸-过氧化氢消解，S、B 采用浓硝酸-高氯酸消解，于全自动间断化学分析仪上测定；K 采用浓硫酸消解，于火焰分光光度计上测定（王敏，2016）；Ca、Mg 含量采用浓硝酸-高氯酸消解，于原子吸收分光光度计上测定。Fe、Zn 含量测定采用干灰化-原子吸收分光光度法测定（鲁如坤，2000）。

土壤养分元素测定：采用重铬酸钾外加热-硫酸亚铁滴定法测定土壤 SOC，土壤 TN、TP 采用浓硫酸-高氯酸消解，于全自动间断化学分析仪上测定；TK 采用氢氧化钠熔融法测定，AN 采用碱解-扩散吸收法测定，AP 采用碳酸氢钠-钼锑抗比色法测定，AK 采用乙酸铵浸提-火焰光度法，于火焰原子吸收分光光度计测定；有效钙、有效镁、有效铁和有效锌采用 Mehlich3 浸提法（庞洁等，2008），用火焰原子吸收分光光度计测定；采用碳酸氢钠浸提-硫酸钼锑抗比色法测定有效硫，采用甲亚胺比色法测定有效硼。试验数据采用 Excel 2019 和 SPSS 26 分析及作图，处理间采用独立样本 t 检验（α=0.05）分析差异。

10.3 结果与分析

10.3.1 油茶物候期研究结果

10.3.1.1 花期观测结果

本研究自 2020 年 9 月至 2023 年 2 月对油茶花期进行观测记录，其间共得到三次花期数据。根据观测数据可知（表 10-1），油茶初花开放时间早，每年 9 月中旬初花开始开放，10 月中旬进入初花期，11 月上旬进入盛花期，12 月中下旬进入末花期，1 月中旬全花凋谢，花期结束。油茶花期长，其中开花前期历时约为 37 d，初花期历时约 17 d，盛花期历时约 45 d，末花期历时约 29 d，从初花开放到全花凋谢，整个花期历时约 128 d。单花最长寿命为 12 d，最短 4 d，平均 8 d，单花寿命最长出现在开花前期，其次为盛花期和初花期，末花期最短（表 10-2）。通过对累计开花数和累计花朵凋谢数的监测可知（图 10-1），开花前期只有极少量花朵开放，从初花期开始，花朵开放和凋落数量增加，花朵存量逐渐增加，盛花期花朵存量达到最大，末花期花朵凋谢数量增加，花朵存量逐渐减小。花期最高气温出现在开花前期，最低气温出现在末花期，随着开花进程的推进，最高气温、最低气温和平均气温逐步下降（图 10-2）。

表 10-1　花期各阶段起止与时长

观测年份	开花前期	时长（d）	初花期	时长（d）	盛花期	时长（d）	末花期	时长（d）	全花凋谢
2020～2021	9/14～10/19	36	10/20～11/8	19	11/9～12/21	44	12/22～1/18	29	1/19
2021～2022	9/7～10/16	40	10/17～11/3	18	11/4～12/18	45	12/19～1/13	27	1/14
2022～2023	9/12～10/15	34	10/16～10/30	15	10/31～12/16	47	12/17～1/15	31	1/16

表 10-2　花期各阶段单花寿命

	2020～2021 年			2021～2022 年			2022～2023 年		
	最长（d）	最短（d）	平均（d）	最长（d）	最短（d）	平均（d）	最长（d）	最短（d）	平均（d）
开花前期	12	6	9	12	6	9	12	6	9
初花期	11	6	8	10	6	8	9	6	8
盛花期	12	6	9	10	6	8	11	6	9
末花期	12	5	7	9	5	6	8	5	7

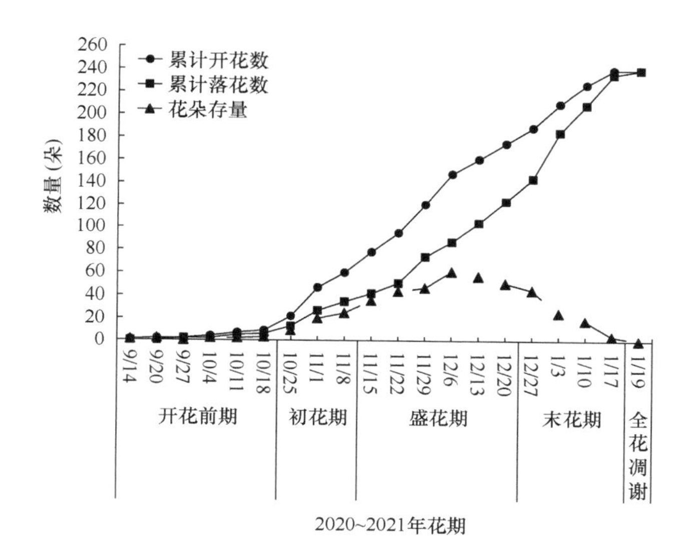

2020~2021年花期

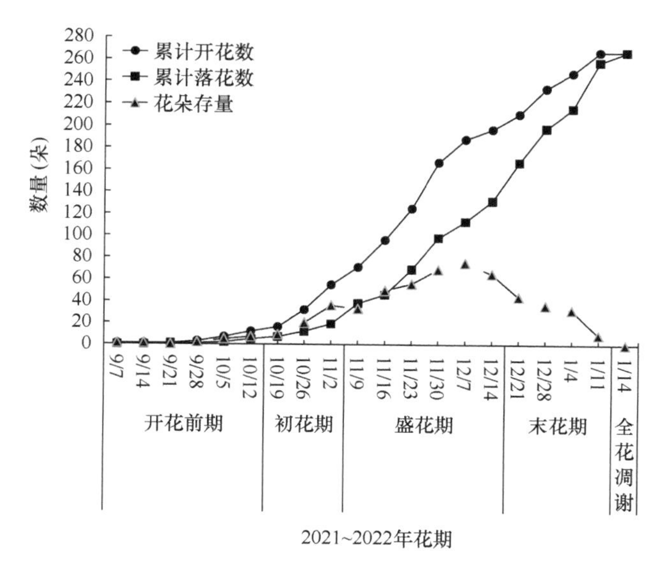

2021~2022年花期

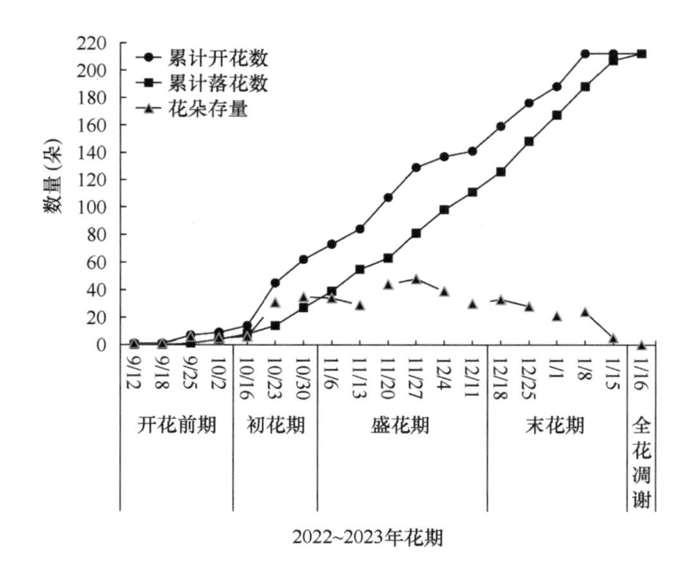

图 10-1　花期各阶段开花落花数量

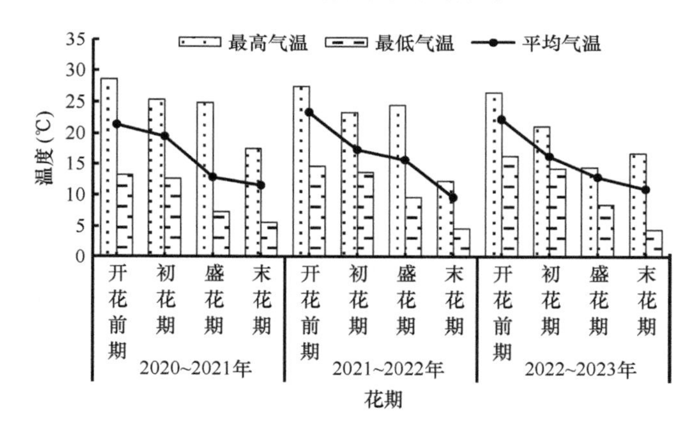

图 10-2　花期各阶段气温

10.3.1.2　休眠期观测结果

油茶休眠期自 1 月中旬开始至 2 月下旬结束，历时约 45 d，其间油茶样树茎、叶、芽、果无肉眼可见的形态变化。2 月下旬油茶幼果开始膨大，油茶开始抽梢展叶，标志着油茶休眠期结束，果期开始。

10.3.1.3　果期观测结果

2021 年 2 月至 2022 年 11 月对油茶果期进行观测，其间共得到两次果期数据。由观测数据可知，油茶幼果形成期自 2 月下旬开始至 4 月上旬结束，时长约为 30 d，果实生长期自 4 月中旬开始至 8 月上旬结束，时长约 120 d，油脂转换期自 8 月中旬至 10 月上旬，时长约 45 d，10 月中旬开始进入果实成熟期。

幼果形成期到果实生长期是果实鲜重增加的主要时期，自幼果形成期开始，油茶果实鲜重缓慢增加，进入果实生长期后增长较快，进入油脂转换期后果实鲜重不再有显著变化。自幼果形成期开始至油脂转换期后期（9 月下旬），果实干重持续增加，进入果实成熟期后不再有显著变化。鲜果含水率自幼果形成期开始至果实生长期中期（5 月下旬）增加，果实生长期中期之后开始下降，至果实成熟期不再有显著变化（图 10-3）。油茶果体积、果高和果径的变化趋于一致，幼果形

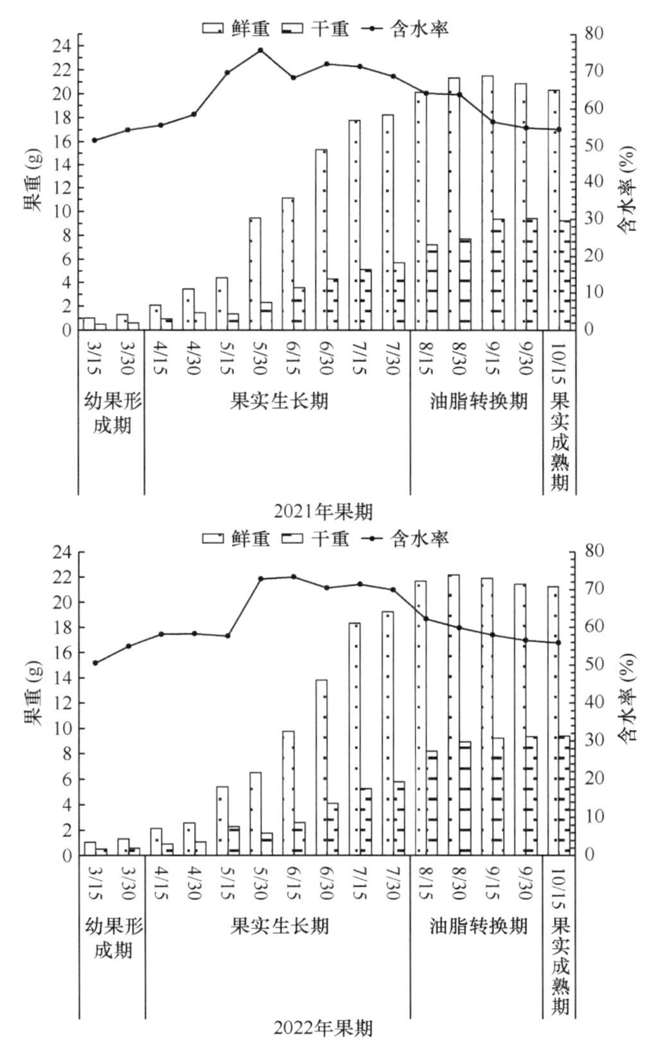

图 10-3　果期各阶段鲜重、干重和鲜果含水率

成期至果实生长期中期增长缓慢，从果实生长期中期至油脂转换期前期（8 月中旬）快速增长，油脂转换期中期（8 月下旬）以后不再显著增长（图 10-4）。油茶果期气温从幼果形成期到果实生长期持续增加，但果实生长期后期有所下降，果期平均气温基本一致，其中两年最高气温分别出现在 6 月和 7 月（图 10-5）。整个果期油茶均存在落果现象，其中果实生长期中期（5 月中旬至 6 月下旬）落果量稍小于其他时期（图 10-6）。

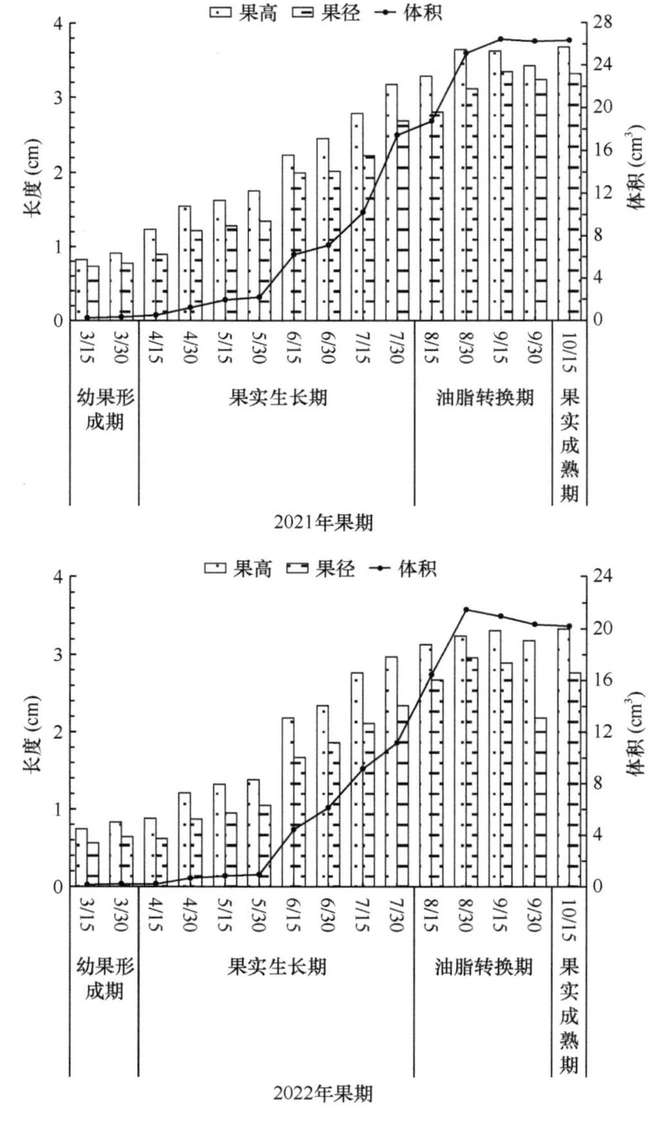

图 10-4 果期各阶段果高、果径和体积

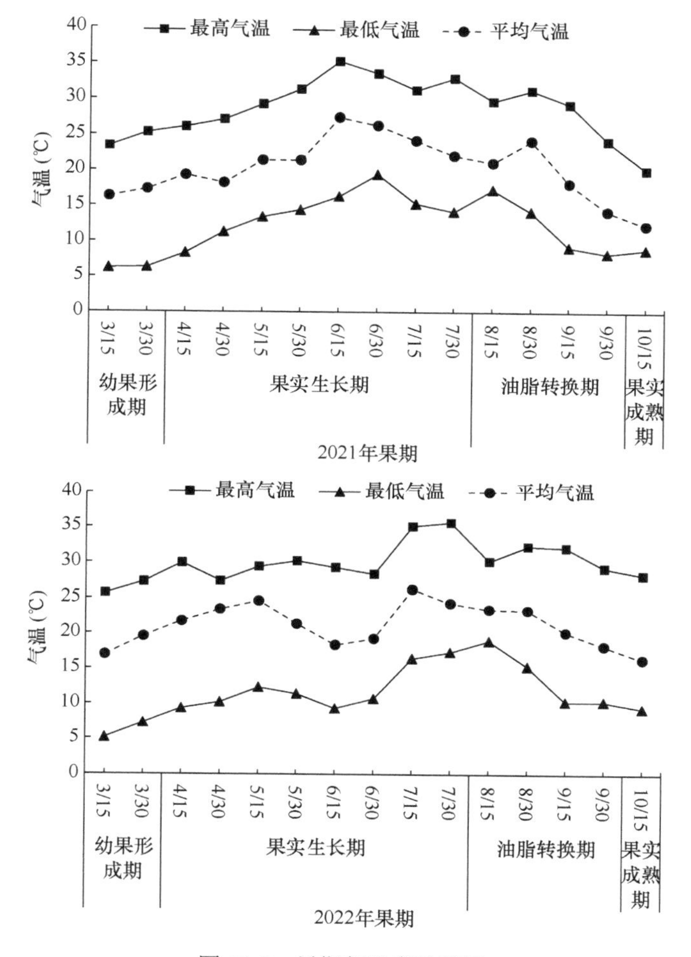

图 10-5　果期气温变化情况

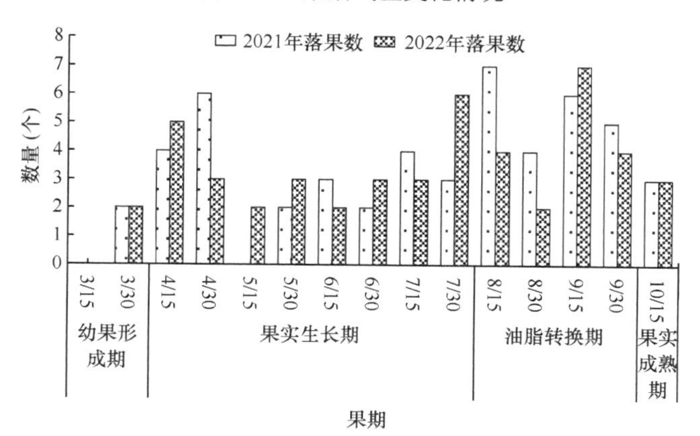

图 10-6　果期各阶段落果情况

10.3.1.4 其他物候阶段观测结果

2 月底到 3 月上旬油茶进入果期阶段，同时进入春梢生长期，持续到 5 月上旬结束，春梢生长与幼果形成期和果实生长期重叠，6 月上旬夏梢开始生长，持续到 8 月上旬结束，夏梢生长与果实生长期重叠，9 月上旬秋梢开始生长，持续到 10 月中旬结束，秋梢生长与油脂转换期和果实成熟期重叠。7 月上旬观测到花芽开始发育，到 8 月下旬结束，花芽发育阶段与果实生长期和油脂转换期重叠。

10.3.2 油茶基础养分特征研究

10.3.2.1 油茶林地土壤和叶片 C、N、P、K 含量及其化学计量比

本研究土壤 SOC 含量 47.7 g/kg，TN 含量 2.56 g/kg，C∶N 值 20.39，C∶P 值 100.25，均高于中国土壤均值（Tian et al.，2010）及其他油茶种植区；TP 含量 0.69 g/kg，低于江西省（胡冬南等，2013）油茶种植区，接近中国土壤均值（Tian et al.，2010）及其余油茶种植区；TK 含量 5.28 g/kg，接近江西永修（马丽丽等，2021）和河南新县（肖斌，2020）油茶种植区，远低于中国土壤均值（赛牙热木等，2018）及其余油茶种植区；AK 含量 26.05 mg/kg，低于其他油茶种植区；AP 含量 3.69 mg/kg，高于江西永修油茶种植区，低于中国土壤均值（Li et al.，2011），以及其余油茶种植区；N∶P 值 4.91，接近中国土壤均值（Tian et al.，2010）及其他油茶种植区（表 10-3 和表 10-4）。

表 10-3 本研究油茶林下土壤 C、N、P、K 含量及其化学计量比

指标	SOC（g/kg）	TN（g/kg）	TP（g/kg）	AP（mg/kg）	TK（g/kg）	AK（mg/kg）	C∶N	C∶P	C∶K	N∶P	N∶K	P∶K
数值	47.7	2.56	0.69	3.69	5.28	26.05	20.39	100.25	9.81	4.91	0.52	0.14

表 10-4 其他油茶种植区与中国土壤平均 C、N、P、K 含量及其化学计量比

区域	SOC（g/kg）	TN（g/kg）	TP（g/kg）	TK（g/kg）	AP（mg/kg）	AK（mg/kg）	C∶N	C∶P	N∶P
江西省	—	—	4.14	44.16	—	—	—	—	—
江西永修	22.99	1.79	1.14	3.91	1.59	85.57	—	—	—
浙江常山	9.32～16.52	—	—	—	6.25～10.52	92.20～97.50	—	—	—
河南新县	—	1.22～2.40	0.42～1.01	1.83～11.07	1.31～16.29	57.13～132.44	—	—	—
全球亚热带区域	17.37	1.52	0.36	—	5.43	—	11.23	57.20	5.00
中国土壤均值	11.20	1.06	0.65	16.6	24.7	—	11.90	61.00	5.20

油茶叶片 C 含量 422.09 g/kg，K 含量 4.92 g/kg，均低于中国叶片均值（胡冬

南等，2013；Qin et al.，2010）及其他油茶种植区；N 含量 13.51 g/kg 和 P 含量 0.97 g/kg 均接近中国叶片均值（胡冬南等，2013）及其他油茶种植区；C∶P 值 432.23，高于江西永修（马丽丽等，2021）油茶种植区，低于全球亚热带（邓成华等，2019）油茶种植区；N∶P 值 13.88，高于浙江常山（王增等，2019）油茶种植区，接近其余油茶种植区；N∶K 值 2.95，P∶K 值 0.21，两者均高于浙江常山油茶种植区（表 10-5 和表 10-6）。

表 10-5　本研究油茶叶片 C、N、P、K 含量及其化学计量比

指标	C（g/kg）	N（g/kg）	P（g/kg）	K（g/kg）	C∶N	C∶P	C∶K	N∶P	N∶K	P∶K
数值	422.09	13.51	0.97	4.92	32.14	432.23	89.49	13.88	2.95	0.21

表 10-6　其他油茶种植区与中国叶片平均 C、N、P、K 含量及其化学计量比

区域	C（g/kg）	N（g/kg）	P（g/kg）	K（g/kg）	C∶N	C∶P	N∶P	N∶K	P∶K
江西永修	457.20～499.90	17.23～19.80	1.21～1.30		24.46～26.55	368.98～395.68	13.96～16.29	—	—
浙江常山	—	11.66	1.65	11.69	—	—	7.03	1.00	0.14
全球亚热带区域	503.47	13.49	0.77	—	39.33	701.86	18.05	—	—
中国叶片均值	461.60	20.20	1.21	15.09	—	—	—	—	—

10.3.2.2　油茶土壤和叶片 C、N、P、K 含量与化学计量比的关系

相关性分析结果表明，油茶土壤 SOC 与 TN，TN 与 TP、AP，TP 与 AP，TK 与 AK 具有显著正相关关系；油茶叶片 N 与 P 具有显著正相关关系，其余元素间无显著相关关系；土壤、叶片各化学计量比间的相关关系由元素间相关关系决定（表 10-7 和表 10-8）。

表 10-7　油茶土壤 C、N、P、K 含量及其化学计量比之间的 Pearson 相关分析

土壤	SOC	TN	TP	TK	AK	AP	C∶N	C∶P	C∶K	N∶P	N∶K	P∶K
SOC	1											
TN	0.77**	1										
TP	0.24	0.56**	1									
TK	–0.08	0.07	0.19	1								
AK	–0.08	0.07	0.19	0.90**	1							
AP	0.24	0.57**	0.83**	0.20	0.19	1						
C∶N	–0.16	–0.63**	–0.38*	–0.32	–0.32	–0.39*	1					
C∶P	0.00	–0.33	–0.77**	–0.11	–0.11	–0.77**	0.29	1				

续表

土壤	SOC	TN	TP	TK	AK	AP	C∶N	C∶P	C∶K	N∶P	N∶K	P∶K
C∶K	0.66**	0.50**	0.23	−0.69**	−0.70**	0.24	0.09	−0.10	1			
N∶P	0.06	−0.12	−0.75**	−0.05	−0.05	−0.75**	0.01	0.93**	−0.13	1		
N∶K	0.65**	0.85**	0.50**	−0.40*	−0.41*	0.51**	−0.46**	−0.33	0.79**	−0.18	1	
P∶K	0.35	0.56**	0.87**	−0.27	−0.28	0.87**	−0.20	−0.71**	0.60**	−0.70**	0.71**	1

*表示在 0.05 水平上显著相关，**表示在 0.01 水平上极显著相关，下同

表 10-8　油茶叶片 C、N、P、K 含量及其化学计量比之间的 Pearson 相关分析

叶片	C	N	P	K	C∶N	C∶P	C∶K	N∶P	N∶K	P∶K
C	1									
N	0.10	1								
P	0.32	0.73**	1							
K	0.14	−0.20	−0.27	1						
C∶N	0.35	−0.87**	−0.52*	0.13	1					
C∶P	0.33	−0.68**	−0.77**	0.13	0.73**	1				
C∶K	0.33	0.16	0.16	−0.86**	−0.03	0.01	1			
N∶P	−0.20	0.66**	−0.01	−0.02	−0.85**	−0.30	0.12	1		
N∶K	0.03	0.69**	0.59**	−0.77**	−0.64**	−0.47*	0.77**	0.40*	1	
P∶K	0.12	0.44*	0.67**	−0.83**	−0.37	−0.46	0.87**	−0.06	0.89**	1

油茶叶片和土壤相关性分析结果表明，叶片 N、P 和土壤 TP、AP 具有极显著正相关关系，叶片 K 和土壤 C∶P、N∶P 具有显著正相关关系，土壤和叶片其余各养分元素与各化学计量比间的相关关系由元素间相关关系决定（表 10-9）。

表 10-9　油茶叶片和土壤 C、N、P、K 含量及其化学计量比之间 Pearson 相关分析

		土壤											
		SOC	TN	TP	TK	AK	AP	C∶N	C∶P	C∶K	N∶P	N∶K	P∶K
叶片	C	−0.26	−0.07	0.33	−0.12	−0.12	0.33	−0.13	−0.33	0.09	−0.34	0.09	0.35
	N	−0.28	−0.03	0.50**	0.17	0.17	0.49**	−0.04	−0.61**	−0.16	−0.65**	−0.02	0.42*
	P	−0.25	−0.05	0.50**	0.11	0.11	0.49**	−0.05	−0.58**	−0.08	−0.65**	0.02	0.40*
	K	−0.17	−0.15	−0.27	0.04	0.03	−0.26	−0.03	0.39*	−0.27	0.41*	−0.20	−0.28
	C∶N	0.07	−0.02	−0.33	−0.19	−0.19	−0.32	−0.14	0.38	0.08	0.43	0.03	−0.24
	C∶P	0.04	0.03	−0.26	−0.15	−0.14	−0.23	−0.17	0.29	−0.01	0.41	0.03	−0.17
	C∶K	−0.04	−0.06	0.18	−0.13	−0.13	0.18	0.17	−0.37	0.27	−0.45	0.07	0.25
	N∶P	−0.10	0.04	0.19	0.11	0.11	0.19	−0.02	−0.25	−0.12	−0.24	−0.03	0.19

续表

		土壤											
		SOC	TN	TP	TK	AK	AP	C∶N	C∶P	C∶K	N∶P	N∶K	P∶K
叶片	N∶K	−0.07	0.05	0.45*	0.02	0.02	0.45*	0.04	−0.62**	0.12	−0.68**	0.12	0.43*
	P∶K	0.01	0.06	0.41*	−0.03	−0.03	0.40*	0.02	−0.56**	0.21	−0.62**	0.15	0.39*

10.3.3　油茶树体养分动态

10.3.3.1　油茶树体各器官碳含量动态

油茶树体各器官碳含量平均值从大到小排列为叶＞茎＞果＞花芽＞根，年生长周期内各器官碳含量平均值变化值具有较大差异，变化最大的为根，变化范围250.54～374.25 mg/g，变化值 123.71 mg/g；最小为花芽，变化范围 342.31～368.92 mg/g，变化值 26.61 mg/g；茎变化范围 390.68～426.56 mg/g，变化值35.88 mg/g；叶变化范围 403.64～453.35 mg/g，变化值 49.71 mg/g；果变化范围385.12～442.51 mg/g，变化值 57.39 mg/g。

研究结果表明，油茶树体各器官年生长周期内根、茎和叶的碳含量变化趋势整体上类似。油茶根的碳含量随物候期进程而变化，且受到施肥与否的影响，对照组于初花期到盛花期碳含量持续增加，末花期到休眠期变化幅度较小，且碳含量达到年生长周期内最大值，进入幼果形成期根的碳含量开始下降，在果实生长期达到最小值，整个果实生长期内变化幅度较小，进入油脂转换期后碳含量开始持续增加；施肥处理在初花期到末花期前期碳含量持续增加，末花期前期到休眠期结束碳含量保持较高水平，达到年生长周期内最大值，其间变化幅度较小，从幼果形成期开始碳含量逐渐降低，在果实生长期变化幅度较小，碳含量保持较低水平，进入油脂转换期后碳含量开始持续上升。茎部碳含量表现出随物候期变化的特点，且茎部的碳含量变化施肥组和对照组没有时间上的显著差异，变化情况趋于一致，初花期到盛花期茎的碳含量持续增加，末花期到休眠期保持稳定且碳含量在此期间达到最大值，从幼果形成期开始，茎的碳含量逐渐下降，幼果形成期到果实生长期中期下降速度较快，之后下降速度逐渐放缓，幼果形成期到果实成熟期施肥组碳含量一直略低于对照组。叶的碳含量表现出随物候期变化的特点，对照组和施肥组在到果实生长期中期变化基本上一致，均为初花期到盛花期中期碳含量持续上升至年生长周期最大值，之后保持平稳至休眠期结束，幼果形成期到果实生长期中期叶片碳含量开始下降，果实生长期中期到果实成熟期对照组碳含量逐渐增加，且增加速率较快，施肥组碳含量仍然保持较低水平并缓慢增加。花芽碳含量的变化与施肥无显著相关性，而与物候期进程相关，整个果实生长期碳含量持续增加，从油脂转换期开始碳含量保持稳定且不再增加。油茶果碳含量变化与施肥和物候期进程相关，与其他器官不同，施肥组碳含量始终高于对照组，自幼果形成期开始到成熟期，碳含量持续增加，施肥组增加速率大于对照组，施肥组在油脂转换期前期碳含量即接近最大值，对照组碳含量持续上升，到油脂转换期后期接近最大值（图 10-7）。

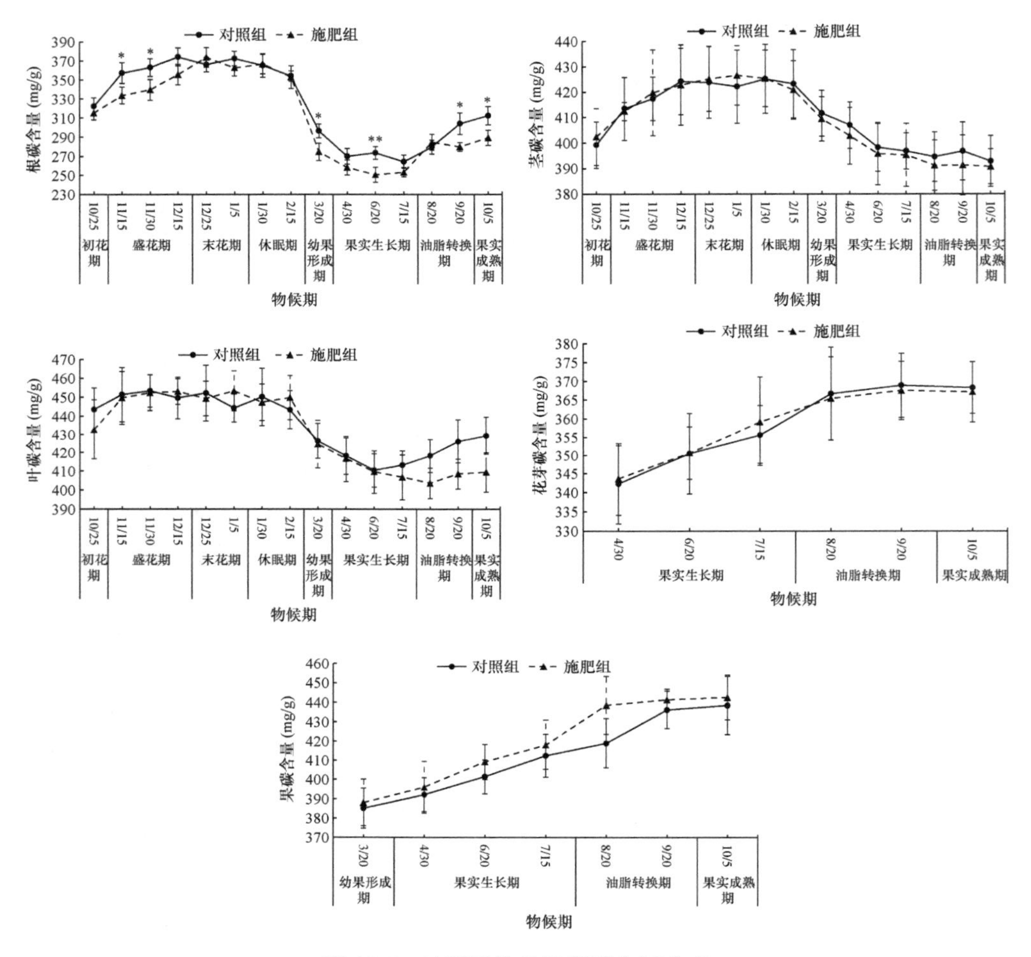

图 10-7　油茶树体各器官碳含量动态

图中竖线表示该时间点数据的标准差。*表示同一时间处理间差异显著（$p<0.05$），**表示同一时间处理间差异极显著（$p<0.01$），下同

10.3.3.2　油茶树体各器官氮含量动态

油茶树体各器官氮含量平均值从大到小排列为叶＞根＞花芽＞果＞茎，年生长周期内各器官氮含量平均值变化值不同，变化最大的为叶，变化范围 10.25～

17.73 mg/g，变化值 7.48 mg/g；最小为花芽，变化范围 8.29～10.74 mg/g，变化值 2.45 mg/g；根变化范围 8.27～11.53 mg/g，变化值 3.26 mg/g；茎变化范围 4.19～7.19 mg/g，变化值 3.00 mg/g；果变化范围 7.20～9.69 mg/g，变化值 2.49 mg/g。

研究结果表明，油茶树体各器官年生长周期内氮含量变化特征不具有相似性，施肥可以促进各器官在所有物候期氮含量的增加，根和茎年生长周期内最小氮含量均出现在初花期，叶的最小值出现在油脂转换期。油茶根系氮含量变化与物候进程和施肥相关，油茶根系氮含量年生长发育周期内出现多次变化过程。对照组从初花期到盛花期中期氮含量持续增加，盛花期中期到休眠期结束期间保持稳定，从幼果形成期开始，保持较高的氮含量水平，至油脂转换期达到最大值，直到油脂转换期开始下降；施肥组从初花期到末花期氮含量持续增加，从末花期到休眠期，氮含量保持稳定，从幼果形成期开始，保持较高的氮含量水平，并在果实生长期达到最大值，直到油脂转换期开始下降，整个物候周期内施肥组整体氮含量高于对照组。茎的氮含量变化与物候进程相关，油茶茎氮含量年生长发育周期分为三个阶段，对照组从初花期到末花期前期氮含量先下降后上升，施肥组氮含量持续增加，直到休眠期结束保持稳定，从幼果形成期开始氮含量先增后降，在幼果形成期达到最大值后开始下降，直到油脂转换期后期稳定，整个物候周期内施肥组整体氮含量高于对照组。叶的氮含量变化与物候进程和施肥相关，从初花期到休眠期，对照组和施肥组均保持较高的氮含量水平，且没有明显的变化，从幼果形成期开始到油脂转换期前期对照组叶片氮含量持续降低，油脂转换期后期开始回升；施肥组从幼果形成期开始到果实生长期中期叶片氮含量持续降低，从油脂转换期开始缓慢增加，整个物候周期内施肥组整体氮含量高于对照组。花芽氮含量变化与物候进程和施肥相关，对照组与施肥组变化一致，均为果实生长期初期到中期氮含量增加较快，果实生长期中期后增加速度提高，整个物候周期内施肥组整体氮含量高于对照组。果实氮含量变化与物候进程相关，与施肥与否无关，对照组与施肥组氮含量均为自幼果形成期到果实生长期中期增加，果实生长期后期到油脂转换期前期保持平稳，之后开始缓慢下降（图 10-8）。

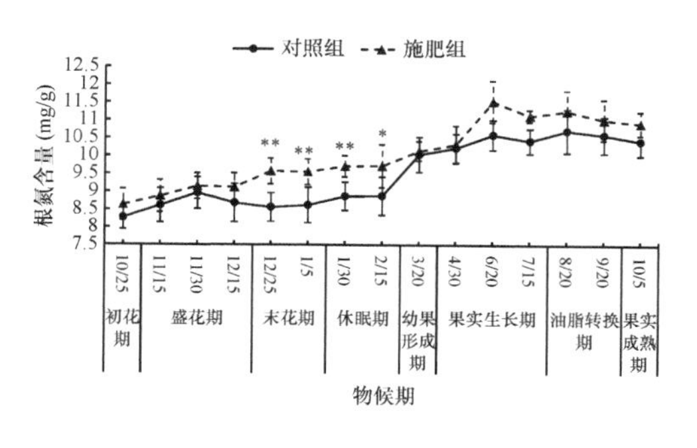

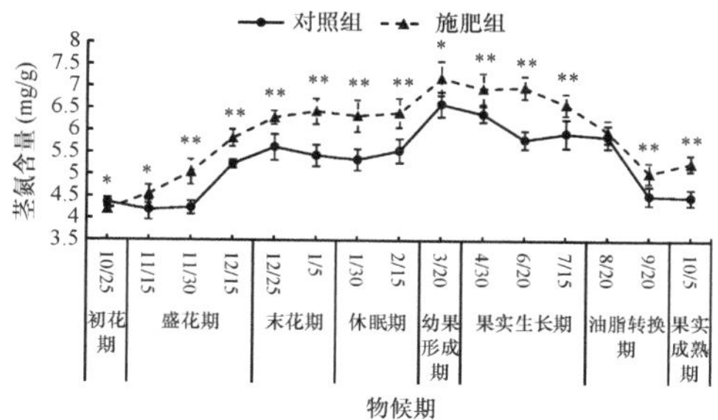

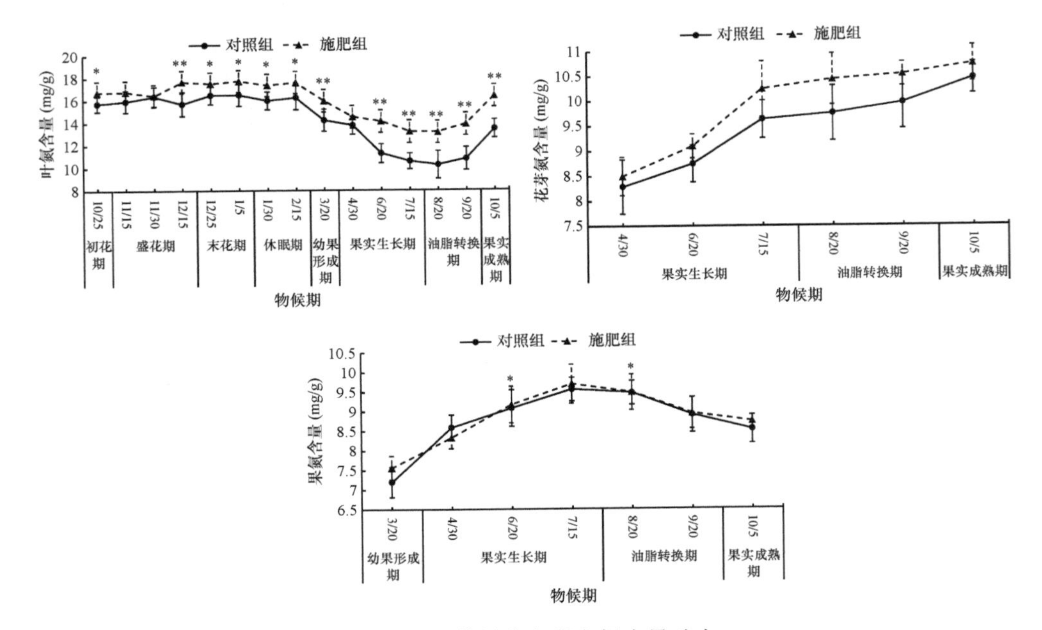

图 10-8　油茶树体各器官氮含量动态

10.3.3.3　油茶树体各器官磷含量动态

油茶树体各器官磷含量平均值从大到小排列为根＞叶＞果＞花芽＞茎，生长周期内各器官磷含量平均值变化不一，变化最大的为果，变化范围 0.98～1.73 mg/g，变化值 0.75 mg/g；最小为茎，变化范围 1.25～1.41 mg/g，变化值 0.16 mg/g；根变化范围 1.07～1.57 mg/g，变化值 0.50 mg/g；叶变化范围 0.92～1.65 mg/g，变化值 0.73 mg/g；花芽变化范围 0.80～1.38 mg/g，变化值 0.58 mg/g。

研究结果表明，油茶树体各器官年生长周期内茎和叶磷含量变化趋势整体上类似，在油脂转换期具有最小值，根在盛花期具有最小值。施肥可以促进各器官在所有物候期磷含量的增加。油茶根的磷含量变化与物候进程和施肥相关，初花期到休眠期结束油茶根部磷含量较为稳定，几乎无变化，从幼果形成期开始根部磷含量持续增加直到果实成熟期，且施肥对根部磷素的补充明显高于对照。油茶茎部磷含量变化与物候进程和施肥相关，从初花期到盛花期缓慢上升，末花期到休眠期磷含量没有显著变化，从幼果形成期开始下降直到油脂转换期后期开始回升，且施肥组茎部磷素明显高于对照组。叶部磷含量变化与物候进程和施肥相关，施肥组明显高于对照组，初花期到盛花期持续增加，末花期到休眠期基本上保持稳定，幼果形成期开始迅速下降直到果实成熟期开始回升，施肥推迟了叶部磷元素的积累，同时提高了磷元素的积累量。果实和花芽磷含量变化趋势基本相同，均与物候进程和施肥相关，自幼果形成期开始，果实磷含量呈持续上升趋势直到果实成熟期，花芽自果实生长期开始到果实成熟期磷含量持续增加，施肥组果实和花芽磷素含量明显高于对照组（图 10-9）。

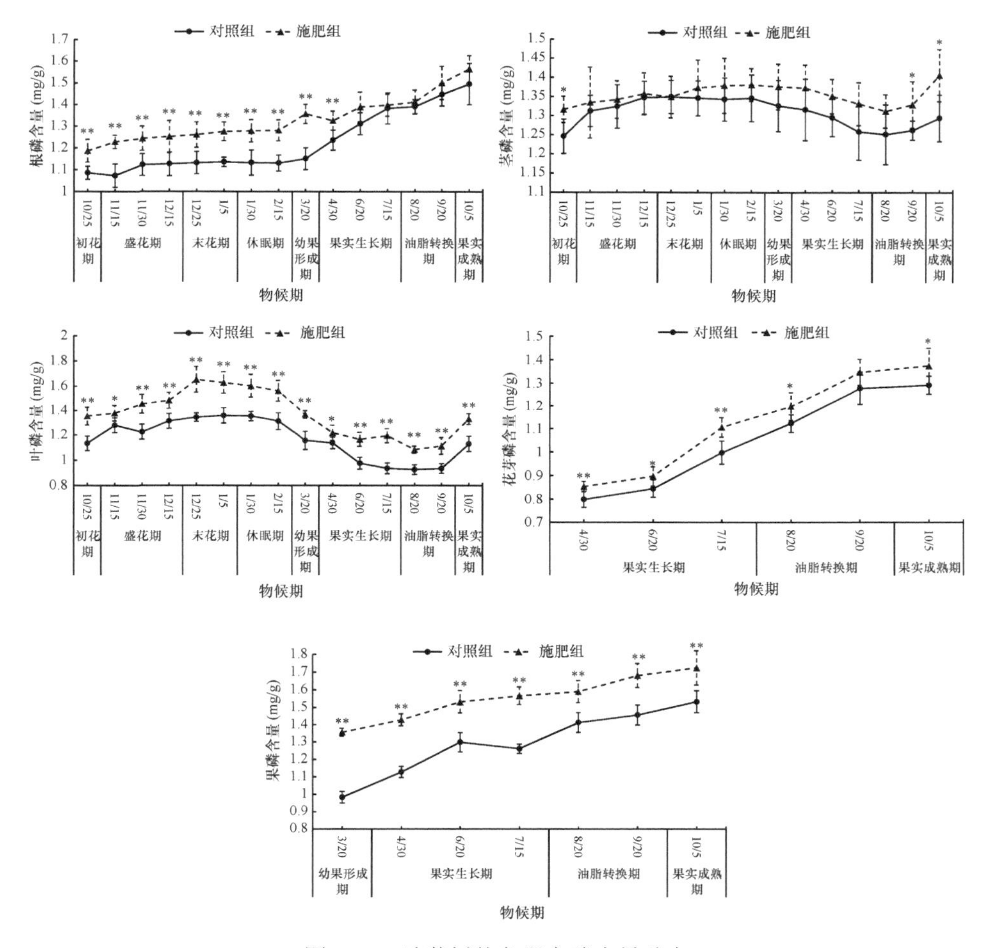

图 10-9　油茶树体各器官磷含量动态

10.3.3.4　油茶树体各器官钾含量动态

油茶树体各器官钾含量平均值从大到小排列为果>叶>茎>花芽>根，生长周期内各器官钾含量平均值变化不一，变化最大的为叶，变化范围 4.20～7.14 mg/g，变化值 2.94 mg/g；最小为根，变化范围 2.54～3.55 mg/g，变化值 1.01 mg/g；茎变化范围 3.95～5.35 mg/g，变化值 1.40 mg/g；花芽变化范围 3.24～4.81 mg/g，变化值 1.57 mg/g；果变化范围 5.63～8.29 mg/g，变化值 2.66 mg/g。

研究结果表明，油茶树体各器官年生长周期内钾含量变化特征为茎和叶含量变化趋势整体上类似，并且与根的钾含量变化趋势相反，茎和叶在果实成熟期具有最小值，根在休眠期具有最小值。施肥可以促进各器官在所有物候期钾含量的增加。油茶根的钾含量变化与物候进程和施肥相关，油茶根系钾含量年生长发育周期内有三段变化过程，对照组从初花期到休眠期含量保持稳定，几乎没有变化，从幼果形成期开始钾含量持续上升至果实生长期结束，在油脂转换期，根部具有年生长周期中最大钾含量，并且保持高水平钾含量直到果实成熟期，整个年生长周期内施肥组钾含量高于对照组。茎的钾含量变化与物候进程和施肥相关，油茶茎部钾含量年生长发育周期分为三个阶段，对照组和施肥组具有相同的变化规律，从初花期到末花期钾含量持续增加，休眠期内基本稳定，后期有所下降，从幼果形成期开始到果实成熟期钾含量持续降低。叶的钾含量变化与物候进程和施肥相关，对照组从初花期到盛花期前期保持稳定，末花期到休眠期达到最大钾含量且保持稳定，自幼果形成期开始到果实成熟期，叶片钾含量呈持续下降趋势，施肥组从初花期到末花期结束钾含量持续增加，休眠期达到最大钾含量且保持稳定，自幼果形成期开始到果实成熟期，叶片钾含量持续下降，且施肥组年生长周期内钾含量始终大于对照组。果实和花芽钾含量与物候进程和施肥相关，两者钾含量变化规律基本一致，自幼果形成期开始，果实钾含量持续上升，花芽自果实生长期开始到果实成熟期钾含量呈持续增加趋势，施肥组果实和花芽钾含量明显高于对照组（图 10-10）。

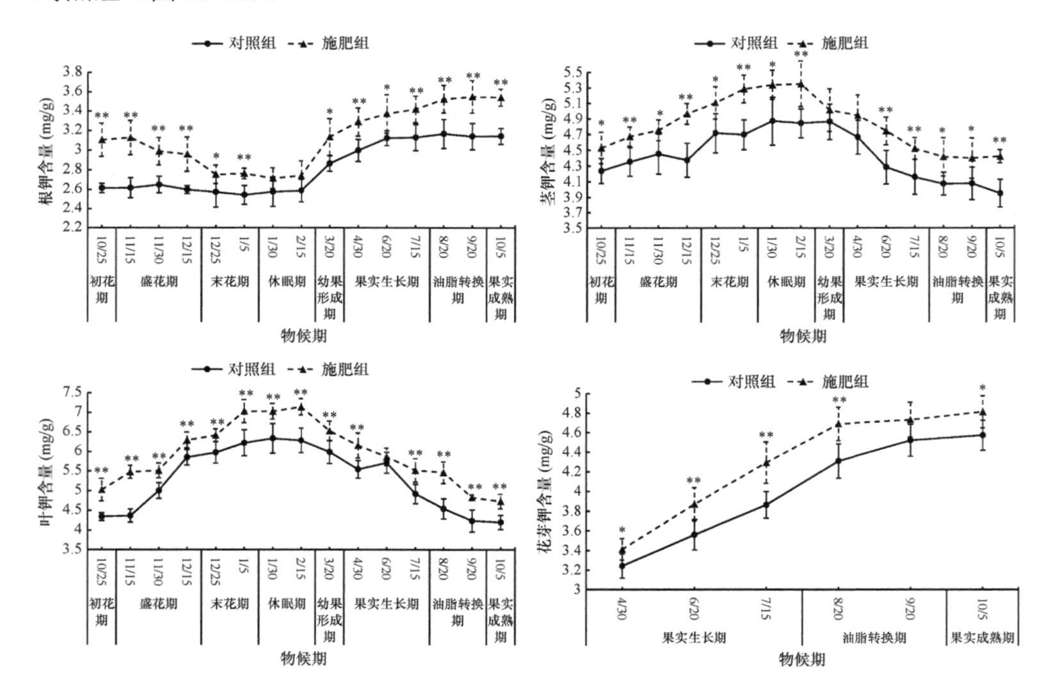

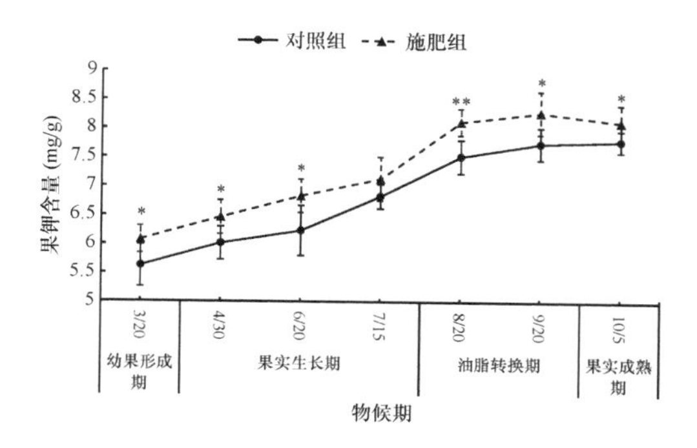

图 10-10　油茶树体各器官钾含量动态

10.3.3.5　油茶树体各器官钙含量动态

油茶树体各器官钙含量平均值从大到小排列为茎＞叶＞果＞根＞花芽，生长周期内各器官钙含量平均值变化不一，变化最大的为茎，变化范围 8.66～17.81 mg/g，变化值 9.15 mg/g；最小为花芽，变化范围 4.12～6.46 mg/g，变化值 2.34 mg/g；根变化范围 7.04～10.54 mg/g，变化值 3.50 mg/g；叶变化范围 8.01～16.82 mg/g，变化值 8.81 mg/g；果变化范围 8.28～17.32 mg/g，变化值 9.04 mg/g。

研究结果表明，油茶树体各器官年生长周期内钙含量变化特征为茎和叶含量变化趋势整体上类似，在果实生长期内具有最小值，根在末花期具有最小值。施肥可以促进除根以外的器官在所有物候期钙含量的增加。油茶根的钙含量变化与物候进程相关，与施肥无关，油茶根系钙含量年生长发育周期内分为三个过程，从初花期到盛花期钙含量持续增加，末花期开始到休眠期结束钙含量基本稳定，果实成熟期达到年生长周期内最大值。茎的钙含量变化与物候进程和施肥相关，对照组初花期到盛花期中期钙含量持续上升，盛花期后期到休眠期保持稳定且达到年生长周期最大值，幼果形成期开始到果实生长期后期钙含量持续下降，从油脂转换期开始回升；施肥组从初花期到休眠期钙含量始终保持稳定，且达到年生长周期内最大值，从幼果形成期开始到果实生长期中期钙含量持续降低，果实生长期中期后钙含量迅速回升，整个物候周期内施肥组整体钙含量高于对照组。叶部钙含量变化与物候进程和施肥相关，对照组初花期到末花期前期钙含量持续上升，末花期前期到休眠期保持稳定且达到年生长周期最大值，幼果形成期开始到果实生长期后期钙含量先下降后上升，从果实生长期后期开始回升，施肥组从初花期到休眠期钙含量始终保持稳定，且达到年生长周期内最大值，从幼果形成期开始到果实生长期中期钙含量持续降低，果实生长期中期后钙含量迅速回升，整个物候周期内除末花期到休眠期外，年生长周期内施肥组钙含量高于对照组。果实钙含量与物候进程相关，自幼果形成期开始，果实钙含量持续上升直到果实成熟期，施肥组和对照组变化趋势一致，同时期钙含量仅存在可忽略的微小差异。花芽自果实生长期开始到油脂转换期前期钙含量持续增加，从油脂转换期前期过后，钙含量趋于稳定，施肥组花芽钙含量高于对照组（图 10-11）。

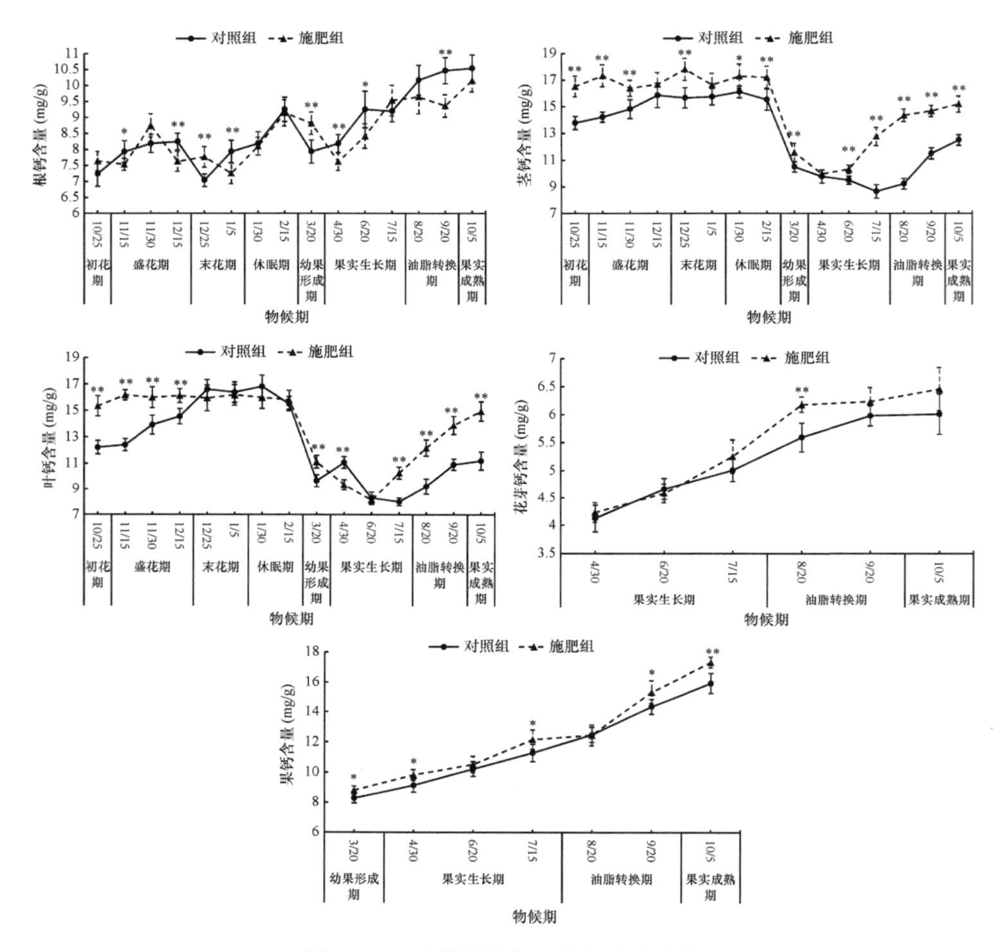

图 10-11　油茶树体各器官钙含量动态

10.3.3.6　油茶树体各器官镁含量动态

油茶树体各器官镁含量平均值从大到小排列为叶＞果＞茎＞根＞花芽，生长周期内各器官镁含量平均值变化不一，变化最大的为叶，变化范围 1.13～1.96 mg/g，变化值 0.83 mg/g；最小为茎，变化范围 1.12～1.58 mg/g，变化值 0.46 mg/g；根变化范围 0.78～1.36 mg/g，变化值 0.58 mg/g；果变化范围 1.11～1.73 mg/g，变化值 0.62 mg/g；花芽变化范围 0.81～1.47 mg/g，变化值 0.66 mg/g。

研究结果表明，油茶树体各器官年生长周期内镁含量变化特征为根、茎和叶含量变化趋势整体上类似，根对照组和施肥组均在初花期内具有最小值。施肥可以促进各器官在所有物候期镁含量的增加。油茶根的镁含量变化与物候进程和施肥相关，油茶根系镁含量年生长发育周期内分为三个阶段，对照组和施肥组均为从初花期到盛花期镁含量持续增加，末花期开始到休眠期结束镁含量保持稳定，幼果形成期到果实生长期结束持续上升，油脂转换期开始持续下降，整个年生长周期内施肥组镁含量高于对照组。茎的镁含量变化与物候进程和施肥相关，整个年生长周期内施肥组镁含量基本上都高于对照组，对照组和施肥组初花期到幼果形成期镁含量均有小幅度上升，整个果实生长期镁含量持续下降，降幅较小，油脂转换期开始回升。叶的镁含量变化与物候进程和施肥相关，整个年生长周期内施肥组镁含量基本上都高于对照组，初花期到果实成熟期镁含量小幅度上升。果实镁含量变化与物候进程和施肥相关，施肥组镁含量高于对照组，幼果形成期到果实成熟期镁含量小幅度上升。花芽镁含量年生长周期内变化不显著，但整个年生长周期内施肥组镁含量高于对照组（图 10-12）。

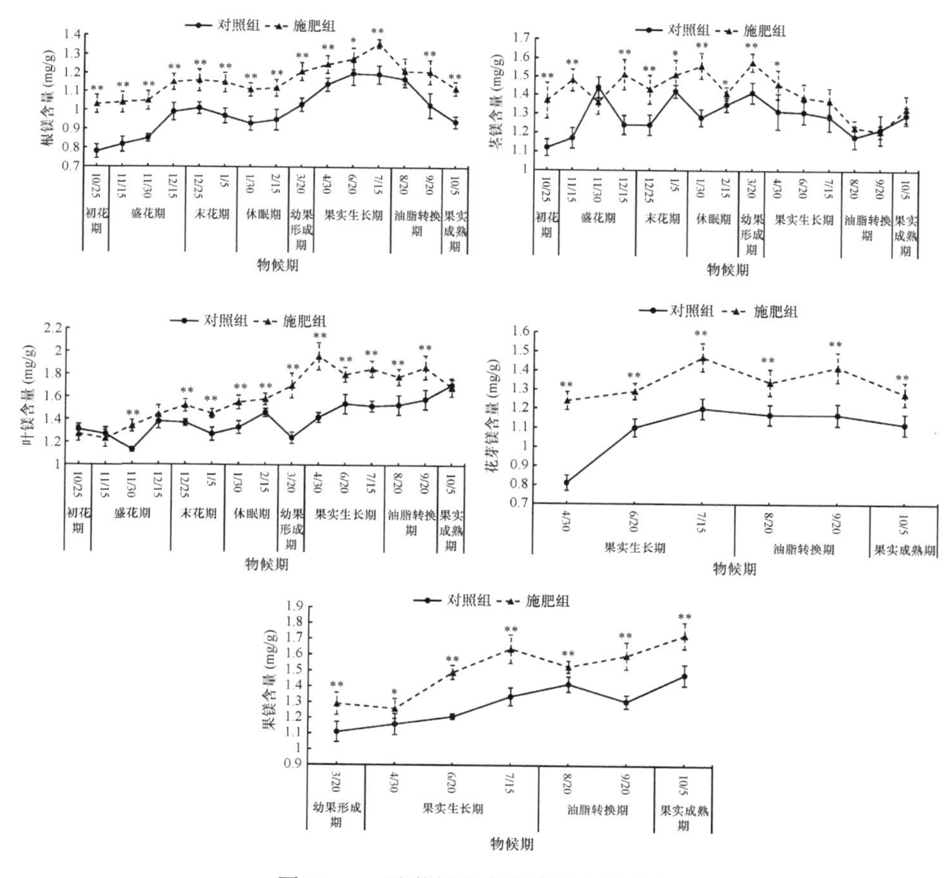

图 10-12　油茶树体各器官镁含量动态

10.3.3.7 油茶树体各器官硫含量动态

油茶树体各器官硫含量平均值从大到小排列为根＞叶＞果＞花芽＞茎，生长周期内各器官硫含量平均值变化不一，变化最大的为根，变化范围 1.47～2.39 mg/g，变化值 0.92 mg/g；最小为果，变化范围 1.21～1.38 mg/g，变化值 0.17 mg/g；茎变化范围 0.79～0.98 mg/g，变化值 0.19 mg/g；叶变化范围 1.69～2.12 mg/g，变化值 0.43 mg/g；花芽变化范围 0.84～1.36 mg/g，变化值 0.52 mg/g。

研究结果表明，油茶树体各器官年生长周期内硫含量变化特征为茎和叶含量变化趋势整体上类似。施肥可以促进各器官在所有物候期硫含量的增加。油茶根的硫含量变化与物候进程和施肥相关，从初花期到幼果形成期硫含量变化较为平稳，果实生长期到油脂转换期前期含量持续增加，油脂转换期前期过后到果实成熟期硫含量开始下降，整个年生长周期内施肥组硫含量高于对照组。茎的硫含量变化全年较为稳定，基本没有明显的增加或减少过程，但施肥组硫含量全年高于对照组。叶片硫的含量变化与物候进程和施肥相关，初花期较为稳定甚至略有下降，休眠期保持稳定且达到年生长周期最大值，幼果形成期开始到果实生长期后期硫含量持续下降，从油脂转换期开始回升，对照组从初花期到休眠期硫含量始终保持稳定，且达到年生长周期内最大值，从幼果形成期开始到果实生长期后期硫含量持续降低，油脂转换期硫含量迅速回升，整个物候周期内硫含量施肥组高于对照组。果实硫含量与物候进程相关，自幼果形成期开始，果实硫含量基本上持续上升直到果实成熟期，施肥组和对照组变化趋势一致，同时期硫含量差距不大。花芽自果实生长期开始到果实成熟期硫含量持续增加，整个年生长周期内施肥组硫含量高于对照组（图 10-13）。

10.3.3.8 油茶树体各器官锌含量动态

油茶树体各器官锌含量平均值从大到小排列为根＞叶＞果＞花芽＞茎，生长周期内各器官锌含量平均值变化不一，变化最大的为叶，变化范围 10.99～13.95 mg/g，变化值 2.96 mg/g；最小为果，变化范围 12.50～13.56 mg/g，变化值 1.06 mg/g；

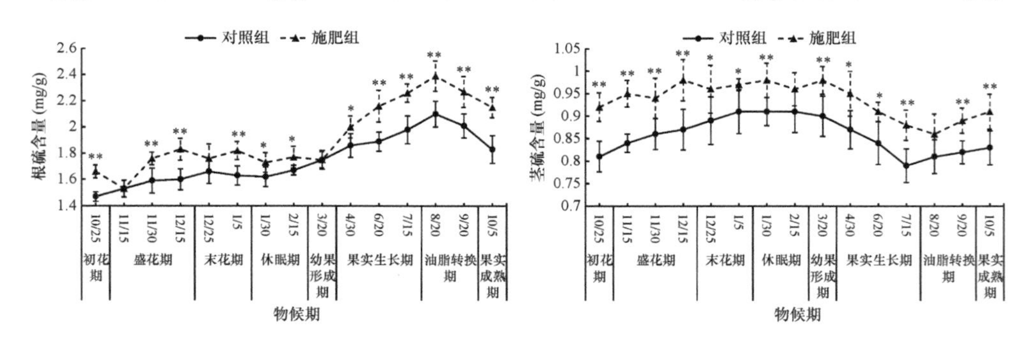

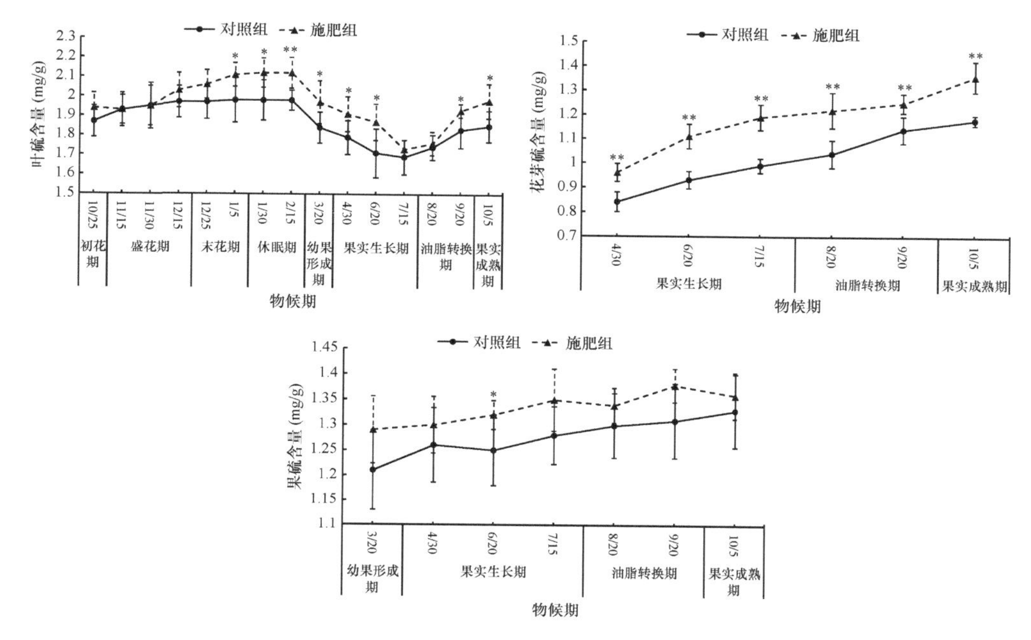

图 10-13　油茶树体各器官硫含量动态

茎变化范围 9.47～11.25 mg/g，变化值 1.78 mg/g；花芽变化范围 9.13～11.33 mg/g，变化值 2.20 mg/g；根变化范围 11.58～14.15 mg/g，变化值 2.57 mg/g。

研究结果表明，油茶树体各器官年生长周期内锌含量变化特征不具有相似性，根年生长周期内最小锌含量出现在盛花期，茎的最小锌含量出现在油脂转换期，叶的最小锌含量出现在果实生长期。油茶根的锌含量变化与物候进程和施肥相关，对照组从初花期到盛花期中期锌含量降低，盛花期中期到休眠期结束基本保持稳定，从幼果形成期开始，根部锌含量呈持续增加趋势，直到果实成熟期；施肥组从初花期到末花期前期锌含量降低，末花期前期到休眠期结束保持稳定，从幼果形成期开始，根部锌含量持续增加，直到果实成熟期，整个年生长周期内施肥组锌含量高于对照组。茎的锌含量变化与物候进程和施肥相关，对照组和施肥组从初花期到末花期后期锌含量持续增加，末花期到休眠期结束基本稳定，并达到年生长周期最大值，从幼果形成期开始锌含量先降后增，幼果形成期到油脂转换期前期，锌含量持续降低，从油脂转换期前期到果实成熟期持续上升，整个年生长周期内施肥组锌含量高于对照组。叶的锌含量变化与物候进程和施肥相关，施肥组锌含量高于对照组，从初花期到休眠期，对照组和施肥组均保持缓慢的速度增长，幼果形成期到果实生长期中期锌含量下降速度较快，下降量较多，对照组下降量和速度均高于施肥组，果实生长期中期后锌含量开始回升。果实中的锌含量在整个果期基本保持稳定。花芽锌含量变化与物候进程相关，与施肥量不相关，自果实生长期开始锌含量呈持续增加趋势（图 10-14）。

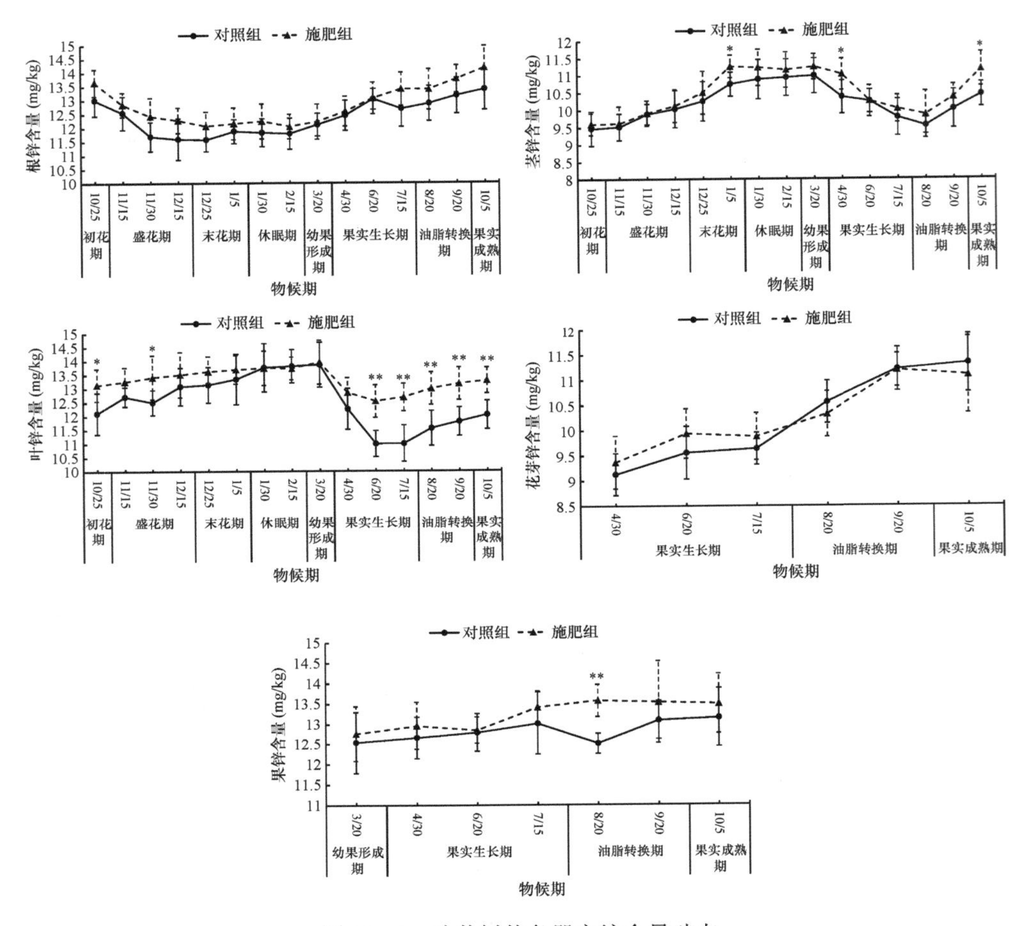

图 10-14 油茶树体各器官锌含量动态

10.3.3.9 油茶树体各器官铁含量动态

油茶树体各器官铁含量平均值从大到小排列为根＞茎＞叶＞花芽＞果，生长周期内各器官铁含量平均值变化不一，变化最大的为茎，变化范围 0.17～0.53 mg/g，变化值 0.36 mg/g；最小为花芽，变化范围 0.06～0.19 mg/g，变化值 0.13 mg/g；根变化范围 0.38～0.59 mg/g，变化值 0.21 mg/g；叶变化范围 0.12～0.30 mg/g，变化值 0.18 mg/g；果变化范围 0.10～0.24 mg/g，变化值 0.14 mg/g。

研究结果表明，油茶树体各器官年生长周期内铁含量变化特征为根、茎和叶的铁含量变化趋势整体上类似，均在果实成熟期内出现年生长周期内最小值。油茶根、茎和叶的铁含量变化趋势相同，与物候进程和施肥相关，从初花期到末花期铁含量持续增加，休眠期铁含量保持稳定，幼果形成期到果实成熟期下降，整个年生长周期内施肥组铁含量高于对照组。果实铁含量与物候进程相关，自幼果形成期开始，果实铁含量持续上升直到果实生长期结束，此时期施肥组铁含量略微高于对照组，油脂转换期和果实成熟期铁含量趋于稳定。花芽铁含量与物候进程相关，与施肥无关，在果实生长期铁含量持续上升，油脂转换期和果实成熟期基本保持稳定（图 10-15）。

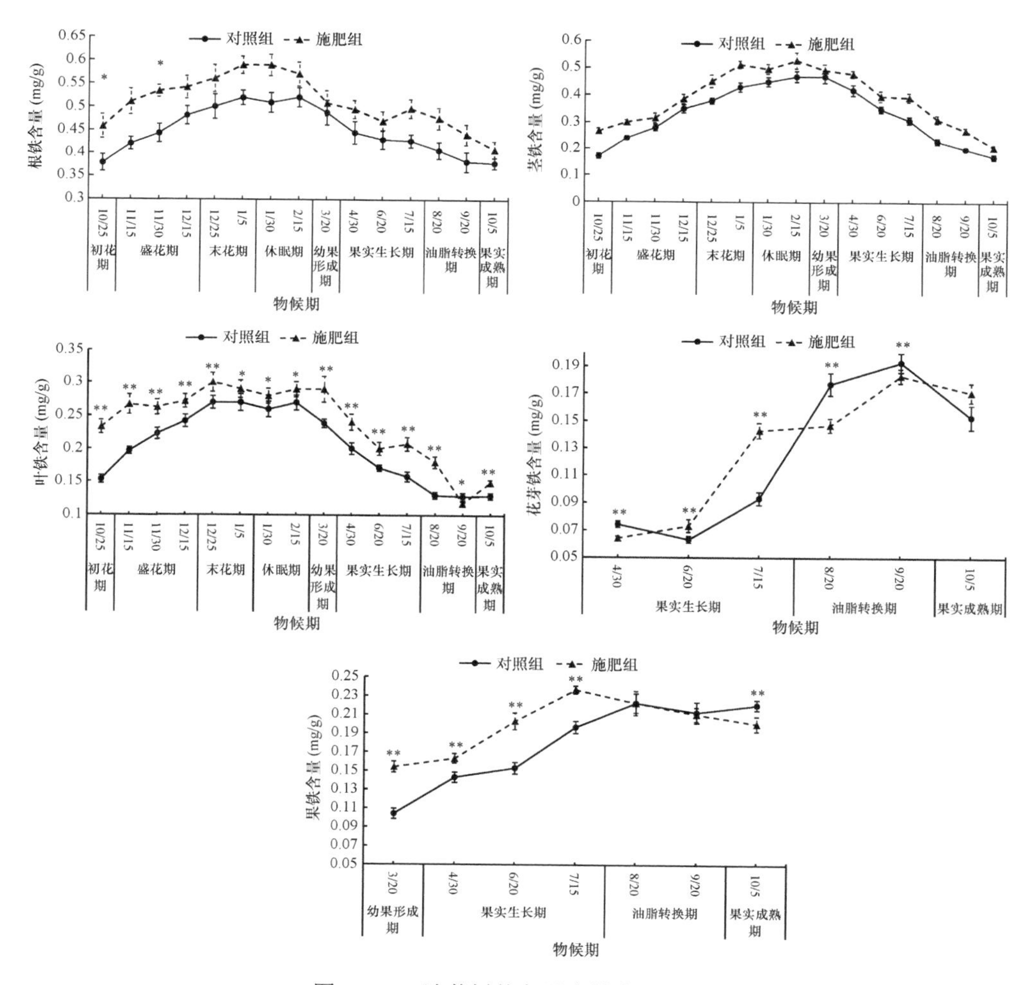

图 10-15　油茶树体各器官铁含量动态

10.3.3.10 油茶树体各器官硼含量动态

油茶树体各器官硼含量平均值从大到小排列为叶＞根＞果＞花芽＞茎，生长周期内各器官硼含量平均值变化不一，变化最大的为叶，变化范围 39.58～62.15 mg/g，变化值 22.57 mg/g；最小为花芽，变化范围 14.29～18.83 mg/g，变化值 4.54 mg/g；根变化范围 38.67～54.53 mg/g，变化值 15.86 mg/g；茎变化范围 18.23～24.73 mg/g，变化值 6.50 mg/g；果变化范围 16.13～21.77 mg/g，变化值 5.64 mg/g。

研究结果表明，油茶树体各器官年生长周期内硼含量变化特征不具有相似性，施肥可以促进各器官在所有物候期硼含量的增加，根年生长周期内最小硼含量出现在盛花期，茎的最小值出现在初花期，叶和果的最小值出现在油脂转换期。油茶根的硼含量变化与物候进程和施肥相关，油茶根系硼含量年生长发育周期内分为 3 个过程，对照组从初花期到盛花期中期硼含量持续降低，盛花期中期后到休眠期结束硼含量保持稳定，幼果形成期到果实成熟期持续增加，施肥组从初花期到盛花期结束硼含量持续降低，之后变化趋势与对照组基本一致，整个年生长周期内施肥组硼含量始终高于对照组。茎的硼含量变化与物候进程和施肥相关，对照组和施肥组变化趋势趋于一致，初花期到盛花期硼含量持续上升，末花期到休眠期保持稳定且达到年生长周期最大值，幼果形成期开始到果实成熟期硼含量持续下降，整个年生长周期内施肥组硼含量始终高于对照组。叶部硼含量变化与物候进程和施肥相关，整个年生长周期内施肥组硼含量高于对照组，对照组和施肥组变化趋势基本一致，初花期到盛花期硼含量持续上升，末花期到休眠期保持稳定且达到年生长周期最大值，幼果形成期到果实生长期硼含量持续下降，从油脂转换期开始回升。花芽硼含量与物候进程和施肥相关，自果实生长期开始到果实成熟期硼含量持续增加，整个年生长周期内施肥组花芽硼含量高于对照组。果实硼含量与物候进程和施肥相关，幼果形成期到果实生长期前期硼含量较为稳定，没有显著变化，果实生长期前期到油脂转换期前期持续下降，油脂转换期前期后保持稳定，整个年生长周期内施肥组硼含量高于对照组（图 10-16）。

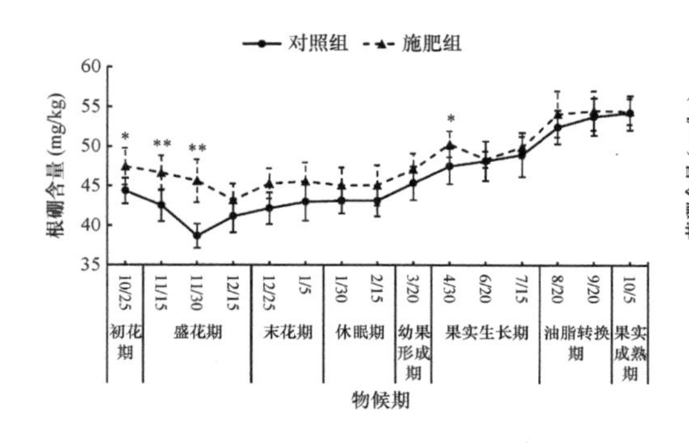

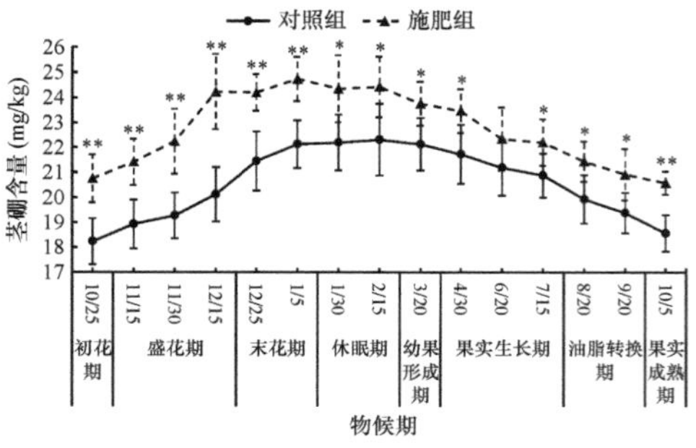

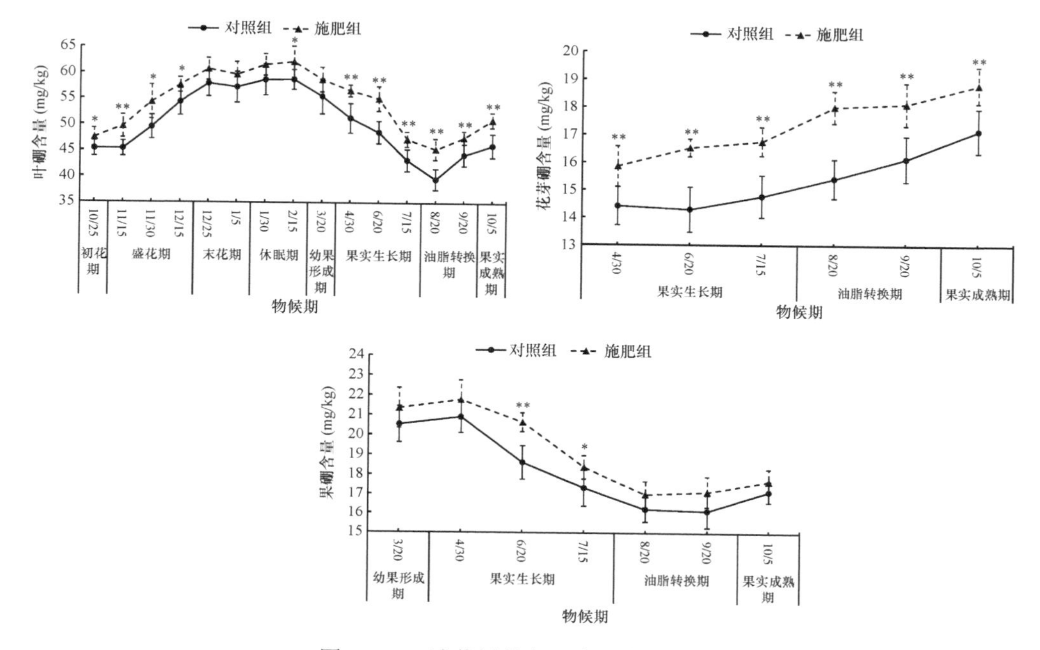

图 10-16　油茶树体各器官硼含量动态

10.3.4　油茶土壤养分动态

油茶林下土壤有机碳含量平均值与物候期进程和施肥相关，含量变化范围：24.32～74.54 mg/g，变化值为 50.22 mg/g，年生长周期内施肥组有机碳含量高于对照组。年生长周期内最小有机碳含量出现在果实生长期后期到油脂转换期前期，对照组有机碳含量从初花期开始上升，直到末花期开始保持稳定，幼果形成期到果实生长期有机碳含量持续下降，从油脂转换期开始回升。施肥组有机碳含量从初花期到休眠期结束呈持续增加趋势，从幼果形成期开始持续下降直至油脂转换期前期结束，从油脂转换期前期后开始回升（图 10-17）。

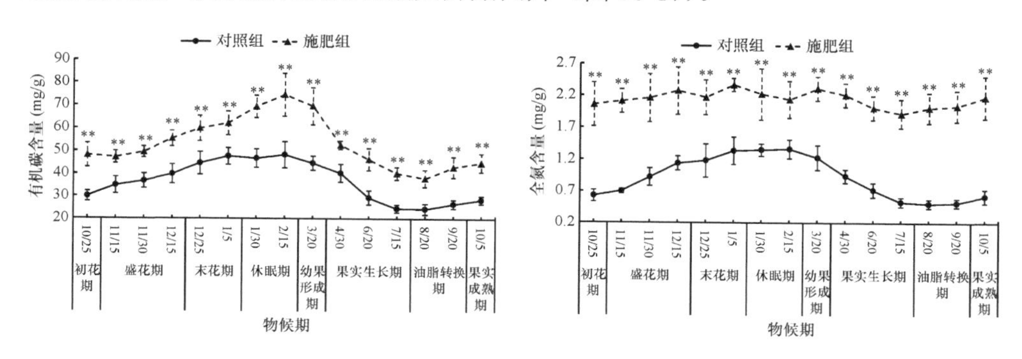

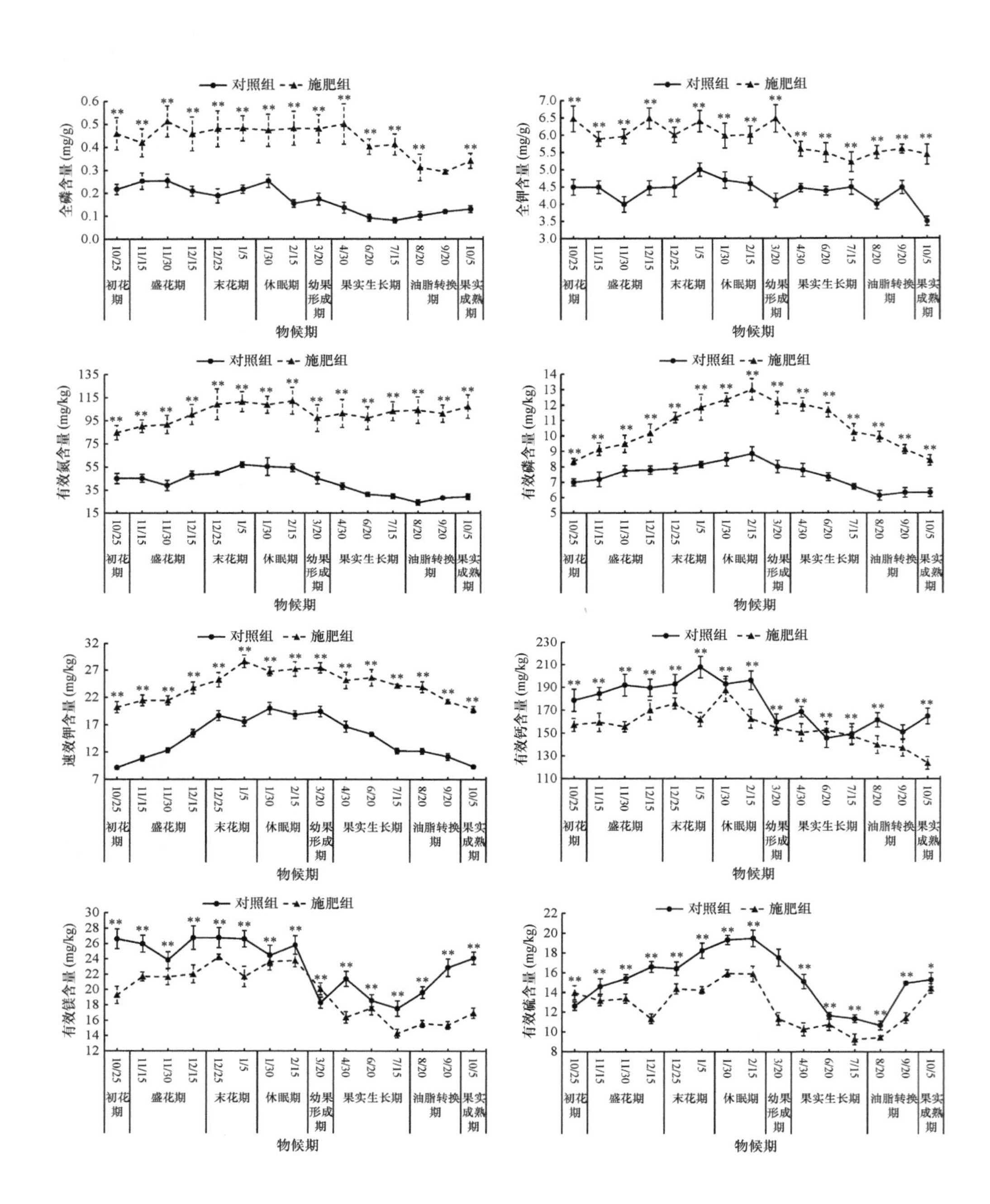
对照组
施肥组
全磷含量 (mg/g)
全钾含量 (mg/g)
有效氮含量 (mg/kg)
有效磷含量 (mg/kg)
速效钾含量 (mg/kg)
有效钙含量 (mg/kg)
有效镁含量 (mg/kg)
有效硫含量 (mg/kg)
10/25
11/15
11/30
12/15
12/25
1/5
1/30
2/15
3/20
4/30
6/20
7/15
8/20
9/20
10/5
初花期
盛花期
末花期
休眠期
幼果形成期
果实生长期
油脂转换期
果实成熟期
物候期

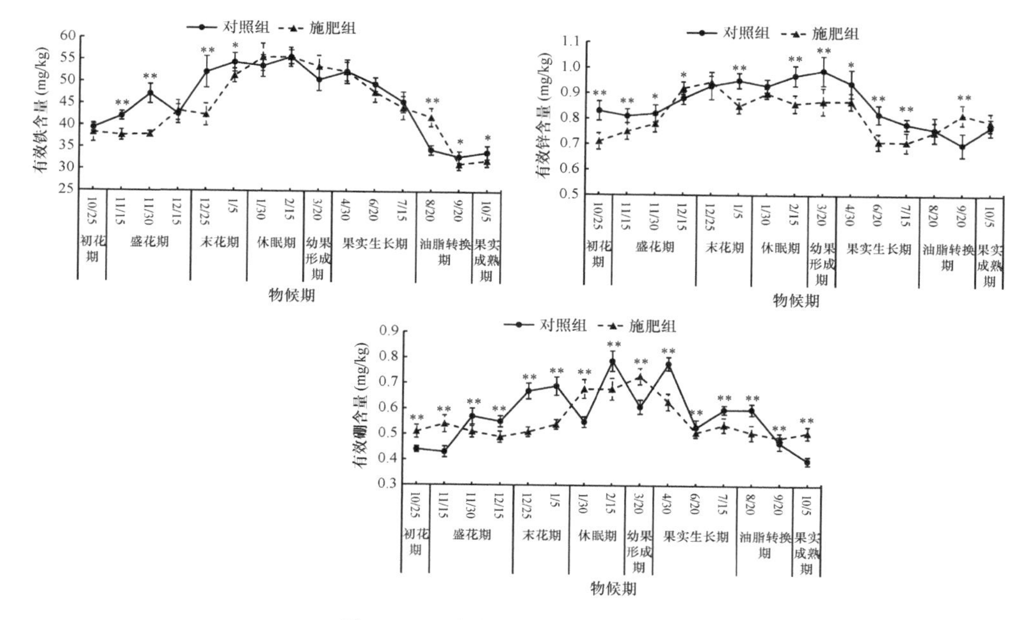

图 10-17 油茶土壤养分元素动态

土壤全氮含量平均值与物候期进程和施肥相关，含量变化范围：0.51～2.37 mg/g，变化值为 1.86 mg/g，年生长周期内施肥组全氮含量高于对照组。年生长周期内最小氮含量出现在油脂转换期，对照组全氮含量从初花期到休眠期持续增加，从幼果形成期开始持续下降直至果实生长期结束，从油脂转换期开始回升，施肥组全氮含量年生长周期内表现较为平稳，仅幼果形成期到果实生长期结束有小幅度下降（图 10-17）。

土壤全磷含量平均值与物候期进程和施肥相关，含量变化范围：0.08～0.51 mg/g，变化值为 0.43 mg/g，年生长周期内施肥组全磷含量高于对照组，年生长周期内最小全磷含量出现在果实生长期，全磷含量对照组和施肥组整体比较稳定，上升和下降的范围与幅度均较小，对照组从初花期到末花期全磷含量基本保持平稳，从休眠期开始下降直到果实生长期后期，从油脂转换期开始回升。施肥组从初花期到果实生长期前期全磷含量均保持平稳，果实生长期中期到油脂转换期前期下降，且下降幅度较大，之后全磷含量开始回升（图 10-17）。

土壤全钾含量平均值施肥组和对照组变化不一致，含量变化范围：3.49～6.48 mg/g，变化值为 2.99 mg/g，年生长周期内施肥组全钾含量均高于对照组，年生长周期内最小全钾含量出现在果实成熟期，对照组年生长周期内全钾含量具有一定的波动，但未表现出明显的规律性，施肥组与物候期进程相关，幼果形成期到果实生长期，全钾含量出现一定的下降，进入油脂转换期后全钾含量开始回升

（图 10-17）。

土壤有效氮含量平均值与物候期进程和施肥相关，含量变化范围：24.18～112.13 mg/kg，变化值为 87.95 mg/kg，年生长周期内施肥组有效氮含量远高于对照组，年生长周期内最小有效氮含量出现在油脂转换期，对照组有效氮含量从初花期到休眠期结束有小幅度的上升，从幼果形成期开始到油脂转换期前期持续下降，油脂转换期后开始回升。施肥组从初花期开始到休眠期结束有效氮含量持续上升，在幼果形成期有小幅度下降，果实生长期到果实成熟期没有表现出明显的变化，基本保持稳定（图 10-17）。

土壤有效磷含量平均值与物候期进程和施肥相关，含量变化范围：6.14～13.01 mg/kg，变化值为 6.87 mg/kg，年生长周期内施肥组有效磷含量远高于对照组，年生长周期内最小有效磷含量出现在油脂转换期，对照组有效磷含量从初花期到休眠期结束持续上升，从幼果形成期开始到油脂转换期前期持续下降，油脂转换期后开始回升。施肥组从初花期开始到休眠期结束有效磷含量持续上升，在幼果形成期有小幅度下降，果实生长期前期和中期基本保持平稳，果实生长期后期到果实成熟期持续下降（图 10-17）。

土壤速效钾含量平均值与物候期进程和施肥相关，含量变化范围：9.13～28.64 mg/kg，变化值为 19.51 mg/kg，年生长周期内施肥组速效钾含量远高于对照组，年生长周期内最小速效钾含量出现在果实成熟期，对照组速效钾含量从初花期到末花期前期，末花期到幼果形成期基本保持稳定，并且具有年生长周期内最大速效钾含量，从果实生长期到果实成熟期持续下降。施肥组从初花期到末花期速效钾含量持续上升，休眠期到幼果形成期保持稳定，从果实生长期到果实成熟期持续下降（图 10-17）。

土壤有效钙含量平均值的变化与物候进程和施肥相关，含量变化范围：123.76～207.74 mg/kg，变化值为 83.98 mg/kg，年生长周期内最小有效钙含量出现在果实成熟期，对照组有效钙含量从初花期到休眠期结束基本保持稳定，并且达到年生长周期内最大有效钙含量，从幼果形成期到果实生长期前期持续下降，从果实生长期中期开始保持缓慢增长直到果实成熟期。施肥组从初花期到休眠期中期有效钙含量基本持续上升，休眠末期开始到果实成熟期基本持续下降，对照组有效钙含量在整个年生长周期内基本上均高于施肥组（图 10-17）。

土壤有效镁含量平均值的变化与物候进程和施肥相关，含量变化范围：14.31～26.77 mg/kg，变化值为 12.46 mg/kg，年生长周期内最小有效镁含量出现在果实生长期，对照组有效镁含量从初花期到休眠期结束基本保持稳定，并且达到年生长周期内最大有效镁含量，从幼果形成期到果实生长期基本持续下降，从油脂转换期开始持续增长直到果实成熟期。施肥组从初花期到末花期持续增加，并且达到年生长周期内最大有效镁含量，从幼果形成期到果实生长期基本持续下降，从油脂转换期开始基本持续增长直到果实成熟期，对照组有效钙含量在整个年生长周期内基本上均高于施肥组（图 10-17）。

土壤有效硫含量平均值的变化与物候进程和施肥相关，含量变化范围：9.26～19.49 mg/kg，变化值为 10.23 mg/kg，对照组有效硫含量从初花期到休眠期持续增加，并且达到年生长周期内最大有效硫含量，年生长周期内最小有效硫含量出现在果实生长期，从幼果形成期到果实生长期基本持续下降，从油脂转换期开始持续增长直到果实成熟期。施肥组从初花期到末花期基本持续增加，但增加幅度小于对照组，从幼果形成期到果实生长期基本持续下降，从油脂转换期开始基本持续增长直到果实成熟期（图 10-17）。

土壤有效铁含量平均值的变化与物候进程相关，与施肥无关，含量变化范围：31.33～55.70 mg/kg，变化值为 24.37 mg/kg，年生长周期内最小有效铁含量出现在油脂转换期，对照组和施肥组具有相同的变化规律，从初花期到休眠期结束，有效铁含量基本持续增加，达到年生长周期内最大值，从幼果形成期开始到油脂转换期结束，有效铁含量持续下降，进入果实成熟期后有效铁含量保持稳定（图 10-17）。

土壤有效锌含量平均值的变化与物候进程和施肥相关，含量变化范围：0.70～0.99 mg/kg，变化值为 0.29 mg/kg，年生长周期内最小有效锌含量出现在果实生长期，对照组从初花期到幼果形成期有效锌含量基本持续增加，果实生长期开始到油脂转换期持续下降，进入果实成熟期后开始回升。施肥组从初花期开始到盛花期结束持续增加，末花期到幼果形成期基本保持稳定，整个果实生长期，有效锌含量基本持续下降，进入油脂转换期后开始回升（图 10-17）。

土壤有效硼含量平均值的变化与物候进程有关，和施肥无关，含量变化范围：0.40～0.79 mg/kg，变化值为 0.39 mg/kg，年生长周期内最小有效硼含量出现在果实成熟期，对照组和施肥组变化规律类似，从初花生长期到休眠期基本保持增长，幼果形成期开始直到果实成熟期基本持续下降（图 10-17）。

10.4　小结与讨论

10.4.1　小结

通过对油茶花期、休眠期、果期的持续监测了解到，每年 9 月中旬初花开放，花期开始，10 月中旬进入初花期，11 月上旬进入盛花期，12 月中下旬进入末花期，1 月中旬全花凋谢，花期结束，花期历时约 128 d。单花寿命最长出现在开花前期，最短出现在末花期。开花前期花朵少量开放，盛花期存量最大，末花期存量减少。花期最高气温出现在开花前期，最低气温出现在末花期，随着开花进程的推进，气温逐渐降低。休眠期自 1 月中旬至 2 月下旬，历时约 45 d。油茶 2 月进入果期，幼果形成期自2月下旬至4月上旬，时长约30 d，果实生长期4月中旬至8月上旬，时长约120 d，油脂转换期8月中旬至10月上旬，时长约45 d，10月中旬进入果实成熟期，果实鲜重在幼果形成期和果实生长期增加，干重在幼果形成期到油脂转换期后期增加，鲜果含水率呈现先增后减的趋势。茶果体积、果高和果径从幼果形成期至油脂转换期呈增长趋势。整个果期均存在落果现象，果实生长期中期落果量稍小于其他时期。2月底至3月上旬春梢开始生长，5月上旬结束，夏梢生长于6月上旬到8月上旬，秋梢生长开始于9月上旬到10月中旬，花芽在5月初到8月下旬发育。

通过研究区油茶林地树体和土壤基础养分特征研究可知，油茶林地土壤有机碳、全氮相对富足，全磷、全钾、有效磷、速效钾相对缺乏；有机碳、全氮、全磷的变化具有协同性；速效钾、有效磷含量直接取决于全钾、全磷含量。叶片氮、磷协同变化，且均受到土壤磷的调控，油茶生长发育受到氮、磷双重限制，钾元素相对欠缺，但油茶生长发育并未受到钾元素的限制。

通过油茶树体养分动态研究可知，树体各器官养分含量的变化均与物候期相关，树体各器官关键物候期不同养分含量变化规律没有一致性，但存在增减的协同性。施肥试验结果表明，施用大量元素肥料增加了树体各器官大量、中量和微量元素的含量，但树体器官养分含量的变化与施肥不完全相关。

通过油茶土壤养分动态研究可知，林下土壤养分含量的变化均与物候期相关，体现在养分元素的积累和消耗与油茶物候期进程相关，施肥试验结果表明，施用大量元素肥料增加了土壤中大量元素及对应速效养分的含量，但减少了中量元素对应速效元素的含量，对微量元素对应速效元素的含量没有影响。

油茶年生长周期中，休眠期树体养分元素较为稳定，果期对树体和土壤养分的消耗最大，茶果采摘后，树体和土壤的养分含量开始上升，进入休眠期前恢复到全年最大水平。油茶林地年生长周期内应该开展四次施肥，施肥选择有机肥和全元素肥料，在本研究施肥量的基础上增加12月有机肥的使用量，并同时配施全元素肥料，3月应当增加全元素肥料的施用量，并注意提高大量元素氮、磷、钾和中量元素钙、镁、硫的含量，6月开展施肥时应该注意提高钾元素的比例，并适当减少其他元素的施用量，油茶果采摘后应当适当施全元素肥料进行补充，并注意提高大量、中量元素的比例。

10.4.2 讨论

本研究证实油茶花期比较稳定，每年进入花期各阶段的时间比较接近，花期各阶段历经时长、单花寿命和开花进程也比较一致，此结果指向油茶花期起止时间、各阶段历经时长和开花进程与油茶自身生物学特性相关，而与其他外部条件无关，与其他学者的研究结果相悖。胡玉玲等（2015）认为不同水热及养分条件对油茶的花发育及花期影响明显；樊星火等（2017）研究发现干旱使得油茶提前开花，过多水分会推迟油茶开花，对花期开放进程都有不同程度的影响；郭水连等（2021）研究认为油茶开花前遭遇的低温天气，会在一定程度上推迟油茶的花期；曾燕如等（2009）研究认为油茶同一花期类型，在不同年度、不同立地条件下，花期有迟早之别，整个花期长短也随之变化不一致。结合以上学者的研究结果，分析认为，由于本研究所观测的三次花期在最高、最低和平均气温上差异不明显，导致了温度因子对花期的影响未表达，并且林地内采用喷灌的方式保持水分，排除了水分条件带来的影响，因此与其他学者的研究结果存在差异，但不影响本研究结果的可靠性。这也说明了，在相同立地条件下，当水肥条件一致时，花期一致的油茶，不同年份花期起止时间和花期长短主要受空气温度影响。

本研究证实油茶果期果实鲜重、干重、含水率、果高、果径、体积和落果情况在观测年份的变化规律趋于一致。有学者研究表明，3 月和 7～8 月是油茶年生长发育周期中的两个生理落果高峰期（陈庆潮等，2016），由于 3 月过后油茶果实的生长逐渐加快，水分和养分的需求增大，导致落果较多，在此阶段油茶的落果与降雨量成反比，降水量大的 6～7 月落果较少，由于气温增加和降雨量减少，蒸腾作用增强，导致 7～9 月油茶大量落果（马澄政和梁安兰，1982）。这与本研究落果的年生长周期变化一致。陈育松等（1963）认为，油茶落果与绝对高温、低温有关，油茶的开花期和幼果期，极端低温在 0℃以下时，会导致油茶果的脱落量增加，果实生长期极端高温在 35℃以上时，也会导致落果量增加。本研究极端最高温度大于 35℃的时期为果实生长期，分别出现在观测年份的 6 月、7 月，但并未导致大量的落果，分析其原因，可能是林地采用喷灌的方式保持林地水分，相当于增加了降雨量，虽然观测期间出现了极端高温，使得叶片蒸腾作用增强，但由于得到了水分的及时补充，因此并未造成大量落果。这也说明，在相同立地条件下，当油茶林地水分充足时，可以缓解甚至解除油茶年生长周期内的极端高温对油茶落果的影响。

油茶林地土壤 SOC 和 TN 含量均高于其他油茶种植区及中国土壤均值，这是因为林地坚持以近自然的方式经营管理油茶，土壤有机质的多寡和凋落物的分解量决定了土壤 SOC 的含量，土壤 N 主要来源于凋落物分解与合成的有机质或大气氮沉降（简尊吉等，2022），长期的近自然管理增加了油茶林地凋落物的积存量与分解量，致使土壤 SOC、TN 得到补充。土壤 TP 含量接近中国土壤均值和除江西省外的其他油茶种植区均值，AP 含量高于江西永修，低于中国土壤均值和其余油茶种植区，这是因为亚热带区域土壤主要以红壤为主，红壤风化淋溶作用强烈，其中大量的铝、铁、锰氧化物等矿物对 P 元素专性吸附和固定的能力强，导致油茶林地土壤 P 元素含量较少（方晰等，2018）。土壤 TK 含量接近江西永修和河南新县，远低于中国土壤均值和其他油茶种植区；AK 含量低于其他油茶种植区，说明油茶林地土壤 K 元素含量相对欠缺。

本研究土壤 C∶N 高于中国土壤 C∶N 均值及其他油茶种植区，土壤 C∶N 是森林有机质分解的预测指标（方晰等，2018），C∶N 低表示土壤中 SOC 分解迅速，土壤氮元素相对富足，说明油茶林地土壤 SOC 分解速率相对较慢，TN 相对缺乏。本研究土壤 C∶P 高于中国土壤 C∶P 均值及其他油茶种植区，土壤 C∶P 是土壤磷矿化能力的标志。低 C∶P 有利于微生物在有机质分解过程中释放养分，促进土壤中 AP 的增加；相反，则在微生物分解有机物的过程中存在 P 的限制（王建林等，2014），这说明油茶林地土壤中微生物对 P 元素的固持能力相对较弱，养分释放能力低，致使 AP 含量相对偏低。土壤 N∶P 可用于预测养分的限制状况，本研究土壤 N∶P 4.91 接近中国土壤平均值及其他油茶种植区，为保障油茶林的健康与持续产出，油茶林地需要加强 N、P 元素投入，以保障林地养分。

德宏州油茶叶片 C 和 K 含量均低于中国叶片均值及其他油茶种植区，N 和 P 含量均接近中国叶片均值及其他油茶种植区。叶片 C 含量高表明植物生长速率慢、光合效率低，叶片 N 和 P 含量高表明植物生长速率快、光合效率高，这说明林地油茶植株生长发育相对缓慢，光合效率低，有机物积累速率低。叶片 C∶N 接近其他油茶种植区 C∶N 均值，C∶P 高于江西永修，低于亚热带油茶种植区；叶片 C∶N 和 C∶P 分别反映了植物吸收利用 N、P 元素并同化 C 的能力，叶片 C∶N 和 C∶P 的变化主要取决于植物体内 N、P 含量的变化，说明油茶植株吸收 N 能力与中国叶片均值及其他种植区域油茶相近，但吸收 P 能力相对较弱，这与林地土壤 N 和 P 缺乏有关（喻阳华等，2022；王睿照等，2022）。叶片 N∶P 高于浙江常山，接近其他油茶种植区，N∶P 阈值假说（N∶P Threshold Hypothesis），认为可通过一定的 N∶P 阈值判断植物的养分限制情况，Koerselman 认为植物叶片 N∶P 小于 14 时，植物生长受到土壤中氮元素的限制作用；植物 N∶P 大于 16 时，植物生长受到土壤中磷元素的限制作用；植物 N∶P 为 14～16 时，植物同时受到土壤中氮元素和磷元素的限制作用（盘金文等，2020），本研究 N∶P 13.88 接近 14，说明油茶受到 N 和 P 元素的双重限制；N∶K 大于 2.1，K∶P 小于 3.4 时，植物的生长受 K 元素限制（皮发剑等，2016），本研究叶片 N∶K 2.95 大于 2.1，K∶P 4.76 大于 3.4，表明 K 元素虽相对欠缺，但油茶生长发育并未受到 K 元素的限制。

油茶土壤 SOC 与叶片 C 含量无显著相关关系，说明叶片的 C 含量主要来源为光合固碳，与土壤 SOC 多寡无关；土壤 SOC 和 TN 显著正相关，TN 和 TP 显著正相关，但 SOC 与 TP 不存在显著相关关系，即土壤 SOC、TN、TP 中任意元素含量变化，都会引起其他两个元素的变化。阎恩荣等（2010）认为，在植物群落的非生物环境中，C、N 和 P 的化学计量比不匹配将导致不同的 C、N、P 循环，任何一种元素的稀缺或过量都将不可避免地导致其他两种元素的积累或消减，本研究中 TP 的相对欠缺导致了 SOC、TN 的相对积累，因此，油茶林地养分管理中需要注意养分元素的均衡投入；TK 和 AK 显著正相关，TP 和 AP 显著正相关，表明 AK、AP 含量取决于 TK、TP 含量；土壤 TP、AP 和叶片 N、P 显著正相关，且叶片 N 和 P 显著正相关，说明叶片 N、P 均受到土壤 P 的调控，因此在经营管理过程中需要注意土壤 P 元素的投入，防止缺 P 限制油茶生长发育与产出。

碳是植物体必需大量元素中占比最高的元素，对植物体生长发育和形态建成起到基础性作用，是极其重要但容易忽视的植物必需营养元素。沈文清等（2006）对不同层次植物含碳率的测定结果显示，含碳水平越高的植物和植物器官其木质化程度越高，对于健康植物来说，木质化程度越高代表其成熟度越高。根是植物体吸收运输土壤矿质元素的器官，本研究油茶根的碳含量在油茶年生长周期中整体呈现“S”形变化，施肥对油茶根碳含量的影响主要体现在对其发育周期的改变，施肥处理组根部整体碳含量低于对照组，即施肥组根部木质化程度低于对照组，同时碳含量达到最大值的时间晚于对照组，说明施肥延长了油茶根部的发育周期，并且在一定程度上增加了油茶根的发育数量。植物茎承担养分运输功能和支撑功能，木质化程度一般较高，油茶茎部碳含量在年生长周期中整体呈现“倒 U”形变化，施肥与对照结果基本一致，油茶幼果形成期到果实成熟期与油茶的三次抽梢过程重叠，此时油茶茎处在发育阶段，还未完全木质化，施肥处理增加了油茶抽梢量，所以出现幼果形成期到果实成熟期，施肥组碳含量一直略低于对照组的现象，进入初花期后油茶不再发梢，茎部的木质化进程加快，所以产生与对照碳含量差异消失的现象。油茶叶的碳含量变化同根碳含量变化相似，在油茶年生长周期中整体呈现“S”形，但与根系不同的是施肥对油茶叶碳含量发育周期并没有产生显著影响，施肥对叶的影响表现在果实生长期中期到果实成熟期，此时施肥组未成熟叶片的数量多于对照组，因此此阶段施肥组碳含量一直低于对照组。油茶果碳含量变化不同于其他器官，原因可能是油茶进入果期后，果实数量不再增加，仅以养分积累为主，而叶、茎、根等部位数量持续增加，碳含量持续变化，因此油茶果碳含量的积累施肥组快于对照组，从而产生与其他器官碳含量变化上的差异。

氮是植物蛋白质、核酸合成和其他生理活性物质的重要组成部分，是植物生长发育进行细胞分裂的必要条件（卓燕等，2009；王育平，2022）。油茶根部氮含量表现出阶段性变化的原因与油茶物候进程有关，当年油茶果实采收后，树体对氮的需求减弱，加之花期的消耗不大，所以出现了短暂的氮含量回升，当进入休眠期后，树体停止生长发育，根部对氮的吸收供给减弱，当果期开始后对氮的需求量增加，根部吸收量加大，并且施肥更有利于氮的吸收，增加了氮素的吸收量，所以出现施肥组氮含量高于对照组的现象。茎部氮含量的变化和根部类似，但氮含量小于根部，可能是因为茎和根一样承担养分运输功能，但茎组织没有直接的养分吸收来源，不具有富集效应，因此氮含量小于根。叶的氮含量在所有器官中最高，是油茶储存氮的主要器官，进入果期后，叶片氮元素大量下降，一方面是因为根部的氮素吸收不足以在短时间内补充油茶果生长带来的消耗，大量的氮素从叶部转移到果实中，另一方面是因为此时油茶经历三次抽梢发育，叶片数量增加，本身对氮素的消耗增加，果和叶同时消耗大量氮元素，根部的补充难以弥补消耗，所以出现了叶片氮素降低的现象。在果实接近成熟的阶段，果实对氮元素的需求量减少，此时叶的氮素开始回升，进入到储存阶段，施肥对叶片氮素的补充明显高于对照。果实氮含量与果实发育直接相关，幼果形成期和果实生长期是果实重量和体积增加最快的时期，此时果实对氮的需求增加，而当进入油脂转换期后，体积和重量不再快速增加，进入物质转换阶段，此时果实氮含量稍有减少。花芽对氮的需求主要在果实生长期，此时是花芽分化的主要时期，对氮素的消耗较大，进入油脂转换期后，花芽分化基本完成，对氮的需求减少，花芽氮含量上升减缓，施肥同样提高了对花芽氮素的补充。

磷含量是花芽分化、果实和种子成熟以及种子质量提高的重要条件（曾雯珺等，2020），果期是油茶磷元素变化的主要时期，此时期油茶果发育吸收大量的磷元素，同时花芽的分化与发育对磷的需求逐渐增加，所以根部富集大量磷元素进行供给，同时叶和茎在进入果期前储存的磷也大量转移到花芽和果实中，造成了叶和茎磷元素的大量下降，从油脂转换期后期开始，花芽的磷元素累积完成，对磷元素的需求量减少，只有果实磷元素含量持续上升，同时根部继续吸收供给磷元素，此时叶部磷元素含量开始增加，茎部则在进入油脂转换期后磷含量开始增加。茎部磷元素开始增加的时间早于叶，一方面可能是茎部储存的磷元素量少于叶片，所以累积速度较快，磷元素量恢复较快，另一方面可能是果实生长期后期秋梢的发育吸收了部分磷素，导致茎部磷元素含量升高。进入初花期后，花芽开放成花，果实采收完成，茎和叶开始积累磷元素，根部磷元素也下降到较低的稳定水平。

钾可以促进糖分的转运，充足的钾能增加果实干重，促进果实早熟（王强盛，2009），油茶根部钾含量的变化施肥组和对照组具有明显的差异，施肥组初花期有明显的下降，原因可能是施肥组茎和叶在此阶段进行钾元素的积累，并且积累量高于对照组，而此时根部的发育基本结束，并且即将进入休眠期，对土壤养分元素的吸收量减少，导致对茎和叶的供应量不足，所以将本身存储的一部分钾分配到了茎和叶中，也可能是此阶段由于根部发育成熟，对钾元素的需求减小，多余的钾被运输到茎和叶中进行储存。对照组没有出现以上现象，可能是根部从土壤吸收的钾可满足茎和叶的积累需要，所以根部钾含量保持稳定，油茶果实和花芽在油脂转换期前期即完成钾元素积累，根部继续吸收土壤中的钾元素，并且进入初花期后钾元素峰值明显降低，这也说明了根部钾元素在果期后向茎和叶转移。

钙可以保证质膜的稳定性，维持细胞壁的结构和功能，增强植物的抗逆性。施用钙可以促进细胞伸长和根系生长（李娟，2007）。从油茶各器官钙含量的变化可以看出，花芽进入油脂转换期后就已经完成了钙含量的积累，而果实生长全过程钙含量均在增加，叶和茎在幼果形成期下降幅度很大，此时根部的钙含量也出现了下降，说明此时花芽大量吸收钙元素，而根部从土壤中富集的钙无法全部补充产生的消耗，自身储存的一部分钙也参与了转运，当花芽钙元素储存完成后，根、茎和叶也开始进行钙元素的积累并开始回升。根部钙含量在初花期到休眠期的变化不稳定，并且在休眠期钙含量依然增加，不受休眠的影响，具体原因尚不清楚。

镁是叶绿素的重要组成部分，缺镁可引起植物褪绿。镁在蛋白质代谢中也起着关键作用（熊英杰等，2010），所研究测定的元素中，叶片中的养分元素除镁外，均有不同程度的下降，从盛花期到果实成熟期，叶片中镁元素呈现持续上升的趋势，花芽中的镁元素则在果实生长期前期即完成积累，从上升趋势上看，果实对镁的需求量小于叶，根和茎在叶片镁元素快速增长的果实生长期到果实成熟期均出现了下降，可能是此阶段成熟叶片比重增加，叶绿素形成增多，加大了叶片对镁元素的需求，根部从土壤中富集的镁无法全部补充产生的消耗，根和茎自身储存的一部分镁转移到了叶片上。

进入果期后根、茎和叶硫元素的变化趋势为此消彼长，根部硫元素增加时，叶和茎硫含量减少，果实和花芽则保持持续增长，进入油脂转换期后叶和茎的硫元素含量开始回升，根部硫含量下降，因此此时硫元素在果实和花芽中的积累量被认为即将达到峰值，根部吸收的硫主要供应叶片和茎的积累。

微量元素硼、锌、铁是植物生长发育所必需的营养物质，是多种酶的组分和活化剂。它们在酶活性、叶绿素合成、维持生物膜的结构和功能等方面发挥着重要作用。微量元素的缺乏会严重影响植物的生长发育（Cakmak，2000；Hacisalihoglu et al.，2001），锌元素在树体器官中的变化，从初花期到末花期，叶和茎的锌含量积累主要来源于根部积累的转运，此阶段，根部不从土壤或很少从土壤中富集锌元素，所以出现了根部锌元素下降的现象。进入果期后，叶片和茎的锌元素向果实和花芽转移，当果在果实生长期后期完成锌含量积累后，叶片和茎的锌元素含量开始回升，而此阶段花芽仍在积累锌元素，这也说明了果实对锌元素的需求量要大于花芽。铁元素在树体器官中的变化，根、茎和叶出现了相同的趋势，原因可能是花芽和果完成铁元素积累的时间较早，且整体对铁元素的需求量不高。有研究表明铁在植物体中的流动性很小，老叶中的铁不能向新生组织中转移，因此，叶部铁含量在果期下降的原因被认为可能是此阶段新梢的生长伴随大量新叶的生长，铁元素供应量不足。硼可以促进碳水化合物的正常运转。当硼缺乏时，大量的碳水化合物在叶片中积累，从而影响新组织的形成、生长和发育。硼还可以促进生长素的作用，生长素是花粉粒发芽和花粉管生长所必需的，硼元素是唯一在果实中含量持续降低的元素，而硼含量下降有利于碳水化合物的积累，所以果实硼含量的下降可能是为了大量积累碳水化合物，花粉粒萌发和花粉管生长需要硼元素，因此在花芽内硼元素表现为持续积累。

土壤有机碳是土壤的重要组成部分，是生态系统的重要资产，也是衡量土壤肥力的关键因素（周国逸和熊鑫，2019）。油茶林下土壤有机碳的变化和油茶的物候期相关，油茶树体生长发育旺盛的时期，土壤有机碳含量减少，这也说明了油茶树体的碳除通过光合作用获得以外，土壤也是其重要来源，施肥可以促进土壤有机碳的积累，提高年生长发育周期内林下土壤有机碳的峰值储量。土壤中的氮、磷、钾是油茶树体大量元素的直接和主要来源，含量的高低直接影响油茶的生长发育和产出，油茶物候期内土壤全氮的变化与有机碳的变化趋势一致，油茶树体生长发育旺盛的时期，土壤全氮含量减少，施肥可以改变油茶物候期内土壤全氮的变化趋势，及时补充产生的消耗，使土壤全氮含量全年保持较为稳定的水平。土壤全磷含量在果期稍有下降，原因是林地本身磷元素缺乏，且油茶花和果的发育吸收大量的磷元素，施肥可以有效缓解磷元素缺乏，补充林地磷元素含量，油茶林地土壤全钾含量整个物候期保持稳定水平，施肥可以提高全钾含量，但不改变其变化趋势。土壤有效氮、有效磷和速效钾是油茶植株可以直接通过根系吸收利用的养分，其含量与油茶物候阶段相关，油茶生长发育旺盛的阶段，有效氮、有效磷和速效钾大量降低，花期、休眠期等发育不旺盛的物候期才得以积累，施肥可以缓解其消耗，但不能改变其随物候变化的趋势。中量元素的有效钙、镁、硫变化趋势也与物候期相关，发育旺盛时期含量下降，其余时期则得到积累，但由于得不到对应元素的补充，出现了施肥组整体有效钙、镁、硫含量低于对照组的现象，分析原因，可能是因为中量元素的需求量低于大量元素，但高于微量元素，施肥促进了碳、氮、磷的大量吸收，同时也促进了钙、镁、硫的吸收，但由于得不到补充，因此施肥组含量低于对照组含量。与大量和中量元素不同，整个油茶物候期内，施肥组和对照组林下土壤的微量元素变化趋于一致，油茶对微量元素的需求量远小于大量和中量元素，所以并未出现施肥组和对照组存在较大差异的现象。

油茶休眠期树体生长发育活动基本处于停滞状态，树体各器官的养分元素在此阶段基本保持稳定，油茶根部对土壤养分的吸收减弱，此阶段林下土壤各养分元素含量得到积累，所有养分元素在此阶段均达到年周期内最大值。当油茶进入幼果形成期后，果实、新梢、新叶的发育致使树体需要大量的养分元素，此时的养分消耗来源于根、茎和叶在休眠期以前的积累及根对土壤养分的吸收，从下降幅度来看，根部的吸收量不足以补足茎叶转移到花芽和果上的消耗。而施肥试验的结果表明，施肥可以增加休眠期阶段树体养分的积累，并且减少后续阶段对根、茎和叶积累养分的转移。油茶年生长发育周期内最旺盛的阶段为幼果形成期开始到果实发育期结束，此阶段根部对土壤养分的吸收量最大，土壤中养分元素的减少量也最大，根茎叶的养分大量流向花芽和果，树体养分在此时最为缺乏。进入油脂转换期到果实成熟期油茶树体对各养分元素的需求降低，土壤各养分元素开始积累回升。油茶果采摘后，次年初花期到休眠期叶和茎养分含量开始积累回升，根部养分水平逐渐回归到休眠期的水平。因此研究结果表明，应该在本研究施肥量的基础上加大 12 月有机肥的使用量，并且应该同时配施化肥，保证油茶树体在幼果形成期开始前的养分积累。3 月增加肥料的使用量，保证花芽和果实发育所需的养分，同时减少对树体和林地养分的大量消耗。适当增加 6 月肥料的使用量，避免油茶进入油脂转换期前缺肥。油茶果实采摘后适当进行少量施肥，促进花期阶段树体的养分积累，以及补充林地养分的消耗。

在油茶年生长周期内，施大量元素肥料增加了土壤大量元素碳、氮、磷、钾的含量，但减少了中量元素钙、镁、硫的含量，略微减少微量元素含量，因此认为，应该调整施肥肥料的种类，施用大量元素肥料的同时，增施中量元素肥料，适当施用微量元素肥料。幼果形成期和果实发育期树体对全部元素的需求较大，土壤中全部元素迅速减少，因此，3 月应当增加全部养分元素的施用，并注意提高大量元素氮、磷、钾和中量元素钙、镁、硫的含量，进入油脂转换期后油茶树体钾含量仍然保持低水平，其他养分含量开始回升，在土壤中具有相同的情况，因此，6 月开展施肥时应该注意提高钾元素的比例，可适当减少其他养分元素的比例。油茶果采摘后树体开始进行养分储存，土壤养分也在此时得到积累，并且大量元素和中量元素在此阶段的增加量较大，因此，油茶果采摘后应当适当施全元素肥料进行补充，并注意提高大量、中量元素的比例，12 月应当施用有机肥配合全元素肥料，一方面起到在油茶进入休眠期前再次补充养分的作用，另一方面增加土壤有机质和养分元素储量，以减少油茶进入幼果形成期后短时间内因补充不足带来的大量消耗。

参考文献

白娟, 张金富, 张佩熙, 等. 2022. 苦瓜皂苷对秀丽隐杆线虫寿命的影响及其机制[J]. 食品科学, 43(7): 165-173.

白小芳, 徐福利, 王渭玲, 等. 2015. 华北落叶松人工林土壤碳氮磷生态化学计量特征[J]. 中国水土保持科学, 13(6): 68-75.

白彦丽. 2015. 植物病原细菌 *Xanthomonas* 感染秀丽隐杆线虫引发的天然免疫应答研究[D]. 兰州大学博士学位论文.

鲍士旦. 2000. 土壤农化分析[M]. 北京: 中国农业出版社.

曹福祥, 吴光金, 田再荣, 等. 1994. 油茶根腐病发生规律和综合防治研究[J]. 中南林学院学报, 14(1): 44-49.

岑加鑫. 2020. 油茶林低产原因及改造技术措施浅析[J]. 南方农业, 14(35): 9-10.

常博雯. 2018. 马铃薯避荫反应相关基因的克隆与分析[D]. 安徽农业大学硕士学位论文.

陈福, 郭晓春, 刘倬志, 等. 2020. 云南省油茶产业高质量发展探析[J]. 现代农业科技, (12): 252-255.

陈海念. 2020. 植烟土壤土传病害区土壤微生物生态特征变化及其影响因素分析[D]. 贵州大学硕士学位论文.

陈家法, 陈隆升, 涂佳, 等. 2017. 长期施肥对油茶林产果量及土壤地力可持续性的影响[J]. 中南林业科技大学学报, 37(7): 59-65.

陈兰, 谢永丽, 吴晓晖, 等. 2023. 4 株促紫花苜蓿生长的芽孢杆菌分子鉴定及其生物活性分析[J]. 西北农业学报, 32(2): 212-221.

陈庆潮, 邱劲柏, 林金凤. 2016. 油茶落花落果成因及防控技术[J]. 湖南林业科技, 43(5): 128-130.

陈森. 2017. 两株植物内生菌次生代谢物的农用活性研究[D]. 西北农林科技大学硕士学位论文.

陈守常, 田泽钧, 郭隆锡. 1974. 油茶炭疽病发生与物候期的相关性[J]. 四川林业科技通讯, (4): 25-38.

陈爽. 2021. 大豆根腐病生防菌的筛选鉴定及机制研究[D]. 哈尔滨师范大学硕士学位论文.

陈育松, 胡玉琴, 欧阳适. 1963. 油茶落花落果的初步观察[J]. 林业科学, (3): 267-270.

迟东泽, 何源, 刘芳芳, 等. 2021. 鹿鞭醇提物对秀丽隐杆线虫衰老的影响[J]. 食品工业科技, 42(10): 327-335.

崔利, 郭峰, 张佳蕾, 等. 2019. 摩西斗管囊霉改善连作花生根际土壤的微环境[J]. 植物生态学报, 43(8): 718-728.

戴芳澜. 1979. 中国真菌总汇[M]. 北京: 科学出版社: 1-1529.

戴瑞卿, 赖宝春, 曾天宝, 等. 2022. 健康与患根腐病草莓根际、非根际及根内细菌群落多样性[J]. 西南农业学报, 35(4): 906-914.

邓成华, 吴龙龙, 张雨婷, 等. 2019. 不同林龄油茶人工林土壤-叶片碳氮磷生态化学计量特征[J]. 生态学报, 39(24): 9152-9161.

邓小军, 周国英, 刘君昂, 等. 2011. 湖南油茶林丛枝菌根真菌多样性及其群落结构特征[J]. 中南林业科技大学学报, 31(10): 38-42.
杜卓. 2018. 中国广义黑盘孢属的分类和系统学研究[D]. 北京林业大学硕士学位论文.
段琳. 2003. 红果油茶抗炭疽病机理研究[D]. 安徽农业大学硕士学位论文.
樊俊, 谭军, 王瑞, 等. 2021. 烟草青枯病发病土壤理化性状及细菌群落结构分析[J]. 中国烟草科学, 42(6): 15-21.
樊星火, 樊文勇, 黄辉, 等. 2017. 夏季不同灌溉方式对油茶叶片生理指标和花期的影响[J]. 林业科技通讯, (12): 12-14.
范永玲, 史赟, 刘秀英, 等. 2008. 放线菌 Lj20 发酵液杀虫活性的研究[J]. 安徽农业科学, (14): 5938-5939.
范中菡, 张波, 廖敏, 等. 2018. 四川阿坝不同生境绿绒蒿内生放线菌多样性[J]. 微生物学通报, 45(1): 81-90.
方晰, 陈金磊, 王留芳, 等. 2018. 亚热带森林土壤磷有效性及其影响因素的研究进展[J]. 中南林业科技大学学报, 38(12): 1-12.
方宇, 白涛, 刘冬梅, 等. 2022. 烟草黑胫病植株根际土壤真菌群落多样性及结构分析[J]. 西南农业学报, 35(4): 822-830.
方中达. 1979. 植病研究方法[M]. 北京: 中国农业出版社: 163-165.
冯金玲, 郑新娟, 杨志坚, 等. 2016. 5 种栽培模式对油茶土壤微生物及酶活性的影响[J]. 西南林业大学学报, 36(2): 10-16.
高学文, 姚仕义, 王金生, 等. 2003. 基因工程菌枯草芽孢杆菌 GEB3 产生的脂肽类抗生素及其生物活性研究[J]. 中国农业科学, (12): 1496-1501.
高岩, 佟有贵, 马焕成, 等. 2020. 丛枝菌根真菌(AMF)对鸡蛋花干腐病的抗性研究[J]. 西部林业科学, 49(2): 128-136.
郭春兰, 张露, 叶素琼, 等. 2015. 赣西油茶人工林土壤微生物群落的多样性[J]. 经济林研究, 33(1): 25-32.
郭璞, 邢鹏杰, 宋佳, 等. 2022. 蒙古栎根系与根区土壤真菌群落组成及与环境因子的关系[J]. 菌物研究, 20(3): 173-182.
郭水连, 陶瑶, 朱丹. 2021. 花期低温对油茶生理生化指标的影响[J]. 江西农业学报, 33(3): 56-61.
郭振华, 陈立红. 2019. 阿尔山落叶松根际土壤固氮菌多样性研究[J]. 内蒙古农业科技, 47(2): 73-78.
韩林林. 2020. 苹果抗轮纹病相关基因 *4CL*、*COMT*、*EDS1*、*EDS2* 的克隆与遗传转化[D]. 河北农业大学硕士学位论文.
郝芳. 2009. 油茶根腐病原菌及其 PCR 快速检测技术研究[D]. 中南林业科技大学硕士学位论文.
郝艳. 2009. 油茶林土壤微生物、酶活性研究及高效解磷菌的筛选[D]. 中南林业科技大学硕士学位论文.
贺义昌, 吴妹杰, 董乐, 等. 2020. 主产区浙江红花油茶籽仁含油率及脂肪酸组成变异分析[J]. 经济林研究, 38(3): 37-45.
侯劭炜, 胡君利, 吴福勇, 等. 2018. 丛枝菌根真菌的抑病功能及其应用[J]. 应用与环境生物学报, 24(5): 941-951.
胡冬南, 刘亮英, 张文元, 等. 2013. 江西油茶林地土壤养分限制因子分析[J]. 经济林研究,

31(1): 1-6.
胡芳名，谭晓风，刘惠明. 2005. 中国主要经济树种栽培与利用[M]. 北京：中国林业出版社：346-349.
胡美娟. 2013. 苦豆子内生放线菌资源及其生防作用评价[D]. 宁夏大学硕士学位论文.
胡小康，王真，王兰英，等. 2014. 油茶低产林分类改造技术要点[J]. 林业科技, 39(3): 37-38.
胡玉玲，姚小华，任华东，等. 2015. 主要环境因素对油茶成花的影响[J]. 热带亚热带植物学报, 23(2): 211-217.
黄丹娟，毛迎新，陈勋，等. 2018. 不同成熟度茶树叶片抗逆性生理指标差异[J]. 中国农学通报, 34(19): 44.
黄眯，辛伟年，雷小林，等. 2021. 氮磷钾不同比例对油茶幼林根际土壤细菌群落结构的影响[J]. 南方林业科学, 49(2): 32-36.
黄文，陈颖卓，庄远红. 2017. 油茶根际与非根际土壤养分含量和微生物数量的季节变化[J]. 江苏农业科学, 45(19): 265-270.
黄咏明，蒋迎春，王志静，等. 2021. 丛枝菌根真菌对植物根腐病的抑制效应及其机制[J]. 应用生态学报, 32(5): 1890-1902.
简尊吉，倪妍妍，徐瑾，等. 2022. 马尾松人工林土壤碳氮磷生态化学计量学特征的纬度变化[J]. 林业科学研究, 35(2): 1-8.
姜龙芊，张坤，李桂鼎，等. 2019. 西双版纳、白茫雪山、波罗的海南岸地衣纯培养放线菌多样性[J]. 微生物学通报, 46(9): 2157-2165.
姜舒，李蜜，侯师师，等. 2020. 海南西海岸真红树内生放线菌多样性及其延缓衰老活性初筛[J]. 广西植物, 40(3): 327-334.
靳爱仙，周国英，李河. 2009. 油茶炭疽病的研究现状、问题与方向[J]. 中国森林病虫, 28(2): 27-31.
康佳，梁夕金，杨文龙，等. 2022. 丛枝菌根真菌(AMF)对盐碱地花生根系土壤微生物的影响[J]. 山东农业科学, 54(7): 77-84.
赖宝春，戴瑞卿，吴振强，等. 2019. 辣椒健康植株与患枯萎病植株根际土壤细菌群落多样性的比较研究[J]. 福建农业学报, 34(9): 1073-1080.
黎章矩. 1983. 油茶开花习性与产量关系的研究[J]. 经济林研究, 1983: 31-41.
李遨夫. 1979. 气候与油茶结实大小年关系探讨[J]. 湖南林业科技, (6): 25-28.
李法喜，段廷玉. 2021. AM 真菌和其他 4 类有益微生物联合防治植物病害研究进展[J]. 中国草地学报, 43(8): 93-105.
李河，李司政，王悦辰，等. 2019. 油茶苗圃炭疽病原菌鉴定及抗药性[J]. 林业科学，55(5): 85-94.
李河，李杨，蒋仕强，等. 2017. 湖南省油茶炭疽病病原鉴定[J]. 林业科学, 53(8): 43-53.
李娇卓，闵德栋，李子龙，等. 2021. 精氨酸酶在茉莉酸甲酯介导采后番茄果实灰霉病抗性中的作用[J]. 北方园艺, (11): 97-104.
李娟. 2007. 植物钾、钙、镁素营养的研究进展[J]. 福建稻麦科技, (1): 39-42.
李可，肖熙鸥，林文秋，等. 2018. EDS1 正调控茄子抗青枯病反应[J]. 热带作物学报, 39(2): 332-337.
李玲玲. 2021. 药用植物青蒿不同种类的内生菌抑菌活性分析[J]. 广西植物, 41(7): 1112-1119.
李巧玲，任明波，曹然，等. 2022. 基于高通量测序的 3 种淫羊藿叶片内生细菌群落结构研究[J].

微生物学杂志, 42(1): 43-53.
李石磊. 2013. 油茶主要病害高效广谱复配杀菌剂的研究[D]. 中南林业科技大学硕士学位论文.
李石力. 2017. 有机酸类根系分泌物影响烟草青枯病发生的机制研究[D]. 西南大学博士学位论文.
李婷婷, 邓旭辉, 李若尘, 等. 2022. 番茄青枯病发生对土壤真菌群落多样性的影响[J]. 生物技术通报, 38(10): 195-203.
李杨, 李河, 周国英, 等. 2016. 油茶新炭疽病原 *Colletotrichum camelliae* 鉴定及致病性测定[J]. 生物技术通报, 32(6): 96-102.
梁瑞友, 廖文冠, 申凯歌, 等. 2016. 小坑林场 76 株油茶优树的物候期及生长结实特点[J]. 经济林研究, 34(4): 86-89.
梁新冉, 李乃荟, 周新刚, 等. 2018. 番茄根内促生放线菌的分离鉴定及其促生效果[J]. 微生物学通报, 45(6): 1314-1322.
廖敏. 2016. 四川阿坝地区药用植物内生拮抗放线菌的筛选及其防病促生机制研究[D]. 四川农业大学博士学位论文.
林巧, 熊亮, 刘昭华, 等. 2020. 益母草制剂的开发与应用[J]. 世界中医药, 15(9): 1247-1252.
林善海, 黄思良, 岑贞陆, 等. 2011. 香蕉真菌性叶斑病病原种群结构季节性变化研究[J]. 南方农业学报, 42(10): 1212-1216.
林宇岚, 李正昀, 吴斐, 等. 2020. 不同品种油茶根际丛枝菌根真菌群落结构特征[J]. 林业科学研究, 33(5): 163-169.
凌思凯. 2017. 基于秀丽隐杆线虫的抗脂肪堆积益生菌筛选及四株新物种鉴定[D]. 山东大学硕士学位论文.
刘博艳, 张静, 李浩宇, 等. 2022. 白粉病对葡萄叶片光谱反射特征及叶片生理的影响[J]. 中国果树, (9): 55-59.
刘国红, 林乃铨, 林营志, 等. 2008. 芽孢杆菌分类与应用研究进展[J]. 福建农业学报, (1): 92-99.
刘洪, 董元华, 隋跃宇, 等. 2021. 甜菜抗病品种产生抗性的土壤微生物机理[J]. 中国农学通报, 37(15): 78-86.
刘坤和, 薛玉琴, 竹兰萍, 等. 2022. 嘉陵江滨岸带不同土地利用类型对土壤细菌群落多样性的影响[J]. 环境科学, 43(3): 1620-1629.
刘敏, 峥嵘, 白淑兰, 等. 2016. 内蒙古大青山灌木铁线莲根围丛枝菌根真菌群落季节动态研究[J]. 西北植物学报, 369(9): 1891-1899.
刘培培, 王得运, 柴华文, 等. 2020. 叶枯病胁迫下栀子叶片的生理响应[J]. 时珍国医国药, 31(2): 411-414.
刘润进, 陈应龙. 2007. 菌根学[M]. 北京: 科学出版社: 3-4.
刘三宝. 2011. 油茶根腐病病原学初步研究[D]. 华中农业大学硕士学位论文.
刘书彤, 王楠, 李建安. 2020. 油茶浸提液对 2 种牧草的化感作用[J]. 分子植物育种, 18(10): 3373-3381.
刘威. 2013. 茶树炭疽病的病原鉴定及其遗传多样性分析[D]. 福建农林大学硕士学位论文.
刘晓菲, 甘芸, 刘利华, 等. 2020. 黄龙病罹病柑橘叶片内生细菌和内生真菌群落结构多样性分析[J]. 福建农业学报, 35(1): 59-66.
刘永鑫, 秦媛, 郭晓璇, 等. 2019. 微生物组数据分析方法与应用[J]. 遗传, 41: 845-862.

卢春艳, 覃洁, 李明栋, 等. 2021. 新鞘氨醇杆菌属 9-1 的纤维素酶基因 *Nspcel8A* 的克隆表达与酶学特性[J]. 基因组学与应用生物学, 40(4): 1634-1642.

卢柳拂, 林梦瑶, 黄锁义, 等. 2018. 少数民族地区右江流域特色民族药研究进展[J]. 中国实验方剂学杂志, 24(1): 191-200.

卢秦华. 2019. 茶树—炭疽菌互作机制初步研究[D]. 华中农业大学博士学位论文.

卢永辉. 2019. 广东油茶病虫害防治措施[J]. 绿色科技, (19): 219-220.

鲁如坤. 2000. 土壤农业化学分析方法[M]. 北京: 中国农业科技出版社.

逯岩, 杨巨仙, 秦小舒, 等. 2016. 银杏叶枯病对叶片光合及生理特性的影响[J]. 江西农业大学学报, 38(3): 418-425.

吕娜娜, 沈宗专, 陶成圆, 等. 2019. 蕉园土壤及香蕉植株不同组织可培养细菌的群落特征[J]. 南京农业大学学报, 42(6): 1088-1097.

吕燕, 王文彬, 苟琪, 等. 2021. 根腐病对宁夏枸杞根区土壤丛枝菌根真菌群落的影响[J]. 生物技术通报, 37(12): 29-40.

罗汉东, 雷先高, 朱丛飞, 等. 2016. 不同施钾水平对油茶树体生长和林地养分含量的影响[J]. 经济林研究, 34(2): 1-6.

罗鑫, 吴跃开, 张念念, 等. 2022. 油茶根际土壤真菌群落组成及多样性分析[OL]. 中国农业科技导报. https://doi.org/10.13304/j.nykjdb.2021.0675[2022-10-12].

马澄政, 梁安兰. 1982. 幼龄油茶落果规律初探[J]. 湖南林业科技, (1): 25-29.

马丽丽, 郭晓敏, 朱婷, 等. 2021. 不同品种油茶果实成熟期叶片养分及磷组分的差异[J]. 中南林业科技大学学报, 41(11): 82-89.

孟露, 刘晗诚, 刘雅涵, 等. 2020. 基于代谢组学和转录组学分析工业面包酵母(*Saccharomyces cerevisiae*) ABY3 冷冻胁迫应答机制[J]. 食品科学, 42(10): 193-200.

闵长莉, 汪学军, 闵运江, 等. 2019. 臭椿内生放线菌分离与抑菌活性检测[J]. 云南农业大学学报(自然科学), 34(6): 942-948.

莫宝盈, 易立飒, 奚如春, 等. 2013. 油茶叶片营养诊断分析样品适宜采集期研究[J]. 经济林研究, 31(1): 13-19.

宁琪, 陈林, 李芳, 等. 2022. 被孢霉对土壤养分有效性和秸秆降解的影响[J]. 土壤学报, 59(1): 206-217.

盘金文, 郭其强, 孙学广, 等. 2020. 不同林龄马尾松人工林碳、氮、磷、钾养分含量及其生态化学计量特征[J]. 植物营养与肥料学报, 26(4): 746-756.

庞洁, 韦真, 沈方科. 2008. Mehlich 3 法与常规分析方法在测定土壤有效 P、K 的比较研究[J]. 广西农业生物科学, 2008(S1): 69-71.

裴妍, 任禛, 李秋桦, 等. 2022. 云烟 121 健康与感黑胫病烟株根系及根际土壤丛枝菌根真菌差异研究[J]. 南方农业学报, 53(6): 1502-1512.

皮发剑, 袁丛军, 喻理飞, 等. 2016. 黔中天然次生林主要优势树种叶片生态化学计量特征[J]. 生态环境学报, 25(5): 801-807.

蒲小剑. 2021. 红三叶抗白粉病的生理和分子机制及抗病基因 *TpGDSL* 的克隆与遗传转化[D]. 甘肃农业大学博士学位论文.

戚嘉敏, 张鹏, 奚如春. 2017. 油茶树体氮磷钾养分的年动态变化[J]. 经济林研究, 35(3): 121-126.

乔策策. 2019. 木霉生物有机肥提升作物产量的微生物生态学机理研究[D]. 南京农业大学博士

学位论文.
乔晶晶, 吴啟南, 薛敏, 等. 2018. 益母草化学成分与药理作用研究进展[J]. 中草药, 49(23): 5691-5704.
乔菊香, 吴嘉, 张国斌, 等. 2020. 拟南芥茉莉酸信号途径突变体 *jar1* 的灰葡萄孢菌抗性分析[J]. 分子植物育种, 18(12): 4009-4013.
乔沙沙, 周永娜, 柴宝峰, 等. 2017. 关帝山森林土壤真菌群落结构与遗传多样性特征[J]. 环境科学, 38(6): 2502-2512.
秦绍钊, 洪之国, 王建伟. 2019. 贵州油茶炭疽病 *Colletotrichum fioriniae* 病原鉴定研究[J]. 福建茶叶, 41(8): 3.
秦绍钊, 张柱亭, 王洪, 等. 2020. 贵州油茶炭疽病 *Colletotrichum kahawae* 病原鉴定研究[J]. 现代园艺, (4): 6-7.
邱发发, 潘贞珍, 李鸾翔, 等. 2022. 沃柑叶片响应柑橘溃疡病菌侵染的转录组分析[J]. 果树学报, 2022: 1-17.
邱金兴. 1980. 试论油茶的花期选择[J]. 江西林业科技, (4): 1-7.
屈欢, 郭震, 马莉, 等. 2023. 沙葱内生菌的分离鉴定及抑菌活性[J]. 中国植保导刊, 43(1): 16-20.
任建敏. 2021. 植物类黄酮的生理功能与抗菌机制[J]. 重庆工商大学学报(自然科学版), 38(6): 8-20.
赛牙热木·哈力甫, 宋瑞清, 艾克拜尔·伊拉洪, 等. 2018. 察布查尔县土壤碳氮磷钾垂直分布规律研究[J]. 干旱区地理, 41(3): 582-591.
邵正英, 聂丽, 李张, 等. 2017. 链霉菌 JD211 对水稻根系形态特征和抗性酶活的影响[J]. 西南农业学报, 30(4): 739-743.
沈文清, 刘允芬, 马钦彦, 等. 2006. 千烟洲人工针叶林碳素分布、碳贮量及碳汇功能研究[J]. 林业实用技术, (8): 5-8.
盛敏, 唐明, 张峰峰, 等. 2011. 土壤因子对甘肃、宁夏和内蒙古盐碱土中 AM 真菌的影响[J]. 生物多样性, 19(1): 85-92.
盛敏. 2008. VA 菌根真菌提高玉米耐盐性机制与农田土壤微生物多样性研究[D]. 西北农林科技大学博士学位论文.
史加勉, 王聪, 郑勇, 等. 2023. 丛枝菌根真菌形态结构、物种多样性和群落组成对氮沉降响应研究进展[J]. 菌物学报, 42(1): 118-129.
史赟, 马林, 韩巨才, 等. 2008. 植物内生放线菌 St24 发酵液杀虫活性的研究[J]. 现代农业科技, (14): 106.
帅开征. 2019. 油茶病虫害防治现状及对策研究[J]. 南方农业, 13(30): 2.
宋放, 吴黎明, 李红飞, 等. 2019. 赣州橘园根系内生丛枝菌根真菌群落多样性鉴定及其受黄龙病菌侵染的影响[J]. 果树学报, 36(7): 892-902.
宋福强, 杨国亭, 孟繁荣, 等. 2004. 丛枝菌根化大青杨苗木根际微域环境的研究[J]. 生态环境学报, 13(2): 211-216.
宋光桃, 周国英. 2010. 油茶炭疽病拮抗放线菌的筛选及其抑菌谱研究[J]. 中南林业科技大学学报, 30(2): 75-78.
宋雨露. 2020. 油茶根际土壤高效功能菌的筛选及拮抗菌肥的研制[D]. 中南林业科技大学硕士学位论文.

孙海涛, 张洪林, 赵晓燕, 等. 1996. 微量量热法研究天然中药的抗菌作用[J]. 中国药学杂志, 31(4): 201.

孙新华, 贾攀, 张继超, 等. 2015. 四翅滨藜盐胁迫应答基因 *AcPsbQ1* 的克隆及其在酵母中的功能分析[J]. 遗传, 37(1): 84-90.

孙莹, 甘霖, 林睿, 等. 2021. 四合木内生放线菌 RE4 的分离鉴定及其促生活性研究[J]. 北方农业学报, 49(5): 100-105.

唐美君, 郭华伟, 姚惠明, 等. 2019. 龙井茶区茶炭疽病的发生规律[J]. 浙江农业科学, 60(10): 1763-1765.

唐炜, 陈隆升, 陈永忠, 等. 2021. 湖南油茶根际微生物的群落结构特征[J]. 经济林研究, 39(4): 51-59.

唐文, 梁艳琼, 许沛冬, 等. 2016. 枯草芽孢杆菌 Czk1 诱导橡胶树抗病性相关防御酶系研究[J]. 南方农业学报, 47(4): 576-582.

唐燕, 葛立傲, 普晓兰, 等. 2018. 丛枝菌根真菌(AMF)对星油藤根腐病的抗性研究[J]. 西南林业大学学报(自然科学), 38(6): 127-133.

田家顺. 2009. 苯甲酸对稻瘟病菌作用机制初探[D]. 湖南农业大学硕士学位论文.

田守征, 黄之镨, 赵玉瑛, 等. 2020. 剑叶龙血树内生放线菌活性菌株的筛选和鉴定[J]. 广西植物, 40(5): 727-734.

童坦君, 张宗玉. 2007. 衰老机制及其学说[J]. 生理科学进展, (1): 14-18.

汪钱龙, 张德智, 王菊芬, 等. 2015. 不同植物促生细菌对玉米生长的影响及其生长素分泌能力研究[J]. 云南农业大学学报(自然科学), 30(4): 494-498.

王爱玉, 薛超, 杨媛雪, 等. 2021. 枯草芽孢杆菌对棉花立枯病和黄萎病的防效评价[J]. 新疆农业科学, 58(12): 2244-2249.

王晨. 2020. 磷酸三(1, 3-二氯-2-丙基)酯诱导秀丽隐杆线虫衰老效应及健康风险分子机制[D]. 华东理工大学博士学位论文.

王国娟, 曹妍, 王芳等. 2016. 应用 16S rDNA 克隆文库解析苏铁珊瑚状根内生放线菌种群多样性[J]. 中南林业科技大学学报, 36(8): 115-120.

王焓屹, 王瑞菲, 钟玮, 等. 2022. 黄河三角洲湿地土壤中功能微生物群落的结构特征和影响因素研究进展[J]. 湿地科学, 20(1): 111-118.

王化秋, 程巍, 郝俊, 等. 2021. 贵州煤矸石山香根草根系及根际土丛枝菌根真菌(AMF)群落的季节动态研究[J]. 菌物学报, 40(3): 514-530.

王建林, 钟志明, 王忠红, 等. 2014. 青藏高原高寒草原生态系统土壤碳磷比的分布特征[J]. 草业学报, 23(2): 9-19.

王军, 陈绍红, 黄永芳, 等. 2006. 水杨酸诱导油茶抗炭疽病的研究[J].林业科学研究, (5): 629-632.

王军节, 王毅, 葛永红, 等. 2006. Harpin 处理对苹果梨黑斑病的抑制及抗性酶的诱导[J]. 甘肃农业大学学报, 41(5): 114-117.

王敏. 2016. 碱熔—火焰光度法测定土壤全钾应注意的问题[J]. 辽宁林业科技, (6): 75-76.

王强盛. 2009. 水稻钾素营养的积累特征及生理效应[D]. 南京农业大学博士学位论文.

王睿照, 毛沂新, 云丽丽, 等. 2022. 氮添加对蒙古栎叶片碳氮磷化学计量与非结构性碳水化合物的影响[J]. 生态学杂志, 41(7): 1369-1377.

王永明, 范洁群, 石兆勇. 2018. 中国丛枝菌根真菌分子多样性[J]. 微生物学通报, 45(11):

2399-2408.
王幼珊, 刘润进. 2017. 球囊菌门丛枝菌根真菌最新分类系统菌种名录[J]. 菌物学报, 36(7): 820-850.
王玉芬. 2019. 植物内生菌的研究进展[J]. 现代园艺, (11): 23-24.
王玉涛, 李菁, 夏晓玲, 等. 2015. 臭灵丹乙醇提取物体外抑制甲 1 型流感病毒实验研究[J]. 昆明医科大学学报, 36(2): 4-6, 28.
王育平. 2022. 茶树开花结实成因与控花控果对策[J]. 福建茶叶, 44(5): 21-23.
王增, 蒋仲龙, 刘海英, 等. 2019. 油茶不同器官氮、磷、钾化学计量特征随年龄的变化[J]. 浙江农林大学学报, 36(2): 264-270.
韦子仲. 2021. 油茶芽苗砧嫁接育苗关键技术及其影响因素分析[J]. 南方农业, 15(2): 54-55.
魏景超. 1990. 真菌鉴定手册[M]. 上海: 复旦大学出版社: 468-475.
魏蜜, 路露, 李春琪, 等. 2016. 1 株油茶病害拮抗真菌的鉴定、生物学特性及拮抗作用研究[J]. 河南农业科学, 45(8): 74-80.
魏赛金, 杜亚楠, 倪国荣, 等. 2012. 农抗 702 对植物病原真菌的抑制效果及抑菌机理[J]. 应用生态学报, 23(12): 3435-3440.
魏志敏, 孙斌, 方成, 等. 2021. 固氮芽孢杆菌 N3 的筛选鉴定及其对二月兰的促生效果[J]. 土壤, 53(1): 64-71.
吴家森, 张勇, 吕爱华, 等. 2019. 不同林龄油茶叶片与土壤的碳氮磷生态化学计量特征研究[J]. 西南林业大学学报(自然科学), 39(3): 86-92.
吴玲玲, 冀瑞卿, 徐洋, 等. 2022. 蒙古栎纯林内根系及栖息地土壤细菌群落结构及功能预测[J]. 吉林农业大学学报, DOI: 10.13327/j.jjlau.2022.1785.
伍建榕, 穆丽娇, 林梅, 等. 2012. 滇西地区红花油茶主要病虫害种类调查[J]. 中国森林病虫, 31(1): 22-26.
向立刚, 周浩, 汪汉成, 等. 2019. 健康与感染青枯病烟株根际土壤与茎秆细菌群落结构与多样性[J]. 微生物学报, 59(10): 1984-1999.
肖斌. 2020. 河南新县油茶林土壤养分空间分布特征及养分限制因子研究[D]. 江西农业大学硕士学位论文.
肖开杰, 肖彤斌, 严婉荣, 等. 2023. 不同杀菌剂防治油茶炭疽病的效果评价[J]. 现代农业科技, (1): 78-81.
肖蓉, 曹秋芬, 聂园军, 等. 2017. 基于高通量测序患炭疽病草莓根际与健康草莓根际细菌群落的比较研究[J]. 中国农学通报, 33(11): 14-20.
谢力. 2016. 丁香假单胞菌 MB03 突变文库中杀线虫毒性蛋白的筛选与活性分析[D]. 华中农业大学硕士学位论文.
辛磊, 莫霖, 安慧, 等. 2023. 石漠化地区核桃根腐病病原菌分离及拮抗菌筛选鉴定[J]. 现代农业科技, (4): 78-82.
邢颖, 张莘, 郝志鹏, 等. 2015. 烟草内生菌资源及其应用研究进展[J]. 微生物学通报, 42(2): 411-419.
熊英杰, 陈少凤, 李恩香, 等. 2010. 植物缺镁研究进展及展望[J]. 安徽农业科学, 38(15): 7754-7757.
徐红艳. 2016. 药用植物刺五加内生放线菌的分离、多样性分析及活性研究[D]. 华北理工大学硕士学位论文.

徐慧娟. 2018. 河池市核桃炭疽菌的生物学特性及其对核桃叶片生理生化的影响[D]. 广西大学硕士学位论文.

徐蔓玲. 2014. 影响脂质代谢海洋天然产物 YK01 的发现及机理研究[D]. 哈尔滨商业大学硕士学位论文.

徐岩, 韩玉乾, 于放, 等. 2017. 过表达长春花 *JAR1* 基因促进文朵灵和长春质碱的生物合成[J]. 生物技术通报, 33(6): 7.

阎恩荣, 王希华, 郭明, 等. 2010. 浙江天童常绿阔叶林、常绿针叶林与落叶阔叶林的 C: N: P 化学计量特征[J]. 植物生态学报, 34(1): 48-57.

杨春雪, 黄寿臣, 陈飞, 等. 2017. 松嫩盐碱草地旋覆花根围 AM 真菌侵染特性及多样性[J]. 草业科学, 34(2): 231-239.

杨东亚, 祁瑞雪, 李昭轩, 等. 2023. 黄瓜茄病镰刀菌拮抗芽孢杆菌的筛选、鉴定及促生效果[J]. 生物技术通报, 39(2): 211-220.

杨光忠, 李芸芳, 喻昕, 等. 2007. 臭灵丹萜类和黄酮化合物[J]. 药学学报, (5): 511-515.

杨怀霞, 马庆一, 郑志峰. 2004. 富含生物碱的 7 种中草药提取液抑菌活性观察[J]. 郑州大学学报(医学版), (5): 859-861.

杨乐, 张康, 李龙. 2022. 毛竹 *AUX1/LAX* 候选基因家族鉴定与表达分析[J]. 西北林学院学报, 37(1): 89-95.

杨蕾, 梁倩, 李乔仙, 等. 2019. 紫苜蓿黄酮含量和抗菌活性研究[J]. 现代园艺, (3): 40-41.

杨婷, 李仟仟, 史红安, 等. 2018. 3 种酚类物质对油茶炭疽病病菌的抑菌机制[J]. 江苏农业科学, 46(23): 106-109.

姚翰文, 葛康康, 潘佳亮, 等. 2017. 丁香等 29 种植物提取物抑菌活性的筛选[J]. 东北林业大学学报, 45(10): 35-39.

姚云静, 刘艳霞, 李想, 等. 2021. 烟草根系分泌物趋化微生物的分离鉴定及其对青枯菌的拮抗作用[J]. 分子植物育种, 19(22): 7510-7518.

于健. 2020. 乙烯参与外源钙诱导盐胁迫条件下黄瓜外植体不定根发生机理研究[D]. 甘肃农业大学博士学位论文.

于姗姗, 李学玉, 何振平, 等. 2022. 刺参(*Apostichopus japonicus*)幼参对高温和低盐协同胁迫的生理响应: 生长和诱导型热休克蛋白基因表达[J]. 海洋学报, 44(2): 94-101.

于晓璇. 2021. 以秀丽隐杆线虫为整体模式生物探究人参皂苷的抗衰老作用及机制[D]. 吉林大学硕士学位论文.

于燕, 余莉莉, 赵苗, 等. 2012. 秀丽隐杆线虫先天免疫机制研究进展[J]. 淮南师范学院学报, 14(3): 27-29.

俞元春, 白玉杰, 俞小鹏, 等. 2013. 油茶林施肥效应研究概述[J]. 林业科技开发, 27(2): 1-4.

喻锦秀, 聂云安, 周刚, 等. 2014. 湖南省油茶主要病害发生规律研究[J]. 湖南林业科技, 41(1): 94-97.

喻阳华, 李一彤, 王俊贤, 等. 2022. 贵州白云岩地区植物群落叶片-凋落物-土壤化学计量与碳氮同位素特征[J]. 生态学报, 42(8): 3356-3365.

袁树杰. 1982. 油茶产量年变异与气候因子的关系[J]. 四川林业科技, (4): 13-21.

袁勇. 2016. 纳板河自然保护区三种典型植被类型土壤理化性质及酶活性研究[D]. 西南林业大学硕士学位论文: 1-56.

曾家城, 秦长生, 赵丹阳, 等. 2020. 油茶象甲对油茶果实挥发物的触角电生理和行为反应[J].

林业与环境科学, 36(4): 30-34.
曾雯珺, 谢少义, 黄宏珊, 等. 2020. 岑软 3 号油茶落果规律及其叶片营养元素含量的动态变化[J]. 广西林业科学, 49(1): 42-48.
曾燕如, 黎章矩, 戴文圣. 2009. 油茶开花习性的观察研究[J]. 浙江林学院学报, 26(6): 802-809.
战鑫, 台莲梅, 刘铜, 等. 2020. 2 种木霉菌对寒地水稻立枯病病原菌的拮抗作用研究[J]. 中国稻米, 26(4): 96-99.
张丹丹, 姜修婷. 2018. 乌梅有机酸的提取工艺及其抑菌活性[J]. 生物加工过程, 16(3): 47-52.
张瀚能, 张金羽, 刘茂柯, 等. 2016. 川楝内生放线菌多样性及群落结构研究[J]. 四川大学学报(自然科学版), 53(6): 1391-1397.
张浩然, 刘金松, 张玲玲, 等. 2011.有机酸抑菌分子机理研究进展[J]. 畜牧兽医学报, 42: 323-328.
张宏达, 任善湘. 1998. 中国植物志. 第四十九卷. 第三分册, 被子植物门 双子叶植物纲 山茶科(一) 山茶亚科[M]. 北京: 科学出版社.
张健, 曹成亮, 蒋继宏, 等. 2018. 毛泡桐内生放线菌及根际放线菌的筛选、鉴定及代谢产物分析[J]. 江苏农业学报, 34(4): 775-782.
张健, 徐明, 陈进, 等. 2022. 黔中不同地区马尾松林土壤真菌群落分布特征[J]. 东北林业大学学报, 50(10): 84-89.
张莉, 赵兴丽, 张金峰, 等. 2018. 茶树炭疽病病原菌的分离与鉴定[J]. 贵州农业科学, 46(11): 36-39.
张琳, 杨轲, 汪军成, 等. 2021. 不同致病性的麦根腐平脐蠕孢菌代谢组学分析[J]. 山西农业科学, 49(12): 1453-1461.
张梦君. 2017. 解淀粉芽孢杆菌 PBS14 筛选、发酵及生防机理研究[D]. 中南林业科技大学硕士学位论文.
张盼盼, 秦盛, 袁博, 等. 2016. 南方红豆杉内生及根际放线菌多样性及其生物活性[J]. 微生物学报, 56(2): 241-252.
张小彦. 2021. 枸杞根腐病拮抗菌的筛选、生防作用及其抑菌机理研究[D]. 甘肃农业大学硕士学位论文.
张运城. 2015. 针叶树赤霉素受体 GID1 的克隆与功能分析[D]. 北京林业大学硕士学位论文.
张子琦, 焦菊英, 陈同德, 等. 2022. 拉萨河流域洪积扇不同植被类型土壤化学计量特征[J]. 生态学报, 42(16): 6801-6815.
章胜利. 2022. 油茶高产栽培技术要点分析[J]. 特种经济动植物, 25(12): 123-125.
赵帅, 周娜, 赵振勇, 等. 2016. 基于高通量测序分析盐角草根部内生细菌多样性及动态规律[J]. 微生物学报, 56(6): 1000-1008.
赵志祥, 严婉荣, 肖敏, 等. 2020. 热带油茶根腐病病原菌的分子鉴定[J]. 分子植物育种, 18(19): 6433-6440.
郑京津, 徐永杰, 邓先珍, 等. 2015. 油茶种质资源利用及关键栽培技术研究进展[J]. 天津农业科学, 21(9): 140-144.
郑静楠, 鹿杉, 郑进烜. 2021. 云南省油茶产业发展现状与对策研究[J]. 林业调查规划, 46(2): 114-117.
郑倩, 孙玉萍, 魏婕, 等. 2020. 新疆特色药食两用植物恰玛古内生放线菌的分离与鉴定[J]. 生物资源, 42(6): 691-697.

周尔槐, 肖委明, 周咪. 2016. 南方油茶炭疽病的发生与综合防治技术[J]. 科学种养, (4): 33-34.
周国逸, 熊鑫. 2019. 土壤有机碳形成机制的探索历程[J]. 热带亚热带植物学报, 27(5): 481-490.
周国英, 陈小艳, 李倩茹, 等. 2001. 油茶林土壤微生物生态分布及土壤酶活性的研究[J]. 经济林研究, 19(1): 9-12.
周国英, 宋光桃, 李河, 等. 2007. 油茶病虫害防治现状及应对措施[J]. 中南林业科技大学学报(社会科学版), 27(6): 179-182.
周红敏, 彭辉, 陈杏林, 等. 2022. 杉木林转为油茶林对土壤细菌群落结构的影响[J]. 中南林业科技大学学报, 42(4): 59-67.
周鸿媛, 唐莉莉, 路勇, 等. 2018. 脱氧雪腐镰刀菌烯醇、黄曲霉毒素 B1 和玉米赤霉烯酮对秀丽隐杆线虫的联合毒性研究[J]. 生态毒理学报, 13(3): 112-121.
周建宏, 刘君昂, 邓小军, 等. 2011. 植物提取物对油茶主要病害的抑菌作用[J]. 中南林业科技大学学报, 31(4): 42-45.
周丽, 王得运, 刘培培, 等. 2020. 褐斑病胁迫下栀子叶片的形态特征及生理响应[J]. 中药材, 43(5): 1058-1064.
周丽. 2021. 栀子褐斑病病原菌侵染途径及转录组研究[D]. 江西中医药大学硕士学位论文.
朱金方, 刘京涛, 陆兆华, 等. 2015. 盐胁迫对中国柽柳幼苗生理特性的影响[J]. 生态学报, 35(15): 5140-5146.
朱亮, 郭可馨, 蓝丽英, 等. 2020. 亚高山森林类型转换对土壤丛枝菌根真菌多样性的影响[J]. 生态学杂志, 39(12): 3943-3951.
庄瑞林, 王劲风. 1965. 油茶花的生物学和人工授粉效果的研究[J]. 浙江农业科学, (8): 406-409.
卓燕, 郑强卿, 窦中江, 等. 2009. 氮素营养代谢对果树生长发育的影响[J]. 新疆农垦科技, 32(6): 41-43.
Aballay A, Ausubel F M. 2002. *Caenorhabditis elegans* as a host for the study of host-pathogen interactions[J]. Current Opinion in Microbiology, 5(1): 97-101.
Abdallah R, Mokni-Tlili S, Nefzi A, et al. 2016. Biocontrol of *Fusarium* wilt and growth promotion of tomato plants using endophytic bacteria isolated from *Nicotiana glauca* organs[J]. Biological Control, 164(10): 811-824.
Ahimou F, Jacques P, Deleu M. 1999. Surfactin and iturin A effects on Bacillus subtilis surface hydrophobicity[J]. Enzyme and Microbial Technology, 27(10): 749-754.
Akimoto-Tomiyama C, Tanabe S, Kajiwara H, et al. 2018. Loss of chloroplast - localized protein phosphatase 2Cs in *Arabidopsis thaliana* leads to enhancement of plant immunity and resistance to *Xanthomonas campestris* pv. *campestris* infection[J]. Molecular Plant Pathology, 19(5): 1184-1195.
Arx J A V. 1957. Die Arten der Gattung *Colletotrichum corda*[J]. Phytopath, 29: 413-468.
Asencio C, Rodríguez-Aguilera J C, Ruiz-Ferrer M, et al. 2003. Silencing of ubiquinone biosynthesis genes extends life span in *Caenorhabditis elegans*[J]. The FASEB Journal, 17(9): 1135-1137.
Ashrafi K, Chang F Y, Watts J L, et al. 2003. Genome-wide RNAi analysis of *Caenorhabditis elegans* fat regulatory genes[J]. Nature, 421: 268-272.
Bai B, Liu W D, Qiu X Y, et al. 2022. The root microbiome: Community assembly and its contributions to plant fitness[J]. Journal of Integrative Plant Biology, 64(2): 230-243.
Baker N R. 2008. Chlorophyll fluorescence: a probe of photosynthesis *in vivo*[J]. Annual Review of Plant Biology, 59(1): 89-113.

Barja G. 2002. Endogenous oxidative stress: relationship to aging, longevity and caloric restriction[J]. Ageing Research Reviews, 1(3): 397-411.

Berendsen R L, Pieterse C M J, Bakker P A H M. 2012. The rhizosphere microbiome and plant health[J]. Trends in Plant Science, 17(8): 478-486.

Bernoux M, Ellis J G, Dodds P N. 2011. New insights in plant immunity signaling activation[J]. Current Opinion in Plant Biology, 14: 512-518.

Bever J D. 1994. Feedback between plants and their soil communities in an old field community[J]. Ecology, 75: 1965-1977.

Bhattacharya A, Giri V P, Singh S P, et al. 2019. Intervention of bio-protective endophyte *Bacillus tequilensis* enhance physiological strength of tomato during *Fusarium* wilt infection[J]. Biological Control, 139: 104074.

Bhatti A A, Haq S, Hat R A. 2017. Actinomycetes benefaction role in soil and plant health[J]. Microbial Pathogenesis, 111: 458-467.

Börstler B, Renker C, Kahmen A, et al. 2006. Species composition of arbuscular mycorrhizal fungi in two mountain meadows with differing management types and levels of plant biodiversity[J]. Biology and Fertility of Soils, 42(4): 286-298.

Brandt J P, Ringstad N. 2015. Toll-like receptor signaling promotes development and function of sensory neurons required for a *C. elegans* pathogen-avoidance behavior[J]. Current Biology, 25(17): 2228-2237.

Cakmak I T. 2000. Review No. 111: Possible roles of zinc in protecting plant cells from damage by reactive oxygen species[J]. New Phytologist, 146(2): 185-205.

Campo S, Martin-Cardoso H, Olive M, et al. 2020. Effect of root colonization by arbuscular mycorrhizal fungi on growth, productivity and blast resistance in rice[J]. Rice, 13(1): 42.

Carbone I, Kohn L M. 1999. A method for designing primer sets for speciation studies in filamentous ascomycetes [J]. Mycologia, 91(3): 553-556.

Chen C, Yu Y, Ding X, et al. 2018. Genome-wide analysis and expression profiling of PP2C clade D under saline and alkali stresses in wild soybean and *Arabidopsis*[J]. Protoplasma, 255(2): 643-654.

Chen F, Wang M, Zheng Y, et al. 2010. Quantitative changes of plant defense enzymes and phytohormone in biocontrol of cucumber *Fusarium* wilt by *Bacillus subtilis* B579[J]. World Journal of Microbiology and Biotechnology, 26(4): 675-684.

Chen T, Nomura K, Wang X, et al. 2020. A plant genetic network for preventing dysbiosis in the phyllosphere[J]. Nature, 580(7805): 653-657.

Chen Y A, Chi W C, Trinh N N, et al. 2014. Transcriptome profiling and physiological studies reveal a major role for aromatic amino acids in mercury stress tolerance in rice seedlings[J]. PLoS One, 9(5): e95163.

Cheng Y, Du Z, Zhu H, et al. 2016. Protective effects of arginine on *Saccharomyces cerevisiae* against ethanol stress[J]. Scientific Reports, 6(1): 1-12.

Chini A, Monte I, Zamarreño A M, et al. 2018. An OPR3-independent pathway uses 4, 5-didehydrojasmonate for jasmonate synthesis [J]. Nature Chemical Biology, 14: 171-178.

Circu M L, Aw T Y. 2010. Reactive oxygen species, cellular redox systems, and apoptosis[J]. Free Radical Biology and Medicine, 48(6): 749-762.

Colabroy K L, Begley T P. 2005. Tryptophan catabolism: identification and characterization of a new degradative pathway[J]. Journal of Bacteriology, 187(22): 7866-7869.

Conradt B, Wu Y C, Xue D. 2016. Programmed cell death during *Caenorhabditis elegans* development[J]. Genetics, 203(4): 1533-1562.

Corsetti A, Gobbetti M, Rossi J, et al. 1998. Antimould activity of sourdough lactic acid bacteria: identification of a mixture of organic acids produced by *Lactobacillus sanfrancisco* CB1[J]. Applied Microbiology and Biotechnology, 50(2): 253-256.

Couillault C, Ewbank J J. 2002. Diverse bacteria are pathogens of *Caenorhabditis elegans*[J]. Infection and Immunity, 70(8): 4705-4707.

Cui L, Yang C, Wei L, et al. 2020. Isolation and identification of an endophytic bacteria *Bacillus velezensis* 8-4 exhibiting biocontrol activity against potato scab[J]. Biological Control, 141: 104156.

Dahal B, Nandakafle G, Perkins L, et al. 2016. Diversity of free-living nitrogen fixing *Streptomyces* in soils of the badlands of South Dakota[J]. Microbiological Research, 195: 31-39.

Dai Q L, Xu Y P, Lin Q Q, et al. 2008. Distribution and characteristics of *Colletotrichum* sp. as an endophyte in tea plants (*Camellia sinensis*)[J]. Scientia Silvae Sinicae, 44(5): 84-90.

Dai Y, Wu X Q, Wang Y H, et al. 2021. Biocontrol potential of *Bacillus pumilus* HR10 against *Sphaeropsis* shoot blight disease of pine[J]. Biological Control, 152: 104458.

Dám T L, Deising H, Barna B, et al. 1997. Imbalances in free radical metabolism: Roles in the induction of hypersensitive response and local acquired resistance of plants[J]. Springer Netherlands, 1997: 111-121.

Damm U, Woudenberg J H C, Cannon P F, et al. 2009. *Colletotrichum* species with curved conidia from herbaceous hosts [J]. Fungal Diversity, 39: 45-87.

Dhawan R, Dusenber D B, Williams P L. 1999. Comparison of lethality, reproduction, and behavior as toxicological end-points in the nematode *Caenorhabditis elegans*[J]. Journal of Toxicology and Environmental Health Part A, 58(7): 451-462.

Ding T, Zhang W, Li Y, et al. 2020. Effect of the AM fungus *Sieverdingia tortuosa* on common vetch responses to an anthracnose pathogen[J]. Frontiers in Microbiology, 11: 542623.

Eissa N, Wang H P, Yao H, et al. 2017. Expression of *Hsp70*, *Igf1*, and three oxidative stress biomarkers in response to handling and salt treatment at different water temperatures in yellow perch, *Perca flavescens*[J]. Frontiers in Physiology, 8: 683.

Elsherbiny E A, Dawood D H, Safwat N A. 2021. Antifungal action and induction of resistance by β-aminobutyric acid against *Penicillium digitatum* to control green mold in orange fruit[J]. Pesticide Biochemistry and Physiology, 171: 104721.

Engelmann I, Griffon A, Tichit L, et al. 2011. A comprehensive analysis of gene expression changes provoked by bacterial and fungal infection in *C. elegans*[J]. PLoS One, 6(5): e19055.

Evans E A, Chen W C, Tan M W. 2008. The DAF-2 insulin-like signaling pathway independently regulates aging and immunity in *C. elegans*[J]. Aging Cell, 7(6): 879-893.

Farzand A, Moosa A, Zubair M, et al. 2019. Marker assisted detection and LC-MS analysis of antimicrobial compounds in different *Bacillus strains* and their antifungal effect on *Sclerotinia sclerotiorum*[J]. Biological Control, 133: 91-102.

Fiddaman P J, Rossall S. 2010. The production of antifungal volatiles by *Bacillus subtilis*[J]. Journal of Applied Bacteriology, 74(2): 119-126.

Fiorilli V, Catoni M, Francia D, et al. 2011. The arbuscular mycorrhizal symbiosis reduces disease severity in tomato plants infected by *Botrytis cinerea*[J]. Journal of Plant Pathology, 93: 237-242.

Francisco L, Alonso-Blanco C, Sánchez-Rodriguez C, et al. 2005. ERECTA receptor-like kinase and heterotrimeric G protein from *Arabidopsis* are required for resistance to the necrotrophic fungus *Plectosphaerella cucumerina* [J]. Plant Journal, 43: 165-180.

Freeman. 2008. An overview of plant defenses against pathogens and herbivores[J]. Plant Health Instructor, 149(7-8): 489-490.

Freeman S, Rodriguez R J. 1993. Genetic conversion of a fungal plant pathogen to a nonpathogenic, endophytic mutualist[J]. Science, 260(5104): 75-78.

Frerigmann H, Piślewska-Bednarek M, Sánchez-Vallet A, et al. 2016. Regulation of pathogen-triggered tryptophan metabolism in *Arabidopsis thaliana* by MYB transcription factors and indole glucosinolate conversion products[J]. Molecular Plant, 9(5): 682-695.

Frew A, Powell J R, Glauser G, et al. 2018. Mycorrhizal fungi enhance nutrient uptake but disarm defences in plant roots, promoting plant-parasitic nematode populations[J]. Soil Biology & Biochemistry, 126: 123-132.

Fu M, Crous P W, Bai Q, et al. 2019. *Colletotrichum* species associated with anthracnose of *Pyrus* spp. in China[J]. Persoonia-Molecular Phylogeny and Evolution of Fungi, 42(1): 1-35.

Fuchs Y, Steller H. 2011. Programmed cell death in animal development and disease[J]. Cell, 147(4): 742-758.

Gabriel C, Paulo J P L T, Sur H P, et al. 2017. Root microbiota drive direct integration of phosphate stress and immunity[J]. Nature, 543(7646): 513-518.

Gaeta R T, Bahaji A, Polack G W, et al. 2011. Effects of ced-9 dsRNA on *Caenorhabditis elegans* and *Meloidogyne incognita*[J]. Journal of Agricultural Biological and Environmental Statistics, 6: 19-28.

Ganeshan G, Kumar A M. 2005. *Pseudomonas fluorescens*, a potential bacterial antagonist to control plant diseases[J]. Journal of Plant Interactions, 1(3): 123-134.

Garcion C, Metraux J P. 2006. Salicylic acid[M] // Hedden P, Thomas S. Plant Hormone Signaling. Oxford: Blackwell Publishing Ltd. : 229-255.

Garsin D A, Sifri C D, Mylonakis E, et al. 2001. A simple model host for identifying Gram-positive virulence factors[J]. Proceedings of the National Academy of Sciences, 98(19): 10892-10897.

Garsin D A, Villanueva J M, Begun J, et al. 2003. Long-lived C. elegans daf-2 mutants are resistant to bacterial pathogens[J]. Science, 300(5627): 1921.

Gauthier G M, Keller N P. 2013. Crossover fungal pathogens: the biology and pathogenesis of fungi capable of crossing kingdoms to infect plants and humans[J]. Fungal Genetics and Biology, 61: 146-157.

Golinska P, Wypij M, Agarkar G, et al. 2015. Endophytic actinobacteria of medicinal plants: diversity and bioactivity[J]. Antonie van Leeuwenhoek, 108(2): 267-289.

Gong A D, Li H P, Yuan Q S, et al. 2015. Antagonistic mechanism of iturin A and plipastatin A from *Bacillus amyloliquefaciens* S76-3 from wheat spikes against *Fusarium graminearum*[J]. PLoS One, 10(2): e0116871.

Grant C M, MacIver F H, Dawes I W. 1996. Glutathione is an essential metabolite required for resistance to oxidative stress in the yeast *Saccharomyces cerevisiae*[J]. Current Genetics, 29(6): 511-515.

Grishok A. 2005. RNAi mechanisms in *Caenorhabditis elegans*[J]. FEBS letters, 579(26): 5932-5939.

Guardado-Valdivia L, Tovar-Pérez E, Chacón-López A, et al. 2018. Identification and characterization of a new *Bacillus atrophaeus* strain B5 as biocontrol agent of postharvest anthracnose disease in soursop (*Annona muricata*) and avocado (*Persea americana*)[J]. Microbiological Research, 210: 26-32.

Guerrero-Barajas C, Constantino-Salinas E A, Amora-Lazcano E, et al. 2020. *Bacillus mycoides* A1 and *Bacillus tequilensis* A3 inhibit the growth of a member of the phytopathogen *Colletotrichum gloeosporioides* species complex in avocado[J]. Journal of the Science of Food and Agriculture, 100(10): 4049-4056.

Gumienny T L, Savage-Dunn C. 2013. TGF-β signaling in *C. elegans*[OL]. WormBook: The online review of *C. elegans* biology. https://doi.org/10.1895/wormbook.1.22.2 [2024-02-07].

Gutjahr C, Casieri L, Paszkowski U. 2009. *Glomus intraradices* induces changes in root system architecture of rice independently of common symbiosis signaling[J]. New Phytologist, 182: 829-837.

Hacisalihoglu G, Hart J J, Kochian L V. 2001. High- and Low- affinity zinc transport systems and their possible role in zinc efficiency in bread wheat[J]. Plant Physiology (Bethesda), 125(1): 456-463.

Haggag W M, Timmusk S. 2010. Colonization of peanut roots by biofilm - forming *Paenibacillus polymyxa* initiates biocontrol against crown rot disease[J]. Journal of Applied Microbiology, 104(4): 961-969.

Harris J E, Dennis C. 1977. The effect of post-infectional potato tuber metabolites and surfactants on zoospores of Oomycetes[J]. Physiological Plant Pathology, 11: 163-169.

He X S, Xu L C, Pan C, et al. 2020. Drought resistance of *Camellia oleifera* under drought stress: Changes in physiology and growth characteristics [J]. PLoS One, 15(7): e0235795.

Hershkovitz V, Friedman H, Goldschmidt E E, et al. 2009. Induction of ethylene in avocado fruit in response to chilling stress on tree[J]. Journal of Plant Physiology, 166(17): 1855-1862.

Higashitani A, Hashizume T, Takiura M, et al. 2021. Histone deacetylase HDA-4-mediated epigenetic regulation in space flown *C. elegans*[J]. npj Microgravity, 7(1): 33.

Hodge A, Fitter A H. 2010. Substantial nitrogen acquisition by arbuscular mycorrhizal fungi from organic material has implications for N cycling[J]. Proceedings of the National Academy of Sciences of the United States of America, 107(31): 13754-13759.

Huang X, Li D, Xi L, et al. 2014. *Caenorhabditis elegans*: a simple nematode infection model for *Penicillium marneffei*[J]. PLoS One, 9(9): e108764.

Hudgins J W, Franceschi V R. 2004. Methyl jasmonate-induced ethylene production is responsible for conifer phloem defense responses and reprogramming of stem cambial zone for traumatic resin duct formation[J]. Plant Physiology, 135(4): 2134-2149.

Inoue H, Hisamoto N, An J H, et al. 2005. The *C. elegans* p38 MAPK pathway regulates nuclear localization of the transcription factor SKN-1 in oxidative stress response[J]. Genes & Development, 19(19): 2278-2283.

Ishihama N, Yoshioka H. 2012. Post-translational regulation of WRKY transcription factors in plant immunity[J]. Current Opinion in Plant Biology, 15(4): 431-437.

Johnson C H, Ayyadevara S, Mcewen J E, et al. 2009. Histoplasma capsulatum and *Caenorhabditis elegans*: a simple nematode model for an innate immune response to fungal infection[J]. Medical Mycology, 47(8): 808-813.

Jones J D, Dangl J L. 2006. The plant immune system[J]. Nature, 444(7117): 323-329.

Kawalleck P, Schmelzer E, Hahlbrock K, et al. 1995. Two pathogen-responsive genes in parsley encode a tyrosine-rich hydroxyproline-rich glycoprotein (*hrgp*) and an anionic peroxidase[J]. Molecular and General Genetics, 247: 444-452.

Keen N T, Staskawicz B J. 1988. Host range determinants in plant-pathogens and symbionts[J]. Annual Review of Microbiology, 42: 420-441.

Kim D H, Ausubel F M. 2005. Evolutionary perspectives on innate immunity from the study of *Caenorhabditis elegans*[J]. Current Opinion in Immunology, 17(1): 4-10.

Kleemann J, Rincon-Rivera L J, Takahara H, et al. 2012. Sequential delivery of host-induced virulence effectors by appressoria and intracellular hyphae of the phytopathogen *Colletotrichum higginsianum*[J]. PLoS Pathog, 8(4): e1002643.

Klein M N, Kupper K C. 2018. Biofilm production by *Aureobasidium pullulans* improves biocontrol against sour rot in citrus[J]. Food Microbiology, 69: 1-10.

Klessig D F, Malamy J. 1994. The salicylic acid signal in plants[J]. Plant Molecular Biology, 26: 1439-1458.

Koide R T, Mosse B. 2004. A history of research on arbuscular mycorrhiza[J]. Mycorrhiza, 14(3): 145-163.

Krüger M, Krüger C, Walker C, et al. 2012. Phylogenetic reference data for systematics and phylotaxonomy of arbuscular mycorrhizal fungi from phylum to species level[J]. New Phytologist, 193(4): 970-984.

Latunde-Dada A O. 2001. *Colletotrichum*: Tales of forcible entry, stealth, transient confinement and breakout[J]. Molecular Plant Pathology, 2(4): 187-198.

Leelasuphakul W, Sivanunsakul P, Phongpaichit S. 2006. Purification, characterization and synergistic activity of β-1, 3-glucanase and antibiotic extract from an antagonistic *Bacillus subtilis* NSRS 89-24 against rice blast and sheath blight[J]. Enzyme and Microbial Technology, 38(7): 990-997.

Lettre G, Kritikou E A, Jaeggi M, et al. 2004. Genome-wide RNAi identifies p53-dependent and -independent regulators of germ cell apoptosis in *C. elegans*[J]. Cell Death & Differentiation, 11(11): 1198-1203.

Li H, Guan Y, Dong Y, et al. 2018. Isolation and evaluation of endophytic *Bacillus tequilensis* GYLH001 with potential application for biological control of *Magnaporthe oryzae*[J]. PLoS One, 13(10): e0203505.

Li H, Huang G, Meng Q, et al. 2011. Integrated soil and plant phosphorus management for crop and environment in China. A review[J]. Plant and Soil, 349(1-2): 157-167.

Li Y, Cai Y, Liang Y, et al. 2020. Assessment of antifungal activities of a biocontrol bacterium BA17 for managing postharvest gray mold of green bean caused by *Botrytis cinerea*[J]. Postharvest Biology and Technology, 161: 111086.

Li Z S, Alfenito M, Rea P A, et al. 1997. Vacuolar uptake of the phytoalexin medicarpin by the glutathione pump[J]. Phytochemistry, 45(4): 689-693.

Liang Z, Han Y, Liu A, et al. 2005. Some entomogenous fungi from Wuyishan and Zhangjiajie Nature Reserves 2. Three new species of the genus *Hirsutella*[J]. Mycotaxon, 94: 349-355.

Lin P, Wang K L, Wang Y P, et al. 2022. The genome of oil-*Camellia* and population genomics analysis provide insights into seed oil domestication[J]. Genome Biology, 23(1): 14.

Lin Z, Zhong S, Grierson D. 2009. Recent advances in ethylene research[J]. Journal of Experimental Botany, 60: 3311-3336.

Liu F, Ma Z Y, Hou L W, et al. 2022. Updating species diversity of *Colletotrichum*, with a phylogenomic overview[J]. Studies in Mycology, 101: 1-56.

Liu N, Shao C, Sun H, et al. 2020. Arbuscular mycorrhizal fungi biofertilizer improves American ginseng (*Panax quinquefolius* L.) growth under the continuous cropping regime[J]. Goderma, 363: 114155.

Liu Y, Samuel B, Breen P, et al. 2014. *Caenorhabditis elegans* pathways that surveil and defend mitochondria[J]. Nature, 508(7496): 406-410.

Liu Y, Teng K, Wang T, et al. 2020. Antimicrobial *Bacillus velezensis* HC6: production of three kinds of lipopeptides and biocontrol potential in maize[J]. Journal of Applied Microbiology, 128(1): 242-254.

Lorenzo O, Solano R. 2005. Molecular players regulating the jasmonate signalling network[J]. Current Opinion in Plant Biology, 8(5): 532-540.

Lv L X, Yan R, Shi H Y, et al. 2017. Integrated transcriptomic and proteomic analysis of the bile stress response in probiotic *Lactobacillus salivarius* LI01[J]. Journal of Proteomics, 150: 216-229.

Maarten V G, Pieter B, Olivier H, et al. 2014. Evaluation of six primer pairs targeting the nuclear rRNA operon for characterization of arbuscular mycorrhizal fungal (AMF) communities using 454 pyrosequencing[J]. Journal of Microbiological Methods, 106: 93-100.

Maurer L L, Ryde I T, Yang X, et al. 2015. *Caenorhabditis elegans* as a model for toxic effects of nanoparticles: lethality, growth, and reproduction [J]. Current Protocols in Toxicology, 66(10): 1-25.

Melotto M, Underwood W, Koczan J, et al. 2006. The innate immune function of plant stomata against bacterial invasion[J]. Cell, 126: 969-980.

Mendes R, Garbeva P, Raaijmakers J M. 2013. The rhizosphere microbiome: significance of plant beneficial, plant pathogenic, and human pathogenic microorganisms[J]. FEMS Microbiology Reviews, 37(5): 634-663.

Meng L B, Zhang A Y, Wang F, et al. 2015. Arbuscular mycorrhizal fungi and rhizobium facilitate nitrogen uptake and transfer in soybean/maize intercropping system[J]. Frontiers in Plant Science, 6: 339.

Merzaeva O V, Shirokikh I G. 2010. The production of auxins by the endophytic bacteria of winter rye[J]. Applied Biochemistry and Microbiology, 46(1): 51.

Miguel R M, Jose G M V, Meike P. 2020. Diversity of fungi in soils with different degrees of degradation in Germany and Panama[J]. Mycobiology, 48(1): 20-28.

Moore J W, Loake G J, Spoel S H. 2011. Transcription dynamics in plant immunity[J]. Plant Cell, 23: 2809-2820.

Mora I, Cabrefiga J, Montesinos E. 2011. Antimicrobial peptide genes in *Bacillus* strains from plant environments[J]. International Microbiology, 14(4): 213-223.

Mousa W K, Shearer C, Limay-Rios V, et al. 2016. Root-hair endophyte stacking in finger millet creates a physicochemical barrier to trap the fungal pathogen *Fusarium graminearum*[J]. Nature Microbiology, 1(12): 16167.

Muhammed M, Fuchs B B, Wu M P, et al. 2012. The role of mycelium production and a MAPK-mediated immune response in the *C. elegans-Fusarium* model system[J]. Medical Mycology, 50(5): 488-496.

Murphy C T, McCarroll S A, Bargmann C I, et al. 2003. Genes that act downstream of DAF-16 to influence the lifespan of *Caenorhabditis elegans*[J]. Nature, 424(6946): 277-283.

Muthamilarasan M, Prasad M. 2013. Plant innate immunity: an updated insight into defense mechanism[J]. Journal of Biosciences, 38(2): 433-449.

Mylonakis E, Ausubel F M, Perfect J R, et al. 2002. Killing of *Caenorhabditis elegans* by *Cryptococcus neoformans* as a model of yeast pathogenesis[J]. Proceedings of the National Academy of Science, 99(24): 15675-15680.

Nadimi M, Beaudet D, Forget L, et al. 2012. Group 1 intron-mediated trans-splicing in mitochondria of *Gigaspora rosea* and a robust phylogenetic affiliation of arbuscular mycorrhizal fungi with Mortierellales[J]. Molecular Biology and Evolution, 29: 2199-2210.

Nielsen S, Minchin T, Kimber S, et al. 2014. Comparative analysis of the microbial communities in agricultural soil amended with enhanced biochars or traditional fertilisers[J]. Agriculture Ecosystems & Environment, 191: 73-82.

Nishihama R, Banno H, Kawahara E, et al. 1997. Possible involvement of different splicing in regulation of the activity of *Arabidopsis* ANP1 that is related to mitogen-activated protein kinase kinase kinases (MAPKKKs)[J]. The Plant Journal: for Cell and Molecular Biology, 12: 39-48.

Nocek B P, Gillner D M, Fan Y, et al. 2010. Structural basis for catalysis by the mono-and dimetalated forms of the dapE-encoded *N*-succinyl-L, L-diaminopimelic acid desuccinylase[J]. Journal of molecular biology, 397(3): 617-626.

O'Connell R, Corentin H, Surapareddy S, et al. 2004. A Novel *Arabidopsis-Colletotrichum* Pathosystem for the Molecular Dissection of Plant-Fungal Interactions[J]. Molecular Plant-Microbe Interactions, 17(3): 272-282.

Ongena M, Jourdan E, Adam A, et al. 2007. Surfactin and fengycin lipopeptides of *Bacillus subtilis* as elicitors of induced systemic resistance in plants[J]. Environmental Microbiology, 9(4): 1084-1090.

Ono Y, Okane I, Chatasiri S, et al. 2020. Taxonomy of southeast Asian-Australasian grapevine leaf rust fungus and its close relatives[J]. Mycological Progress, 19(9): 905-919.

Pandey S, Parvez S, Sayeed I, et al. 2003. Biomarkers of oxidative stress: a comparative study of river Yamuna fish *Wallago attu* (Bl. & Schn.)[J]. Science of the Total Environment, 309(1-3): 105-115.

Parish R W. 1972. The intracellular location of phenol oxidases, peroxidase and phosphatases in the leaves of spinach beet (*Beta vulgaris* L. subspecies *vulgaris*)[J]. European Journal of Biochemistry, 31: 446-455.

Peleg A Y, Tampakakis E, Fuchs B B, et al. 2008. Prokaryote-eukaryote interactions identified by using *Caenorhabditis elegans*[J]. Proceedings of the National Academy of Sciences, 105(38): 14585-14590.

Peng Z, He S, Gong W, et al. 2014. Comprehensive analysis of differentially expressed genes and transcriptional regulation induced by salt stress in two contrasting cotton genotypes[J]. BMC Genomics, 15(1): 1-28.

Petersen L N, Ingle R A, Knight M R, et al. 2009. OXI1 protein kinase is required for plant immunity against *Pseudomonas syringae* in *Arabidopsis*[J]. Journal of Experimental Botany, 60(13): 3727-3735.

Powell J R, Rillig M C. 2018. Biodiversity of arbuscular mycorrhizal fungi and ecosystem function[J]. New Phytologist, 220(4): 1059-1075.

Qin H, Li J, Gao S, et al. 2010. Characteristics of leaf element contents for eight nutrients across 660 terrestrial plant species in China[J]. Acta Ecologica Sinica, 30(5): 1247-1257.

Qu M, Li D, Qiu Y, et al. 2020. Neuronal ERK MAPK signaling in response to low-dose nanopolystyrene exposure by suppressing insulin peptide expression in *Caenorhabditis elegans*[J]. Science of the Total Environment, 724: 138378.

Ramírez V, Agorio A, Coego A, et al. 2011. MYB46 modulates disease susceptibility to *Botrytis cinerea* in *Arabidopsis*[J]. Plant Physiology, 155(4): 1920-1935.

Ramos M J, Gomez-Flores R, Orozco-Flores A A, et al. 2019. Bioactive products from plant endophytic gram-positive bacteria[J]. Frontiers in Microbiology, 10: 463.

Rashotte A M, Jenks M A, Feldmann K A. 2001. Cuticular waxes on eceriferum mutants of *Arabidopsis thaliana*[J]. Phytochemistry, 57(1): 115-123.

Ren X, Nan Z, Cao M, et al. 2012. Biological control of tobacco black shank and colonization of tobacco roots by a *Paenibacillus polymyxa* strain C5[J]. Biology and Fertility of Soils, 48(6): 613-620.

Roh-Johnson M, Goldstein B. 2009. *In vivo* roles for Arp2/3 in cortical actin organization during *C. elegans* gastrulation[J]. Journal of Cell Science, 122(21): 3983-3993.

Romanazzi G, Feliziani E, Baños S B, et al. 2017. Shelf life extension of fresh fruit and vegetables by chitosan treatment[J]. Critical Reviews in Food Science and Nutrition, 57(3): 579-601.

Ruan J, Zhou Y, Zhou M, et al. 2019. Jasmonic acid signaling pathway in plants[J]. International Journal of Molecular Sciences, 20(10): 2479.

Safir G R. 1968. The influence of vesicular-arbuscular mycorrhiza on the resist ance of onion to *Pyrenochaeta terrestris*[D]. PhD Thesis. Illinois: University of Illinois at Urbana-Champaign.

Sanchez-Rodriguez C, Estevez J M, Llorente F, et al. 2009. The ERECTA Receptor-Like Kinase Regulates Cell Wall-Mediated Resistance to Pathogens in *Arabidopsis thaliana*[J]. Molecular Plant Microbe Interact, 22: 953-963.

Schenck N C, Perez-Collins Y. 1990. Manual for the identification of va mycorrhizal fungi[M]. Gainesville: Synergisitic.

Shapard E J, Moss A S, San Francisco M J. 2012. *Batrachochytrium dendrobatidis* can infect and cause mortality in the nematode *Caenorhabditis elegans*[J]. Mycopathologia, 173: 121-126.

Sharrock J, Sun J C. 2020. Innate immunological memory: From plants to animals[J]. Current Opinion in Immunology, 62: 69-78.

Smith S E, Jakobsen I, Gronlund M, et al. 2011. Roles of arbuscular mycorrhizas in plant phosphorus nutrition: Interacyions between pathways of phosphorus uptake in arbuscular mycorrhizal roots have importantimplications for understanding and manipulating plant phosphorus acquisition[J]. Plant Physiology, 156: 1050-1057.

Solano R, Ecker J R. 1998. Ethylene gas: perception, signaling and response[J]. Current Opinion in Plant Biology, 1(5): 393-398.

Somasiri P, Behm C A, Adamski M, et al. 2020. Transcriptional response of *Caenorhabditis elegans* when exposed to *Shigella flexneri*[J]. Genomics, 112(1): 774-781.

Sun Y, Zhang X, Wu Z, et al. 2016. The molecular diversity of arbusocular mycorrhizal fungi in the arsenic mining impacted sites in Hunan Province of China[J]. Journal of Environmental Sciences, 39(1): 110-118.

Sutton B C. 1992. The genus *Glomerella* and its anamorph *Colletotrichum*//Bailey J A, Jeger M J. *Colletotrichum* Biology, Pathology and Control[M]. Wallingford: CAB International: 1-26.

Takagi H, Iwamoto F, Nakamori S. 1997. Isolation of freeze-tolerant laboratory strains of *Saccharomyces cerevisiae* from proline-analogue-resistant mutants[J]. Applied Microbiology and Biotechnology, 47(4): 405-411.

Tarantino G, Caputi A. 2011. JNKs, insulin resistance and inflammation: A possible link between NAFLD and coronary artery disease[J]. World Journal of Gastroenterology, 17(33): 3785.

Tenor J L, Aballay A. 2008. A conserved Toll-like receptor is required for *Caenorhabditis elegans* innate immunity[J]. EMBO Reports, 9(1): 103-109.

Tian H, Chen G, Zhang C, et al. 2010. Pattern and variation of C: N: P ratios in China's soils: a synthesis of observational data[J]. Biogeochemistry, 98(1-3): 139-151.

Torres M A, Dangl J L, Jones J D G. 2002. *Arabidopsis gp91*phox homologues *AtrbohD* and *AtrbohF* are required for accumulation of reactive oxygen intermediates in the plant defense response[J]. Proceedings of the National Academy of Sciences, 99: 517-522.

Trivedi P, Leach J E, Tringe S G, et al. 2020. Plant-microbiome interactions: from community assembly to plant health[J]. Nature Reviews Microbiology, 18: 607-621.

Truman W, Bennett M H, Kubigsteltig I, et al. 2007. *Arabidopsis* systemic immunity uses conserved defense signaling pathways and is mediated by jasmonates[J]. Proceedings of the National Academy of Sciences of the United States of America, 104(3): 1075-1080.

Vahedi R, Rasouli-Sadaghiani M, Barin M, et al. 2021. Interactions between biochar and compost treatment and mycorrhizal fungi to improve the qualitative properties of acalcareous soil under rhizobox conditions[J]. Agriculture, 11(10): 993.

Venterink H O, Wassen M J, Verkroost A W M, et al. 2003. Species Richness-Productivity Patterns Differ between N-, P-, and K-Limited Wetlands[J]. Ecology (Durham), 84(8): 2191-2199.

Vero S, Garmendia G, González M B, et al. 2013. Evaluation of yeasts obtained from Antarctic soil samples as biocontrol agents for the management of postharvest diseases of apple (Malus × domestica)[J]. FEMS Yeast Research, 13(2): 189-199.

Vlot A C, Dempsey D A, Klessig D F. 2009. Salicylic Acid, a Multifaceted Hormone to Combat Disease[J]. Annual Review of Phytopathology, 47(1): 177-206.

Wang B, Liu F, Li Q, et al. 2019. Antifungal activity of zedoary turmeric oil against *Phytophthora capsici* through damaging cell membrane[J]. Pesticide Biochemistry and Physiology, 159: 59-67.

Wang H K, Yan Y H, Wang J M, et al. 2012. Production and characterization of antifungal compounds produced by *Lactobacillus plantarum* IMAU10014[J]. PLoS One, 7(1): e29452.

Wang J, Song L, Gong X, et al. 2020. Functions of jasmonic acid in plant regulation and response to abiotic stress[J]. International Journal of Molecular Sciences, 21(4): 1446.

Wang Q, Ye J, Wu Y, et al. 2019. Promotion of the root development and Zn uptake of *Sedum alfredii* was achieved by an endophytic bacterium sasm05[J]. Ecotoxicology and Environmental Safety, 172: 97-104.

Wang X, Shi J, Wang R. 2018. Effect of *Burkholderia contaminans* on postharvest diseases and induced resistance of strawberry fruits[J]. The Plant Pathology Journal, 34(5): 403.

Wang Y C, Jiang H Y, Mao Z L, et al. 2021. Ethlene increases the cold tolerance of apple via the MdERF1B-MdCIbHLH1 regulatory module[J]. The Plant Journal, 106: 379-393.

Wasternack C, Hause B. 2018. Jasmonates: biosynthesis, perception, signal transduction and action in plant stress response, growth and development. An update to the 2007 review in Annals of Botany[J]. Annals of Botany, 11(6): 1021-1058.

Weir B S, Johnston P R, Damm U. 2012. The *Colletotrichum gloeosporioides* species complex[J]. Studies in Mycology, 73(1): 115-180.

White T J. 1990. Amplification and direct sequencing of fungal ribosomal RNA genes for phylogenetics[J]. PCR protocols: A guide to methods and applications, 18: 315-322.

Williams S T, Goodfellow M, Alderson G, et al. 1983. Numerical classification of *Streptomyces* and related genera[J]. Journal of General and Applied Microbiology, 129: 1743-1813.

Winkel-Shirley B. 2001. Flavonoid biosynthesis. A colorful model for genetics, biochemistry, cell biology, and biotechnology[J]. Plant physiology, 126(2): 485-493.

Xia A N, Liu J, Kang D C, et al. 2020. Assessment of endophytic bacterial diversity in rose by high-throughput sequencing analysis[J]. PLoS One, 15(4): e0230924.

Xia Y, Liu J, Wang Z, et al. 2023. Antagonistic activity and potential mechanisms of endophytic *Bacillus subtilis* YL13 in biocontrol of *Camellia oleifera* anthracnose[J]. Forests, 14(5): 886.

Xiao F, Mark G S, Xiao Y, et al. 2014. *Arabidopsis* CYP86A2 represses *Pseudomonas syringae* type III genes and is required for cuticle development[J]. The EMBO Journal, 23(14): 2903-2913.

Xu J, Zhang Z, Li X, et al. 2019. Effect of nitrous oxide against *Botrytis cinerea* and phenylpropanoid pathway metabolism in table grapes[J]. Scientia Horticulturae, 254: 99-105.

Yang J, Dai Z, Wan X, et al. 2021. Insights into the relevance between bacterial endophytic communities and resistance of rice cultivars infected by *Xanthomonas oryzae* pv. *oryzicola*[J]. 3 Biotech, 11(10): 434.

Yao S, Hao L, Zhou R, et al. 2022. Multispecies biofilms in fermentation: Biofilm formation, microbial interactions, and communication[J]. Comprehensive Reviews in Food Science and Food Safety, 21(4): 3346-3375.

Yarychkivska O, Sharmin R, Elkhalil A, et al. 2023. Apoptosis and beyond: A new era for programmed cell death in *Caenorhabditis elegans*[C]. Seminars in Cell & Developmental Biology. New York: Academic Press.

Yi X, Hargett S R, Frankel L K, et al. 2006. The PsbQ protein is required in *Arabidopsis* for photosystem II assembly/stability and photoautotrophy under low light conditions[J]. Journal of Biological Chemistry, 281(36): 26260-26267.

Yu D, Li X, Li Y, et al. 2022. Dynamic roles and intricate mechanisms of ethylene in epidermal hair development in *Arabidopsis* and cotton[J]. New Phytology, 234(2): 375-391.

Zhalnina K, Louie K B, Hao Z, et al. 2018. Dynamic root exudate chemistry and microbial substrate preferences drive patterns in rhizosphere microbial community assembly[J]. Nature Microbiology, 2018: 470-480.

Zhao S, Du C M, Tian C Y. 2012. Suppression of *Fusarium oxysporum* and induced resistance of plants involved in the biocontrol of Cucumber *Fusarium* Wilt by *Streptomyces bikiniensis* HD-087[J]. World Journal of Microbiology and Biotechnology, 28(9): 2919-2927.

Zhao Y, Su R Q, Zhang W T, et al. 2020. Antibacterial Activity of Tea Saponin from *Camellia Oleifera* Shell by Novel Extraction Method[J]. Industrial Crops and Products, 153: 112604.

Zheng Y, Sheng J, Zhao R, et al. 2011. Preharvest L-arginine treatment induced postharvest disease resistance to *Botrysis cinerea* in tomato fruits[J]. Journal of Agricultural and Food Chemistry, 59(12): 6543-6549.

Zhu M, He Y, Li Y, et al. 2020. Two new biocontrol agents against clubroot caused by *Plasmodiophora brassicae*[J]. Frontiers in Microbiology, 10: 3099.